当代交通建筑设计
多 维 诠 释

MULTIDIMENSIONAL
INTERPRETATION OF
CONTEMPORARY
TRANSPORTATION
ARCHITECTURE DESIGN

郭建祥 著

科创成果系列丛书

当代交通建筑设计
多 维 诠 释

MULTIDIMENSIONAL
INTERPRETATION OF
CONTEMPORARY
TRANSPORTATION
ARCHITECTURE DESIGN

郭建祥 著

中国建筑工业出版社

图书在版编目（CIP）数据

当代交通建筑设计多维诠释 / 郭建祥著 . — 北京：中国建筑工业出版社，2018.11
（华建集团科创成果系列丛书）
ISBN 978-7-112-22636-8

Ⅰ.①当… Ⅱ.①郭… Ⅲ.①交通运输建筑 — 建筑设计 Ⅳ.① TU248

中国版本图书馆 CIP 数据核字（2018）第 203864 号

本书通过对大量具有广泛影响力的重大工程项目实践案例（包括作者直接主持设计的）及国内外著名交通建筑案例的梳理和分析，结合长期的科技创新研究成果，从枢纽维度、数理维度、体验维度、开发维度、形象维度、智慧维度等六个维度，在航站楼及各种交通方式枢纽融合、数据预测及计算、人性化设计及空间体验、枢纽不同圈层开发、建筑室内外造型及视觉体验、安全智慧绿色低碳设计等各个方面，对交通建筑设计进行系统总结和理论创新，代表了当今国际先进设计理念和设计技术。

全书可供广大建筑师、城市规划师、城市建设管理人员、高等建筑院校师生等学习参考。

责任编辑：吴宇江　孙书妍　李珈莹
责任校对：王　烨

华建集团科创成果系列丛书
当代交通建筑设计多维诠释
Multidimensional Interpretation of
Contemporary Transportation Architecture Design
郭建祥　著

*

中国建筑工业出版社出版、发行（北京海淀三里河路 9 号）
各地新华书店、建筑书店经销
北京点击世代文化传媒有限公司制版
北京富诚彩色印刷有限公司印刷

*

开本：880×1230 毫米　1/16　印张：35½　字数：671 千字
2019 年 1 月第一版　2019 年 1 月第一次印刷
定价：280.00 元
ISBN 978-7-112-22636-8
（32760）

版权所有　翻印必究
如有印装质量问题，可寄本社退换
（邮政编码 100037）

作者简介

郭建祥，华建集团华东建筑设计研究总院副院长、总建筑师，教授级高工，上海市领军人才，中国建筑学会建筑师分会副理事长，享受国务院政府特殊津贴专家。

作者长期从事交通建筑设计，并在该领域多年的实践和不懈探索中，坚持原创，强调理性与感性的结合，将旅客体验作为交通建筑设计的出发点，关注建筑形态的适宜性、空间的愉悦性、流线的导向型、旅客使用的便捷性以及管理维护的合理性，主持设计了诸多大型、超大型、综合性航站楼和综合交通枢纽，得到了社会各界的高度评价，现已成为该领域优秀的建筑设计专家。

在国家级、区域级重大项目的工程实践中，作者主持的上海浦东机场T1航站楼工程获得全国第十届优秀工程设计奖金奖；上海浦东国际机场二期工程分别获得全国优秀工程设计奖金奖、新中国成立60周年建筑创作大赛；龙阳路磁悬浮车站分别获得全国第十一届优秀工程设计奖铜奖、住房和城乡建设部优秀勘察设计奖二等奖、上海市优秀工程设计奖一等奖、上海市建筑学会建筑创作奖优秀奖；上海虹桥综合交通枢纽分别获得全国工程勘察设计行业建筑工程一等奖、上海市优秀设计奖一等奖；南京禄口机场二期工程分别获得亚洲建筑协会建筑大奖荣誉提名奖、上海市优秀工程设计奖一等奖、上海市建筑学会原创设计奖优秀奖等；虹桥机场T1航站楼改造分别获得上海市建筑学会创作奖、联合国气候大会绿色建筑大奖等。

编委会

学术顾问

孙　钧　郑时龄　江欢成　魏敦山

主　任

沈　迪

副主任

高承勇　沈立东　汪孝安　王卫东

编　委（按姓氏笔画排列）：

马伟骏　王平山　王前程　文　勇　方亚非　花炳灿
李亚明　陆建峰　陈众励　陈国亮　季永兴　周建龙
夏　冰　徐　扬　奚耕读　高文艳　郭建祥

总序

科技创新是引领行业发展的第一动力。伴随着中国的城市化进程，勘察设计行业技术水平得到长足发展，高难度、大体量、技术复杂的建筑设计和建造能力显著提高；以建筑业 10 项新技术为代表的先进技术得以推广运用，装配式混凝土结构技术、建筑防灾减灾、建筑信息化等相关技术持续更新和发展，建筑品质和建造效率不断提高；建筑节能法律法规体系初步形成，节能标准进一步完善，绿色建筑在政府投资公益性建筑、大型公共建筑等项目建设中得到积极推进。当前，我国的"一带一路"、区域协调发展战略为行业发展带来了重要的战略机遇期，勘察设计行业应加快创新转型发展，瞄准科技前沿，在关键核心技术和引领性原创成果方面不断突破，切实将科技创新成果转化为促进发展的原动力。

华东建筑集团股份有限公司（以下简称华建集团）作为一家以先瞻科技为依托的高新技术上市企业，引领着行业的发展。华建集团定位为：以工程设计咨询为核心，为城镇建设提供高品质综合解决方案的集成服务供应商。华建集团旗下拥有华东建筑设计研究总院、上海建筑设计研究院、华东都市建筑设计研究总院等 10 余家分子公司和专业机构。华建集团业务领域覆盖工程建设项目全过程，作品遍及全国各省市及 60 多个国家和地区，累计完成 3 万余项工程设计及咨询工作，建成大量地标性项目，工程专业技术始终引领和推动着行业发展，并不断攀升新高度。

华建集团完成的项目中有近 2000 项工程设计、科研项目和标准设计获得过包括国家科技进步一等奖、国家级优秀工程勘察设计金奖和银奖、土木工程詹天佑奖等在内的国家、省（部）级优秀设计和科技进步奖，体现了华建集团卓越的行业技术创新能力。硕果累累来自我们数十年如一日的坚持和积累，来自企业在科技创新和人才培养方面的不懈努力。华建集团以"4+e"的科技创新体系为依托，以市场化、产业化为导向，创新科技研发机制，构建多层级、多元化的技术研发平台，逐渐形成了以创新、创意为核心的企业文化，是全国唯一一家拥有国家级企业技术中心的建筑设计咨询企业。在专项业务领域，开展了超高层、交通、医疗、养老、体育、演艺、工业化住宅、教育、水利等专项产品研发，建立了有效的专项业务产品系列核心技术和专项技术数据库，解决了工程设计中共性和关键性的技术难点，提升了设计品质；在专业技术方面，拥有包括超高层结构分析与设计技术、软土地区建筑深基础设计的关键技术、大跨空间结构分析与设计技术、建筑声学技术、建筑工业化技术、BIM数字化技术、建筑机电技术、绿色建筑技术、围填海工程技术等为代表的核心专业技术，在提升和保持华建集团在行业中的领先地位方面，起到了强有力的技术支撑作用。同时，华建集团聚焦中高端领军人才培养，实施"213"人才队伍建设工程，不断提升和强化集团在行业内的人才比较优势和核心竞争力，华建集团人才队伍不断成长壮大，一批批优秀设计师成为企业和行业内的领军人才。

为了更好地实现专业知识与经验的集成与共享，推动行业发展，承担国有企业的社会责任，我们将华建集团各专业、各领域领军人才多年的研究成果编撰成系列丛书，以记录、总结他们及团队在长期实践与研究过程中所积累的大量宝贵经验和所取得的丰硕成果。

本丛书聚焦建筑工程设计中的重点和难点问题，所涉及项目难度高、规模大、技术精，具有普通小型工程无法比拟的复杂性，希望能为广大建筑设计工作者提供参考，为推动行业科技创新和提升我国建筑工程设计水平尽一点微薄之力。

序

"天地交而万物通，上下交而其志同也"。交通建筑就是要实现多个维度的"交融通达"。当代交通体系需求和发展正在重新定义城市的空间和实践。作为综合交通体系的载体，交通建筑是"流动"和"固定"的结合体，引导着城市空间的发展，也决定着城市空间的效率。当前，我国城市化已经进入了区域协同发展的新阶段，并呈现出由点到面的形态演进。我们可以看到，在京津冀、长三角、粤港澳大湾区的建设中，以若干个节点城市为核心，依托其交通枢纽，串联形成融合民航、铁路、公路、水运、轨交等综合交通的网络系统，促进了人才、物资、资金的大规模快速集散，形成区域协同发展的经济引擎。

作为中国一流的勘察设计企业，华建集团及其下属华东建筑设计研究总院长期从事机场航站楼和综合交通枢纽的建筑设计，专注原创、科研、设计总包服务，最早可追溯至 20 世纪 60 年代的虹桥机场 T1 航站楼，后来经过虹桥综合交通枢纽、龙阳路磁悬浮车站、南京禄口国际机场二期工程、港珠澳大桥珠海通关口岸、港珠澳大桥澳门通关口岸、浦东国际机场卫星楼、乌鲁木齐国际机场改扩建工程、虹桥机场 T1 航站楼改造、浦东机场 T1 及 T2 航站楼、萧山机场三期综合交通枢纽等一大批国家级、省市级的重大工程项目实践和积累，已形成了核心技术优势，得到了社会各界和业主的高度认可和好评，并涌现出了一批为我国交通建筑事业作出卓越贡献的优秀建筑师，华东建筑设计研究总院副院长郭建祥就是其中的杰出代表。

本书是由在航站楼和综合交通枢纽领域具有深厚造诣的优秀设计专家郭建祥先生倾注多年心血撰写而成的，凝聚了其多年来专注交通建筑设计领域的工程技术实践和理论创新成果，也是华建集团长期坚持产学研一体化发展的成就展示，其中不乏许多创新实践。书中通过对大量具有广泛影响力的重大工程项目实践案例（包括作者直接主持设计的）及国内外著名交通建筑案例的梳理和分析，结合长期的科技创新研究成果，从枢纽维度、数理维度、体验维度、开发维度、形象维度、智慧维度等六个维度，在航站楼及各种交通方式枢纽融合、数据预测及计算、人性化设计及空间体验、枢纽不同圈层开发、建筑室内外造型及视觉体验、安全智慧绿色低碳设计等各个方面，对交通建筑设计进行系统总结和理论创新，代表了当今国际先进设计理念和设计技术。相信本书的出版将会弥补目前市场上有关交通枢纽专项学术论著的空白，可为广大交通建筑设计工作者提供极有裨益的精神食粮。同时，也更期望本书的出版，能为我国空港和综合交通枢纽的设计实践与技术进步作出突出的、开创性的贡献。

目 录

总序 ⋯⋯⋯⋯⋯⋯⋯⋯⋯⋯⋯⋯⋯⋯⋯⋯⋯⋯⋯⋯⋯⋯⋯⋯⋯⋯⋯⋯⋯⋯⋯⋯⋯⋯⋯⋯⋯⋯ 秦宝华
序 ⋯⋯⋯⋯⋯⋯⋯⋯⋯⋯⋯⋯⋯⋯⋯⋯⋯⋯⋯⋯⋯⋯⋯⋯⋯⋯⋯⋯⋯⋯⋯⋯⋯⋯⋯⋯⋯⋯⋯ 张 桦

绪 论　由驿站谈起：交通建筑的演变

019　　古代"驿"与"站"的传统含义
020　　大工业时代单一交通维度下的新"驿站"释义
021　　当代对于"驿"与"站"含义的统一和外延

第一章 ｜ 当代交通建筑的四个发展要求

027　　1.1　当代交通建筑定义
027　　　　1.1.1　由交通工具的不同带来的差异性
027　　　　1.1.2　由使用对象的趋同带来的同质性
028　　1.2　效率优先
028　　　　1.2.1　时间效率：交通工具的运行准点
028　　　　1.2.2　使用效率：目标人群的便捷使用
029　　　　1.2.3　管理高效：设施设备的集约统一
030　　1.3　枢纽运作
030　　　　1.3.1　枢纽：城市交通站点——城市体系节点的跃升
030　　　　1.3.2　换乘：交通建筑与城市交通体系的结合
034　　1.4　体验为上
034　　　　1.4.1　对于传统"痛苦"出行体验的颠覆
034　　　　1.4.2　标准化体验向定制化体验的转变
035　　1.5　综合开发
035　　　　1.5.1　人流聚集的商业效益
036　　　　1.5.2　城市功能的整合重塑

第二章 交通建筑设计的枢纽维度

- 042　**2.1　交通建筑枢纽化的规划意义**
- 042　　2.1.1　机制的改革——大交通体系下的战略思考
- 042　　2.1.2　能级的跃升——从交通节点到城市区域节点
- 045　　2.1.3　交通的整合——辐射半径的互补
- 047　　2.1.4　土地的集约——枢纽化集聚节约土地资源
- 053　**2.2　交通枢纽设计的几点原则**
- 053　　2.2.1　空间共融，可分可合
- 054　　2.2.2　水平贴临，立体换乘
- 060　　2.2.3　人车分离，车行分级
- 063　　2.2.4　公交优先，轨交优先
- 066　　2.2.5　到发分离，接驳分离，长短时分离
- 067　**2.3　从一体化交通中心到综合交通枢纽——不同类型枢纽设计的代表作解析**
- 067　　2.3.1　一体化交通中心：上海浦东机场二期工程
- 073　　2.3.2　综合交通枢纽的经典案例：上海虹桥综合交通枢纽
- 095　　2.3.3　因地制宜的枢纽设计：南京禄口机场二期工程案例
- 102　　2.3.4　交通枢纽的别样诠释——港珠澳大桥珠海口岸

第三章 交通建筑设计的数理维度

- 116　**3.1　数理逻辑预测与计算**
- 116　　3.1.1　交通业务量预测
- 118　　3.1.2　枢纽换乘预测：由线性预测向矩阵预测的预测整合
- 124　　3.1.3　基于高峰运能的建筑设施量计算
- 130　**3.2　交通区域节点可持续发展策划**
- 130　　3.2.1　航站楼可持续发展策划
- 131　　3.2.2　在动态维度下选择分阶段发展的最优序列
- 133　　3.2.3　航站楼构型研究策划
- 137　　3.2.4　航空港可持续发展的若干原则
- 141　　3.2.5　大型机场航站楼分阶段发展模式研究
- 146　**3.3　建筑设施容量的弹性设计**
- 146　　3.3.1　航站楼主楼的弹性设计

147 3.3.2 航站楼候机区的弹性设计
148 3.3.3 航站楼功能可变性设计
151 **3.4 交通建筑设计的模数体系**
152 3.4.1 由内而外的航站楼模数体系
153 3.4.2 分级的模数系统

第四章 | 交通建筑设计的体验维度

160 **4.1 步行距离与中转时间的控制**
160 4.1.1 旅客步行距离
160 4.1.2 航站楼的中转流程和中转时间
162 **4.2 旅客导向性设计**
162 4.2.1 旅客流程与导向性设计
164 4.2.2 空间导向性设计
168 4.2.3 标识系统与导向性设计
175 **4.3 空间体验设计**
175 4.3.1 尺度设计
178 4.3.2 空间体验序列与表情设计
179 4.3.3 空间识别性设计
188 **4.4 环境体验设计**
188 4.4.1 光环境体验设计
195 4.4.2 色彩体验设计
200 4.4.3 声环境设计
201 4.4.4 服务设施设计
203 4.4.5 服务与体验的定制化
212 **4.5 旅客体验主导下的南京禄口机场二期工程设计案例解析**
213 4.5.1 以空间表达体验
217 4.5.2 以光线塑造体验
221 4.5.3 以形态感知体验
228 4.5.4 以"表情"提升体验

第五章 | 交通建筑设计的开发维度

238 **5.1 开发的三个圈层**

240	**5.2**	**枢纽主体开发：旅客服务的容器**
241	5.2.1	"交通城市综合体"概念的提出与商业策划步骤
242	5.2.2	基于参数分析，配置商业规模——商业设施量化分析及收益
245	5.2.3	整合旅客流程，活跃商业动线——结合旅客流线的功能布局
252	5.2.4	创造空间效果，营造商业氛围——交通建筑商业空间设计
262	5.2.5	基于平面布局，明确功能业态——与功能布局紧密结合的业态
264	5.2.6	结合地域文化，策划特色主题——地域特色、城市文化的展示窗口
267	5.2.7	引入生态绿化，优化体验商业——消费模式由被动向主动转变，创造经济效益
273	5.2.8	协调相关专业，预留未来增长
274	5.2.9	国际知名案例商业解析
277	**5.3**	**枢纽核心区开发：服务枢纽的核心区综合体模式**
278	5.3.1	换乘中心与主体设施一体化考虑
280	5.3.2	步行可达的骨架系统下核心区综合体
283	5.3.3	对于城市人流进入枢纽开发的审慎：核心区商业道路交通独立循环，并与交通建筑主体有便捷联系
284	5.3.4	与轨道交通的紧密结合
285	5.3.5	对于旅客过夜用房的重要考量
291	5.3.6	陆侧综合体开发模式
294	5.3.7	TOD 模式下的上盖开发
296	5.3.8	枢纽开发模式等专题研究
299	**5.4**	**枢纽综合功能区开发：从城市枢纽到枢纽城市**
299	5.4.1	枢纽：城市发展的引擎
301	5.4.2	交通带动模式
302	5.4.3	特色产业带动模式
302	5.4.4	产业集群带动模式——商务区

第六章　交通建筑设计的形象维度

308	**6.1**	**形象维度的创意设计概述**
309	**6.2**	**功能性即标志性——内部功能的合理物化**
310	6.2.1	城中城：枢纽形象的统一塑造
321	6.2.2	造型与室内空间的统一
331	**6.3**	**富有表现力的第五立面设计与其建构逻辑**

331	6.3.1 浪漫与时尚的屋顶设计
335	6.3.2 云行锦韵后的建构逻辑
342	**6.4 动态变化的视点感受**
343	**6.5 地域环境的现代表达**
344	6.5.1 环境基因的传承
346	6.5.2 传统意向的建筑隐喻
357	6.5.3 材质符号的延续
360	6.5.4 结构构件的提示
362	6.5.5 细部对城市格调的彰显
363	6.5.6 景观对地域文化的暗示
365	6.5.7 标识系统的延续
365	**6.6 建筑结构的一体化演绎**
365	6.6.1 从美国环球航空公司谈起
368	6.6.2 速度与动感的高技表述
372	6.6.3 建筑与结构的充分融合
374	**6.7 对于经济性、合理性的重视**
374	6.7.1 经济性、合理性的重视与成熟技术的使用
375	6.7.2 功能优先、舒适实用——上海浦东机场三期工程卫星厅造型设计解析
379	**6.8 从概念到建成：一次大型交通建筑造型生成的全过程回顾**
379	6.8.1 珠联璧合，如意牵手
384	6.8.2 数百次的刻画与打磨
388	6.8.3 纸上得来终觉浅，绝知此事要躬行

第七章 | 交通建筑设计的智慧维度

393	**7.1 安全维度**
393	7.1.1 防灾规划策划
396	7.1.2 防恐
398	7.1.3 消防
399	7.1.4 防震与防极端气候条件
400	**7.2 生态维度**
400	7.2.1 节地
402	7.2.2 节能
409	7.2.3 节水

410	7.2.4	节材
412	7.2.5	"捕风引绿与舞光弄影"——南京禄口机场二期工程绿色设计
417	7.2.6	"如意牵手、生态口岸"——港珠澳大桥珠海口岸绿色设计
420	7.2.7	精品航站楼的可持续改造设计——上海虹桥机场 T1 航站楼改造绿色设计
429	7.2.8	超大型航站楼的被动式设计实践——上海浦东机场三期工程卫星厅绿色设计
444	**7.3**	**智能维度**
444	7.3.1	自助化程度提升下的智能服务
448	7.3.2	大数据时代下的智能运营
448	7.3.3	"互联网+"时代下的智能商业

第八章 | 交通建筑设计中的平衡与思考

453	8.1	传统性与现代性的思辨——生态的"地域"建筑观
453	8.2	人性化与工业化的悖论——人性视野的回顾
454	8.3	感性与理性的平衡——经济性、合理性与工匠精神
454	8.4	整体与局部的协调——整体最优代替局部最优
454	8.4.1	多利益主体的协调
455	8.4.2	多影响因素的权衡
458	8.5	思考一：贯穿交通建筑全生命周期的执行建筑师
458	8.5.1	贯穿全生命周期的交通建筑的一体化设计特征
459	8.5.2	建筑师负责制的思考
460	8.6	思考二：统筹全局的设计总承包
460	8.6.1	设计总承包模式的源起
461	8.6.2	设计总承包模式的作用
461	8.6.3	设计总承包模式工作内容模块
462	8.6.4	设计总承包模式服务的延伸
462	8.6.5	设计总承包模式的效果
463	8.6.6	港珠澳大桥澳门口岸设计总承包案例
467	8.6.7	部分设计总承包交通类项目

469	**附录 1**	**访谈：让"智慧"提升旅客体验**
476	**附录 2**	**门户之变——从虹桥机场到大虹桥**
476	1. 改革开放前的虹桥机场——从民用建筑到交通建筑
477	2. 20 世纪 70 年代末——20 世纪 90 年代中叶，虹桥机场开启快速发展之路

481	3. 20世纪90年代末—21世纪初从虹桥到浦东：一市两场，分工初现
486	4. 从分散到整合：虹桥综合交通枢纽——城市机场向城市引擎的跃升
491	5. 既有建筑的存量更新——虹桥T1航站楼涅槃重生
494	6. 门户之变——不停歇的脚步
496	**附录3　设计团队介绍**
497	**附录4　华东建筑设计研究总院　部分机场及综合交通枢纽类项目作品集（按时间顺序排列）**
497	1. 上海浦东机场T1航站楼
498	2. 上海浦东机场T2航站楼
502	3. 上海龙阳路磁悬浮车站
504	4. 上海机场城市航站楼
506	5. 上海浦东机场磁悬浮车站及其配套宾馆
508	6. 上海虹桥综合交通枢纽
512	7. 杭州萧山国际机场T3航站楼
514	8. 江苏苏中江都民用机场航站楼
516	9. 南京禄口机场二期工程
520	10. 山东烟台潮水机场航站楼
522	11. 港珠澳大桥珠海口岸
526	12. 港珠澳大桥澳门口岸
528	13. 上海浦东机场三期工程卫星厅工程
530	14. 上海虹桥机场T1航站楼改造及交通中心工程
533	15. 浙江温州永强机场新建航站楼工程
535	16. 江苏盐城南洋机场T2航站楼
537	17. 浙江宁波栎社机场T2航站楼
539	18. 新疆乌鲁木齐国际机场北航站区改扩建工程
541	**附录5　图表索引**
561	**参考文献**
563	**后记**

绪 论

由驿站谈起：交通建筑的演变

古代"驿"与"站"的传统含义

在工业革命出现前的人类社会漫长的发展历程中,人类出行的代步工具主要为船运、马车或者马匹,交通方式较为单一。驿站可以看作是这一时期的交通建筑的代表。

在古代,驿站是当时供差役传递公文和往来官员休息、换马的场所。由于速度的限制,消息、法令或者物资的传递往往是一个长达数日乃至数月的漫长过程,因此,驿站需要为来往旅客提供住宿或休息。

驿:为供给马匹休息,为人员提供马匹换乘的场所。　　站:供来往旅客,特别是为过往官员提供休息的场所

图 0-1　说文解字:"驿"与"站"

驿站,作为衙门传递公文的通信机构,至今已有超过 3000 年的历史。在我国,最早可追溯至春秋时期。秦始皇统一六国后,在全国设立"十里一亭",亭作为最基本的管理单元,就兼有公文通信功能。汉代"改邮为置",改人力步行递送为骑马递送,驿站开始具备马匹换乘的功能了。出于统治的需要,汉代还逐步将单一置骑传送公文军情的"驿",改造成为具有迎送过往官员职能的机构。

我们今天所说的站,最早为蒙古语站赤的音译(jamuci)。元朝颁布《站赤条划》,建立起沟通其中央和众多帝国行省之间的联系。 在当时,驿站功能除了迎送使臣、提供食宿与交通工具外,还担负其运送贡品、行李,以及战时承担军需给养等货运任务。

事实上，驿站制度并非是中国的首创。西方各大帝国如波斯帝国、罗马帝国等均建立了自己的驿站制度。罗马帝国时期，统治者以罗马为中心设置了规模庞大的交通运输体系，随着道路延伸至帝国的边陲，驿站深入到了帝国的每一个角落。这套制度在后来的拜占庭帝国和阿拉伯帝国也得到了延续。

在那个时代，驿站俨然成为帝国的一个标志，伴随着毛细血管般的道路，将法令、信息和物资延伸至帝国的每一个角度，**它是帝国体系中维系统治、传递信息物资的必不可少的一环。**

伴随着驿站的发展和古代交通路网的兴起，进一步推动了古代聚落乃至城市的繁荣，甚至部分城市完全依靠驿站而兴起，如河北怀来、鸡鸣驿、二连浩特等。

大工业时代单一交通维度下的新"驿站"释义

随着 1830 年英国利物浦——曼彻斯特的火车开通，最早的铁路客运站作为一种建筑类型开始进入人们的视野。这一时期，随着工业革命的发展，汽车、火车、飞机等交通工具不断涌现，已成为现代人生活中必不可少的组成部分。火车站、汽车站、机场成为大工业时代下的新的"驿站"体系。**真正意义的交通建筑伴随着大工业时代现代交通工具，如汽车、火车、飞机等的出现而出现。**

1804 年，世界上第一台蒸汽机车出现；1840 年，世界上第一列真正在轨上行驶的火车出现；1879 年，第一台电力机车由德国西门子电气公司研制成功；1886 年，世界公认的第一台现代汽车发明成功；1903 年，莱特兄弟发明了飞机。这些交通工具不断涌现使得交通方式日益多元化，彻底地改变了人们的出行方式，也深深地影响了这一时期的交通建筑设计。

这一时期，国外陆续兴建了一批诸如伦敦国王十字车站、纽约中央火车站等著名现代交通建筑。而在中国，20 世纪初兴建了诸如北京正阳门火车站等新古典主义风格的建筑。新中国成立后，作为北京十大建筑的北京火车站是 20 世纪 50~60 年代交通建筑的经典案例之一，其铁路站房、旅客站房和交通广场三大元素已经全部具备，对我国后续交通建筑，尤其是铁路建筑影响较大。改革开放后，华东建筑设计院设计的上海新客运站作为全国第一个线上式车站，第一次提出南北开口、高架候车的模式，极大地缩短了流线、节省了用地，这种创新的布局模式影响了之后的一批新建火车站的设计。这一时期，中国航站楼这一交通类型开始发展，1963 年，中国和巴基斯坦两国决定开通上海—卡拉奇国际航空线。同年 10 月，经国务院批准,扩建军用上海虹桥机场为军民合用国际机场,并建设了一座约 1 万 m^2 的候机楼,功能合理,朴素大方,开创了这一时期的航站楼建筑设计风格,并深刻地影响了当时全国一大批航站楼的建设。

城市因交通而兴。随着大运量交通工具的蓬勃发展,交通线路和交通站点的选择对于城市的发展影响较古代而言有了重大的突破。在中国,借助铁路线路的规划带来的发展机遇,使郑州和石家庄都完成了由小县城到大城市的跃升,一度被称为"火车拉来的城市"。

大工业时代下效率优先的原则使得交通建筑更加强调工具的效率,它往往体现为实现旅客快速集散的大型公共站点,以单一交通方式为主导,以实现旅客的快速集散为目的,强调交通工具的快进快出,而对于旅客体验(如服务、设施、品质等)则关注不够,很多时候它只是为旅客提供简单休憩场所的构筑物。而不同交通方式之间彼此缺乏联系和协调,未能形成枢纽化运作,这也是由当时社会和科技的水平所限,这一特征体现了当时的时代特征,契合了当时社会的强调效率的发展需求。

在这一时期,因其功能性为主导,很多人不将其视为真正意义上的建筑。即使到了 1990 年,马克奥热依然使用"非场所性存在(non-place)"这一概念来描述机场和火车站。他认为他们只产生"孤独与相似性"。[1]

当代对于"驿"与"站"含义的统一和外延

随着经济技术的进一步发展和信息交互的进一步发展,人们对于出行品质和体验有着更高的要求。今天的交通建筑已经摆脱了传统驿站的释义,成为"驿"与"站"高效结合的综合体,更成为城市交通换乘的容器、生活的节点。它已经摆脱了过去交通建筑单纯强调交通工具优先的逻辑,为建筑师的设计提出了更多的挑战。

这一时期,交通方式由大工业时代的多样性逐渐走向了整合,整合多种交通方式的综合交通枢纽为人们的出行提供了更加便利且多样的选择。正如前文所说,城市因交通而兴,而综合交通枢纽更是城市发展的重要引擎。交通建筑(特别是交通枢纽)与城市之间形成了良好的互动,通过其带来的巨大的交通优势,推动城市的功能重塑和产业升级。

事实上,在 20 世纪末期,北京西站、杭州火车站等具有交通枢纽综合体雏形

---
[1] 吴蔚,沈慧雯. 对话的火车站——gmp 交通建筑的一体化设计 [J]. 城市建筑,2017,(31).

的交通建筑已经出现。但在相当长的一段时间，火车站不被允许引入太多的商业、餐饮等设施，其相联系的交通方式还是服务主体交通方式的一些辅助交通工具。

进入21世纪以来，随着经济的发展和人们生活水平的提高，中国民航发展极其迅猛，乘坐飞机从属于少数人的"身份"象征开始很快地成为大众出行的合适选择。在这样的背景下，北京、上海、广州三大城市陆续新建北京T3、上海浦东T2等一批大型枢纽机场，巨大的航站楼为航站楼商业的蓬勃发展提供了可能。此外，轨道交通的不断发展使得交通建筑的枢纽化运作越来越强。不同交通方式的场站之间的融合趋势亦成为历史潮流。

上海虹桥综合交通枢纽可以视作中国交通建筑的一座里程碑。它第一次将高铁、机场、轨道交通、地面交通等无缝地整合在一起，同时有效带动了周边区域——虹桥商务区的开发。

这一时期，单一功能的交通建筑已不能适应城市发展和人民日益增长的交通出行的需求。站城一体、多种交通方式一体的一体化交通建筑成为解决现有交通和城市发展矛盾的有效方法。

随着经济技术的进一步发展和信息交互的进一步发展，今天的交通建筑已经摆脱了传统驿站的释义，成为"驿"与"站"高效结合的综合体，更成为城市换乘的容器、生活的节点，是城市功能的综合体现。它已经摆脱了过去交通建筑单纯的交通工具优先的逻辑，为建筑师的设计提出了更多的挑战。

回顾交通建筑上千年的发展历史，"场"与"站"始终是极其重要的两个元素。它的发展历史正是这两元关系不断变化延伸的历史。

一部交通建筑史，可以说就是一部人类社会发展史的缩影。交通建筑的发展始终与社会的发展和科技的进步息息相关。社会的进步推动了交通工具的革新，进而影响到交通建筑的功能布局和建筑形态，其所在的社会形态始终是当时社会发展、社会意识形态自觉或不自觉的产物。而科技等社会硬实力的发展则会深刻地改变交通建筑的布局和最终的物质形态。

交通建筑自诞生起就与城市的发展关系密切，交通建筑设计与城市规划设计应统筹考虑。交通建筑在不同时期，均不同程度地推动了城市的发展和升级。在交通建筑的发展历史上，其一度割裂城市，甚至成为城市发展的不稳定因素。如今站城一体化，交通建筑与城市设计一体化已成为发展趋势。

"以人为本，效率优先"是交通建筑发展的核心。对于效率的重视在交通建筑的设计中有着至关重要的地位。随着社会的进步，对于旅客出行体验也有了全新的诠释，为建筑设计提出了更高的要求，推动了交通建筑的进步与升级。

一体化设计是交通建筑发展的趋势。在交通换乘一体化、商业开发一体化，乃至建筑、形态、室内空间与结构选型一体化的基础上进行设计，这将是未来交通建筑的发展方向。

华建集团华东建筑设计研究总院（以下简称华东总院）航空港和综合交通枢纽团队的历史远溯至20世纪60年代主持上海虹桥T1航站楼的设计中。1994年，作为中方合作单位参与上海浦东T1航站楼的设计，第一次接触超大型现代交通建筑设计的内容和要素。团队先后原创完成了上海浦东机场T2航站楼及一体化交通中心、上海虹桥综合交通枢纽（目前世界上规模最大、功能最复杂的综合交通枢纽）、南京禄口机场二期工程（T2航站楼及交通中心综合体）、港珠澳大桥人工岛口岸枢纽（功能最复杂的三地通关枢纽型口岸）等大型交通建筑的设计，目前正在从事乌鲁木齐机场（国家两大门户机场之一）、上海浦东机场三期工程卫星厅（世界最大卫星厅）等大型交通建筑的设计，积累了相当的交通建筑的设计经验和心得。

本专著中提到的案例多为以航空港以及以空港为主要对外交通方式的综合交通枢纽，虽然不同交通建筑都有其自身的特性和侧重，但背后的设计逻辑却较为一致，希望本书的出版能够对交通建筑的设计有所帮助。

第一章

当代交通建筑的四个发展要求

1.1 当代交通建筑定义

当代交通建筑是公交车站、轨道交通站、公路客运站、港口客运站、铁路客运站、民用机场及停车场（库）等供人们出行使用的公共建筑的总称。它通常包括外部交通连接、供旅客使用的站房、交通工具运行区域等，让人们在此开始、结束或转换一段行程。

交通建筑种类涵盖极广，仅从 2 项最具影响力的交通建筑上看，铁路站房和航空港之间既存在着明显的差异性，同时又有着趋同的态势。这对于当代交通建筑设计提出了新的要求。

1.1.1 由交通工具的不同带来的差异性

从交通建筑的场站二元论来看，交通建筑的差异性最主要的来源在于交通工具的不同，因此造成了其构型布局以及其与城市的联系的不同。

火车站的形态在于满足火车的停靠及轨线的通过，其构型布局需沿着轨线展开，而航站楼则需要最大限度地提供停机岸线，其构型布局可以很明显地看出主楼与指廊的划分。此外，铁路枢纽瞬间集散量较航空枢纽而言更大，在其传统布局中往往通过大的集散广场进行疏散。

对于航空枢纽而言，飞行区将机场和周边城市相割裂，其与城市的联系主要集中于陆侧，而轨交枢纽的城市性则更强。

如美国纽约火车站轨线全部下埋。从空中看，车站完全融入周边城市肌理，没有大的城市广场，也没有地面的轨线。深圳前海综合交通枢纽则将交通功能放入地下，将地面的空间打造为慢速的步行街，让市民徜徉其间。地上的慢速交通和地下的快行枢纽同时为市民服务，兼具开放性与公共性。

1.1.2 由使用对象的趋同带来的同质性

事实上，我们可以看到随着交通枢纽的演进，铁路枢纽和航空枢纽越来越趋同。这之后的根本原因在于其使用对象的趋同性。

使用对象的趋同：很长一段时间，火车站与航站楼所服务的群体被视为截然不同的两种社会阶层。被铁路割裂的城市空间，嘈杂拥挤的室内场所，春运期间甚至寸步难移的车厢都加剧了火车站在社会大众心目中的消极形象，甚至成为犯罪的高发地带。这在很大程度上消解了其在建筑学上的意义。而航站楼则因其服务对象较为"高端"，在大众心中多无此消极形象。随着经济的发展以及动车、高铁的开通，事实上，两种交通枢纽所服务的旅客越来越趋同，火车站和航站楼之间已无高下之分。

服务标准和设计关注点趋同：由于使用对象的趋同，目前两者之间的服务标准也越来越相近。其建筑的关注点也相近：都关注于旅客体验，强调旅客的便捷高效换乘和控制步行距离等，都强调枢纽商业的开发和与城市的互动。

空间布局的趋同：20世纪80、90年代的火车站设计，大的集散广场和分散的候车室一度成为火车站设计的标配。但是，自上海南站之后，上海火车站等候空间开始向航空枢纽看齐，目前在国内新建的铁路枢纽中，集中的、大型的"共享性"等候空间已经逐渐取代了传统的分散式等候空间。此外，随着枢纽概念的深入，铁路枢纽也开始强调通过多通道对人流进行疏散，站前广场的设置也不再成为必需。

总之，在交通枢纽的设计中，我们不能再将这不同类型的交通建筑进行严格区分对待，而应该充分认识到其建筑学上的共性问题。效率优先、枢纽运作、体验为上、综合开发，这是几乎所有的交通建筑设计中的共性诉求。

1.2　效率优先

作为交通的容器，交通建筑与其他公共建筑不同。在它的设计中，效率始终是建筑师做建筑设计所关注的重点。随着年旅客量多至数千万、规模多达数十万平方米的交通建筑的不断涌现，交通建筑也越来越像一个庞大和复杂的有机体，在这个有机体的设计中，效率是我们关注的核心。

1.2.1　时间效率：交通工具的运行准点

时间效率反映为交通工具的准点与速度。针对交通工具而言，我们需要关注两个接口，即旅客到达交通建筑和旅客乘坐交通工具离开这一内一外两个接口。交通建筑设计应保证其运转的最为便利和效率最高，以保障其交通工具的准点运作。比如说航站楼设计中，空侧布局使得飞机滑进、滑出距离最短，而陆侧适宜的车道边设置保证送客车辆的畅通等。

1.2.2　使用效率：目标人群的便捷使用

旅客换乘效率优化原则要求建筑系统简洁、明确、方便；旅客更容易读懂建筑，更清楚自己的目的地，从而使得内部换乘效率更高。

针对运营机构如航空公司、车队应保证其运营的便利度和高效，如上海浦东机场其主要基地航空公司存在着较大的国际航班国内段需求，因此，上海浦东机场T2航站楼乃至最新的卫星厅的设计，我们设置了更多的国内国际登机桥可转换机位。

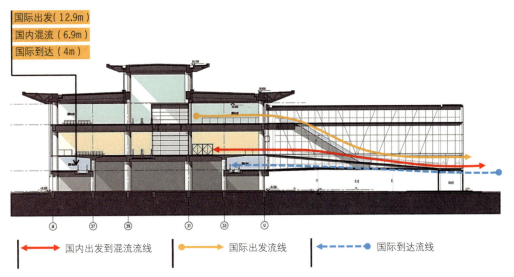

图1-1 上海浦东卫星厅国内国际可转换登机桥示意

以上海浦东机场三期工程卫星厅为例，为方便航空公司枢纽化运作，候机指廊将国内混流层、国际出发层、国际到达层叠层布置，使尽可能多的桥位变成可转换桥位，保证了机位在任何时候都可以快速、高效地进行国内国际的切换，奠定了浦东机场国际枢纽港的地位。

1.2.3 管理高效：设施设备的集约统一

交通工具的高效和目标人群的便捷使用，最终都要通过管理的高效加以实现。具体措施包括：

1. 设施设备的集中设置

以航空港设计为例，应该考虑在可能的条件下联检、安检，行李等设施设备集中布置，以方便运营单位管理。

2. 各级控制中心的分级控制

建立从枢纽顶层到各交通场站乃至各项子系统的分级控制体系，提高管理控制效率。

3. 现代技术的引入

通过人脸识别技术、大数据技术、手机APP等现代互联网技术的引入，提高管理效率。

1.3 枢纽运作

枢纽一词英文翻译为 hub，可以理解为大家常说的集线器，它应用于使用星型拓扑结构的网络中，连接多个计算机或网络设备。集线器的基本功能是信息分发，它把一个端口接收的所有信号向所有端口分发出去。同时，它使多台计算机之间建立了局域网，这就使它们之间的信息传递和共享成为可能。

交通枢纽（Communication hub）一般指处在一定地区范围内交通运输网络的中心或节点。根据建筑设计资料集的定义，综合客运交通枢纽（以下简称交通枢纽）是指以几种交通运输方式交会，并能处理旅客联运功能的各种技术设备的集合体。它是以旅客始发、终到为基本功能，强调并突出旅客换乘的交通网络中的重要环节。

在较长的一个社会时期，我国的铁路、公路、城市公交、地铁往往由不同部门负责，各部门缺乏联系与沟通，导致换乘旅客不多。而事实上，旅客换乘往往可以是多种交通方式的组合功能。现代化的交通综合体往往融合了机场、铁路、城市轨交、出租车、私家车，并在此基础上衍生出会展、购物、餐饮、酒店、办公等多种业态。

随着上海虹桥综合交通枢纽等大型综合交通枢纽的出现，综合交通枢纽在全国范围内逐渐风靡。枢纽运作已经成为一个趋势，即使是规模不大的航站楼、火车站，也不再是一个孤立的交通场所。它们往往结合城市轨道交通、公交巴士等相应交通工具，形成不同程度的枢纽化建筑。对于它的设计，我们不仅需要从建筑的微观层面进行认知，更需要从城市的宏观层面进行统一考虑。

1.3.1 枢纽：城市交通站点——城市体系节点的跃升

城市交通建筑，尤其是大型公共综合交通枢纽，如上海虹桥综合交通枢纽、港珠澳大桥人工岛口岸枢纽、深圳前海综合交通枢纽等，已经逐渐演变为国家城市体系中的重要节点，成为国家战略的重要组成部分。

1.3.2 换乘：交通建筑与城市交通体系的结合

随着城市迅猛发展及人口的快速流动，作为交通汇集和转换节点的交通建筑也面临新的挑战。当代交通建筑，已经不仅仅是一种单独交通方式的载体，往往体现为满足多种交通方式的衔接与转换，实现旅客最便捷换乘。其核心已不仅仅在于解决旅客的始发终到，同时解决实现交通工具的有效集散、大量人流在错综复杂空间

图 1-2 上海虹桥综合交通枢纽实景

图 1-3 港珠澳大桥人工岛口岸枢纽实景

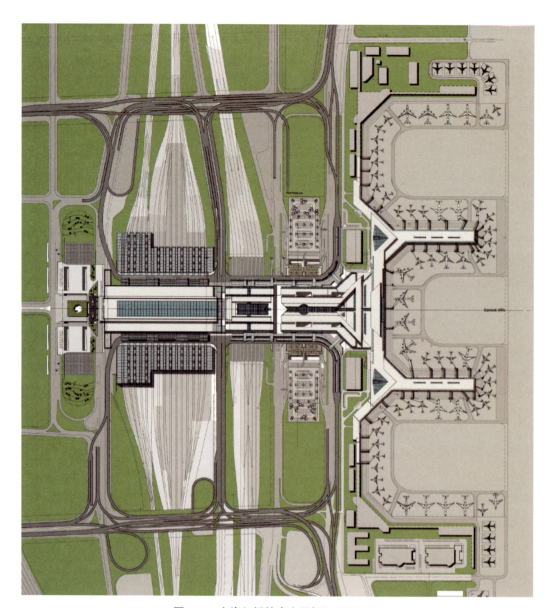

图1-4　上海虹桥综合交通枢纽总平面图

中的有序换乘。作为交通建筑，枢纽就是交通工具转换的容器，当多种交通工具融合在一起时，转换变得更为重要。

事实上交通枢纽包括了两种形式：

第一种是单一交通枢纽，主要为同一交通方式之间不同线路之间的换乘。以机场、火车站、长途客运站等单一大型城际交通为主体的交通运营方式，不同线路之间在此交汇的枢纽模式。如美国亚特兰大机场，位于美国佐治亚州亚特兰大市中心南方约11km处，机场同时也是全世界旅客转乘量最大、最繁忙的机场。此外，达美航空以此机场为主要枢纽，2016年吞吐量超过1亿人次。

第二种则是综合交通枢纽，主要为不同交通方式之间的换乘。以机场、火车站、

图 1-5 上海虹桥综合交通枢纽实景照片

长途客运站等城际交通中 2 种及以上为主体交通运营方式,其他多种辅助交通方式与城市或地区换乘衔接的枢纽模式。上海虹桥综合交通枢纽是其代表,里面包含了 64 种可能的连接方式、56 种换乘方式、16 种最常用的换乘方式。

1.4 体验为上

在今天的交通建筑的设计中，旅客体验始终是最为重要的。自旅客抵达车道边到旅客抵达登机口这一过程，便是旅客不断地去体验交通建筑设计的过程。我们希望它对于旅客而言是一个愉悦的过程。交通建筑设计应该始终将旅客体验放在较为重要的位置，功能布局和组织围绕旅客体验展开。

回顾交通建筑的发展历程，在20世纪上半叶，它因其功能性占主导地位，而不被视为传统意义上的建筑。而对于旅客体验的重视，使得建筑师对于交通建筑空间氛围和旅客流线的营造更加重视，从这个意义上说，我们是在赋予交通建筑更高的人文意义，使其完成了从工具到建筑的升华。

1.4.1 对于传统"痛苦"出行体验的颠覆

相信许多人对于传统的出行方式都有着较深的体会，慢速移动的交通工具、拥挤的场站环境、嘈杂的等候环境，在旅客的心目中出行变成了一件较为痛苦的经历。这背后，既有复杂的经济社会的发展因素，也有传统建筑背后重功能轻体验的原因。以前很长一段时间，国内交通建筑设计主要着眼于满足运营管理的需求。今天，随着技术的发展，动车、高铁的出现以及飞机、高速公路等的日益普遍，交通工具带给人们的体验已经越来越舒适化。此外，交通建筑也在悄然发生着改变。设计已经由安全性、便捷性等基本需求上升为多元化的需求，已经由以运营为本提升到以人为本的新高度。可以说，以人为本的设计原则回归到了建筑设计的本源。例如，充分利用自然采光的空间导向性；设计细致入微的人性化代步设施及服务设施；便利易达的无障碍设施；设计合理的空间尺度；尽量控制旅客的步行距离等。当代交通建筑已逐渐走向"交通为前提，换乘为基础，体验为核心"的新时代。

1.4.2 标准化体验向定制化体验的转变

在重视效率为先的工业时代，传统旅客的体验是标准化、均质化的。在今天，随着出行旅客的群体的不断细分，以及不同群体旅客对于服务提出的差异化需求，传统的标准化体验正在向定制化体验转变，这对于交通建筑设计也提出了新的要求。

1.5 综合开发

正如前文中所说，交通建筑长期以来一直是城市的有机组成部分。工业革命后现代交通建筑的出现，这种城市性在一定程度上被削弱。许多火车站和机场在一定程度上形成了城市的割裂。近十年来，随着交通建筑走向枢纽化和综合体化，这种割裂逐步得到了"治愈"。站城融合成为趋势。这种融合，一方面可以理解为交通建筑解除对于商业的使用限制，另一方面可以理解为充分考虑城市因素，与城市功能一体化融合。

1.5.1 人流聚集的商业效益

在较长的一段时间里，交通建筑内部的商业是被严格限制的，建筑内即使有少量的商业也是满足旅客必需的一些零售和餐饮，不成气候，服务品质较差。这一方面降低了旅客服务品质，另一方面，交通运营成本无法通过商业等营利性收入进行平衡。

随着交通建筑规模的越来越大，以及中国交通体制改革的深入，许多交通运营单位如机场当局对于如何最大化非营利收入高度重视，铁道部改制为中国铁路总公司后，也开始探索商业的盈利模式。另一方面，枢纽的复杂性带来人流与出行目的的复杂性，枢纽将从满足单层级交通需求向多层级体验需求转化：在虚拟经济风靡、实体商业发展相对受挫的今天，枢纽的建设将为城市带来大量的人流，巨大的建筑体量和复杂的空间组织关系使交通换乘功能进一步孵化，孕育出等候、交流、休闲、观赏、消费等需求，交通建筑的商业效益也受到了社会的高度聚焦。交通建筑已经越来越向城市生活综合体演变，甚至成为城市的一个副中心，交通枢纽的建设甚至可以带来城市的复兴，成为城市经济持续发展的引擎和动力。如日本京都火车站，火车站在整个项目中仅占有5%的面积，它变成了一座囊括百货商店、购物中心和高级酒店的综合建筑（图1-6）。这部分归功于日本京都EKIBIRU[1]的建成，同时日本京都站周边区域的商业潜力也由此得到了提升。

---

[1] EKIBIRU：包含火车站在内的大规模建筑综合体，拥有诸如商业设施之类除车站外的其他功能，此类建筑在日本尤为发达。

图 1-6　日本京都火车站鸟瞰[1]

作为日本建筑师原广司的代表作，京都火车站包括酒店、百货、购物中心、电影院、博物馆、展览厅、地区政府办事处、停车场等功能。它已经不是一个纯粹的火车站和综合交通枢纽，它已是城市的大型开敞式露天舞台、大型活动的聚会中心、古城全景的观赏点、购物中心和空中城市。

车站东广场由京都剧场与京都格兰比亚大酒店组成。京都剧场位于东楼 2—6 层，承办各类演出还可作为会展场地为酒店提供服务。西广场地下 2 层到 11 层则是伊势丹购物商场。

1.5.2　城市功能的整合重塑

城市交通枢纽往往具有两个突出的特点：

一是交通职能的集约化。集多种交通工具于一身，将空港、铁路、公路、地铁等客运站以及出租汽车、小汽车停车场等不同功能和内容集中配置，各种交通工具相互协作，换乘方便。这一点在前文中已经讲过，不再展开。

二是城市职能的多元化。丰富的商业、服务业以及外围开发，使车站成为集交通功能和商业服务性内容于一体的综合性多功能建筑。这种综合性的多功能客运站与以往的普通客运站相比，在组织和协调多种交通工具方面具有十分明显的优势，而且使客运站与商业服务互补。在空间上，把城市中的商业布局结构与城市交通统一了起来，既适应了现代化社会高效率、快节奏的生活方式，又符合城市经济发展

---

[1] 图 1-6：高浦敬之，山本博史．京都站大楼未来百年保护策略[J]．世界建筑，2018（04）．

的需要，是大城市走向高度集中的一种新模式，也是当今大型城市交通建筑的发展方向。

交通建筑带来的巨大集聚效应，也引发了城市功能的整合重塑。以交通为核心，带来其他城市功能的集聚，与商业、办公、娱乐等产业联合开发，带动周边区域的开发，从而产生巨大的经济回报。以上海虹桥综合交通枢纽为例，在其带动下，已建成集会展、商务、商业、文化为一体的综合功能区。

作为交通建筑参与城市功能升级的代表，航空城依托于航空枢纽发展，逐步在机场周边形成具有城市特征的城市功能组团和航空产业集群。荷兰史基浦机场，2016年年旅客量达到6400万人次，作为欧洲第三大机场，以其为核心，形成了集航空枢纽、物流、商贸、办公为一体的航空城，当地政府甚至将其上升为国家竞争力的战略高度。

图1-7　荷兰史基浦机场陆侧开发鸟瞰

第二章

交通建筑设计的枢纽维度

随着经济技术和信息交互的进一步发展，交通工具网络化的形成对于交通建筑本身提出了更高的要求。单一交通方式的内部换乘网络和不同交通方式之间的外部换乘网络发生叠加，单一功能的交通建筑，如车站、火车站、机场等，逐渐向集合化、枢纽化的复杂功能进行演进。这其实是社会经济发展到一定程度的必然结果。

交通建筑由点对点式服务，发展为核心节点的辐射式服务，再演进为多节点间的网格化服务，使运行效率快速提高。

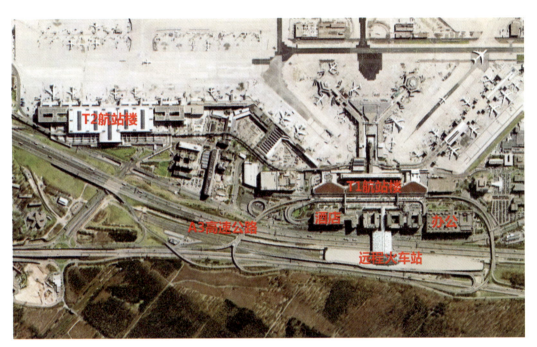

图 2-1　德国法兰克福枢纽

图 2-2　上海虹桥综合交通枢纽鸟瞰图

事实上，当交通建筑走向枢纽化的今天，相信许多设计同仁都有许多疑问：

1. 交通建筑枢纽化和常规交通建筑的不同之处在哪里？它的意义在哪里？

2. 交通枢纽设计的核心是什么？什么样的功能布局模式才是高效的？

3. 交通枢纽演进经过了哪些阶段？现在国内一提起枢纽设计就会谈到上海虹桥枢纽，上海虹桥枢纽的模式是否就是枢纽设计的"标准答案"？

在长期的枢纽设计中，我们一直带着疑问进行设计和思辨，有一些心得体会可以和大家分享：

1. 枢纽设计的核心在于整合。这种整合的意义既可以从建筑层面上理解，更可以上升到城市、区域乃至国家战略。

2. 交通枢纽设计的核心在于换乘。高效的功能布局应以解决大流量旅客多种交通方式的换乘为宗旨。

3. 枢纽模式应该是多种多样的。上海虹桥枢纽模式不可简单地复制。虹桥综合交通枢纽是国内最复杂的交通枢纽之一，它集合了轨、陆、空各种交通工具。上海虹桥模式是城市经济发展、区域交通规划与集成的特定产物，也是2010年上海世博会的"命题作文"。因其交通规划的特殊性，不要简单复制，但其枢纽设计理念可以在其他交通建筑中加以运用。

2.1 交通建筑枢纽化的规划意义

2.1.1 机制的改革——大交通体系下的战略思考

事实上，综合交通枢纽的背后往往离不开政策的鼓励和推动。由于我国长期以来的经营和管理机制，每种交通运输方式背后各有其技术规范和管理壁垒，如果任由其单独发展，不可避免与综合枢纽的规划、建设以至运营相抵触。2008年以来，国家成立大交通部（民航总局变为交通部下的民航局，铁道部分为中国铁路总公司和交通部下的铁路局）实施大部门体制，为枢纽建设中设施共享、空间共融提供了可能。2013年，国家相关部委更是出台了《促进综合交通枢纽发展的指导意见》等系列文件，指导城市综合交通枢纽发展。

2.1.2 能级的跃升——从交通节点到城市区域节点

当交通建筑由单一的交通建筑向交通枢纽发生演变时，其能级会得到一个跃升。这种跃升的背后其实离不开当地政府的"主动"。交通枢纽的形成是有意识的

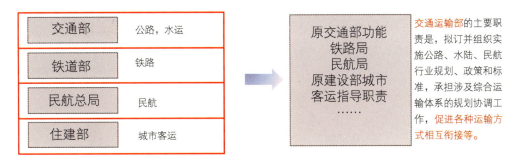

图 2-3 大交通体系下的战略思考

"主动"形成。当城市或者区域需要建设一个本身即具有较高能级的交通建筑（往往是大型航站楼或者火车站）时，当地政府和规划部门往往会有意识地促进不同交通方式站点之间的集聚靠近，并产生相互联系，有意识地促进枢纽建设，进一步提高交通运行效率，促进城市发展，上海虹桥综合交通枢纽的建设即来源于此。2005 年上海虹桥国际机场总体修编，明确了扩建西跑道和西航站楼的建设计划；高铁上海站的重新选址（七宝——虹桥）；磁悬浮城际与市域规划及虹桥站选址，在政府及多方利益主体的共同努力下，最终几大重要交通基础设施集聚虹桥，推动了枢纽的形成。

在这一过程中，交通建筑向综合交通枢纽演变时，它便已经逐渐演变为城市乃至区域体系中的重要节点，这就需要我们从城市群战略的高度进行重新审视。

以上海虹桥综合交通枢纽为例，它在长三角地区串联起上海、南京、杭州三大都市圈以及沿线苏锡常等经济较发达地区，并促进沿江和长三角地区人力资源的有序流动和集聚，实现长江三角洲商贸、信息、资金以及人力资源的融合与对接。

上海虹桥枢纽的建设将为上海市及其周边地区的客运交通系统注入新的强大活力，不但可以形成一个新的契机，同时可以综合解决现状城市交通的诸多问题，使上海市的交通建设持续健康地发展，也为上海服务全国提供了更可靠的保障。

上海虹桥枢纽不仅对长三角地区交通整合及发展产生重大影响，同时，依托长三角广阔空间，充分发挥综合交通枢纽客流集散中心的功能，建设经济发展所需的多元城市现代服务业功能。

港珠澳大桥人工岛口岸枢纽也是一个重要的区域节点。港珠澳大桥工程是在"一国两制"条件下粤港澳三地首次合作共建的超大型基础设施项目。这座跨越伶仃洋天堑的超级工程已经酝酿近 20 年，寄托着实现香港、澳门、珠海三地连接的百年梦想。港珠澳大桥人工岛口岸工程是举世瞩目的粤港澳三地大型跨界衔接工程——港珠澳大桥的重要配套项目；口岸建设并投入使用是大桥通车的前提，建成后将成为澳门、珠海、珠江三角洲西岸地区及粤西地区通往香港的最便捷的陆路通道，不

图 2-4 上海虹桥枢纽：城市交通体系节点示意图

但可以加快珠江三角洲西岸地区、粤西地区的经济发展，而且为香港、澳门充裕的资金提供了广阔的腹地，对加快粤港澳大湾区一体化建设进程，提升大珠江三角洲的国际综合竞争力具有极为重要的意义。

图 2-5 港珠澳大桥人工岛口岸：推动粤港澳大湾区一体化的重要节点

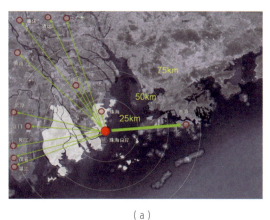
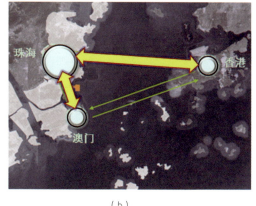

(a)   (b)

图 2-6　人工岛口岸枢纽的建设将给珠西地区带来新的发展机遇，促进粤港澳大湾区一体化建设

2.1.3　交通的整合——辐射半径的互补

汽车、火车和飞机，各种不同的交通工具各有其辐射半径及服务对象。比如私家车和地铁，最多服务半径为 1~1.5h 的车行时间，通常考虑为市域范围内的交通。长途汽车，一般覆盖 200~300km 的辐射半径。铁路，一般覆盖 1000km 以内（8~10h）的服务半径，当距离更远时旅客则往往乘坐飞机。

对于效率的高度重视促使交通建筑从散点式向网络化布局的演进。随着经济技术的进一步发展和信息交互的进一步发展，交通工具网络化的形成对交通建筑本身提出了更高的要求。单一交通方式的内部换乘网络和不同交通方式的外部换乘网络之间发生叠加，枢纽应运而生。为旅客提供各种交通工具换乘的可能性，旅客到达高铁车站或者航站楼后可以非常方便地换乘轨道交通或者其他城市内部交通工具，最大限度地提升交通系统的运行效率和旅客服务品质。因此，枢纽可以理解为最高形式的交通建筑，整合多种交通方式，通过节点衔接的形式互补不同的辐射半径。

正是由于提供了不同辐射半径的交通工具转换的节点，所以在枢纽的设计中，空铁联运等一票联乘不同交通工具的模式成为可能。

所谓空铁联运是指机场和航空公司为旅客提供的铁路和飞行之间的联程服务，换乘之间无须再办理任何手续，而且行李系统自动托运。随着机场规模的扩大和航空运量的不断增长，机场空侧、陆侧都会出现拥挤或产生瓶颈现象。在空侧，机场容量的不足导致机场存在航班延误的现象；在陆侧，对机场陆侧的交通容量的需求增长。引入高速铁路，符合不同交通方式的运营特点，更加充分地发挥其优势。航空设施服务长途旅客，高速铁路服务中长途旅客。空铁联运将部分中长途航线转为铁路运输，一方面节省出跑道系统的容量，另一方面呈现出航空与铁路双赢的局面。通过空铁联运，机场空侧和陆侧状况可以得到很大的改善：在空侧，由于将部分短途航线转为铁路运输，从而节省出跑道系统的容量，以供远程航线使用。同时高速铁路提高了进出机场的公共交通比例，旅客可以购买飞机+铁路的联票，甚至可以通过行李直挂，无须提取行李，完成从家门口到目的地不同交通工具的无缝换乘。

德国法兰克福机场枢纽即是一个空铁联运的经典范例。它位于欧洲的心脏地带——德国莱茵河区域，在法兰克福市中心西南11km，位于德国高速公路A3、A5的交汇处，它是德国最大的机场。2008年它拥有5300万旅客的客流量，在欧洲位列第三，世界排名第九。法兰克福机场包括航站楼和远程火车站两种对外交通方式，为多主体综合交通枢纽。

法兰克福机场由T1、T2两座航站楼组成。T1航站楼于1972年3月14日投入使用，T2航站楼启用于1994年10月24日。T1与T2两座航站楼之间通过捷运系统联系。远程火车站于1999年投入使用，通过高架人行连廊和机场连接。每年从火车站下车出站的旅客有1000多万。所有德国南部和北部至汉诺威和汉堡的铁路都直接连通至机场。

换乘设施：人行连廊将远程火车站和机场航站楼衔接，连廊局部放大形成大厅，提供航空办票服务，并通过设置自动步道弥补步行距离过长的缺陷，提升旅客体验。

城市轨道交通位于T1航站楼地下，包括3条轨道、2个站台，每天约220班次火车，运送旅客量为4000人次/h。市中心和周边区域则通过轨道交通联系。

车道边与航站主楼的出发、到达对应，上下分层设置，出发在上，到达在地面层。出发层车道边组织了内外两条车道边，外侧为社会车辆停靠；内侧左右对半分，一半为社会车辆停靠，另一半为出租车停靠。到达层车道边在下，组织了内外4条车道边。由内而外，第一条为出租车及社会大巴停靠，第二条停靠社会小型车辆，第三、四条均为公交大巴锯齿形车道边。

法兰克福综合交通枢纽的突出特点是空铁联运，降低了私家小汽车和出租车的乘坐比例，为机场和周边区域的交通提供了保障。德国汉莎航空为斯图加特、科隆和波恩提供每天5~12班铁路联运服务，铁路旅行是航空旅行的重要组成部分。在火车站发车15min前可以提供办票服务，登机牌可以在火车站注册，法兰克福火车站可以办理行李托运，回程航班的行李提取也在火车站进行。这种多式联运策略的成功运作为汉莎航空公司从周边城市争取到了更多的乘客，约有3800万德国人口居住在法兰克福机场周边200km内。和铁路网络的整合，有效增加了航空港的辐射半径，为法兰克福节省了每天4个国内航空时刻，空铁联运的枢纽运作更有利于航空公司在有限的时刻限制下发展高盈利水平的长途航线。

空铁联运需要机场、航空公司和铁路部门之间紧密配合，对部门的管理水平提出了要求，比如需协调完成联程票务、旅客信息的延伸服务，特别是火车站还需配备行李输送系统，并与机场的行李系统对接，完成行李的中转。

2.1.4 土地的集约——枢纽化集聚节约土地资源

2.1.4.1 枢纽化布局实现土地资源的集约利用

任何单独的交通设施都对建设用地存在各自的需求。通过枢纽化的布局，将各种交通模式有机整合，统一规划、统一设计、统一建设，实现设施用地的最优化布置，达到土地资源集约化使用的目的，缓解交通设施建设与土地资源供应之间的矛盾。

事实上，这样的整合是需要契机和决策者的决心的。上海虹桥综合交通枢纽正是由高铁、磁浮、航空港三大设施建设为契机，从分散走向集中的。

上海虹桥枢纽采取了以下一系列的措施实现了土地的集约利用：

1. 采用近距离跑道

2005年上海虹桥国际机场完成总体规划修编，在现有跑道西侧规划1条近距离平行跑道，长3300m、宽60m，建立两条间距365m的平行近距跑道系统。上海虹桥T2航站楼的重新规划和选址，释放出约7km^{2}的土地。这为未来建设土地利用强度更高的综合交通枢纽提供了充足的空间。

考虑到影响机场容量的诸因素在未来都会发生变化，空域条件和管制方式必将会逐步改进。因此，在新的虹桥机场规划方案中对土地、空间予以比较充分的预留，对机坪、航站楼、货运站及其他相关设施均保留了进一步扩展的可能性。

2. 三种交通方式的引入

上海虹桥高铁站的重新选址和沪杭城际及磁浮引入上海虹桥机场，使土地集约化利用成为可能。

上海虹桥国际机场总体规划修编的同时，京沪高速铁路和磁浮沪杭线也在进行站位选址工作。修编后的总体规划提出了新建T2航站楼与未来西侧综合交通枢纽的各种交通方式进行直接连接，而上海虹桥总体规划修编使上海虹桥机场西侧的规划预留土地让出，为航空、铁路、磁浮等交通方式在一起集约化使用土地资源提供了可能。

另外，从城市结构上，上海虹桥机场的跑道用地阻断了上海中心城区和西边的部分联系。如果在七宝再建设一个铁路车站，会延长这种阻断，在两条"断裂带"中间的城市用地也很难发挥规模效应。把高铁用地移到虹桥，对上海西部连接长三角的城市用地的集约化利用有着重要意义。

按照上海航空枢纽战略规划，浦东和虹桥两场分工，一个作为国际枢纽港，一个作为国内机场，两场之间必然存在大量的交通联系，联络两场如果采用道路为主，则需要城市提供大量道路土地资源，而且需要穿过人口稠密的上海市区，显然是不可能的，采用了大容量、快速铁路及磁浮轨道交通联系两场的方案，极大地减少了两场间的道路交通压力，避免了大量土地征用和房屋拆迁。

3. 机场、铁路、长途客运紧凑型布局

上海虹桥 T2 航站楼与高速铁路车站、磁浮车站结合在一起，城市轨道交通、城市地面公交、出租车等与其相衔接。在枢纽中多种交通方式的汇集，不仅提高了换乘效率，也提高了资源利用的集约化程度。

上海虹桥 T2 航站楼东交通广场 0m 层集中设置了公交巴士站、长途和线路巴士站，服务于其上部的机场和磁浮。此外，地下轨道交通站厅层也位于东交通广场，缩短了大量旅客的换乘距离。

将航空公司业务用房、飞行区运行中心（AOC）等通常是在站坪独立布置的建筑单体，合并到一栋楼中，减少了航站楼的空侧用地面积和道路面积，有效地节约了空侧土地资源。

4. 平面方正，减少边角空间

上海虹桥 T2 航站楼在建筑布局、道路路网的安排上，尽量采用方正规矩的用地或道路线形，这样避免产生大量零散的、缺乏规模的边角用地，有利于提高枢纽核心区的土地利用率。

空侧长廊充分利用无法布置机位的边角空间，把他们开辟为土地价值回报高的如空侧商业区、机场宾馆等商业空间。

5. 集中可以共享设施用地

上海虹桥 T2 航站楼在配套交通设施如公交换乘枢纽、停车场（库）、出租汽车站、轨道交通等布局上结合枢纽特点综合考虑，合理布局，从而有利于节约土地和资源共享。而东交通广场设置浦东和虹桥机场的办票功能，实际上具备了两场的城市航站楼的功能。

6. 分期开发，节省基建投资

上海虹桥 T2 航站楼的场地设计一次规划，分期实施。在本期指廊用地的南北两侧预留了未来指廊的扩建用地。将来可在此加建指廊来满足增长的旅客需求。另外，在主楼的南北两侧也预留了行李房的扩建用地。

7. 进场道路全部采用高架系统

上海虹桥 T2 航站楼专用的高架快速道路系统，将地区内的交通与机场集散交通分离，减少了对核心区地面开发的干扰。地面道路除承担 10% 左右的枢纽交通量以外，主要承担地面开发和辅助用地的交通量。地面各个功能区块，如铁路物流区、机场货运区、商业开发区等区域的联系通过地面道路独立出来，不受进出场旅客交通干扰。

(a)

(b)

图 2-7 某城市火车站设计竞赛鸟瞰图

正是在以上一系列措施的实施下,上海虹桥枢纽实现了土地资源的集约化,综合配套设施的集约化,城市环境的集约化。事实上,如果三大设施分散建设,会带来很大的问题。一是土地使用和拆迁量远大于集中建设;二是市政设施多次配套,工程量大;三是环境资源的影响。1+1+1 要远远小于 3 的负面影响力。设施高度集成,彼此换乘量便可集中在一个交通综合体中解决,消除了原本彼此间分散建设所带来的城市交通量,对改善城市环境做出了贡献,是上海可持续发展过程中的必然需要。

2.1.4.2 消解旅客集散广场

单一交通建筑拥有较大的站前广场,这既用于解决人流的进出疏散,也可以作为城市的应急场地。对于综合交通枢纽而言,各交通方式之间的换乘通道、大厅和公共平台可以吸纳大量的集散人流,从而大幅度消减旅客集散广场的用地。这些新的人流共享空间更加舒适、安全,服务品质更高,充分展示了枢纽的魅力。

在某省会城市火车站北广场的国际竞赛中,设计者充分利用地下空间,将整个火车站前枢纽都安放到了地下,充分颠覆了原有的城市广场的概念,同时引入绿化、阳光,通过将舒展的旅客观景平台和旅客集散广场相融合,营造出满眼皆绿的视觉效果和闹中取静的城市体验。

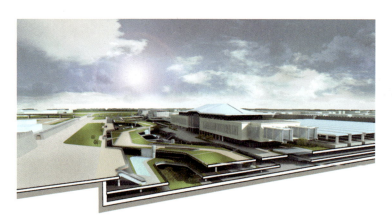

图 2-8　某城市火车站设计竞赛剖面图

(a)

(b)

图 2-9　地下商业效果图

多种路径叠加颠覆传统城市广场概念：通过不同高度空间的叠加，将城铁、地铁、汽车客运等不同交通方式叠加，将交通、商业、绿化、水体、公园等不同功能叠加，建立不同平台，形成一个多通道、多出入口的场所，取代原有站前广场大型集散的功能，站前广场更多地承担其历史文脉的传承功能。交通枢纽为市民提供了一个公园式的休闲放松场所，并拥有大量的绿化植被，是一个人们可以驻足停留较长时间的公共场所，是市民公共活动的殿堂。"玉带"勾勒出的城市地景，自然而然形成了多个贯通式地下庭院，阳光及绿化被引入地下空间，让地下换乘区的旅客感受大自然的气息（见图2-10）。

图2-10　上海虹桥地下换乘大通道

此外，广场借鉴国外车站的经验，商业动线和交通流线主动配合，提高商业可达性，避免出现低效益商铺。结合广场和景观节点，多业态商业结合空间节点散点式布置，缩小路径距离，增添购物的体验趣味。带状商业与旅客步行通道紧密结合，高铁，轨道交通、长途站等各功能体渗透入旅客流线中，并与地景公园、庭院式绿化交相辉映。

在设计者的巧妙构思下，整个站前广场改变了传统火车站消极的城市印象，将交通功能融于多通道之间，并与庭院、商业相结合，形成了旅客有趣的旅行体验。

2.1.4.3　挖掘利用地下空间

依托于枢纽的集约特征，设计者可以充分利用建筑物、绿地、道路、广场及其地下空间形成集公交枢纽、停车场和配套服务功能为一体的综合性交通枢纽。

在上海虹桥枢纽设计中，我们注重地下空间的开发利用，既节约了土地资源，又有效地缩短了枢纽内部换乘距离，改善了地面交通状况。

在上海虹桥枢纽的设计中，-9m 层为一条重要的换乘大通道，两条换乘大通道东起航站楼地下交通厅，经东交广场的南北地下车库、地铁东站站厅、磁悬浮地下进站厅和出站通道，再串起高铁、城际铁的进站厅和出站通道、地铁西站站厅之后合二为一，并继续向西，由西交广场的南北地下车库和巴士西站，直指枢纽西部虹桥天地的地下商业街。它把建筑物内部和周边地块的地下空间开发有机结合起来，形成完整、通畅的地下空间体系，并使地上地下的功能相互补充、相互依托，最大限度地满足人的需求，形成复合功效的综合开发模式，以交通枢纽的建设为契机带动整个地块的开发。

东交通广场设数层地下敞开式车库，并与西航站楼 -9.35m 换乘通道紧密联系，缩短了旅客的通行距离。

（a）

（b）

图 2-11　上海虹桥东交通广场敞开式车库

2.2 交通枢纽设计的几点原则

2.2.1 空间共融，可分可合

所谓的枢纽并非是简单地将其聚合在一起，而是重新归并整合，并加以简化形成枢纽，使之成为相互之间协调统一、高效集约的一个整体，将传统的外向式的、通过外部广场解决集散地摊大饼式的布局转化为由内部空间消化换乘并提供冗余的换乘通道的综合式枢纽布局。上海虹桥综合交通枢纽在有限的空间里，利用地下、地面、地上多维度立体化整合多种交通方式:航站楼、高铁、长途站、轨交站、公交站、磁悬浮等，形成立体复合的区域型系统整合模式，实现"设施共享、空间共融"的目的。

图 2-12　上海虹桥综合交通枢纽鸟瞰图

值得注意的是，在"设施共享、空间共融"的背后，我们还需要注意管理界面的清晰，实现既能统一运作，又能可分可合。

协调运作，可分可合。交通枢纽由不同的业主建造、管理。枢纽建成后，需各部门协调合作，统一运营管理。清晰的界限便于各部门切分管理界面。此外，在清晰的物理界限的背后，枢纽的管理运营应该越来越一体化。

设施水平界面的切分包括两种情况。一是完全独立的设施，比如法兰克福机场，航站楼与高速铁路完全分离。这种情况，界面区分非常简单；二是不同设施水平贴临，空间融为一体。比如香港机场的交通中心和航站楼，两者空间直接相连，这种情况需要不同部门和设计人员共同协商，根据建筑结构的自然断缝或防火单元分区，理出清晰的界面。上海虹桥枢纽即属于这一类型。

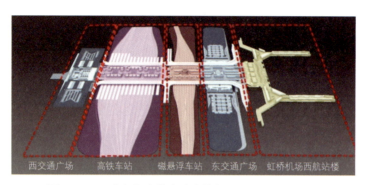

图 2-13　五大枢纽主体有清晰的物理界限，可分可合

枢纽内部设施的竖向界面的切分更为复杂。枢纽之间不同的功能设施竖向叠加，较水平展开而言，这种融合更进一步。比如柏林火车站，轨交站台分别位于地下二层和地上三层，地上一层为进站大厅，地上二层和地下一层分别为商业夹层，枢纽正上方横跨综合开发用房。这种竖向切分的布局对于运营管理提出了更高的要求。

打破管理与产权壁垒。随着枢纽流量的增长，以轨道交通为"龙头"的各类集疏运交通换乘方式的科学组织尤为重要；要充分发挥这种优势，减少旅客步行距离，就必须采取枢纽集约化一体化的布局策略；这种枢纽化策略往往受制于"不同运营主体的管理划分壁垒"和"不同业主的产权划分壁垒"。

打破"壁垒"的策略如下：

1. 城市主管部门（如土地、规划）应研究制定适合综合枢纽特殊形制的土地产权及房屋产权归属划分创新模式；

2. 不同运营单位应研究制定适合综合枢纽特殊形制的"一个屋檐下"的一体化运维创新模式；

3. 设计单位应在设计全过程协助建设方进行施工界面、投资界面、运管界面的合理划分。

2.2.2　水平贴临，立体换乘

不同交通方式之间大量的中转换乘是枢纽最主要的功能特征。为建设高效集约、换乘方便的交通枢纽，枢纽在布局规划时应做到尽量紧凑。在布局手法上可分为两种：竖向布局和水平布局。竖向布局的优点是：各设施距离最短、换乘最便捷。因此，能够上下叠合的设施优先选用竖向布局。但是，受各设施的特性和枢纽建设经济性影响，并非所有设施都可以采用竖向布局。我们可以将不能竖向布局的设施采用水平布局形式组织，各设施之间紧密衔接，形成空间、流向的统一整体。

图 2-14　柏林火车站内景

（资料来源：http://www.gmp-architects.cn/projekte/）

采用各设施上下叠合的布局策略，优势在于换乘更加便捷，可以有效控制枢纽的整体规模。大型交通枢纽受客运量的影响，各设施的规模较大，如果各设施水平布置会导致换乘距离过长，而旅客的步行距离有限，会大大降低旅客舒适度，拉低枢纽的服务水平。因此，通过上下叠合，将各设施尽量聚集，可以有效控制枢纽的水平规模，提升服务档次。

上下叠合的布局策略一般包括以下几种具体手法：

1. 主体设施和换乘设施上下叠合。这种布局是提高枢纽运营效率常用的手法。比如，北京南站，将大运量的轨道交通设置在主体设施的下部，极大地缩短了旅客的换乘行走距离。

2. 换乘设施和停车设施上下叠合，换乘设施为换乘步行大通道。

3. 停车设施和开发设施上下叠合。控制枢纽的规模，节约使用土地资源。比如荷兰史基浦机场，机场陆侧大规模商业开发与立体停车库结合布局，商业开发设于停车库上部。二者独立运营，互不影响，从而节约大量土地，这是在机场陆侧空间有限的现实条件下采用的非常高明的布局策略。

竖向布局受设施的特性和建设费用的制约，有些设施由于技术条件或投资成本控制不能高架或设于地下。种种原因决定了竖向布局不是枢纽紧凑布局的万能药，还需根据每个枢纽自身的特点对规划手法进行评估选择。

水平贴临、无缝衔接，是各设施水平布局形式应采用的布局策略。枢纽尽管由不同的部门建造、管理，但是枢纽应形成统一的综合体，共同运营。因此，水平贴临、无缝衔接为枢纽的良好运营奠定了硬件条件。

水平贴临的布局策略一般包括以下几种具体手法：一是主体设施与换乘设施的水平贴临。比如荷兰史基浦机场，机场到达大厅与三角形换乘大厅完全融为一体，难分彼此。旅客到达机场经过一连串的商业店铺，不知不觉就来到换乘大厅，由此转乘地铁、公交或步行至综合开发用房。二是换乘设施与停车设施的水平贴临。比如日本中部机场，交通中心延伸出南北向两根人行连廊，连廊上设有人行步道，将单元式车库串联起来。三是主体设施与开发设施的水平贴临，比如名古屋车站，车站本体与商业设施贴临布局，地上一层和地下一层这两个层面车站通道直接与商业出入口相通。

枢纽布局是采用竖向布局还是水平布局并不是非此即彼，一成不变的。两种布局策略经常是同时使用，并相互交织在一起。这就需要设计人员根据枢纽的现实条件和制约因素选择。

然而不论是哪种布局方式，我们都需要注意的是，大型综合交通枢纽内部人流量特别巨大，必须保证枢纽内部布局的紧凑、高效、安全。仅靠一个层面的换乘很难实现这一点，枢纽内部必须形成多层面、多通道的立体换乘格局。

上海虹桥枢纽设计中各功能块水平贴临，无缝衔接：枢纽在布局规划时尽量紧凑，达到高效集约、换乘方便的运营效果。以换乘流线直接、便捷为宗旨，兼顾极端高峰人流疏导空间的应急备份，最终形成水平向"五大功能模块"（由东至西分别是上海虹桥机场T2航站楼、东交通广场、磁悬浮车站、高铁车站、西交通广场）；垂直向五大功能空间、三大换乘通道多出入口、多车道边的立体空间换乘格局。五大功能空间为12m层，6m层，0m层，-9m层和-16m层，其中12m层、6m层、-9m层为三大换乘层面。

12m层为高架道路出发层，同时该层也是重要的换乘层面，南北两条换乘大通道东起航站楼办票大厅，西至高铁候车大厅，中间串起东交广场、磁浮车站。通道外侧是二者的值机区域和候车厅，内侧是带状商业街区。

6m层为到达换乘廊道层。机场和磁浮的到达层面均与东交的6m层换乘中心由坡道和廊桥连接，到达旅客可由此换乘公交或进入社会车库。

0m层为地面交通层。五大块设施分别由七莘路、SN6路、SN5路、SN4路等4

条南北向市政道路明确切分，各自独立。机场的行李厅和迎客厅，高铁、磁浮的轨道及站台，东交广场的巴士东站及停车区，西交广场的地面广场及停车区均在该层。

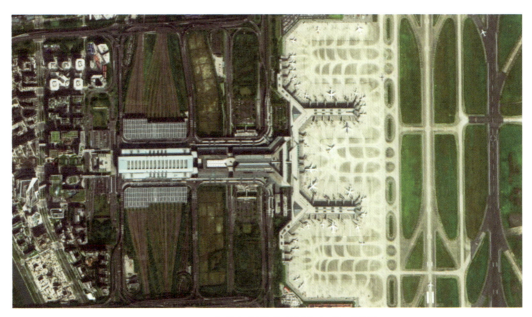

图 2-15　上海虹桥综合交通枢纽总平面图

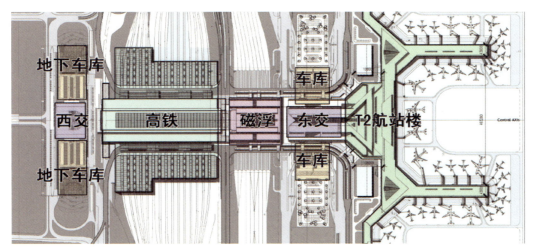

图 2-16　上海虹桥综合交通枢纽各功能主体总平面示意图

-9m 层为另一重要的换乘层面，两条换乘大通道东起航站楼地下交通厅，经东交广场的南北地下车库、地铁东站站厅，磁悬浮地下进站厅和出站通道，再串起高铁、城际铁的进站厅和出站通道、地铁西站站厅，之后合二为一，继续向西，由西交广场的南北地下车库和巴士西站，直指枢纽西部开发区的地下商业街。-16m 层则主要为地铁轨道及站台层。

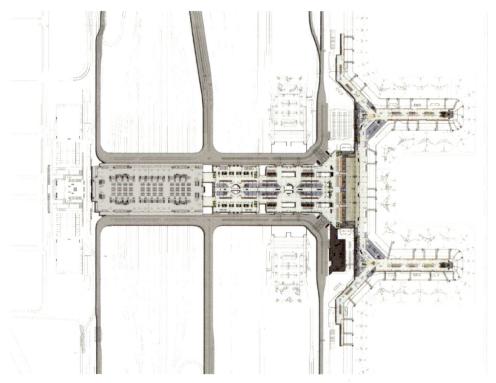

图 2-17　上海虹桥综合交通枢纽 12m 层平面图

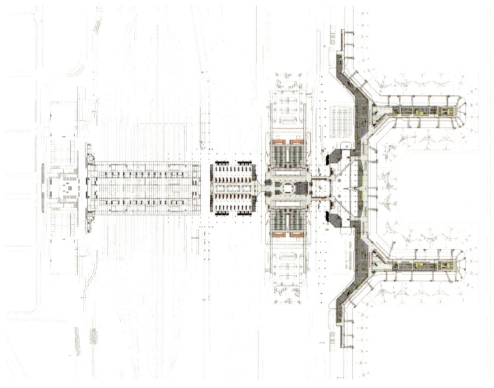

图 2-18　上海虹桥综合交通枢纽 6m 层平面图

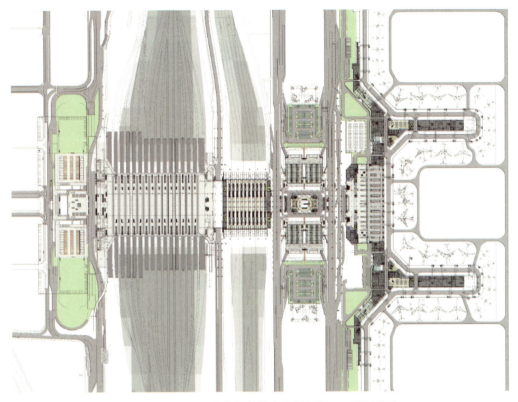

图 2-19　上海虹桥综合交通枢纽 0m 层平面图

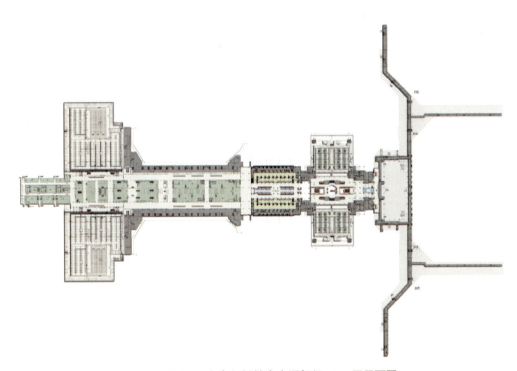

图 2-20　上海虹桥综合交通枢纽 -9m 层平面图

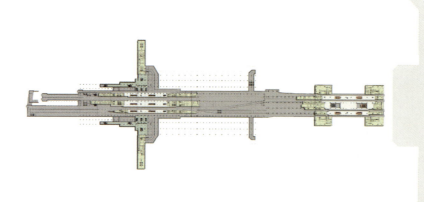

图 2-21　上海虹桥综合交通枢纽 −16m 层平面图

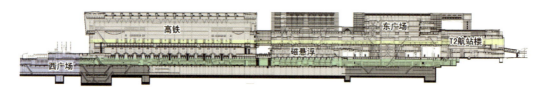

图 2-22　上海虹桥综合交通枢纽剖面图

2.2.3　人车分离，车行分级

2.2.3.1　人行系统与车行系统剥离，建立贯穿枢纽的步行系统骨架

各主体或辅助交通设施之间应尽可能采用与车行系统完全独立的旅客步行系统串联。枢纽主体范围内及核心区范围内应通过天桥、联系廊道等建立起成体系的步行系统，提高枢纽的步行可达性。

在港珠澳大桥珠海口岸旅检大楼的旅客流程设计中，设计团队充分借鉴了交通枢纽旅客到发分层的先进理念并将其运用到口岸建筑设计中，采用了"出入境立体层叠"的布局模式，将出入境旅检大厅设置在不同的标高层。15m 为出境层，7m 为入境层（人行系统），0m 为交通换乘区（车行系统），并在对应的标高层设置旅客下客区。前往通关的旅客下车后即可直接步入旅检大厅，在平层通关后通过垂直交通向下前往交通换乘区，保证了旅客通关最为轻松舒适的步行感受，实现了通关旅客换层最少、步行距离最短的目的，真正做到了以人为本、高效便捷的通关流程设计。

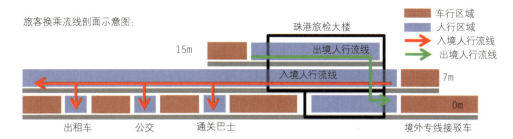

图 2-23　港珠澳大桥珠海口岸平层通关示意图

2.2.3.2　多种人行路径的规划

在枢纽设计中，应对于多种人行路径进行规划，满足出行、消费、休闲、穿越等不同人群的需求。在上海虹桥枢纽设计中，我们设计了 3 条不同的路径：其中中间一条为商业大通道；第二条为主通道；最外侧一条为外侧快速通道。

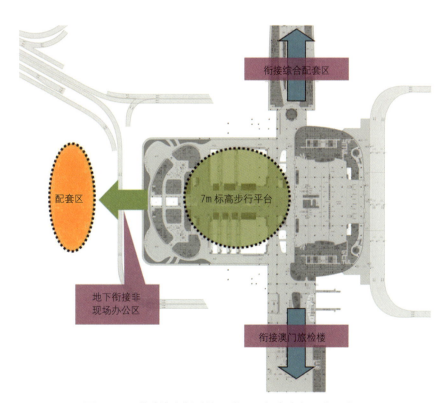

图 2-24　港珠澳大桥珠海口岸 7m 标高步行平台示意图

2.2.3.3　旅客、服务、开发的分级道路系统

通过旅客、服务、街区内部等不同层级道路系统的建设，实现车辆的有效分流，避免开发对于交通枢纽功能的过多干扰，减少交通枢纽的拥挤。为提高枢纽开发价值，可以为其单独提供一条专属道路。

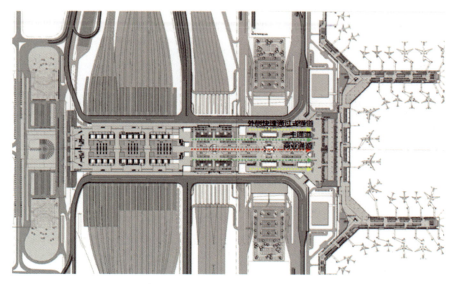

图 2-25 上海虹桥综合交通枢纽内部多种人行路径的规划

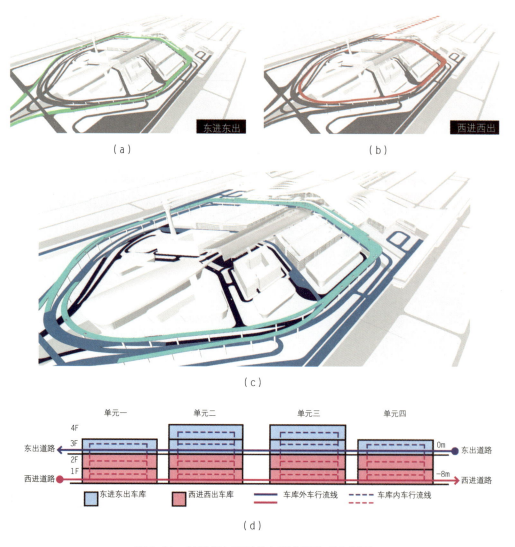

图 2-26 某机场多层级的车行交通体系分析图

在某机场的设计中,我们结合场地标高,设计了位于3个不同标高的道路体系以应对不同的服务类型,提供了东西两个方向间各系统的灵活衔接,形成高效简洁的陆侧道路体系。

绿色为服务航站楼道路体系,蓝色为车库道路服务体系,深蓝色为地面道路服务体系,其中车库可考虑竖向分区,从2个不同标高进入。

2.2.4 公交优先,轨交优先

2.2.4.1 换乘旅客量决定换乘距离

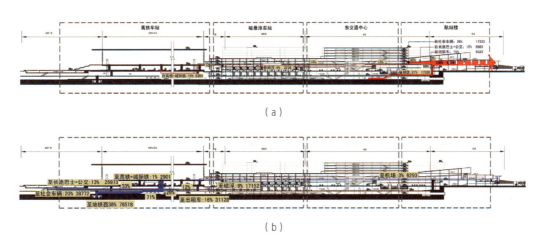

图 2-27 上海虹桥枢纽各主要交通设施布局示意图,根据其换乘量大小确定相对应的远近关系

近大远小,是指规划枢纽各交通设施的相对位置,需根据换乘量的大小来确定其相对应的远近关系。为达到综合交通枢纽高效集约的目标,满足旅客换乘便捷的要求,在交通设施的规划层面就需要考虑尽量将换乘设施靠近主体交通设施。大型综合枢纽往往由多个设施模块组成,彼此间换乘比例不同,当受用地条件限制时,水平布局经常采用近大远小的原则。

当综合交通枢纽规模较大、换乘设施种类较多时,就需作出判断,哪些交通方式需距主体设施更近,哪些可以稍微偏远一些。遵循的原则是:优先考虑换乘量大的交通设施,依据换乘量的大小、距离依次渐远。这里的换乘量主要指主体交通设施和换乘设施之间的换乘量。所以,我们将这一原则简单描述为"近大远小"——换乘量大的距离近,换乘量小的距离远。总之,这一原则满足主体设施的旅客快速集散的需求。

各枢纽都具有各自的特点,设施之间的换乘量也各不相同,需要根据每个具体的案例分析。各设施模块之间最明确的换乘关系为:主体设施与轨交站之间的大量换乘。

比如，轨道站与主体设施关系十分紧密。轨道交通由于客运量大、运行时间准确，它是主体设施重要的换乘设施。考虑到枢纽的换乘效率，轨交站和主体设施的位置关系十分紧密。因此，在设施布局层面，轨交站一般采用门前设置，或结合主体设施设置。

轨交站门前设置一般应用于枢纽配套交通换乘中心的规划条件。这种布局方式的优势在于：与主体设施实现同层换乘，旅客更加容易辨识。这一点在香港机场轻轨站尤其突出，轨交站与航站楼仅相隔高架车道，换乘距离较短，两者之间距离就是车道边的宽度。出发、到达分层设置，与航站楼实现同层换乘。

轨交站布置于主体设施地下的情况相对较少。作为与主体设施换乘量最大的换乘设施，主体设施在地下是旅客行走路径最短的位置。这种布局形式的特点是：换乘距离最短，旅客由标示引导，不出主体设施就可以换乘，符合"近大远小"的布局原则。比如法兰克福机场轨交站位于主体设施地下一层。旅客在机场迎客厅内通过竖向交通可以直达轨交，实现不同交通工具的转换。

2.2.4.2 大运量轨交优先

城市轨交是最大容量的载客工具，好的设计可以达到 30%~40% 的旅客承载率，鼓励大运量轨交可以有效地减少交通枢纽的陆侧交通压力，对于实现城市低碳绿色出行，有着非常积极的意义。根据实践，其设计重点在于：

1. 应保证至少轨交直接联系交通枢纽。对于机场而言，最好能保证一条机场快线进入机场。规划层面上应考虑该快线只停少数重要站点，保证其较其他轨交而言具备明显的时间优势。

2. 当轨交为单一主体服务时，轨交应越靠近主体设施越好。最大容量载客工具（地铁）与机场、高铁无缝"零换乘"，如广州白云机场，地铁站直接在航站楼下；北京新机场的设计中，轨交站也布置在航站楼下，实现了与航站楼主体的无缝衔接。

3. 当轨交为多主体服务时，轨交需要均衡布置。在上海虹桥综合交通枢纽的设计中，为服务机场和高铁两大主体，轨交 2 号线和 10 号线在约 1km 处设了 2 站。

在南京禄口机场二期工程的设计中，由于考虑到地铁将同时服务 T1、T2 两座航站楼，地铁和交通中心居中布置，能够满足去往两座航站楼的旅客的要求。

4. 对于城际轨道交通：一般有"动车、高铁、城际铁"等模式。根据实践，从枢纽用地来说，由于城际铁路的始发与终到站要求很高，所以建议采取经过站模式。目前，全国许多省会均在开发省内串联各大主要城市的城际铁路模式，地方可有较高的参与度，站体和线路简单、经济，且与机场可形成良性的功能互补。

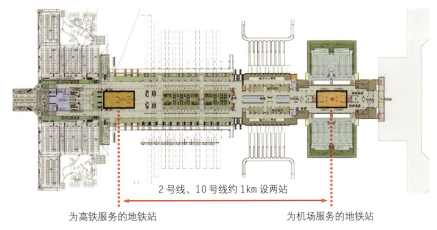

图 2-28　上海虹桥综合交通枢纽轨交平面布局示意图

2.2.4.3　大载客率地面公交优先，公交车站靠近主体设施

公交车站一般靠近主体设施布局，多设置在到达车道边形成单独的车道边，位于门前车道边的外侧，由高架步道联系到达层面和车道边。比如法兰克福机场公交车站位于到达车道边外侧，形成锯齿形车道边，旅客由高架步道跨越内侧车道边，换乘便捷安全。马德里机场也采用了类似的布局形式。到达车道边组织了内外 3 条车道边，内侧为出租车，公交巴士站位于中间一条车道边，外侧为社会车辆。公交巴士站与主体设施到达层面通过高架人行步道相连接。

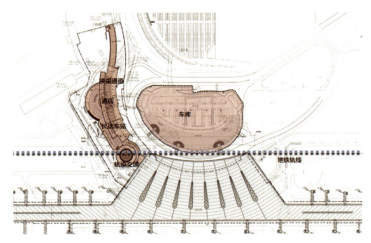

图 2-29　南京禄口机场二期工程轨交布局示意图

2.2.5　到发分离，接蓄分离，长短时分离

以出租车为例，大型综合交通枢纽中往往需要两次蓄车，车辆在远端一次蓄车后再经统一调度到楼前进行二次蓄车。一次蓄车场需求面积较大，二次蓄车场则相对较小。楼前资源很宝贵，建议在楼前设置二次蓄车场即可，一般建议不在楼前设置大型广场式蓄车场。

对于公交而言，地面公交线路较多，蓄车场占地面积大，必须合理安排其蓄车场位置。通常情况亦不建议在楼前设置大型蓄车场。

同时，与一般的城市公交、长途巴士及出租车运行交通组织不同，大型枢纽中的公交运行组织推荐采用通过集散道路至出发车道边，落客后车辆进蓄车场休息、维修等，通过调度，再到达指定区上客，即"到发分离、场站分离"。不在枢纽核心区提供场站集中式的上客方式，给旅客提供无缝式的接驳换乘方式。由于在枢纽内实行场站分离的布置方式，其蓄车场设置在枢纽核心区外围或边角之处，集约布置，各接客区多点分设，并实现智能调度。

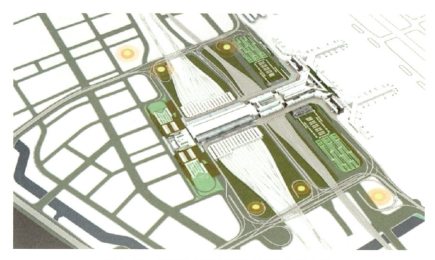

图 2-30　枢纽核心区交通组织蓄车场示意图

对于需求量特大的停车场（库），提倡采取"长、短时停蓄车分离"模式，即在交通枢纽核心区布置短时停车场（库）；在较偏远位置布置过夜长时停车场（库），在远端停车库和航站楼之间往往通过摆渡巴士或者旅客捷运系统联系。两者之间通过价格杠杆进行平衡，分流一部分对于价格较敏感的旅客至远端长时停车库。将长时停车和短时停车这两种不同停车时长的车辆受众分开，大大提高楼前设置的停车设施的使用效率，从而减小楼前停车设施的规模。

2.3　从一体化交通中心到综合交通枢纽——不同类型枢纽设计的代表作解析

事实上，交通枢纽的出现也是一个逐渐演化的过程。随着商务旅客增多以及旅客对机场功能需求的增加，机场功能逐步延伸。航站楼体量逐渐增大，旅客交通流线也更加复杂，种种因素共同孕育了"一体化交通中心"的设计理念，再逐渐演化为后期的综合交通枢纽。从上海浦东机场二期工程，到上海虹桥综合交通枢纽，再到南京禄口机场二期工程，乃至刚刚完成的通关口岸枢纽——港珠澳大桥珠海通关口岸，正是我们在这条路上的4次里程碑式的尝试。

2.3.1 一体化交通中心：上海浦东机场二期工程

2002年，上海机场集团根据旅客量快速增长的形势与要求，对上海浦东机场总体规划进行了修编，并于2003年9月30日开展了二期工程航站区总体规划和航站楼方案的国际征集，最终确定了总规方案。

新概念规划方案显然对原单元分散式规划做了大胆的调整。新规划方案采用集中的航站区布局加卫星指廊的模式：以南、北进出港道路和轨道交通站为中轴线，在航站区东面与现有T1航站楼对称布置T2航站楼,远期在南部建设T3航站楼(只设出发，后根据实际情况调整为旅客过夜用房)，3座航站楼紧凑布置，形成"U"字形布局；在T1、T2航站楼的南部较远端将设S1、S2卫星指廊，与T1、T2航站楼形成环形捷运。新的规划展示了这样的蓝图：二期一阶段为2007年底建成T2航站楼，与T1共同承担年旅客量4200万人次的能力；二期二阶段为2015年建成S1卫星厅，共同达到年旅客量6000万人次的能力；远期建设T3航站楼与S2卫星厅，最终达到年旅客量8000万人次的能力。

图 2-31 兰德龙·布朗的概念规划方案

上海浦东机场航站区规划体现出强烈的"一体化"特征，主要表现为多航站楼围合的集中式布局和尽可能不被割裂的陆侧交通。"一体化"的规划模式旨在通过资源高度整合达到高效、快捷的目标。规划采用航空港建筑环绕轨道交通车站的布局，形成一个集中的陆侧区域，以轨道交通车站为核心，结合东西两侧的单元停车楼，有序管理和运作各类车辆。同时，完善的人行系统，延伸的航站楼值机功能，补充的陆侧商业功能，扩容的楼前车道，以及步行可达的中央酒店，使上海浦东国际机场建立起最为高效便捷的陆侧交通与服务网络。

先前的上海浦东机场 T1 航站楼采用了国际非常普遍的两层式航站楼设计模式，上海浦东机场 T2 航站楼完全颠覆了这种模式。上海浦东 T2 航站楼的最大特点是"无缝衔接"，它将通常设计在 0m 标高的旅客到达层放在了 6m 标高层，这样使到达旅客无须换层即可直接进入交通中心 6m 标高层的步行系统。这个步行系统有效衔接了航站楼、停车楼和轨道交通车站，实现航站区人车分流，真正建立起了衔接机场和城市的"旅客集疏运交通体系"。上海浦东机场的交通中心是三横三纵一体化的综合交通换乘中心，同时为两个航站楼服务，包含了各种集疏运功能，如长途客车、公交车、社会车辆、轨道交通，实现了交通中心和航站楼最便利的无缝衔接。同时，交通中心还预留了值机功能，这在当时是一个很前卫的思路。

"一体化"对枢纽机场的影响是一把"机遇"与"挑战"并存的双刃剑。"一体化"航站楼的规划形制在资源利用集约化的同时，也使上海浦东机场成为陆侧交通极为宝贵的超大型国际枢纽航空港。"一体化"交通中心概念应运而生。

2.3.1.1 交通中心"一体化"优化陆侧交通换乘

对于旅客而言，陆侧交通系统的最根本任务是处理好换乘组织：出发旅客通过市内公交、城际或省际长途公交、旅游或酒店专用巴士、社会车辆、出租车等公路交通换乘方式进入机场，也可以通过城际或省际铁路、磁悬浮、市内地铁或轻轨等轨道交通换乘方式进入机场。同样，到达旅客也必须通过这些交通换乘方式离开机场。陆侧交通系统换乘组织的好坏很大程度上决定了机场的服务水平。

上海浦东机场优越的地理位置为其优化换乘组织模式创造了得天独厚的条件：从地区条件看，上海地处我国沿海经济发展带与长江经济发展带的交汇点，又与江苏、浙江两省的杭州、嘉兴、湖州、苏州、无锡、常州等地区相连，它位于长三角扇形区域的中心位置，与周边几个主要城市距离均在 200km 以内，正适合发展高速轨道交通；另外，上海市经过改革开放以后多年的发展，城际与省际公路系统已经颇为发达，特别是高速公路已接近世界水平，这对于大力发展长途公交颇为有利；就上海市内交通换乘而言，磁悬浮已经接入机场，地铁也将和二期工程同步建设并同期投入运营，乐观地看，上海浦东机场完全有可能在不远的将来把公共交通（包括轨道交通和公共汽车）承载旅客量提高 40%～50% 以上。

为了达到这一目的，建立强大的陆侧交通换乘系统是不可忽视的首要环节。如上文所提，陆侧交通资源稀缺的矛盾已然成为陆侧交通高效、快捷的阻碍。通常以楼前车道边来组织不同类型的人车转换，以各航站楼独立的道路系统来组织各楼的出发和到达的传统模式，不得不接受更为严峻的考验。这时候提出"一体化"交通中心的设计理念无疑是为这把锁配到了钥匙，它对解决陆侧交通换乘问题做出的贡献可以归纳如下：

1. 贯穿各换乘区域与航站楼的旅客步行系统

要想解决交通换乘在航站楼前过于集中的问题，首先必须建立一体化的换乘步行系统。通过步行系统在东西向的纵深宽度，分散不同形式交通工具的换乘区域。这种做法在国外大型枢纽机场规划设计中屡试不爽。

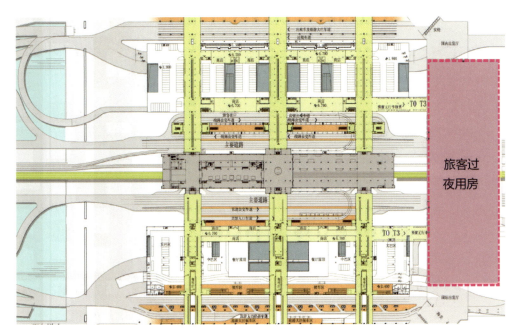

图 2-32 上海浦东机场一体化交通中心平面图

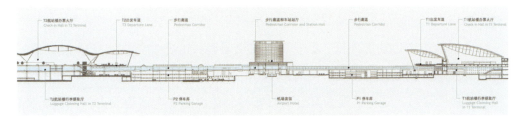

图 2-33 交通中心、航站楼立面图

步行系统能否很好地疏导旅客，与它的空间构成和服务设施密切相关。"一体化"的步行系统恰恰在这两方面带来优势：一方面，它使得不同性质的旅客"在一个屋檐下"共享空间成为可能。各类人流都可以在此快速而有序地找到自己想要换乘的目标区域；另一方面，它不仅大大集约了旅客服务设施，更可贵的是，正是由于各式各样人流的融汇，才能形成对配套服务设施的支撑，从而真正意义上提升了步行系统的服务品质。优质而高品位的共享空间使步行系统从纯交通功能的羁绊中脱颖而出，成为旅客乐于进入的换乘中心。

2. 立体层叠人车分流的交通构架与多元化多级配的集疏运方式的有机融合

对上海浦东机场而言，要想解决陆侧交通压力，大力提倡大容量的公共交通已势在必行。上海浦东机场的大容量公共交通方式除了轨道交通（磁浮和地铁）外，就是城市公交（机场专线）和长途公交。但多航站楼体系对布置站点是不利的：如果每个航站楼都设站，则必须提供相应的候车设施和车道边长度，这既不经济，同时也对楼前车道边造成极大的压力，而且大幅提高了运营调度的难度和管理成本。

总之，由一体化交通中心带来的一体化公交系统，可以有效解决以上矛盾：通过步行系统将相对集中的公交换乘区域串联起来，成为对每个航站楼基本等距的公交集合中心。

尽管对每个航站楼而言，封闭独立的楼前道路交通体系是安全高效的交通方式，但在新规划方案的形制下，由于场地条件的制约，要建设完全系统独立的道路交通子系统是不可能的。这就要求设计方充分考虑现有的道路资源，以一体化、全局化的眼光来审视路网体系，通过多元化多级配的集疏运模式满足陆侧交通量需求，提升旅客体验。

2.3.1.2　打破交通中心与航站楼的功能壁垒，成为航站楼功能外延补充

在"U"字形的有限陆侧区域里，以一体化的步行系统构筑起联系各航站楼的纽带，这无疑是比较合适的：T1航站楼与T2航站楼东西向间距约500m，在快速机械带步系统的协助下，主要依靠步行廊道使旅客来往于2个航站楼之间，相对短距离驳车或昂贵的捷运系统来说，无论在安全性、便利性还是经济性方面都有一定的优势。

交通换乘车道边功能外延：至于陆侧与交通有关的各功能体（如轨道交通站、城市公交车站、长途公交车站、停车库等），在一体化的步行系统的串联下成为相对独立的换乘区域，这对体现人车分流、车种分流、舒解车道边压力、向旅客提供多模式的换乘选择等方面都有着不可忽视的现实意义。

陆侧商业餐饮住宿功能的外延：除了串联各航站楼以及与交通有关的各功能体之外，上文已经提到，步行系统通过各式各样人流的融汇，形成对各类商业配套服务设施的支撑。依据这一理念，一体化交通中心的步行系统同时承担起联系陆侧多种商业辅助功能的桥梁作用，陆侧的商业价值正是在此体现。依据商业开发规律，

连续而呈现网络化的步行系统是商业得以延伸拓展的最为得力的平台，这不仅与安全性和舒适度要求有关，更和长期以来人们养成的消费习惯密切相关。换句话说，如果商业布点间的联系需要穿越车行道或需要驳运送达，那么其商业规模价值就会大打折扣。另一个商业开发规律告诉我们，尽端式的商业布局造成步行折返，往往会形成商业盲区。反之，贯通的商业布局由于提供了多线路、多方位的流线选择，所以更能吸引不同走向的旅客光顾。一体化、网络化的步行系统，无疑契合了这两个规律而使商业开发收益最大化成为可能。

当然，对于航站区陆侧的各种商业模式的开发，虽然能为运营单位带来丰厚的收益回报，但从设计初衷讲，更多的是为了广大旅客的需求服务。这正是一体化交通中心步行系统能够吸引旅客的重要因素，这种吸引力也是我们能够在航空港大力提倡"公交优先"的有力支持。

航站楼值机功能的外延：介于经济性因素考虑，上海浦东机场决策者们更倾向于在二期一阶段建成后，机场的正常运营能维持相当长的一段时期。基于这种思路，交通中心的设计应保留足够的弹性拓展空间，使之成为航站楼办票功能的延伸。随着经济的发展和社会的进步，航空客运不再是少数有钱人奢侈旅行的专利，逐渐成为广大有快速需求旅客的首选交通工具。其间，商务旅客的比重越来越高。这一类旅客一般不会随身携带过重过大的行李，很多甚至只携带一个公文包。对这些无托运行李的旅客而言，在传统办票柜台排队领取登机牌往往不是一件令人愉快之事。从运营者和旅客两方面考虑，如果可以在交通中心就完成值机，既便利旅客，又节省了大量的航站楼办票空间，从而可以使航站楼容纳更多的旅客流量，岂非一举两得。因此，在当时的设计中，我们期待在一体化交通中心内设置相当容量的无行李办票功能，无形中弱化了航站楼与楼前交通建筑之间的界限。当交通中心的办票功能强大到能够稳定承担相当比例的机场出发旅客的客流量时，甚至可以说，交通中心的步行空间已经成为航站楼的重要组成部分。届时"一体化"的含义将会被赋予新的诠释。

一体化交通中心的形成除了决定于上海浦东机场陆侧规划形制与交通条件等客观因素外，实际上，它与国际上枢纽化城市的"全球化""大交通"的理论背景密不可分。与城市枢纽功能"人性化""多元化""可持续发展"的需求趋向相辅相成。这些理念构成了交通中心设计之初的基本理论框架，在这一系列理论指导下，设计工作体现出一条总的概括原则，那就是——构筑一个"安全、高效、人性化"的旅客换乘中心。这是交通中心得以成立的基石，同时也是衡量规划设计工作的准绳。

2.3.1.3 一体化交通中心的系统构成

从"车流""人流""人、车流转换"三条主流程特征出发，交通中心在功能构成上对交通中心划分成 3 个大系统。

1. "相对独立"的客运交通系统

陆侧客运交通系统从交通方式上可以分为"轨道交通"和"道路交通"。轨道交通系统以位于中心位置的、已建的轨道交通站，向南、北两侧展开，同时它又包含了磁浮交通与地铁交通两个子系统。由于轨道交通的特殊性，它可以算作"封闭独立"的交通体系。

道路交通系统在交通中心区域主要是指航站楼前的客运快速路系统，包括南、北进出港快速道路以及进出到每个航站楼（包括该航站楼的楼前车库）、城市公交站、长途公交站等的相对独立的道路系统。之所以称之为相对独立，是因为各道路子系统采用单向循环方式，尽量互不干扰。但出于对已有道路系统正常运营尽量保留的考虑，出于对非常状态下道路应急预案的考虑，在局部区域配合标识诱导，采取合理的道路"借位"。

2. "人车分离"的旅客换乘步行系统

交通中心的旅客步行系统位于 6～6.7m 标高架空层。二期新建 3 条纵向步行廊道，与新建 T2 航站楼、轨道交通站厅层以及已有的一期部分 3 条纵向步行廊连成一体。同时，新建廊道部分建设 2 条贯通 3 条纵向廊道的横向廊道，已有廊道部分通过改造建设横向贯通的廊道，横向廊道可与远期规划中的 T3 航站楼相连，三横三纵的步行架空廊道共同组成了网络化的旅客步行系统。

构筑封闭的旅客换乘步行系统的首要目的是"人车分离"，特别是到达层的人车分离。由于换乘交通方式多样，不可能在楼前车道边就解决所有的换乘问题。要到达不同交通方式的不同区域的换乘点，满足旅客的安全性与舒适便捷性就成为第一需求。用一个贯通的旅客换乘步行系统来串联起不同区域的换乘点，并通过便捷的竖向代步工具到达不同区域的车道边就成为最直接易行的方法。同时，为了让旅客在步行系统中不至于感到疲乏和厌倦，设计上提高了步行系统的建筑品质，采用如水平代步工具、全空调系统等方式提高旅客的舒适度。不仅如此，巨大的旅客流量和繁多的流程类别为深入挖掘步行系统的各类配套服务功能和扩展航站楼主流程功能提供可能，如购物、餐饮和住宿功能；无行李值机办票功能等。各种功能充实后的步行系统真正成为一个资源集约、功能互补的共享空间。

3. "多车道边分流"的人车转换系统

人车转换系统包括了陆侧各类交通工具的出发、到达车道边、航站楼前停车库以及城市公交与长途公交车站台等。它的主体功能体现在车道边。在交通中心设计中，传统的车道边概念被创新性地赋予了新的含义：它不仅包括传统的航站楼前出发或到达旅客换乘交通工具的人车转换区域，还包括了各类交通工具在其独立的换乘区域为旅客提供上、下车的临时停靠区域（如车库内可供社会车辆临时停靠接客的旅客安全岛、城市公交与长途公交车站台等）。

在上文已经论述了交通中心的最主要矛盾是"车道边长度的不足"。所以通过在不同区域复制相对独立的专用交通工具车道边，合理分配布局这些车道边成为人车转换系统的首要任务——即"多车道边分流"。"分流"带来的是不同种类人流的分离及车流的分离，安全和高效由此体现。

人车转换的另一个区域在航站楼前车库，这个为社会车辆提供停车需求的大体量场所同样通过"大、中、小，不同车型分层；临时上车区与泊位区分离；根据车位数量管理分区"等手法将"分流"与"分区"原则贯彻实施。

事实上，应该说上海浦东机场一体化交通中心看作是后来交通建筑枢纽化的雏形。虽然在这一阶段，依然是民航作为主要交通方式，轨道交通和公交与航站楼之间的换乘更多的还只是服务于主体交通方式的内部换乘，未能像之后上海虹桥综合交通枢纽那样构成多主体的大型综合交通枢纽模式，但正是上海浦东机场T2航站楼一体化交通中心的积极尝试，才为建设上海虹桥枢纽的枢纽化运作打下理论基础。

2.3.2　综合交通枢纽的经典案例：上海虹桥综合交通枢纽

上海虹桥综合交通枢纽位于上海市西大门，沪宁、沪杭两大交通发展轴的交汇处。2006年2月，上海市政府批准《上海市虹桥综合交通枢纽结构规划》，华建集团华东建筑设计研究总院作为具体的设施实施单位进行方案设计及深化，并作为东段的项目设计总包单位和整个枢纽的总体设计协调单位进行总体控制。

上海虹桥枢纽于2010年上海世博会前建成，集航空、城际铁路、高速铁路、轨道交通、长途客运、市内公交等64种连接方式、56种换乘模式于一体，旅客吞吐量110万人次/天，是当前世界上最复杂、规模最大的综合交通枢纽。

上海虹桥综合交通枢纽是2010年上海世博会的重要配套基础设施，是世博盛会得以圆满成功的有力保障。枢纽采取面向全国、辐射长三角的交通战略。其建成运营有效改善了西部区域的交通状况及土地价值，使上海经济重心向西部区域倾斜，与浦东新区共同实现经济东西联飞。同时，将带动苏州经济重心主动东移，实现苏州、昆山、上海、嘉兴、杭州连片联动发展，进而辐射整个华东区域，加快长三角一体化进程。

作为上海世博会的重要配套工程，上海虹桥枢纽与众不同，它不是一个纯粹的机场，而是一个大型而复杂的综合交通枢纽。以前的交通枢纽都是以某一主体交通方式为核心，所有的交通换乘设施无论多么复杂，它都处于从属服务的地位。

而上海虹桥综合交通枢纽是将高铁、磁悬浮、机场三大主体交通方式整合在一起的交通综合体，强调三者之间的"无缝换乘衔接"，在业内其规划与设计理念具有标杆意义。

图 2-34　上海浦东机场 T2 航站楼日景图

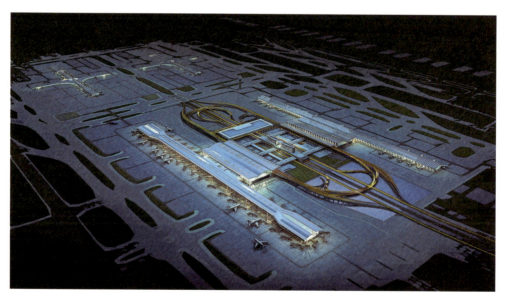

图 2-35　上海浦东机场全场鸟瞰图

2.3.2.1　上海虹桥枢纽的"三大契机"

上海的航空枢纽战略指出，"以浦东国际机场为主，浦东和虹桥两机场共同推进建设上海航空枢纽。"而正在完善的上海铁路枢纽总图将铁路枢纽客站调整为"四主三辅"的布置格局：主站即上海站、浦东站（惠南站）、上海南站、虹桥站；辅站即上海西站、松江站和安亭站等，还有规划的虹桥设磁浮站，近期不仅提供与杭州方向的城际快速联系，而且还提供了浦东、虹桥两个机场的连接。上海虹桥枢纽正是以上述机场、高铁、磁浮三大交通设施的规划修编及调整为契机应运而生的。

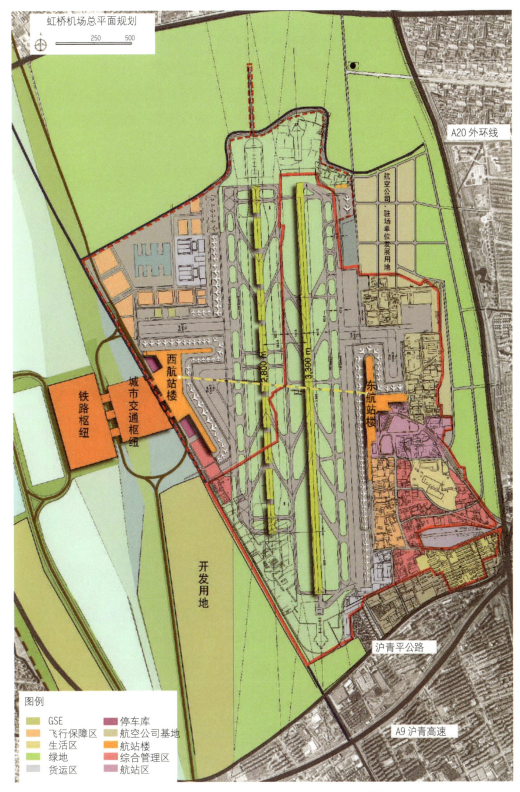

图 2-36　上海虹桥机场总平面规划图（2005 年修编版）

上海虹桥机场规划修编：2006年2月，民航总局和上海市政府联合审批通过上海虹桥机场总体规划（2005版），明确了在现有跑道西侧规划1条平行跑道，建立两条间距365m的平行近距跑道系统，并扩建T2航站楼的建设计划。总体规划修编后，两条近距离跑道压缩了原有规划两条远距离跑道所控制的大面积的机场用地，腾出了机场西侧大量城市用地，为综合交通枢纽的开发和建设提供了可能。

高铁另选址：高铁上海站原址选在闵行区七宝镇，由于周边用地结构、产业状况及交通条件的限制，同时为遵循市交通规划功能型、枢纽型、网络型的指导原则，充分发挥多种交通模式的规模优势、集聚效应，集约土地资源，高铁上海站于虹桥地区另作选址。2005年5月，上海市和铁道部研究论证并签署了《关于加快上海铁路建设有关问题的会议纪要》，确定"由部市共同推进虹桥站建设，努力将其建成高速铁路、城际和城市轨道交通、公共汽车、出租车及航空港紧密衔接的现代化客运中心"。

磁悬浮规划：为满足上海社会经济的发展，推进综合交通枢纽建设，加强内外多种交通方式衔接，实现上海虹桥、浦东两个国际机场快捷联系，缩短中心城区与上海机场内的时空距离，并满足世博会期间大型客流集散的需要，上海市发展和改革委员会于2006年初提出了市域磁悬浮继龙阳路向西延伸，经世博园站、上海南站站至虹桥枢纽站的项目建议书。时隔不久，沪杭磁悬浮线规划也相继出炉，该线上海端即是虹桥枢纽站。

图2-37 上海高铁车站另选址示意图

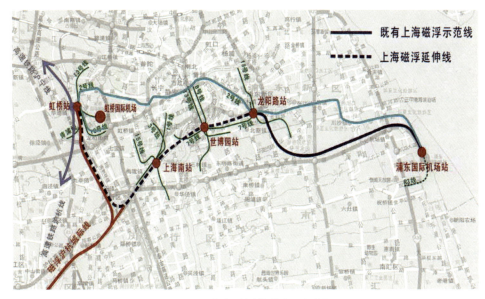

图 2-38　上海磁浮轨道交通规划图

正是以上三大契机使高铁枢纽、磁浮枢纽、航空枢纽从分散走向集中。为了促进长三角地区社会进一步快速发展，增强上海对长三角的辐射和带动作用，上海市政府提出了建设"虹桥综合交通枢纽"的设想，即建设涵盖航空港、高速、城际铁路、磁悬浮、城市轨道交通、公交、长途、出租车和社会车辆等多种交通方式的综合交通枢纽中心。

2.3.2.2　上海虹桥综合交通枢纽项目的规划定位

在以上三大契机的基础上，为了促进长三角地区社会经济进一步快速发展，增强上海对长三角的辐射和带动作用，上海市政府提出了建设面向全国、服务长三角的"虹桥综合交通枢纽"的设想，将建成涵盖航空港、高速、城际铁路、磁悬浮、城市轨道交通、公交车和出租车等多种交通方式的轨、路、空三位一体的日旅客吞吐量在 110 万人次的超大型、世界级交通枢纽中心。

上海虹桥综合交通枢纽在长三角地区串联起上海、南京、杭州三大都市圈以及沿线苏锡常等经济较发达地区，并促进沿江和长三角地区人力资源的有序流动和集聚，实现长江三角洲商贸、信息、资金以及人力资源的融合与对接。

上海虹桥枢纽的建设将为上海市及其周边地区的客运交通系统注入新的强大活力，不但可以形成一个新的契机，同时可以综合解决现状城市交通的诸多问题，使上海市的交通建设持续健康的发展，也为上海服务全国提供了更可靠的保障。

上海虹桥枢纽不仅对长三角地区交通整合及发展产生巨大影响，同时，依托长三角广阔空间，充分发挥综合交通枢纽客流集散中心的功能，建设经济发展所需的多元城市现代服务业功能。

《上海市虹桥综合交通枢纽结构规划》于 2006 年 1 月由上海市城市规划局上报，2006 年 2 月由上海市人民政府批准。明确了 26.26km² 规划范围的总体功能要求和结构框架。上海虹桥综合交通枢纽地区规划范围东起外环线（环西一大道），西至现状铁路外环线，北起北翟路、北青公路，南至沪青平高速公路，总用地约 26.26km²。

上海虹桥综合交通枢纽地区东部为现有虹桥机场用地，中部为综合交通枢纽各类轨道交通站场用地，西部为相关开发配套设施用地。

中间核心区为大型交通枢纽综合体建筑，东起虹桥机场西航站楼，包括东交通广场、磁悬浮虹桥站、高速、城际铁路虹桥站、西交通广场等各类轨道及路面交通设施。

图 2-39　上海虹桥枢纽地区规划布局示意图

如此布局，一则使交通枢纽与机场航站楼贴临建造，为未来多式联运提供可能；二则西侧规划服务业集聚开发区，借助便捷的交通优势，大力发展现代业，两者功能相辅相成，共同打造上海西大门窗口形象。

2.3.2.3　从分散到整合——轨、路、空三位一体的综合交通枢纽

上海虹桥综合交通枢纽从城市层面将机场航站楼、高铁车站、磁悬浮车站三大功能设施由原来的分散选址规划调整为集中布局，实现了统一规划、一体设计，遵循了上海市交通规划功能型、枢纽型、网络型的指导原则、充分发挥多种交通模式

的规模优势，集聚效应，集约土地资源，减少环境污染，真正实现低碳规划。

上海虹桥枢纽集成度高，体现为"轨路空"三位一体的多种交通模式的高度集聚。轨——高铁、城际铁、磁悬浮、地铁等各种轨道类交通；路——公交、长途、出租车、私家车等各种路面交通；空——上海虹桥国际机场。旅客可在一个屋檐下完成各种交通方式的便捷换乘，极大方便了旅客。

图 2-40　上海虹桥枢纽鸟瞰图

2.3.2.4　上海虹桥、浦东两场一体，构建市内枢纽网络

上海是我国第一个拥有两座大型民用机场的城市。其中，上海浦东机场居第二位（根据民航局 2017 年公布数据，旅客吞吐量 2017 年为 7000 万人次），扮演着亚太地区枢纽空港的角色，国际旅客量近 40%。上海虹桥机场居第七位（2017 年年旅客量为 4200 万人次，其中虹桥枢纽组成部分 T2 航站楼超过 3000 万人次），主要为国内旅客。"一市两场"两位一体，两场平衡发展是上海地区经济发展和实施上海航空枢纽战略的需要。同时，两个机场可互为备降，增强了上海航空枢纽的调节能力和抵御风险的能力。

上海航空枢纽的整合。扩建上海虹桥机场不仅是满足机场业务量增长的需求，也是完善整个上海航空枢纽功能的重要举措之一。发展上海浦东国际机场，凸现国际航空枢纽功能，将提升上海浦东机场在国际航空运输市场中的综合竞争力；由于上海地区航空客运市场是上海机场得以快速发展的重要基础，所以发展虹桥机场将强化上海航空城市对航线运作能力，满足往返上海国内旅客始发到达的需求，强化上海国内航空枢纽功能；两大机场功能互补，轨交联系上海浦东与虹桥两个机场，实现虹桥、浦东两场的无缝隙衔接，拉近两场的距离，使虹桥机场具备浦东机场城市航站楼功能。这将极大的方便长三角地区的航空旅客，进一步增强上海机场的辐射能力，为上海航空枢纽整体的形成创造有利条件。

2.3.2.5　五大层面，三大通道，多出入口，多车道边的换乘格局

面对如此规模庞大、功能复杂，世界上独一无二的交通枢纽，如果只是把多

种交通模式简单地集中，将不可想象，对于每日百万人流而言必将是一场灾难。

那么如何组织换乘人流，是摆在规划师和建筑师面前最核心的课题。经多方案备选，分析利弊优劣，最终确定了枢纽的五大主要功能层面，其中三大换乘层面、多出入口、多车道边的立体格局。

枢纽水平向：枢纽建筑综合体由东至西分别是虹桥机场西航站楼、东交通广场、磁悬浮、高铁、西交通广场等。在东交通中心的 0m 处集中设置公交巴士东站及候车大厅，包括长途巴士和线路巴士，服务于机场与磁浮的到达接客。在公交巴士站南北两侧分设单元式社会停车库，亦服务于机场与磁浮。在高铁西广场设置公交巴士西站，并设置大型地下停车库。

枢纽垂直向：枢纽综合体共分五大功能层面

12m 层为高架道路出发层，同时该层也是重要的换乘层面，南北两条换乘大通道东起航站楼办票大厅，西至高铁候车大厅，中间串起东交广场、磁浮车站。通道外侧是二者的值机区域和候车厅，内侧是带状商业街区。

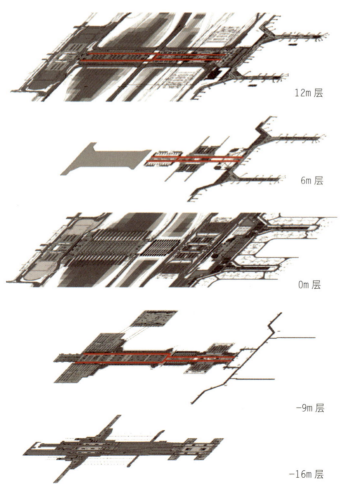

图 2-41 上海虹桥综合交通枢纽三大立体换乘通道示意图

6m 层为到达换乘廊道层，机场和磁浮的到达层面均与东交的 6m 层换乘中心由坡道和廊桥连接，到达旅客可由此换乘公交与社会车库。

0m 为地面层，五大块设施分别由七莘路、SN6 路、SN5 路、SN4 路等 4 条南北向市政道路明确切分，各自独立。机场的行李厅和迎客厅；高铁、磁浮的轨道及站台；东交广场的巴士东站及停车区；西交广场的地面广场及停车区均在该层。

-9m 层为另一重要的换乘层面。两条换乘大通道东起航站楼地下交通厅，经东交广场的南北地下车库、地铁东站站厅、磁悬浮地下进站厅和出站通道，再串起高铁、城际铁的出站厅和出站通道、地铁西站站厅，之后合二为一，继续向西，由西交广场的南北地下车库和巴士西站，直指枢纽西部开发区的地下商业街。

-16m 层为地铁轨道及站台层。这其中 12m 层、6m 层和 -9m 层为枢纽三大主要换乘层面。

上海虹桥综合交通枢纽还在多个层面设计了出入口和车道边，立体组织交通流线，减少不同方向、不同性质交通流之间的相互干扰。而在枢纽内部出于同样的考虑，到发客流一般在不同的层面运行。结合这一特点，需要分别对应布置到达车道边和出发车道边，实现进出枢纽的车辆流线分离。

设置多出入口多车道边可以有效保障大型综合交通枢纽运行的安全可靠，枢纽楼前资源非常有限，多车道边的设置能够作为楼前车道边的补充。其次多车道边能够分担大客流量，为高峰时段快速疏散人流提供有力保障。此外，多车道边能够使人车换乘流线通过多通道、多层面进行组织，从而更加便捷。

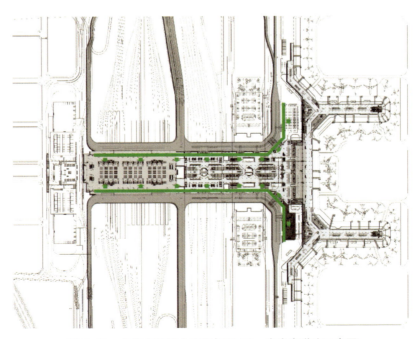

图 2-42　上海虹桥综合交通枢纽 12m 出发车道边示意图

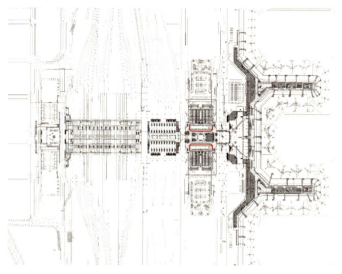

图 2-43 上海虹桥综合交通枢纽 6m 到达车道边示意图

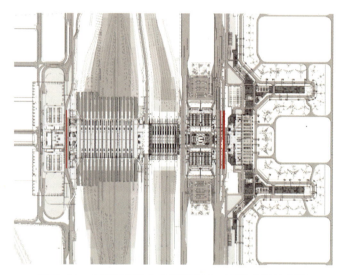

图 2-44 上海虹桥综合交通枢纽 0m 到达车道边示意

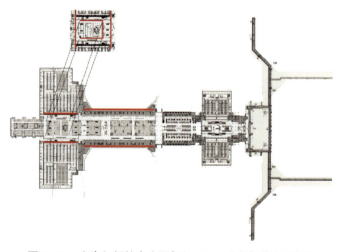

图 2-45 上海虹桥综合交通枢纽 -9m 到达车道边示意图

2.3.2.6　枢纽道路系统同向进出，快慢分离，单向循环，分区明确

枢纽道路系统以建设"高效、安全、通畅、有序"为目标，包括与枢纽衔接的外围快速道路系统和枢纽规划核心区域内交通组织。

在现有市域快速交通网络和室内快速路网的基础上，新建一纵三横的外部快速道路，弥补现有快速路网与交通枢纽衔接上的缺失，完善枢纽外部快速路网系统，使枢纽核心区内快速交通与市内与市域的快速路网有效便捷的连接。设置枢纽专属的高架快速道路系统，并与该区域地面普通道路网实施物理空间上的快慢分离。高架快速道路系统从南、北、西3个方向，分4个入口进入枢纽核心区。

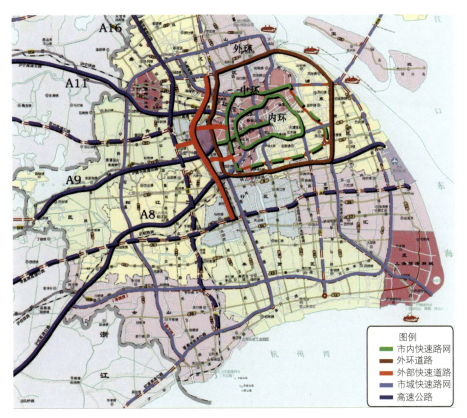

图 2-46　枢纽外围快速道路衔接示意图

核心区道路根据流量均衡度、目标识别性、系统安全性、分阶段实施等4个方面，建立专属的高架快速道路系统，将地区内的交通与枢纽集散交通分离；西进西出、北进北出、南进南出，并与地面道路分离，即南北分区，东西分块形成4个小循环高架圈，分别服务于西侧高铁段与东侧的磁浮机场段。这样的分块循环模式不仅目标指向明确，而且使客流量相对均分开来，使之独立运作，自成体系，减小了运行风险。强调以单向大循环的方式进行车流组织，避免车流交叉，保持行车顺畅，如此设计使两大区域的车流完全实现目标明确自成体系的独立运作。

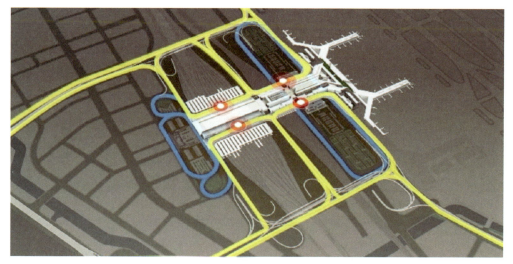

图 2-47 枢纽核心区交通组织示意图

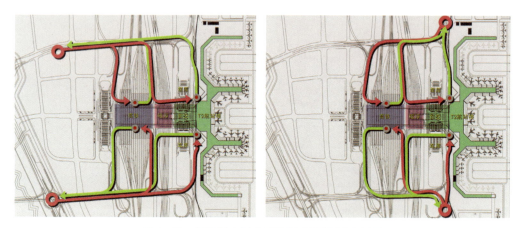

图 2-48 枢纽核心区快速道路交通组织示意图

轨道交通的规划是枢纽设施布局的关键，直接影响到整个枢纽的服务水平。枢纽轨道交通的规划也经历了从集中到分散，枢纽内设一站还是两站的研究与讨论。通过国际方案征集明确了轨道交通在枢纽内应设2站：即高铁西侧设一站，磁浮与机场间设一站。2号线与10号线从东侧进入枢纽区，其中2号线于机场飞行区北侧引入西侧滑行区域后，向南拐直至枢纽中轴处，再以一定的转弯半径向西转并垂直穿越交通枢纽地下二层，10号线从东侧穿越机坪直接进入枢纽，并依次在东、西交通中心设站。

2.3.2.7　功能性即标志性，突出便捷换乘，高效中转，公交优先

作为集航空、城际铁路、高速铁路、轨道交通、长途客运、市内公交等多种模式为一体的综合交通枢纽，旅客换乘极其复杂。这也是当代中国建筑师第一次尝试组织如此复杂的旅客换乘，因此功能的合理与否，特别是换乘的合理与否决定了枢纽项目的成败。

设计本着换乘量"近大远小"的原则水平布局；让东西交通中心分别靠近高铁车站和T2航站楼两大功能主体设置，从经济合理的角度按"上轻下重"的原则垂直布置轨道、高架车道，及人行通道的上下叠合关系；以换乘流线直接、短捷为宗旨，通过3条换乘通道的组织实现旅客的便捷换乘，兼顾极端高峰人流疏导空间的应急备份。

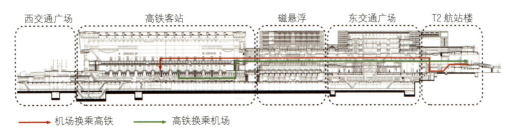

图 2-49　上海虹桥枢纽高铁与机场换乘流线图

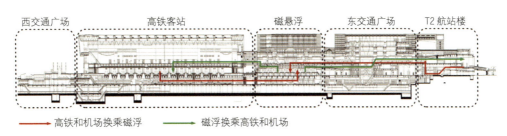

图 2-50　上海虹桥枢纽高铁与磁浮及磁浮与机场换乘流线图

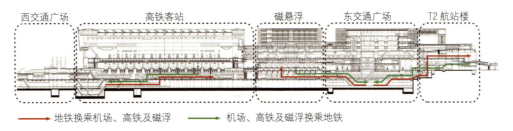

图 2-51　上海虹桥枢纽地铁与机场、磁浮、高铁换乘流线图

在上海虹桥枢纽的规划中，市领导提出了"功能性即标志性"的要求。这对建筑师而言提出了更高的挑战。建筑师既要完成对复杂功能的理性布置，使枢纽功能运作最高效，同时作为建筑师的天职，更需要运用建筑化的语言，为旅客营造良好的空间氛围和美学体验。

2.3.2.8　充分利用枢纽条件 进行商业综合开发 并带动周边区域发展

换乘人流的商业特质需求是客观存在的，并且表现出多元化、复合化的特征。因此，商业综合配套对交通功能起到了有力的补充作用。上海虹桥枢纽作为单体建筑而言，实属一座庞然大物——45m 高、300m 宽、1000m 长，规模庞大，功能复杂。从内部空间上讲，绵延四五百米的换乘通道就像城市的街道，两侧的商业及功能性设施就如同街区里的建筑,虚实映衬,相得益彰。而从开发综合度上讲,俨然就是一个具备各种机能的城市功能复合体,自身具备新陈代谢的生命体征——衣、食、住、行、办公、会议、旅游观光、文化娱乐等一应俱全。

"投石入水"的涟漪效应,带动周边综合开发:26.26km² 的上海虹桥枢纽地区总体规划把整个区域分为东、中、西三大块,地处核心区的枢纽综合体犹如入水之石,激活了原本平静的虹桥地区,泛起的层层涟漪,带动了周边地区的综合开发。首先是毗邻的西部开发区,规划集聚了商贸、金融、总部办公、会议洽谈、酒店服务、高科技信息产业等一大批服务业,并随着枢纽的建成和投入使用,必将掀起又一轮投资和建设高潮。同时其带动与辐射力会继续向外部扩散,影响长宁、闵行、青浦三区,甚至影响上海市,影响长三角。

2.3.2.9 枢纽核心建筑的协奏

1. 上海虹桥 T2 航站楼

T2 航站楼是上海虹桥综合交通枢纽的重要组成部分,T2 航站楼充分利用虹桥综合交通枢纽对外交通、城市交通各种方式的换乘集中在一个小区域中的特点和优势,T2 航站楼的规划设计通过引入可持续场地设计理念和方法,不仅节约了大量城市土地资源,更大大提高了建筑的运营效率,改善了建筑周围的环境质量。

上海虹桥机场 T2 航站楼规划目标年旅客量为 2100 万人次,并预留发展到 3000 万人次的能力。T2 航站楼主要服务于国内航班。在造价和用地受限、功能空间复杂、多业主的背景下,设计师坚持流线组织,交通关系,人性化设计,无障碍设计,商业综合开发,标识系统的清晰明了是关键,协调使用功能也是一种标志性。

T2 航站楼由主楼和指廊组成。旅客工艺流程为"二层式"布局,出发和达到旅客被安排在不同层面上,互不交叉和干扰。

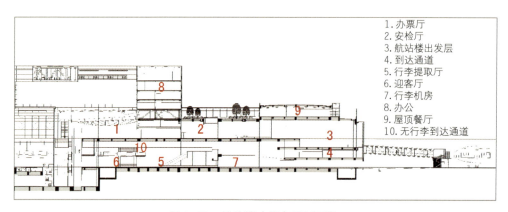

图 2-52 航站楼功能布局剖面图

主楼 12.15m 标高层为陆侧出发大厅、办票大厅和安全检查区。4.2m 主楼的局部和中央单侧的到达通道结合为中转中心。2 个吊桥衔接 4.2m 标高到达通道和 5.25m 标高通往交通中心的楼内平台。0.0m 标高层为到达行李提取大厅和迎客厅。行李分拣厅设在行李提取大厅后方。

指廊分为三层，8.55m 标高层为国内出发候机厅，4.2m 标高层为到达通道，0.0m 标高层设置 2 个远机位出发候机厅、2 个远机位到达厅、2 个贵宾中心（WIP）、机坪用房、设备间和办公用房。

上海虹桥 T2 航站楼的标志色是一种有灰度的绿色，这与磁悬浮的红色以及高铁的蓝色加以区分。内外交通流线的识别性从某种意义上看也是一种标志性。T2 航站楼设置有一个梁桥飞架的大空间，交通中心内有一个巨大的圆形中庭，这些从建筑内部给人一种很强的场所感和方位感。

T2 航站楼还在顶盖上设置了一个可以尽览空侧的景观餐厅和观景平台，目送亲人在安检口登机的人们，可以到这里用餐并观看飞机起降。

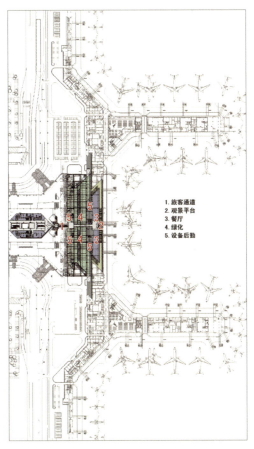
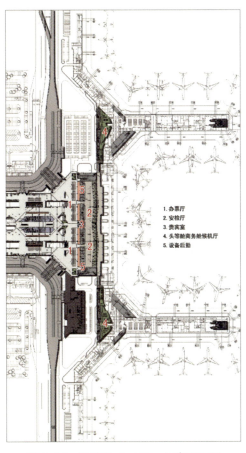

图 2-53　航站楼 20.650m 标高平面图　　　　图 2-54　航站楼 12.150m 标高平面图

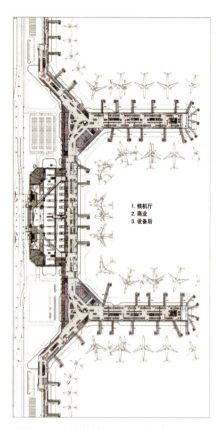

图 2-55　航站楼 8.550m 标高平面图

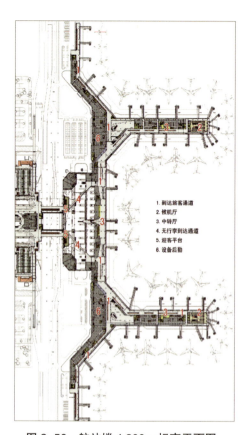

图 2-56　航站楼 4.200m 标高平面图

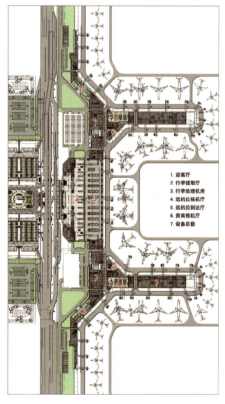

图 2-57　航站楼 0.000m 标高平面图

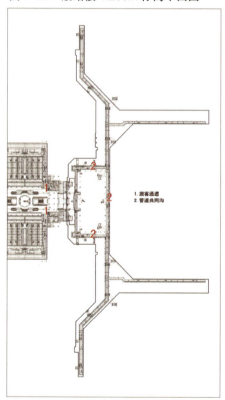

图 2-58　航站楼 -7.950m 标高平面图

图 2-59　上海虹桥枢纽空侧鸟瞰图

2. 东交通广场

东交通广场服务于上海虹桥机场 T2 航站楼和磁悬浮，是上海虹桥综合交通枢纽的重要组成部分。东交通广场满足综合交通枢纽西航站楼、磁悬浮车站、地铁车站、长途公交、线路巴士等各类交通设施的人流、车流、车位、车道边要求；满足与西航站楼、磁浮车站、公交站点以及地铁车站的高效、便捷、安全的衔接和换乘以及其他功能方面的需求。

东交通广场由室外停车场地、停车楼、地铁、公交巴士站、换乘中心和上层的商业设施组成。其设计目标就是将枢纽复杂多样的人流车流有效的组织起来，提供不同交通方式之间多种换乘方式。与此同时，满足枢纽大量客流多种多样的消费服务需求，挖掘消费潜力，在东交通广场上部空间规划设计了适量的商业服务设施。

从总体布局来看，东交通广场各功能设施呈南北对称。在南北两侧各布置了室外大中型车停车场、室内小型车停车库；在建筑的主体部分则从下至上分别设置了地铁虹桥西站、公交巴士站、到达换乘、出发换乘办票以及商业服务设施。2 号线和 10 号线两条地铁在东交通广场设站，极大地方便了旅客的换乘。同时，在车库内部人性化地设置了到达旅客车道边，给携带大件或较多行李的旅客提供了方便。

在换乘组织方面，东交通广场结合枢纽的总体布局，形成了多通道、多层面的换乘格局。东交通广场在垂直向设置了三大换乘层面，分别位于 −9.35m 标高的地下一层、6.6m 标高的二层以及 12.15m 标高的三层。这三大换乘层面使东交通广场作为枢纽中的枢纽，为枢纽旅客提供了顺畅便捷、高效有序的换乘格局和条件。在水平向则结合功能布置，在各换乘层面的南北两侧均设置换乘通道。同时，在东交通广场的中央区域，设计了自上而下贯通建筑的采光中庭，并在其周围密集设置电梯、自动扶梯等设施形成换乘中轴连接建筑的各大层面。

东交通广场与枢纽建筑统一设计，有12m层、6m层、-9m层等三大层面与枢纽直接联通，换乘便捷。东交通广场设有办票柜台、自助值机，是西航站楼办票功能的延伸，在航站楼高峰时段能够有效地发挥调蓄作用。东交通广场上部的商业紧邻西航站楼，是西航站楼陆侧商业的补充，使枢纽商业得到有机结合，互利双赢。充分满足远期客流目标的需求，结合近远期开发，达到了可持续发展。

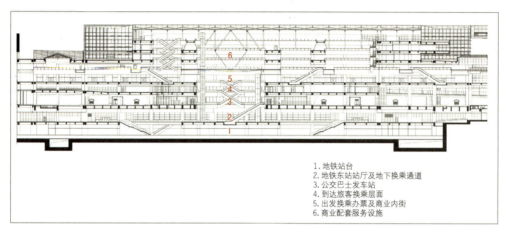

1. 地铁站台
2. 地铁东站站厅及地下换乘通道
3. 公交巴士发车站
4. 到达旅客换乘层面
5. 出发换乘办票及商业内街
6. 商业配套服务设施

图 2-60　东交通广场剖面图

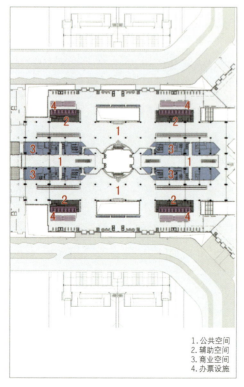

1. 公共空间
2. 辅助空间
3. 商业空间
4. 办票设施

图 2-61　东交通广场 12.150m 标高平面图

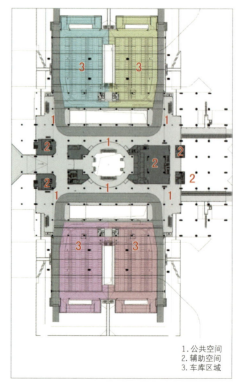

1. 公共空间
2. 辅助空间
3. 车库区域

图 2-62　东交通广场 6.600m 平面图

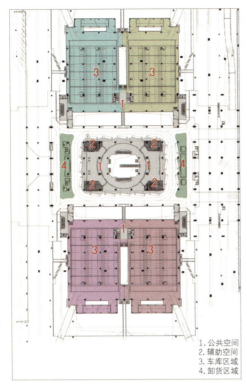
1. 公共空间
2. 辅助空间
3. 车库区域
4. 卸货区域

图 2-63　东交通广场 0.000m 标高平面图

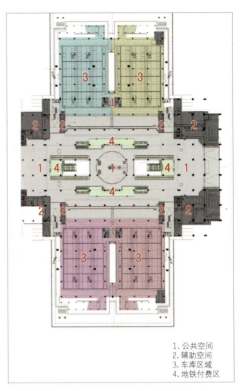
1. 公共空间
2. 辅助空间
3. 车库区域
4. 地铁付费区

图 2-64　东交通广场 –9.350m 平面图

图 2-65　东交通广场办票柜台

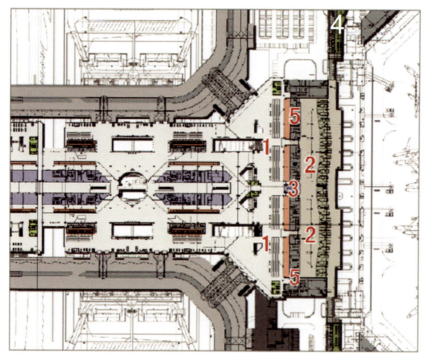

图 2-66 航站楼与枢纽出发层连接部分平面图
1.办票厅；2.安检厅；3.贵宾室；4.头等舱商务车候机厅；5.设备后勤

室外大中型停车场根据枢纽的近远期规划发展，近期设大型车车位32个，中型车车位208个，远期大型车车位可达80个，中型车位可达388个。停车库共5层，设车位2732个。此外，在0m层设置巴士发车站，共设有16个发车位及蓄车位。

3. 虹桥高铁站

虹桥高铁站秉持公共交通优先的先进理念，引入多条城市轨道交通线路。10m高架层为铁路旅客进站层；0m地面层主要包括东进站厅、西进站厅和站台；-11.5m地下一层为地下主通道层，包含地铁换乘大厅、商业开发区、售票服务等功能。虹桥站车站规模按30台（基本站台面2座、中间站台面28间）30线（含正线）设计，以高速铁路为主，兼顾城际轨道交通，普速铁路客运作业，主要办理京沪高速、沪杭客运专线大部分始发终到客车及全部通过客车，沪宁、沪杭城际轨道交通部分始发终到客车及全国通过客车，南京至杭州方向以及部分南通至杭州方向的普速通过列车，采用上进下出、下进下出（预留）的客流组织方式。

新建站房最高日聚集人数10000人，其中京沪高铁8000人、城际800人、普速铁路1200人。虹桥站2020年（近期）预计达到旅客发送量5272万人，其中高速4426万人、城际640万人、普速206万人；2030年（远期）预计达到旅客发送量7838万人、其中高速5973万人、城际1495万人、普速370万人。车站各项设施和能力按满足远期发送量的要求设计。

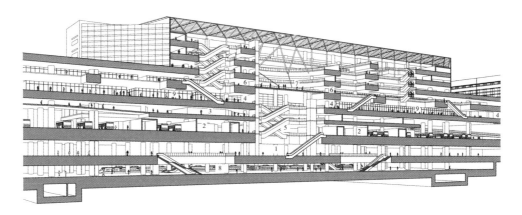

图 2-67　上海虹桥枢纽剖透视图

1.-9m 层通往地铁 2 号线、10 号线站厅；2.0m 层通往公交车站候车厅；3.6m 层接客层通往 P6、P7 停车楼；4.12m 层通往上海虹桥 T2 航站楼办票大厅；5.5 换乘中庭；6. 上盖商业；7. 彩虹桥；8. 地铁站台层；9.12m 层连廊商业

　　建筑由 2 个具有雕塑感的简洁几何体块穿插咬合而成，其端部以轻巧的索结构玻璃体与石材实体相向错位，形成对比，产生动感。立面处理采用富有速度感的横向线条，体现交通建筑的动态特征并与整个枢纽形态协调统一，隐喻上海海纳百川的文化特性。

4. 磁悬浮虹桥站

　　磁悬浮虹桥站区别于铁路大容量长时间候车的运营模式，弱化候车功能，加强通过性；区别于地铁进站无须行李安检、进出站混流的模式，地下站厅采取中部进站、两端出站方式使进出站旅客相对分离。高架进站厅和出站夹层的设置使进出站旅客分流互不干扰。车站功能布局合理清晰通畅，尽可能减少旅客的楼层转换并缩短步行距离，充分适应磁浮高效快速的作业需求。

　　上海虹桥综合交通枢纽的建成和使用串联起上海、南京、杭州三大都市圈，大大促进了长三角地区人员的有序流动和集聚，实现长三角商贸信息资金和人力资源的融合与对接，提升大上海和长三角区域优势。以其规模之大、难度之高在中国交通建筑史上留下了不可磨灭的一笔。

　　上海虹桥枢纽的成果可以归纳为以下三点：

　　第一，集约化。在早期的虹桥枢纽规划中，高铁站位于宝山区，后来研究发现，这样规划不仅会导致大量土地被占用，并且要建设两套城市快速道路系统。如果将高铁站和枢纽规划在一起，即可只设立一套配套系统，节约投资以及土地资源。另外，集约型枢纽对旅客来说更为便利，不需要舟车劳顿往返于两个交通点之间，既省钱又省时间。所以规划集约化，不但为城市节约了土地资源，也为旅客节省了时间和交通成本。

图 2-68　上海虹桥火车站室内大透视

图 2-69　上海虹桥枢纽室外透视图

第二，人性化。上海虹桥综合交通枢纽的设计提倡以人为本，使旅客流线清晰、视线通畅、易识别，让人们在各交通工具之间、各交通点之间做到真正的无缝衔接，最大限度地减少旅客换乘和步行距离，让旅客在枢纽中感到高效与舒适。以前传统的设计是运营第一,为机场、车站服务,而现在是把旅客的便利性和服务性放在第一位,所以很多人觉得上海虹桥枢纽更具国际特质,这源于整个设计思路是以旅客为优先的。

第三,带动区域发展。交通枢纽的规划模式节约了土地资源,不仅有相当一部分土地置换出来,而且枢纽的设立也推动了整个区域的土地开发。"大虹桥""城市次中心"的概念应运而生,这个新的经济增长点对城市来说具有更高层面的意义——综合枢纽已经脱离了仅仅为机场服务的设计理念,它已成为城市腾飞的引擎。时至今日,枢纽化规划设计已经深入人心,在国内陆续建设的一系列航空港新建筑群工程,都将交通方式的枢纽化整合作为极其重要的规划设计导则。

2.3.3 因地制宜的枢纽设计:南京禄口机场二期工程案例

如果说上海浦东 T2 航站楼一体化交通中心可以看作枢纽设计的雏形,上海虹桥枢纽可以视作那一时期枢纽设计的代表作,而南京禄口机场二期则呈现了另一种形式的枢纽设计思路,与上海虹桥大开大合的布局方式不同,南京禄口机场的设施共享可以概括为"因地制宜"。

2.3.3.1 南京禄口机场二期工程建设背景

南京禄口机场的历史可追溯到 20 世纪末。机场一期工程于 1995 年 2 月开工建设,1997 年 7 月 1 日 1 号航站楼正式通航。1 号航站楼正对机场主进出场道路,面东背西。楼前旅客道路以单向大环在陆侧围合出一片巨大的航站核心区绿化广场及地面停车场。1 号航站楼采用单曲大跨波浪形屋盖造型,体现出江南水乡灵动的特色。在 20 世纪 90 年代,1 号航站楼无疑是具有标志性的交通建筑。

随着南京和江苏的发展,南京禄口机场旅客接待量迅速上升,至 2007 年已突破 800 万人次。根据相关部门当时的预测,至 2017 年,南京禄口机场年旅客接待量将达到 2300 万~2500 万人次,成为苏皖地区最繁忙的国际空港,并进入国内机场前十强,2040 年达到 7000 万人次。航班和客流量趋于饱和,一条跑道和一个航站楼不能满足发展和交通需求,南京禄口机场扩建已迫在眉睫。

南京禄口国际机场二期工程从一开始就放弃了"不破不立"的激进路线。无论是机场当局还是设计方都清醒地意识到"大刀阔斧"的规划布局也许可以描绘一幅气势宏伟的蓝图,但绝不可能解决机场近远期各阶段发展带来的现实问题。我们不是在一片空地中建设新机场。2009 年当二期扩建工程拉开序幕时,当年 1 号航站楼的旅客吞吐量首次突破 1000 万大关;到 2014 年新航站楼落成使用之前,整个建设期都伴随着旅客流量的逐年上升——不停航施工的基本保障是规划、设计与施工、建设的基本前提。

"要像外科医生做脑颅手术一般细致入微、谨慎推进"。规划的具体目标被锁定在以下5个方面：

- 最少占用土地；
- 最少拆迁量；
- 施工期间的全功能平稳运行；
- 科学、经济、合理的建设步骤；
- 为未来发展提供无缝衔接的可能

2.3.3.2 对于传统航站区布局的突破

如果将新建航站区比作是在一张白纸上画画，有着较大的挥洒空间，那么扩建工程无疑受到更多的约束。两条远距离跑道限定的航站区宽度并不局促，但既有建筑设施及陆侧空间给扩建工程带来无法回避的制约和矛盾，这些矛盾主要来自3个方面，从而为建筑师带来了极大的挑战。

1. 新建航站区与既有航站区中轴线与道路系统之间的矛盾。南京禄口机场2号跑道规划于老跑道南侧，两条跑道限定的航站区中轴线与既有中轴线（主进出场道路）并不重合，而是南移。如果主进场道路要与航站区中轴线重合，必须对既有路网进行较大的改造。如果另辟道路系统，则必须妥善处理好与既有道路系统之间的关系，以满足二期工程实施期间1号航站楼不停航的施工需求。

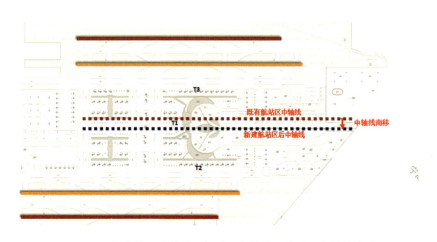

图2-70 新建第二跑道后，相对既有航站区来说，中轴线南移

2. 有限用地条件与交通枢纽多样功能整合之间的矛盾。既有航站核心区的旅客道路和高架系统构筑的空间，客观上成为本次改造的"禁区"，这就造成扩建工程可实施的用地南北进深非常狭窄。在有限的用地条件下，必须整合新建2号航站楼和一套完整的楼前道路系统，以及各类地面交通工具的接驳换乘、停蓄车设施、城市轨道交通引入等。

3. 本期建设与远期发展之间的矛盾。多年来的建设实践表明，航站楼未来发展存在较大变数，这样的矛盾要求我们必须未雨绸缪，为未来的进一步拓展留有余地。

正是在这样的限制条件下，南京禄口机场二期工程采取与传统航站区布局截然不同的处理手法，我们可以将其概括为 4 个字——"因地制宜"。不拘泥于"大型航站楼确保进深尺度"的传统构型；不拘泥于"中轴加大环"大开大合的航站区布局形制；不拘泥于"集中整合各类交通工具及场站"的交通换乘中心模式。根据用地情况，统筹规划，整体布局。

2.3.3.3　航站区中轴线的思考：既有道路体系的应对

保留原有中轴线，新建 2 号航站楼及交通中心。经过综合考虑，最终航站楼布局保留了以目前主进场路为主要旅客交通经脉，现有 1 号航站楼为视觉中心的航站区主轴线；在既有航站区南侧新建航站区，为尽量减少对 1 号楼前的干扰，二期工程整体用地限制在站坪与现有高架道路之间的 380m，2 号航站楼、交通中心、1 号航站楼及未来的 3 号航站楼串联成流畅的曲线界面，形成开阔大气的陆侧景观及道路。

图 2-71　保留原有中轴线，新建 2 号航站楼及交通中心

各成体系，有机衔接的道路体系。在保留原有视觉中轴线的基础上，结合了双环与大环的优点，交通组织清晰简洁。依托 2 号航站楼、1 号航站楼和未来 3 号航站楼，构成 2 个独立的单向循环道路体系。同时又可串联成一个大循环系统，既分又合。楼前交通便捷、高效，又可应急、容错。大容量公交尽量靠近楼前布置，缩短旅客步行距离，即保证 T1、T2 系统的独立性，又可形成一体化的构架和容错模式。T1、T2 高架无遮挡平接，未来建设 T3 时，T1 高架独立改造，不影响 T2 运营。

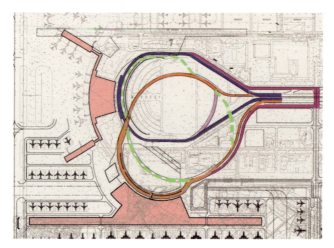

图 2-72　双环同心圆方案：高架分割站前广场及停车设施；造价相对较高；此外，新建高架翻越 T1 航站楼前

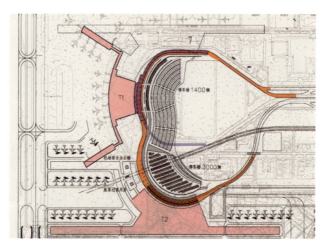

图 2-73　大环方案：对原有道路系统改动较大。一个大环承担航站区全部交通，陆侧压力太大，运营有风险

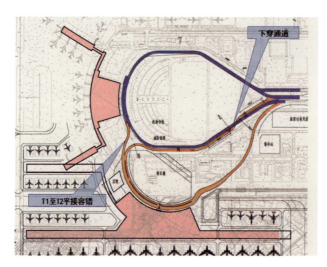

图 2-74　最终方案：结合了大环与双环的优点，交通组织清晰简洁，可分可合

2.3.3.4 一肩双挑的交通中心：旅客来往机场的换乘枢纽

1. 对于交通方式的环型整合

交通枢纽对于换乘方式的整合可以分为轴线式（虹桥综合交通枢纽）和集中式（日本中部机场）两种。由于受到基地用地条件和路网的限制，这两种布局方式均不适用于南京禄口机场二期工程。设计团队巧妙利用基地条件，提出了"环型整合"的概念。一个线性展开，布置于新老航站楼之间的交通中心担负起"一肩双挑"的功能。城市地铁的轨线与站点巧妙地避开了1号航站楼的既有设施，提供了到达两个航站楼最便捷的步行通道，步行通道同时串联起长途汽车站和为旅客服务的陆侧商业。在弧线的形态下，通过空间的有机布局、合理安排，建筑师实现了航站区用地紧凑、高效，最终形成航站楼—交通设施—配套开发等多位一体的综合式交通枢纽。

交通中心通过枢纽的设计理念将这些换乘流以最直接的方式集中起来，通过一纵三横的交通动脉，将航站区陆侧交通整合起来，高效、便捷、安全地连接到各个交通设施，成为旅客来往机场的换乘"第一站"。

图 2-75　交通中心内部多种交通方式的换乘

2. "两轻一重、无缝衔接"的机场酒店

在线性展开的交通设施上部增设五星级酒店，酒店大堂与换乘通道紧密相连、无缝对接，轨陆空多种交通使用便捷，提升航站区服务品质，增加机场收益。

在设计中，我们提出"两轻一重、协调过渡"的口号——通过宾馆厚重的石材体量，连接T1、T2航站楼轻盈的屋面和玻璃幕墙体量，在形成震撼虚实对比的同时，利用水平延展的弧墙形成协调过渡。

宾馆立面较为通透，呈现出来的视觉形象比较乱。为了使航站区形象不受其干扰，我们设计了大露台，将宾馆立面"藏"了起来，使得一体化衔接过渡更强。此外，露台也将机场的噪声隔绝于外，旅客凭栏眺望，整个机场壮观景色尽收眼底。

350间客房的酒店融合了城市酒店和度假酒店的优点。通过中庭等公共空间的设置我们营造了丰富的室内空间，空间内敛、内涵丰富。宾馆中庭天窗覆盖下的弧形阳光谷，植物茂密，天桥纵横，成为旅客放松休憩的最佳场所。

图 2-76　从航站楼陆侧看机场酒店

（a）

（b）

图 2-77　酒店中庭内景

2.3.3.5　放眼远期、立足本期的可持续发展

针对未来发展的不确定性，我们提出了"保留T1，用足T2，留白T3"的分阶段发展策略。

保留 T1，即设计保留了 T1 航站楼及楼前陆侧，为其远期改造发展预留了极大的灵活性。此外，新老航站楼陆侧之间预留了通道联系，为其统一运作保留了最大限度的可能。

用足 T2，即 T2 建成后机场运作移至新楼，再对 T1 航站楼进行改造，2 号航站楼规模及内部各设施布置充分考虑预留未来增量的可能，预估增量后可满足 2200 万人次年旅客吞吐量。二期工程满足 2 号航站楼竣工运营后可以完全容纳 1 号航站楼的全部旅客容量及相关配套设施及服务需求，并可维持到 1 号航站楼改造完成，以保证 1 号航站楼无须"带运营改造"。

留白 T3，即 T1 改造后，预计 2020 年年旅客吞吐量达 3000 万人次。随着年旅客量的进一步发展，远期计划建设 3 号航站楼及远端卫星厅，最终达到航站区终端年旅客量 7000 万人次的目标。本期建设时为 T3 建设作了充分空间的"留白"。此外，由于未对 T1 道路进行改造，从而为将来 T3 的建设保留了更多的可能性。

南京禄口机场二期工程作为一个承载年旅客量 1800 万人次，但规模仅为 45 万 m² 的交通建筑，其在国内超大型综合交通枢纽大规模建设的今天，以及在华东院设计的交通建筑中，该工程无论在体量、规模还是换乘量上都不是最大的，但对于设计团队而言却有着特殊的意义，作为一次成功的建筑实践，建筑师因地制宜、统筹兼顾，营造了一座值得借鉴学习的一体化交通建筑范例。

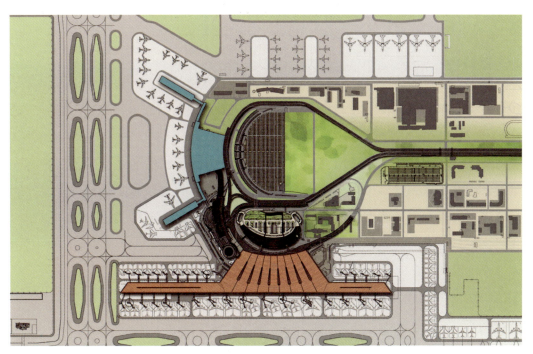

图 2-78　南京禄口机场二期航站区总图

图 2-79　南京禄口机场鸟瞰图

2.3.4　交通枢纽的别样诠释——港珠澳大桥珠海口岸

2.3.4.1　港珠澳大桥珠海口岸建设背景

港珠澳大桥工程是在"一国两制"条件下粤港澳三地首次合作共建的超大型基础设施项目。这座跨越伶仃洋天堑的超级工程已经酝酿近 20 年，寄托着实现香港、澳门、珠海三地连接的百年梦想。

随着香港和澳门的陆续回归，中国进入新的发展时期。为繁荣经济，促进大珠江三角洲区域的协同发展，香港、澳门与内地有关方面提出修建连接香港、珠海与澳门跨海大桥的建议。港珠澳大桥直接连接香港、澳门与广东省的珠海市，建成后将成为珠海、珠江三角洲西岸地区及粤西地区通往香港的最便捷的陆路通道，不但可以加快珠江三角洲西岸地区、粤西地区的经济发展，而且为香港、澳门充裕的资金提供了更加广阔的腹地，对加快"粤港澳大湾区"经济一体化进程，提升大珠江三角洲的国际综合竞争力具有极为重要的意义。

港珠澳大桥东接香港特别行政区，西接广东省珠海市和澳门特别行政区，包括海中桥隧工程、港珠澳三地口岸、港珠澳三地连接线等三项主要内容，全长 49.968km，建成后将是世界上最长的跨海大桥。港珠澳大桥人工岛珠海口岸和澳门口岸作为其首要配套工程和重要组成部分，是大桥实现三地通关、全线贯通的前提和保障。

一岛双口岸

人工岛按其功能主要分为南北两部分。北部为珠海公路口岸，用地面积107.3万 m^2，总建筑面积约52万 m^2；南部为澳门公路口岸，用地面积71.61万 m^2，总建筑面积约62万 m^2，属于澳门管辖范围。在一个人工填筑的海岛之上建设两地管辖权限的并置双口岸，在国内尚属首创。

图2-80　港珠澳大桥珠海口岸总平面图

一地三通关

无论是珠海口岸还是澳门口岸都不是传统的两地通关口岸，而是更为复杂的珠、港、澳三地通关口岸。珠海口岸满足远期2035年珠海与香港每天通关旅客15万人次、通关客车约1.8万辆及通关货车约1.7万辆的出入境需求；同时满足珠海与澳门每天通关旅客10万人次、通关客车约3千辆的出入境需求。澳门口岸除了满足与珠海对等的通关量外，同时满足澳门与香港每天通关旅客约8万人次、通关客车约1万辆及通关货车约1千辆的出入境需求。这种"一地三通关"的模式在国内亦属首创，在国际上亦属创新之举。

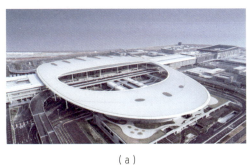　

（a）　　　　　　　　　　　　　　（b）

图2-81　港珠澳大桥珠海口岸鸟瞰实景（一）

(c)

图 2-81 港珠澳大桥珠海口岸鸟瞰实景（二）

2.3.4.2 用枢纽化设计方法创新设计三地通关口岸

口岸是一类特殊的城市交通设施，而港珠澳大桥珠海口岸因其位于人工填岛之上的特殊位置，客观上形成了极为苛刻的交通条件。与普通的陆路口岸相比，珠海口岸的对外交通衔接非常单一，即：港珠澳大桥与珠海侧连接线。而口岸核心区的交通集疏运系统却非常复杂，包括：社会车辆、城市公交、专线公交、长途公交、旅游巴士、出租车、通关小客车、通关巴士、通关货车、大桥穿梭巴士、快速有轨电车及地铁预留等。十多种交通工具各有其自身的交通特点以及与旅客的换乘方式，当它们跻身于有限的人工岛口岸用地之内时，如何合理组织使其各司其职，并避免单一的对外衔接通道触发交通瓶颈显得极为重要。

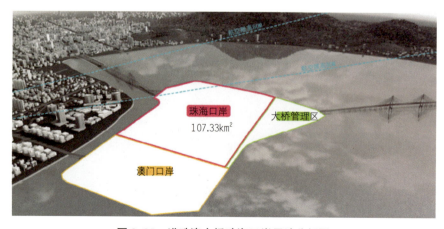

图 2-82 港珠澳大桥珠海口岸用地分析图

图 2-83 港珠澳大桥珠海口岸鸟瞰图

口岸跨界交通量可区分为直通关客货车（旅客）以及换乘旅客。其中直通关客车分为小客车和通关大巴，直通关小客车旅客将由通关车道随车验放或前往随车验放厅通关，通关大巴旅客需前往旅检楼通关，后乘坐通关大巴前往香港侧口岸。换乘旅客采用其他交通方式（如公交、出租车、私家车等）前往旅检楼通关，通关后前往香港的旅客将乘坐大桥接驳巴士前往香港侧口岸入境，前往澳门的旅客将步行至澳门口岸入境。

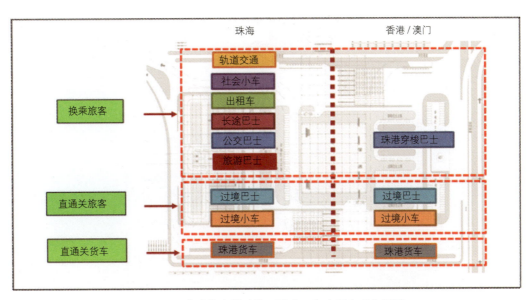

图 2-84 港珠澳大桥珠海口岸人工岛交通方式分析图

由于人工岛用地有限，要满足上述需求，同时体现以人为本的交通设计理念，必须采用"综合交通枢纽"的设计方法予以应对。

2.3.4.3 立体叠层、高效集约的布局模式

枢纽核心在于整合，有效整合土地资源，区别于传统口岸"摊大饼"式的总体布局方式，珠海口岸采取了"出境入境立体层叠，交通中心立体换乘，口岸道路立体集散"的"以立体换空间"的策略，有效地节约了土地，并将更多的土地留给开发。

这一理念在第一轮概念方案中即得以体现，通过立体组织，人工岛得以留出宝贵的用地用于综合开发，为后期开发口岸商贸特色产业打下基础。

2.3.4.4 "一核、一线、双分置、大循环"的总体布局

珠海口岸的总体布局方式充分体现了综合交通枢纽"集中与分置相结合，车流与人流双引导"的规划理念，表现为"一核、一线、双分置、大循环"的布局态势。

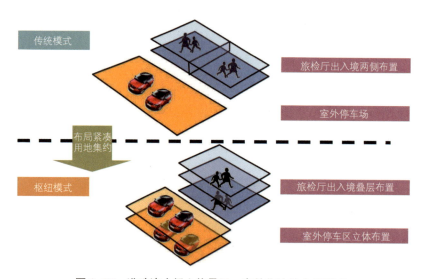

图 2-85 港珠澳大桥立体叠层、高效集约的布局模式

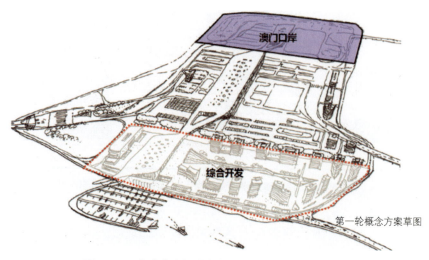

图 2-86 港珠澳大桥珠海口岸第一轮概念方案草图

一核——从客流规模及重要性出发,将珠港旅检楼设置在口岸的核心地位。珠海境内侧的各类交通换乘方式同时为珠港与珠澳旅客服务,集中布置形成交通换乘中心,与珠港旅检楼通过环形大屋盖共同组合为口岸的视觉焦点。

一线——以珠港旅检楼为中心,建筑群向南、北延伸出一条以人流为导向的架空于地面车行系统之上的贯通轴线。向南是架空的珠澳旅检楼,它以线形方式同澳门口岸无缝衔接,使得珠澳旅客采取更为高效便捷的"背靠背"一次查验通关新模式成为可能;向北则是架空的交通连廊,它以线形方式与口岸北侧规划中的有轨电车站及整个综合开发区实现步行系统的有机衔接,使得口岸的交通功能与衍生开发功能互为依托、连为一体。

图 2-87 港珠澳大桥珠海口岸大鸟瞰图

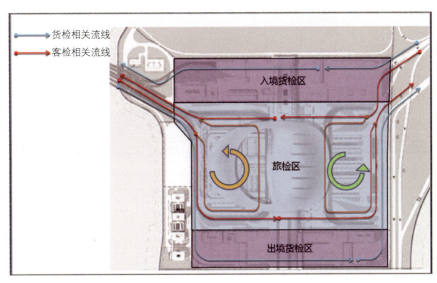

图 2-88 港珠澳大桥珠海口岸单向大循环总体交通组织模式

双分置、大循环——以珠港旅检楼为中心，大、小客车通关查验区分置在南北两侧，南侧为出境通关查验区，北侧为入境通关查验区；而货车通关查验区再分置于客检区两侧，同样为南出北入。这样的布局形成了逆时针单向大循环交通体系，出入境的客检车辆交通流与货检车辆交通流都变得分区简洁而互不干扰。

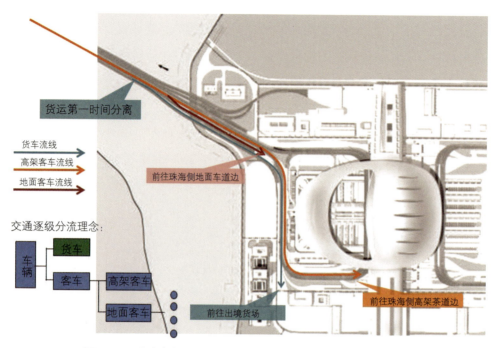

图 2-89 港珠澳大桥珠海口岸送客优先，逐级分流的道路系统

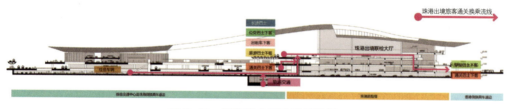

图 2-90 出境旅客通关换乘流线

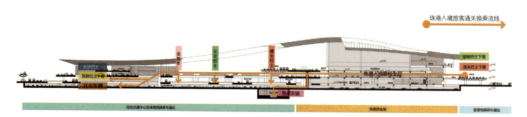

图 2-91 入境旅客通关换乘流线

2.3.4.5 "送客优先、逐级分流"的道路系统

从旅客高峰时段聚集行为分析，口岸的主要交通压力集中在出境（关）前。"送客优先"策略通过延伸珠海侧连接线，以单向的快速客运专道将旅客送至 15m 标

高的出境层，用最直接的方式使最大量的出境旅客完成便捷换乘通关。为了保证高架系统的通畅，从人工岛入口开始，不同性质的车辆采取"逐级分流"的措施：先是客货分离、后是高架地面分离，每一次分离均遵循"两两分离"原则，避免行车司机的多重判断。

2.3.4.6 "立体层叠、应对峰流、步行贯穿"的换乘组织

传统口岸的关前换乘广场一般采取"摊大饼"的平铺模式。对于一个超大型口岸来说，这种模式有出入境混杂、旅客步行距离过长、换乘效率低等缺点。"用立体分层换空间"的策略首先体现在旅检大楼"上层出境、下层入境"的叠层布局模式上，而境内侧换乘空间与此完美对应：高架将搭乘各类交通方式的旅客送至15m标高的出境楼前广场；而入境旅客从7.5m标高的入境大厅平层到达空中绿化步行平台，并通过不同区域的垂直电扶梯下到地面层不同车辆的换乘车道边，离开口岸。三层叠合设计大大增加了交通设施空间，并将出入境人流及不同换乘方式的人流有效地分流并组织起来。

这样的分层布局也为应对极端高峰人流创造了宝贵的冗余空间。在极端情况下，可以组织待出境旅客的车辆直接停靠在地面层各区车道边，口岸有充足的蓄人空间安排旅客排队等候，此时，15m标高层高架也可以全部作为旅客等候广场。"立体层叠"使空间利用更灵活、更有弹性。

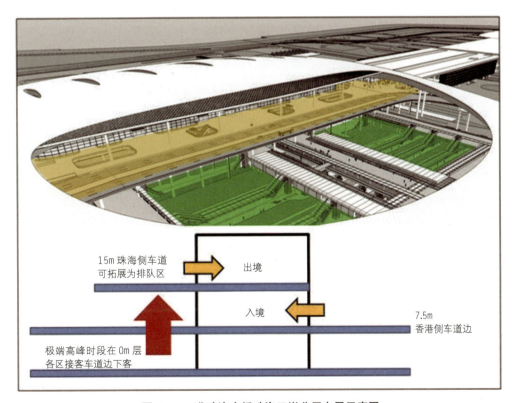

图 2-92 港珠澳大桥珠海口岸分层布局示意图

7.5m 标高的空中绿化步行平台是联系口岸各主体功能区的步行交通骨架，集等候汇合、公交换乘、旅游集散、应急广场、商业配套、便利餐饮等功能于一体的口岸活力空间，也是体现口岸地标形象的城市广场。

2.3.4.7 "公交优先、轨道优先、双轨预留"的人本理念

由于进出人工岛道路资源及人工岛本身空间资源的局限，努力提高交通效率至关重要。从旅客出行模式划分的分析中可以看出，要满足远期的交通量需求，必须大力提高公共交通的占比，并将效率较低的社会小汽车及出租车比例控制在6%左右。而在各类公共交通方式中，轨道交通的载客优势显而易见。

珠海口岸的轨道交通设计充分考虑了口岸自身近远期发展及与珠海市轨道交通规划的匹配，希望远期能超过20%的载客比例。近期在口岸北部设计了与珠海市高速有轨电车系统衔接的预留站位，并通过两层交通连廊与旅检大楼的出境层与入境层步行连接；远期在珠海侧交通中心的地下设计预留了地铁站位，通过电扶梯方便旅客来往于7.5m标高层架空步行平台。

"双轨预留"方案使口岸有能力满足旅客量持续上升的交通需求，体现了城市倡导"绿色出行、公交优先"的先进理念。

公路口岸型枢纽在我国还刚刚起步，而港珠澳大桥珠海口岸依托复杂而大量的客流，具有建设枢纽得天独厚的条件。在口岸设计中，设计师遵循枢纽设计"用地集约、交通便捷、综合开发"三大黄金法则，科学地研究分析人工岛特殊的地理条件，因地制宜，妥善处理好"分与合、出与入、水平与立体"的辩证关系，打造最高效集约的口岸型综合交通枢纽，是公路口岸型枢纽的一次成功尝试。

随着中国交通体系的不断发展与完善，中国GDP的逐步增长，以及旅客出行人数的不断增多，交通建筑的需求越来越多、越来越复杂，未来的趋势一定是枢纽化、综合化。

大型综合交通枢纽已经摆脱了传统的单纯交通建筑的意义，而是构建大城市客运交通体系的关键性节点，承担着包括对外交通和市内交通多种不同交通方式的衔接与换乘等重要功能。

在交通建筑枢纽设计中，我们需要把握以下原则：

1. 设施共享，空间共融。通过设施和空间的共享共融，使之成为相互协调统一的整体。

2. 统筹协调，可分可合。交通枢纽由不同的业主建造、管理。枢纽建成后，既有清晰的界限便于各部门操作，也有利于枢纽的管理运营一体化。

3. 换乘系统，立体衔接。立体换乘的空间格局和组织方式使旅客换乘更加紧密。

4. 人车分离，车行分级。人行、车行体系分离。在枢纽主体范围内及核心区范

围内应通过天桥、联系廊道等建立起成休系的步行系统，提高枢纽的步行可达性。

5. 公交优先，换乘优先。公交、轨交优先。规划枢纽各交通设施的相对位置，需根据换乘量的大小来确定其相对应的远近关系。

6. 到发分离，接蓄分离。楼前最近送客，集中远端蓄车，分设站点接客，智能调度。

我们也要看到，交通建筑的枢纽化应本着因地制宜的原则，所提供的 4 个典型案例——上海浦东机场二期工程的一体化交通中心、上海虹桥综合交通枢纽、南京禄口机场二期工程、港珠澳大桥珠海口岸——为不同条件下交通建筑的枢纽化设计提供了借鉴。

第三章

交通建筑设计的数理维度

作为数以千万人次使用的大型公共建筑，交通建筑像是一个系统工程，具有较强的系统性。但在一定程度上，它又像一台高速运作的计算机，设计过程需要建立在审慎的数理维度的基础上。例如通道宽度、排队空间距离、设施设备的数量、停车及车道数量等，都需要有非常具体、实际和客观的任务书，在此基础上，建筑师才能进行空间创作，整个过程十分理性。对于交通建筑来说，如果其功能合理，建筑空间则会形象而具体地体现给使用者，空间塑造建立在功能合理性的基础之上，所以理性设计是交通建筑的特别之处，也是建筑师的喜爱之处。

当然，对于许多建筑师，特别是初步接触交通建筑设计的青年建筑师来说，他们在数理维度上往往会产生很多困惑。这些困惑包括：

1. 计算的内容包括哪些？
2. 建筑空间和功能空间的关系是怎么样的？
3. 怎样将数理计算结果和交通建筑的规划设计建立联系？

经过思索和实践，我们提出以下设计原则：

- 宏观层面上，我们需要重视交通业务量预测和枢纽换乘预测，前者是交通建筑可持续发展的基础，后者则是交通枢纽类建筑功能布局最重要的设计因素；

- 功能空间是逻辑计算的结果，建筑空间是建筑师基于计算的功能空间基础上再创作的产物；

- 宏观层面上，交通建筑分阶段发展规划应基于可持续发展原则，各阶段之间应具有一定的弹性；

- 微观层面上，交通建筑设施容量设计应该基于弹性和灵活性原则，建立在审慎的理性维度上。

3.1 数理逻辑预测与计算

3.1.1 交通业务量预测

3.1.1.1 交通预测意义

1. 建设可行性论证的需要

大型交通建筑预计客流量、建设资金都比较巨大,在国内外很可能具有比较大的影响,对于促进城市发展、区域一体化也具有一定的带动作用,城市当局对此类枢纽的功能与定位都有着比较高的期望。开展大型交通建筑交通预测,研究分析枢纽未来的客运规模、客流来源,有助于界定未来枢纽的客运能级与服务功能,从而为深入论证枢纽建设利弊提供坚实的基础。

2. 集疏运体系规划建设的需要

完善的集疏运体系是大型交通建筑的基础。而各类集疏运体系合理规划的前提则是完善的交通需求预测。

3. 主体建筑设施建设的需要

大型交通建筑内部,特别是大型综合交通枢纽往往存在大规模的客流流动,把握好各类客流流动的规律、需求、流向,对于提高枢纽主体设施规划布局与设计水平具有重要的意义。例如,通过对综合交通枢纽铁路、航空、公路等对外交通换乘轨道交通需求的预测与排序,有助于确定配套轨道站点应优先服务并在布局上贴近的对外交通方式。

对于建筑师而言,交通预测最大的意义在于合理确定分期建设规模及时序,避免设施紧张,防止空间浪费。交通业务量的前瞻预测的目的在于科学确定建设规模,使得交通建筑建设规模能够满足建成后若干年份的年旅客量增长,避免因计算不精确造成的设施紧张,也要防止因过渡预留造成的空间浪费。

例如,在机场规划设计过程中,"近、远期航空业务量预测分析"通常都是由业内专业单位与机场当局共同研究的成果;成果一般直接反映在机场总体规划(或修编)、立项报告及可行性研究报告中。不仅如此,在预测数据基础上,提出对本期(或近期)、远期、终端进行分期建设的规划布局,也会体现在上述成果文件之中。但是,由于机场(特别是机场航站区)的复杂性,仅停留在规划层面的研究工作往往无法准确描述分期建设的具体步骤,从而无法科学地指导投资规模,往往需要更加具体的建筑概念方案。

为了弥补规划深度的不足,机场当局在合适的时间节点,往往会开展的"机场航站区设计方案征集"工作，作为从可行性研究到建设落地的一个重要支撑。在方案征集任务书中，要求投标单位以建筑方案的设计深度提出分期建设的策划思路是"规定的任务项"。当然，各投标单位在以航站楼、交通换乘中心为主体的建筑群设计方案推演与构思中，如何找到一条最经济合理、可持续发展的分期建设之路，是考验投标单位规划设计能力以及方案成败的重要标杆。

以在国内某机场的设计为例，业主曾经一度担心所在地区航空业务量增长较为缓慢，会造成一个年旅客量为3000万人次的大航站楼出现长期空置的现象，从而计划分期建设两个小楼。但我们通过多种方式对于未来年旅客量增长进行计算后，发现即使是最保守的算法，在第一个小楼刚刚建好后航空业务量即已饱和，第二个小楼必须马上开始建设且后期扩建会有诸多限制。因此，我们建议业主选择于一个大主楼的建设方案。

3.1.1.2　交通业务量预测前提

1. 准确把握功能定位

进行交通需求预测，首先要准确把握交通建筑的功能定位与服务要求，也即要明确其主要交通功能、辐射服务区域、集散交通方式要求、周边开发趋势等前提。一般而言，大型交通建筑包括航空、铁路等，对外交通是其主要功能，辐射区域有时不仅覆盖所在城市，而且突破市域面向区域众多城市服务。对于集疏运体系，道路系统要考虑高速公路、快速路等各级道路，公共交通系统要考虑城市轨道、公交专线、出租车等公交系统。对于交通建筑周边地区，往往也需要考虑一定规模的商业、办公等综合开发产生的交通需求，发挥其带动效益。

2. 准确把握城市背景交通状况及交通规划

交通建筑，特别是大型综合交通枢纽往往与城市之间有着较大规模的集散需求，可能需要配套建设多条城市轨道、快速路等交通系统。为了合理把握并预测各种城市交通的需求，不仅需要清晰认识其周边及城市背景的交通现状（必要时需要开展较大规模的各类交通调查），而且需要对城市尤其是周边现有交通系统规划进行全面梳理，以便为该地区专项交通规划的完善提供依据。

一般而言，如果交通建筑位于城市中心，周边道路高峰交通状况都比较拥挤，能够新增出入地面道路的空间比较少，旅客集散更多依靠新增轨道交通出入，因此一开始就需要确定以公共交通为主体的集疏运模式。如果交通建筑位于城市外围，周边有一定条件新增各级出入干道，也有一定条件建设各类配套轨道，枢纽旅客集散模式可以逐步向以公共交通为主的模式发展。

3.1.1.3　基于多重因素的预测方法及概述

交通业务量发展预测是交通建筑设计要素的基础依据。以航空港设计为例，主要包括对目标年份客运、货运吞吐量预测。预测期限一般分为近期、远期，近期预测年限为 10 年，远期预测年限为 30 年；有时也会根据实际情况细分为中期预测年限或对机场最终容量做出预测。

目标年客、货吞吐量预测数据是航站区明确功能体规模、容量、设施需求等的基本依据。其预测方法有：趋势外推法、市场调查法和专家评估法等。

决定其目标年客、货吞吐量的基础依据材料包括：

1. 历年地区或城市国民经济发展情况及未来规划；

2. 历年地区或城市对外交通量发展情况及未来规划（特别是航空业务量发展情况及未来规划）；

3. 历年机场客、货吞吐量数据统计（针对已有机场改扩建）。

值得一提的是，近、远期航空业务量预测一般情况下都是由专项咨询单位与机场当局共同研究的成果；成果一般直接反映在机场总体规划的可行性研究报告，以及方案征集任务书中；在国内某机场的设计中，我们和空侧专项咨询单位通过两种不同的方法对其远期进行预测：

历史旅客量趋势外推分析。通过某机场和全国民航机场历史业务量分析，2005—2014 年某机场旅客年均增长率为 21.7%；2005—2014 年全国民航机场旅客年均增长率为 12.7%；其年均增长率高于全国民航机场水平，但增长率波动幅度较大；预可研航空业务量预测 2015—2020 年均增长率为 15.05%，后续分阶段放缓为 9.86%、6.9%、2.76%、1.76%，可以看出预可研在一定程度上综合了历史旅客量因素的趋势外推。

采用旅客量和 GDP 预测的回归分析。按计量经济学的方法将历史旅客量与经济 GDP 指标关联起来；采用经济合作发展组织（OECD）对中国 GDP 至 2045 年的经济预测指标进行回归分析。

需要强调的是，作为设计单位，在预测数据基础上，需要提出对本期（近期）、远期、终端进行分期建设的规划设想，从而建立起数理逻辑计算与建筑空间的联系。

3.1.2 枢纽换乘预测：由线性预测向矩阵预测的预测整合

在综合交通枢纽的设计中，换乘矩阵的整合是十分重要的，是整个交通枢纽建筑设计得以成立的基石。

矩阵是大型枢纽交通预测的主要工具，包括"外—外""外—内""内—外""内—内" 4 个部分。预测以枢纽功能定位、城市背景交通发展等为依据，经过对外交通客运量、旅客集疏运方式、周边开发交通量等预测，合理选用重要参数，综合整合得到换乘矩阵。它是开展后续工具的重要基础。

3.1.2.1 旅客换乘矩阵是交通预测的主要成果

旅客换乘矩阵预测枢纽各类对外交通、配套城市交通设施之间的换乘需求并以 O—D 形式表现出来，其中对外交通包括航空、铁路、公路等所有对外交通设施，配套城市交通包括轨道、公交、出租车、小客车、自行车等各类城市交通。按照对外交通设施与城市交通设施之间的旅客流向，可以将旅客换乘矩阵中各类换乘划分为"外—外""外—内""内—外""内—内"4 类。"外—内""内—外"换乘为对外交通设施与配套城市交通设施之间的换乘，例如铁路—轨道、铁路—公交之间的换乘；"外—外"换乘为对外交通设施之间的换乘，例如铁路—航空、铁路—长途巴士之间的换乘；"内—内"换乘为枢纽配套城市交通之间的换乘，例如轨道—轨道、轨道—公交之间的换乘。

旅客换乘矩阵预测了大型综合交通枢纽各类交通设施之间的换乘流向与流量，是枢纽地铁、公交、道路、停车库等集疏运系统以及枢纽主体各类行人通道、竖向交通设施、车道边等布局规划与设计的重要依据，是大型综合交通枢纽交通预测的主要成果要求。

大型综合交通枢纽旅客换乘矩阵形式 表 3-1

D　O		对外交通设施			城市交通设施					
		航空	铁路	公路	轨道	公交	出租车	小客车	自行车	步行
对外交通设施	航空									
	铁路		"外—外"				"外—内"			
	公路									
城市交通设施	轨道									
	公交									
	出租车		"内—外"				"内—内"			
	小客车									
	自行车									
	步行									

3.1.2.2 枢纽对外交通客运量预测

大型综合交通枢纽对外交通客运量指由航空、铁路、公路等对外交通方式承担的出入市境的客运量，包括各种对外交通方式的发送量、到达量及分布。对外交通客运量的预测，是论证枢纽各类对外交通设施规模、服务功能以及开展枢纽集疏运交通预测的前提。

上海虹桥枢纽对外交通客运量预测

根据各专业交通预测及综合平衡，到2020年上海虹桥机场旅客发送量将达2000万人次/年，高速铁路、城际铁路总发送量为6100万人次/年左右，沪杭磁浮发送量为1000万人次/年左右，高速巴士发送量为500万人次/年。

在上海虹桥枢纽远期对外交通的发送客源中，长三角转乘客流，即到、发点都在上海以外的客流量约为10万人次/日，占枢纽对外交通发送客源的1/3左右。虹桥枢纽旅客中，上海市产生的到达、发送量分别达到20万人次/日，占枢纽大交通发送客源的2/3左右。上海虹桥枢纽城市集疏运交通体系每日集散的旅客客流量达40万人次/日。

上海虹桥枢纽对外交通发送量预测　　　　　　　　　　表3-2

对外方式	年发送量(万人次/年)	日发送量(万人次/日)	说明
机场	2000	5.5	结构规划吞吐量3000万～4000万人/年
铁路站	6100	16.7	结构规划发送量6000万～7000万人/年
磁浮车站	1000	2.7	至浦东机场磁浮客运量作为城市交通系统的集散客运量
长途客运站	500	1.3	结构规划发送量500万人/年
合计	9650	26.2	考虑高峰日影响，取值30万人次/日作为研究基础

3.1.2.3 枢纽旅客集疏运方式预测

旅客集疏运方式预测指铁路、航空等对外交通旅客进出枢纽，采用地铁、公交、出租车、小客车等各类配套城市交通的比重。旅客集疏运方式预测，是开展旅客换乘矩阵"外—内""内—外"部分预测的前提。

上海虹桥枢纽城市集疏运系统客运总量

上海虹桥枢纽城市集疏运系统每日要承担的客运总量达50万人次左右，其中对外交通旅客客运量为40万人次/日左右，接送人员客运量为6万人次/日左右，员工客运量约为4万人次/日左右。

接送人员客运量不仅受枢纽客运吞吐规模影响，还受枢纽旅客交通集散方式影响。如果上海虹桥枢纽旅客小客车集疏运比重较高，自然导致接、送人员一定幅度增加。为了便于分析，在此统一按 15% 接、送客率计算接送客量。经测算，接送人员客运量达到 6 万人次/日左右。上海虹桥枢纽作为一个巨型综合交通枢纽，在参考国内外大型枢纽的运作模式后，未来上海虹桥枢纽及相关配套设施的总员工数可能接近 2 万人左右，员工每日产生客运量可达 4 万人次/日左右。

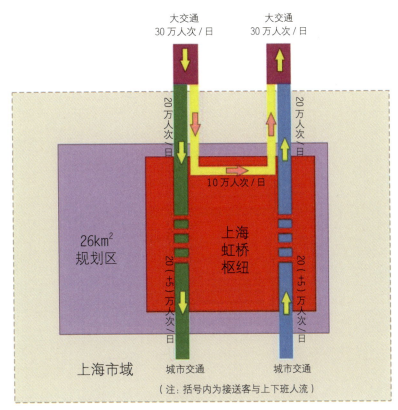

图 3-1　上海虹桥枢纽对外交通产生人流流向

上海虹桥枢纽集疏运方式比重预测

综合多方因素，以多方式均衡模式为基础形成上海虹桥枢纽集疏运交通规划预测模型。上海虹桥枢纽轨道、公交等可持续公共交通集疏运比重，规划远期至少应达 50% 以上，出租车、私人小汽车等小客车集疏运比重，规划远期不应超过 50%。基于适当富余考虑，枢纽轨道、公交远期规模按 60% 进行规划控制，道路集疏运系统远期规模按小客车 50% 集疏运比重进行规划控制。

在多方式均衡模式下，枢纽旅客轨道、公交的集散比重不低于 50%，小汽车、出租车集散比重控制在 50% 以内。在轨道、公交客流量中，经测试按 4∶1 进行客流量分配；在出租车、小汽车客流量中，参照上海出租车比较发达的实际情况，按 1∶1 进行客流量分配。因此，枢纽旅客轨道交通集散比重为 40% 左右，公交为 10% 左右，出租车、小客车分别为 25% 左右。

接送人员客流规模与不同层次旅客有一定关系，一般通过出租车、小客车到达的旅客被接送概率比通过公交、轨道到达的旅客高。参考接送人员客运量预测，预测接送人员出租车、小客车集散比重均为33%，公交、轨道集散比重分别为7%和27%。

枢纽员工集散方式与城市交通方式比较接近，主要以轨道、公交等公共交通为主。参考城市交通方式的发展，枢纽员工集散的轨道交通比重为50%，公交为25%，出租车、小客车分别为12.5%左右。

上海虹桥枢纽各类客流集散方式预测　　　　表 3-3

客流类别	方式比重	集散客运量（人次/日）	集散方式结构（%）
旅客	轨道（磁浮）	16	40
	公交	4	10
	出租车	10	25
	小客车	10	25
	小计	40	100
接送客	轨道	1.6	27
	公交	0.4	7
	出租车	2	33
	小客车	2	33
	小计	6	100
员工	轨道	2	50
	公交	1	25
	出租车	0.5	12.5
	小客车	0.5	12.5
	小计	4	100
合计		50	—

上海虹桥枢纽各类集疏运方式客运量预测

基于多方式均衡模式目标，上海虹桥枢纽轨道（磁浮）方式总比重约为40%左右，公交约为10%左右，出租车、小客车均约为25%左右。对应各种集疏运系统承担集散客运量分别为：轨道（磁浮）20万人次/日；公交5万人次/日；出租车12.5万人次/日；小汽车12.5万人次/日。

对于公共交通设施需求规模预测，地铁、公交设施规模实际按总比重达到60%

进行规划控制，即轨道（磁浮）按 24 万人次 / 日、公交按 6 万人次 / 日进行相关公共交通设施规划控制。道路、停放车交通设施需求，以出租车、小客车总比重不超过 50% 进行规划控制，即出租车、小客车均按 12.5 万人次 / 日进行相关道路设施规划控制。

上海虹桥枢纽各类集疏运客运量与规划设施规模 表 3-4

交通方式	方式比重（%）	集散客运量（人次 / 日）	规划设施规模（人次 / 日）
地铁	40	20 万	24 万
公交	10	5 万	6 万
出租车	25	12.5 万	12.5 万
小客车	25	12.5 万	12.5 万
合计	100	50 万	—

3.1.2.4 枢纽周边开发交通量预测

大型综合交通枢纽凭借完善的城市交通系统（特别是轨道及公交系统），对枢纽周边地区的通勤、商务等城市日常交通具有较强的吸引力，往往能够吸引大量城市日常换乘客流。对枢纽周边开发吸引和产生各种交通进行预测，是分析开发交通影响以及旅客换乘矩阵"内—内"预测的重要内容。

需要注意的是，针对大型综合交通枢纽主体与周边各类的开发，可将功能分为服务枢纽旅客与服务社会。对于以服务枢纽旅客为主的业态开发，一般至多在枢纽周边产生步行交通，并不额外吸引大量城市日常客流，因此，对于服务枢纽旅客的开发而产生的对枢纽集疏运交通的影响可以忽略不计，但是开发性质与开发规模应是有限的。

当周边开发量完全向城市开放时，设计者必须持一个谨慎的态度。这是因为完全向城市开放会为枢纽道路带来过多压力，这些压力会与枢纽本身较大的客流量相重叠，影响其自身运行。因此，在强调站城一体化发展的同时，我们必须为这部分客流留好充分的冗余度，同时积极发展轨道交通，减少道路压力。如果开发产生的交通影响过大，就要在规划阶段提出控制开发业态与开发规模或者完善枢纽外围的城市换乘枢纽，从而对大型综合交通枢纽吸引的城市日常换乘量进行分流，以保障大型综合交通枢纽对外交通功能的正常运转。

3.1.2.5 旅客换乘矩阵预测整合

根据对外交通客运量预测、旅客集疏运方式预测、周边开发交通量预测等成果，进一步对旅客换乘矩阵中的"外—外""外—内""内—外""内—内"4 个部分的交通需求进行细化预测，完善整合得到旅客换乘矩阵。

交通设施	高铁	城际铁	虹桥机场	浦东磁浮	磁浮沪杭	高速巴士	高速公路	2 号线	10 号线	17 号线	5 号线	青浦线	地面公交	出租	客车
高铁	0	1436	2500	7835	1410	997	6160	10030	14250	10550	3460	200	13155	18073	18073
城际铁	1465	0	3884	7605	410	536	1450	11200	15600	11850	4550	300	13711	17099	17099
虹桥机场	2660	3633	0	2874	496	3440	7770	4900	7050	4700	1500	100	7355	11714	11714
浦东磁浮	7723	7584	2746	外—外 0	0	1457	0	0	0	0	外—内 [illegible]	0	0	0	0
磁浮沪杭	1412	433	492	0	0	1438	1865	5800	6050	3200	0	450	4846	5980	5980
高速巴士	945	538	3317	1478	1476	0	0	775	775	775	0	0	775	1033	1033
高速公路	6160	1484	7800	0	1865	0	0	0	0	0	0	0	0	0	0
2 号线	9378	10451	4572	0	5412	705	0	0	1000	500	3500	14500	5284	553	553
10 号线	13297	14557	6579	0	5645	705	0	1000	0	1500	2000	21000	6910	731	731
17 号线	9845	11058	4386	0	2986	705	0	500	1500	0	1500	15000	5013	525	525
5 号线	3219	4246	1400	内—外 0	0	0	0	3500	2000	1500	内—内 [illegible]	[illegible]	3252	241	241
青浦线	187	280	93	0	420	0	0	14500	21000	15000	5000	0	15040	57	57
地面公交	11977	12513	6366	0	4443	705	0	5284	6910	5013	3252	15040	0	0	0
出租	15971	15157	9523	0	5357	939	0	575	761	545	247	57	0	0	0
客车	15971	15157	9523	0	5357	939	0	575	761	545	247	57	0	0	0

图 3-2　上海虹桥枢纽换乘矩阵图

3.1.3　基于高峰运能的建筑设施量计算

3.1.3.1　功能空间与建筑空间的相互促进

功能空间是逻辑计算的结果，建筑空间则是空间创作的产物。在交通建筑的设计中，我们需要引入功能空间的概念，并将其理解为与交通建筑客流量相匹配，保障其正常运行的功能空间。建筑空间则是在此基础上，建筑师基于一定的空间构想而设计出来的建筑空间。建筑空间的面积要大于功能空间面积。简单而言，功能空间是逻辑计算的结果，建筑空间则是空间创作的产物。两者之间既有联系，又不能混为一谈。数理逻辑中计算出来的是功能空间，后期需要建筑师在功能空间上进行再创作。功能空间的计算决定了建筑空间的基本尺度，建筑空间的基本尺度反过来对功能空间提出了新的要求。两者是相互促进，互相影响的。在交通建筑的设计中，建筑师不能唯建筑论，也不能唯数据论。

下面我们以航站楼为例，讨论功能空间的计算原则。

1. 基于高峰小时客流量（通常用于航站楼）或旅客最高聚焦人数，旅客车站全年上车旅客最多月份中，一昼夜在候车室内瞬时（8 ~ 10min）出现的最大候车（含送客）人数的平均值，多用于铁路和长途车站计算交通建筑主要设施量，同时参考机场 IATA 标准，以满足 C 级服务水平为最低目标，计算设施标准。

2. 在设施设备容量测算时除根据 IATA 服务标准外，还应充分考虑各机场的运行管理特点、旅客出行特点、地域特征、当地政府要求等因素，从而对流程基本设计参数做出调整。

3. 在得出基本设施量的基础上，再叠加其他参数得到基本的空间尺度。

如在得到航站楼柜台数为 120 个的情况下，可以 6 个岛式柜台进行排布，但要考虑一定的排队距离（2.5m 用于柜台前处理和流通，7.5 ~ 8.5m 用于排队，4m 用于循环和乘客排队溢流）。此时便可得到航站楼出发大厅的基本功能空间，同时可以引入中庭或者休闲商业，以增加空间品质。

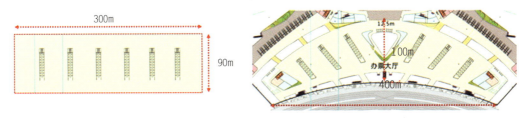

图 3-3　从功能空间尺度到建筑空间构型：引入中庭或者休闲商业，增加空间品质，得到基本建筑空间构想

3.1.3.2　设施量的计算

在交通建筑的设计中，计算始终是极其重要的一环。在铁路旅客车站和长途车站中，往往通过旅客最高聚集人数和站房的分级对其设施规模进行量化控制。

车站主要设施规模部分量化指标　　　　　　　　　　　　　　　　表 3-5

设施名称	规模量化指标
站前广场	一、二级站：旅客最高聚集人数 ×1.5m²/人（宜）
	三级站：旅客最高聚焦人数 ×1m²/人
售票厅	售票窗口数 = 旅客最高聚集人数 /120（120 为每窗口售票张数 /h）
行包托运处	托运单元数：一级站 2～4 个；二级站 2 个；三、四级站 1 个

铁路客运站（客运专线）服务设施部分量化指标　　　　　　　　　表 3-6

	特大型	大型	中型	小型
人工售票窗口	20～30	10～20	5～10	不小于 3 个
自动售票机	4			可不设
进站检票口	按每个检票口 1500 人 /h 的通过能力和 15min 检票时间计算			

航站楼设施计算原理与铁路和车站设施的计算原理大致相同。由于机场旅客的组成更加复杂，有国际、国内旅客，无行李旅客和携带行李旅客，两舱旅客和金银卡旅客等，旅客组成更加复杂，涉及的设施处理情况速度也不一样。同时，相较铁路客运站和长途客运站而言，由于机场更多涉及国际功能，其牵涉的设施种类更广（包括办票柜台、安检通道、联检柜台、边检柜台、海关通道等）。这一切决定了机场的计算更加复杂。

航站楼设施量计算往往包括以下2个部分：

1.高峰小时流量计算：确定机场高峰小时流量。其中包括高峰小时出发旅客量、高峰小时到达旅客量和中转流程。它们是计算各主要流程设施的依据。值得一提的是，在交通建筑的设计中，高峰小时客流量（多用于航站楼）或者高峰小时发送量（多用于火车站）的选取尤为重要，并非简单的取一年之内最高峰时段（往往是春运期间）的运营数据。以航站楼为例，在规划中一般选取一年中的第30个最高峰小时作为有代表性的取值。高峰小时数据的选取，是一种运行经济性与服务水平之间的合理平衡，第30个高峰的取值基本能够覆盖机场客运近90%的情况，同时也意味着将有另外29个极端高峰将会溢出，需要在运行过程中做出平衡妥协。

2.流程设施数量的计算。设施数量等于高峰小时通过某类设施的人数与单个该类设施处理速度的比值，并考虑设施开放率、旅客排队时间等调整因素。应充分考虑不同类型的人员构成（如普通旅客、贵宾、员工等）以及不同种类设施的使用比例进行分别计算。

此外，我们要看到，随着技术的进步、旅客使用习惯的变化以及VIP旅客人数的持续上升，设施设备自助化发展已成趋势。在未来交通建筑的设施需求中，自助化设施设备的需求量将进一步上升，甚至成为大部分旅客使用的主要设施，而人工设施主要考虑为贵宾、老年旅客使用。此外，随着安检技术的发展，安检通道的处理效率也会发生变化。这些都将影响设施设备数量计算的最终结果，进一步影响交通建筑的功能布局。

值得一提的是，在设施量计算这一过程中往往需要专业咨询公司的介入。建筑设计团队需要和专业咨询公司共同完成这一计算过程，再由业主确认最终成果。

3.1.3.3 空间容量的计算

交通建筑应在人流分析的基础上对人流量大、位置重要的通道和大厅进行空间处理能力的计算，保证设计目标满足合理的标准，同时需要使各部位空间处理能力标准相一致，避免出现瓶颈。不同功能区域面积测算方法较为相似：都是在高峰小时人数的基础上，选择合适的单人面积进行测算。

铁路旅客车站部分用房面积测算 表 3-7

功能分区	房间名称	特大型	大型	中型	小型
集散厅	进站集散（m²/人）	≥0.25			不设
	进站集散（m²/人）	≥0.2			仅设出站口
候车区	普通候车（m²/人）	≥1.2			1.2×1.1.5
	软席候车（m²/人）	≥2			不设
	团体候车	≥1.2		不设	
	无障碍候车（m²/人）	≥2		≥2	不设
	贵宾候车	≥2×150	≥1×150	≥1×150	不设

航站楼内各主要功能区域面积测算 表 3-8

位置	中国民航标准	IATA-C 类标准
入口大厅	1.0m²/旅客	2.3m²/旅客
		0.9m²/送机客
办票大厅	1.8m²/旅客	1.7m²/旅客
国内出港安检		1.4m²/旅客
近机位候机厅	1.0m²/旅客	1.2m²/旅客
		1.7m²/旅客
远机位候机厅	1.0m²/旅客	1.2m²/旅客
		1.7m²/旅客
检验检疫	1.5m²/旅客	
海关	2.0m²/旅客	
边防	0.6m²/旅客	
行李提取	1.6m²/旅客	1.7m²/旅客
迎客大厅	1.0m²/旅客	2.0m²/旅客
中转大厅	1.6m²/旅客	
VIP 休息室	5.0m²/旅客	4.0m²/旅客

在大型综合交通枢纽的设计中，除了以上各功能空间外，我们需要对换乘通道和换乘厅进行重点关注。在大型综合交通枢纽空间设计中必须考虑高峰流量，要使目标年的高峰人流能保证在合理的标准下实现换乘。枢纽内的高峰特征和机场类似，可以用高峰小时人数作为处理的目标，高峰小时人数的确定需要根据预测和流线分

析具体计算。

综合换乘厅：综合换乘厅最小需求面积＝高峰小时旅客流量 × 人均逗留时间（根据调查获得预测数据）× 人均占有空间。

福勒音行人服务水平参考表提供了行人空间的参考标准，但由于交通枢纽的交通换乘厅是多种功能的空间集合，其实际空间要求往往大于计算标准。依据美国交通运输研究委员会编著的《公共交通通行能力和服务质量手册（原著第2版）》对人行通道服务水平的分级标准，C级为 1.4～2.3m²/人，适用于有空间制约，有明显高峰时段的交通枢纽、公共建筑、公共空间，此处宜取 2m²/人。

枢纽换乘厅内同一时刻内的换乘人数与换乘厅大小、行人步行速度有关。通过换乘厅的乘客最高聚集人数计算方式为：

$$Q_{换-max}=\frac{Q_{换-S}}{2} \times \frac{t_{换}}{60}=\frac{Q_{换-S} \times t_{换}}{120}$$

式中：$Q_{换-max}$ 为通过换乘厅的乘客最高聚集人数（人）；$Q_{换-S}$ 为通过换乘厅的各交通方式超高峰小时换乘客运量（人次/h）；$t_{换}$ 为乘客在换乘厅的平均停留时间（分钟）。

$$S_{换}=Q_{换-max} \times S_i$$

式中：$S_{换}$ 为枢纽换乘厅内用于交通换乘的使用面积；S_i 为人均面积，其中 i＝对外对内，$S_{对外} \geq 2.8m²/$人，$S_{对内} \geq 1.8m²/$人。[1]

换乘通道：换乘通道的有效宽度计算，换乘通道宽度通过行人服务水平确定。服务水平需要综合考虑旅客的行走速度、流量、行人空间（人均密度）等。目前，国内多采用约翰·J·福勒音（John J Fruin）的行人服务水平的评价体系。

通道有效宽度＝高峰小时旅客滞留量/行人流率

例如，客流量较大的枢纽，服务水平选用C级，即行人流率等于 33～49 人/min·m。例如：高峰小时通过通道的人数是10000人，则

通道有效宽度＝10000/60min×（33～49）＝5.1～3.4m。

---

[1] 资料来源：中国建筑工业出版社，中国建筑学会．建筑设计资料集（第三版）第7分册[M]．北京：中国建筑工业出版社，2017．

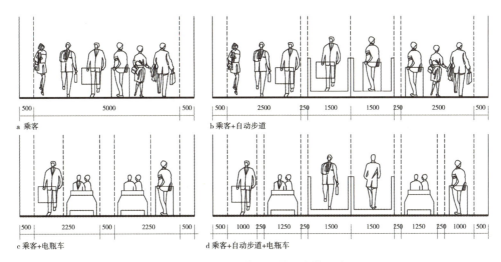

图 3-4 换乘通道建议最小有效宽度

（资料来源：中国建筑学会．建筑设计资料集（第三版）第 7 分册 [M]．北京：中国建筑工业出版社，2017）

换乘通道的总设计宽度应综合考虑通道有效宽度、通道几何宽度、是否有自动步道等情况。综合换乘厅的服务级别，根据项目不同交通方式、项目规模等因素，合理确定。对于人流量大而且复杂的换乘空间，建议采用专业软件进行验算。

随着交通建筑的发展，对计算结果的精确性提出了更高的要求。很多情况下，我们需要借助仿真对计算后的结果进行模拟验证，以保证其精确性。使用交通仿真模拟来体现更为全面、直观的设计意图及实施效果。

在进行全局研判的同时可以针对关键的节点区域进行细致的分析研究。其中，交通模拟中重点在于参数的选择，正确的参数选择才能保证交通模拟的准确性。

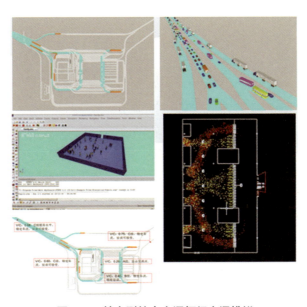

图 3-5 某大型综合交通枢纽交通模拟

3.2 交通区域节点可持续发展策划

3.2.1 航站楼可持续发展策划

与其他建筑不同，交通建筑随着旅客量的增长会呈现一个动态变化的过程。这就要求我们在一开始就对其全生命周期的增长进行一个合理的策划。这一点在航空港设计中尤为突出。下面我以机场建筑设计为例进行展开。

航站楼的策划一般分为 4 个部分：

数理逻辑计算：在上位规划给定航站区年旅客量、高峰小时年旅客量的基础上，计算出航站区设计的基本数据：车道边、停机岸线、楼内设施等。

分期发展决策：与其他类型建筑不同，在航站区发展中，时间轴是一个非常重要的要素。我们需要引入时间要素和经济要素，决定总的数据量的分阶段实现过程，即对于航站区的分阶段发展进行模拟，得出最优的分阶段发展序列。

构型规划研究：在航站楼规划设计中，构型研究是承上启下的重要环节。它是基于数理逻辑计算基础上推演而来，兼顾空侧、陆侧和航站楼三个方面。构型的优劣在很大程度上决定了航站楼设计的成功与否。在确定航站区分阶段发展序列后，聚焦本期航站楼，基于第一步的逻辑计算结果，通过方案试做构型比选，通过比选因素分析，得出最优的航站楼构型。

方案试做推演：在基本构型的基础上对航站楼基本平面剖面试做推演，得出基本平面和剖面，以便对后续深化做出指导。

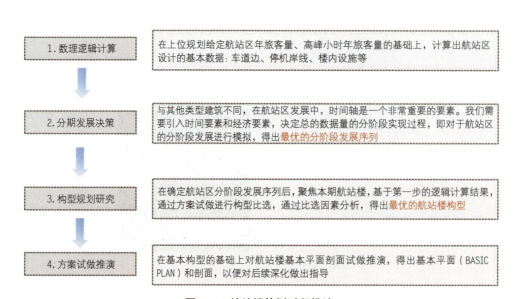

图 3-6　航站楼策划过程推演

其中，分期发展决策是这一阶段最为重要的一步。我们可以将航空港的分阶段发展比作切蛋糕；其分阶段发展策划分为以下几步：

1. "大蛋糕"的切分：航空业务量航站区分配；
2. 某一块蛋糕切好后的进一步细分：航站区内主楼和卫星厅航空业务量分配；
3. 决定"吃蛋糕"的先后次序：动态发展序列分配。

3.2.2 在动态维度下选择分阶段发展的最优序列

在切好蛋糕的基础上，决定怎么"吃蛋糕"也是非常重要的。我们需要结合预测选择最优的发展序列，使得航站楼不至于太过拥挤，也不至于太过空置。上海浦东机场的发展即是一个在动态维度下选择分阶段发展的最优序列的成功案例。在一期建设成功后，二期如何进行建设，当时存在2个选项。

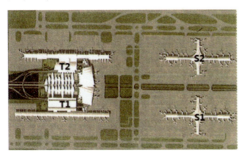
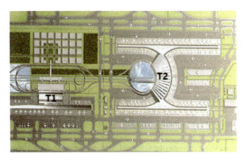

图 3-7　上海浦东机场发展模式 1：　　　图 3-8　上海浦东机场发展模式 2：
2000 万 +2000 万 +4000 万　　　　　　　2000 万 +6000 万

（图片来源：刘武君.航站楼规划[M].上海：上海科学技术出版社，2016.）

第一种方案是在一期建好的航站楼对面建设一个航站楼主楼，如 H 方案。新航站楼约为 40 万 m²，覆盖 2000 万左右的年旅客量。这与最后在远端建设两个卫星厅的发展序列极为相似。这样建设的好处在于控制了二期建设的经济成本，使其年旅客量的压力不至于太大。远期建设 2 个卫星厅与 2 个主楼——对应。

第二种方案是在 1 号航站楼南面，建设一个巨大的航站楼，而现状 T1 的位置则被改作一个卫星厅。这样的发展序列可以理解为 2000、6000 或者说是 2000、4000、2000 的关系。这样的好处在于极大地方便了旅客中转。但是却给二期建设带来了极大的压力。事实上，上海浦东机场 2015 年才突破 6000 万人次的年旅客量，如果采用第二种方案，则会导致较长一段时间内的航站楼资源未能得到充分利用。

综合上述分析，最终选择了方案一作为最终方案，并逐渐演化成了现有方案：采用集中的航站区布局加卫星指廊的模式：先在航站区东面与现有 T1 航站楼对称布置 T2 航站楼，远期再建设 S1、S2 卫星指廊。新规划体现出强烈的一体化特征，主要表现为多航站楼围合的集中式布局和尽可能不被割裂的陆侧交通。

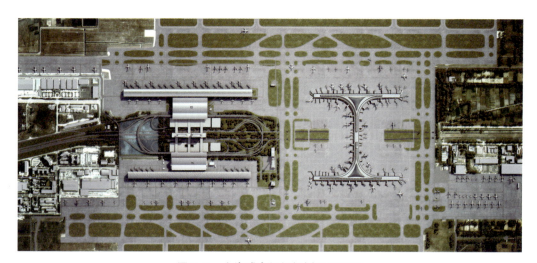

图 3-9　上海浦东机场规划总平面图

亚特兰大机场也是一个很好的案例，其分阶段发展序列逻辑非常清晰。它与国内大型枢纽机场不同的是，它由多个卫星厅组成。当航空业务量增长到一定规模时，就选择在远端加建一个卫星厅及相应的跑滑系统，逐渐发展年旅客量突破 1 亿人次的规模。值得一提的是，采用这样的构型还与其枢纽机场特征有关，超过 70% 的年旅客量为中转旅客，而非始发终到旅客，减轻了其陆侧的压力，因此采取这种多卫星厅的构型更加有利。

图 3-10　亚特兰大机场总平面图（资料来源：谷歌地图）

3.2.3　航站楼构型研究策划

3.2.3.1　确定主楼和指廊尺度

确定主楼和指廊的基本尺度是航站楼构型研究的第一步。下面我们举例说明，假定有一个年旅客量为5000万人次的航站楼，其指廊和主楼尺度的计算方法。

该航站楼年旅客量约为5000万人次，其高峰小时集中率参照同等航站楼采用0.26，故其高峰小时流量为：5000×0.26=13000，出发旅客高峰小时流量为：13000×0.5×1.2=7800人。

如果考虑全部采用C类飞机进行运输，经过调研该地区每架C类机位平均年运量为45万人次，其所需机位约为110架。考虑到每架C类飞机翼展长度，停机岸线长度约为4800m。考虑到70%的近机位比例，指廊岸线长度约为3300m。

主楼尺度根据年旅客量的不同而有所区别。一般而言，年旅客量2000万～4000万的主楼面宽为300～400m。4000万～5000万主楼面宽为400～500m。有国际流程的航站楼一般考虑进深为200m及以上。近年来，随着对于航站楼商业的重视程度越来越高，航站楼进深有越来越大的趋势。

此时，我们还需要对于车道边进行初步计算，将计算的车道边长度和主楼面宽进行复核。车道边计算可参考下列公式：

各类交通车道边长度 = 旅客高峰小时流量 × 国际国内接客系数 × 各类交通比例 / 各类交通载客人数 / 各类交通每小时周转次数 × 车位占用长度。

3.2.3.2　得到主楼和指廊尺度后的多方案比选

在得到主楼尺寸和近远期指廊尺度后，航站楼构型存在着多种可能，我们应当将其分类，再通过相应的表格进行比选分析，得到策划报告中的构型推荐。下面我们以某机场策划案例为例进行说明。在得到基本主楼和指廊尺度后，得到了如下4种基本方案。

在我们得到了多个构型后，如何选择最优构型，需要我们对构型进行一个理性的评价。这个评价必须综合航站楼、空侧、陆侧等多个影响因素。

综合多项因素，最终选择方案B作为推荐方案，并在此基础上优化，得到了最终构型。

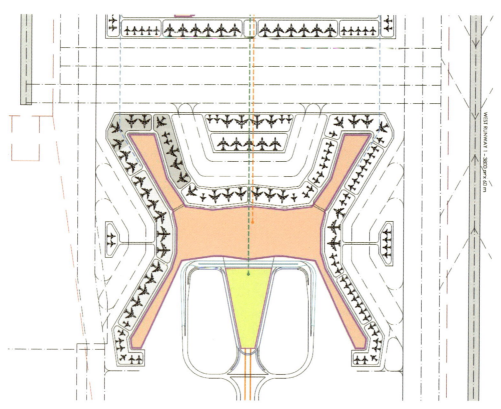

图 3-11 某机场构型比选方案 A

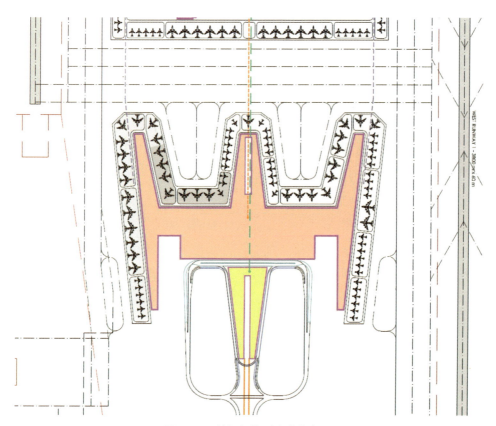

图 3-12 某机场构型比选方案 B

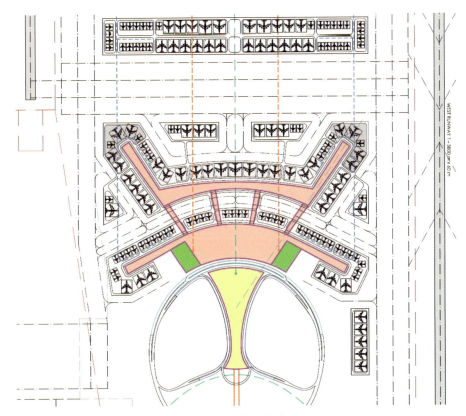

图 3-13 某机场构型比选方案 C

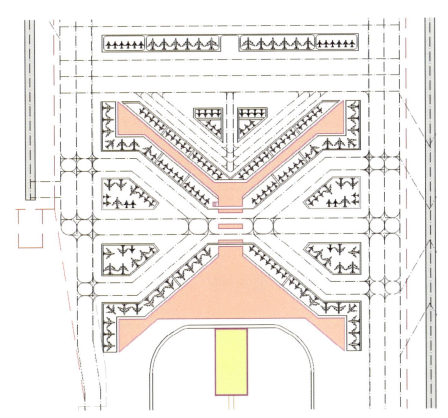

图 3-14 某机场构型比选方案 D

某机场构型比选　　　　　　　　表 3-9

	考虑因素	各项得分	方案（A）评估	得分	方案（B）评估	得分	方案（C）评估	得分	方案（D）评估	得分
1	飞机从航站楼到跑道之间的滑行距离	10	部分客机仍需绕道指廊	7	部分客机仍需绕道指廊	8	大型飞机仍需绕道指廊	9	最直接顺畅	10
2	飞机到两侧跑道交通便捷顺畅	10	须绕过指廊，交通路线较长	7	须绕过指廊，交通路线较长	7	设置滑行通道只限于小型飞机使用，大型客机仍需绕道，交通路线受影响	8	非常顺畅高效	9
3	空侧站坪服务车辆和飞机滑行交通的干扰	10	没有任何干扰	10	没有任何干扰	10	从主楼到卫星楼站坪服务交通不能自由跨越站坪滑行道，效率受影响	5	从主楼到卫星楼站坪服务交通不能自由跨越站坪滑行道，效率受影响	6
4	航站楼内旅客到登机口的路线和步行距离	10	旅客流程直接简捷，步行距离稍长	7	旅客流程直接简捷，步行距离较短	9	从主楼到卫星楼须通过高架连廊或地下廊道，流程不简捷顺畅	6	从主楼到卫星楼须通过地下廊道，流程较不简捷顺畅	6
5	航站楼内旅客流程垂直转换	10	几乎没有旅客流程便捷有效	10	几乎没有旅客流程便捷有效	10	来往主楼和卫星楼之间的旅客、行李流程需上跨或下穿。垂直流程楼层转换情况严重	5	从主楼到卫星楼旅客流程需通过地下廊道	7
6	指廊和航站楼之间的连接方式	10	地面连接	10	地面连接	10	通过高架廊道和地下廊道连接，投资较大	5	通过地下廊道连接，投资较大	6
	总得分	60		51		54		38		44

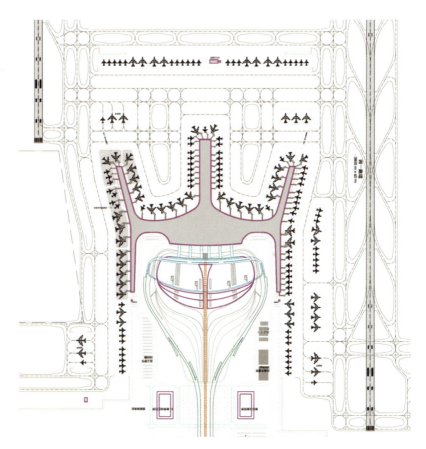

图 3-15　在方案 B 的基础上优化得到最终航站楼构型

3.2.4　航空港可持续发展的若干原则

先明确远期甚至是终端的规划框架，在此框架基础上，落实本期（近期）的实施方案（如上海浦东机场的发展），而这一切都要建立在前瞻预测的基础上。

3.2.4.1　放眼未来、由远及近、立足本期

先明确远期甚至是终端的规划框架，在此框架基础上，落实本期（近期）的实施方案。

分期建设策划是保证机场可持续发展的重要手段，也是不可忽视的环节。在策划时，必须考虑的要素包括：

1. 各阶段建设的经济性；
2. 后续阶段建设的衔接实施难度及进度把控；
3. 后续阶段建设对前一阶段的运营影响，包括：陆侧交通运营，航站楼运营，飞机、机坪、跑道、塔台的调度运营，航空公司运营等；
4. 各阶段航站区的整体景观。

在某大型机场的前期规划方案中，我们既提出了其总体发展策略，也对机场未来 20 年的发展提出了长期的规划。

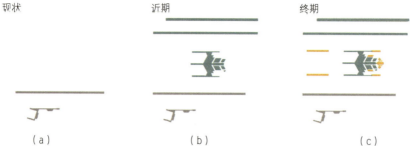

图 3-16　某大型枢纽机场分阶段发展简图

注：(a) 航站楼现状，年旅客容量为 1850 万人次。

(b) 新建航站区，建设二、三平行跑道，满足 3500 万人次的年旅客量的需求，全场年旅客量实现 4800 万人次。

(c) 继续向东延伸指廊，依次加建南北卫星厅，北航站区容量突破 5000 万人次，全场突破 6300 万人次。

3.2.4.2　适当留白，近远兼顾，弹性灵活

多年来的设计实践表明，许多国内机场在分阶段建设时，早期的航空业务量分阶段预测目标在后阶段变化很大，我们在进行本期建设时，要充分兼顾远期或未来的发展需求。

以下是某新机场设计竞赛，针对未来发展的不同可能，设计师考虑了多种可能，航站楼可以选择灵活加建指廊或者卫星厅，来面对未来的发展变化。

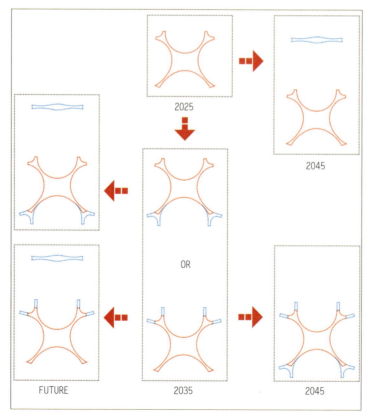

图 3-17　某大型航站楼分阶段未来发展

3.2.4.3 植入中期，精细控制，"模糊"考虑

随着空港规模越做越大，其发展规划策略应体现从"粗犷化"向"精细化"的演进。这是因为：

1. 国家对交通基建项目的投资经济性控制愈加严格，"形象工程"逐渐失去市场；

2. 交通量发展的可变因素愈加难以把握，传统预测方法受到挑战，"一步到位"难以落实；

3. 随着科技飞速发展，未来航空交通模式变化性很大，不同设施空间的规模需求的变化性随之加大，"精细化"规划才能实现经济性、合理性的投资与建设。

我们的策略：在传统的"近期——远期——终端"规划阶段划分中植入更为精细化的控制阶段，如："中期阶段"将对更为细分的阶段节点做量化分析，充分考虑未来的可变因素，再确定本期的建设规模与后续拓展模式。它的好处在于：为航站楼弹性预留的规模提供更为科学细致的预测依据，使投资造价控制在一个合理的范围之内；同时，也便于对未来可能新建另一个航站楼的时间节点进行更为科学的预测与固化（通过合理的设施预留甚至有可能明显延迟新建另一个航站楼的时间，同时给业主带来更加充分的决策时间）。

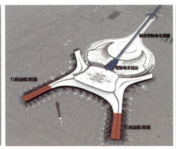

初期：年旅客量 2500 万人次　　中期：拓展航站楼西北、西南指廊，年旅客量 3000 万人次　　终期：新建 T2、T3，年旅客量 4800 万人次

图 3-18　某航站楼本期、中期、远期分阶段发展示意

值得一提的是，在我们植入中期以达到精细化控制的同时，更不能忽视规划中的"模糊"考虑。这个模糊并非真实中的模糊，而是指在每一期规划中规模本身带有一定的冗余，使得其达到目标年旅客量后还能够多运营一段时间。

3.2.4.4　规划统筹，经济合理，平稳过渡

交通建筑往往是投资数十亿乃至数百亿的大型工程。此外，很多情况下，往往是在既有建筑基础上的改建和加建。在规划统筹中更需要注重经济性、合理性以及各个发展阶段中的平稳过渡。

"经济性"必须考虑的要素包括：

1. 土地高效利用，减少拆迁量；

2. 后续阶段建设的衔接实施难度及进度把控。

"平稳过渡"必须考虑的要素包括：

1. 对交通运行的影响；

2. 对建筑主体运行的影响；

3. 对站坪跑滑等专项系统运行的影响；

4. 对塔台等专项管理监控调度运行的影响；

5. 对航空公司、铁总等运营公司运行的影响。

在南京禄口机场二期工程中，设计师仔细考虑了每一项"破"（拆迁、改造）可能对机场的既有运作带来的问题。包括：

- 站坪改造对飞机运作及效率的影响；
- 陆侧设施及道路改造对旅客集疏运流程、贵宾进出流程、公交及出租车场蓄接客流程、货运后勤流程等交通系统的影响；
- 陆侧设施及道路改造对机场市政管网、供冷供热系统管网、供油管网、空管专用管网等的影响；
- 陆侧部分建筑设施拆迁对机场既有运维系统正常运作的影响。

对航站区总体情况进行深入调查与研究后，我们认为，除了机场外拓所必要的拆迁工程外，对机场内部的既有设施的拆改主要集中在陆侧交通中心、停蓄车设施及道路系统区域。为了将拆改量降至最低，我们提出以下策略：

1. 地铁轨线及站点东西走向，布置靠近新建航站楼，改造不影响1号航站楼及其站坪运作；

2. 新建交通中心与1号航站楼主楼南侧采取通道式连通接口，尽量减少对1号航站楼运营的影响；

3. 机场主进出场道路及东部工作区路网结构基本保持不变，仅对部分道路进行拓宽、管网埋设、排水系统改善及道面改善；

4. 航站核心区陆侧区域改造基本压缩在既有楼前环通道以南，道路及高架走向尽可能避开既有建筑。

最终，设计师将航站核心区的主要拆迁量控制在航空食品车间、航管气象办公楼及观测场、区域循环水站等极为有限的几个建筑单体上，同时将可能发生的各类影响进行严重程度的预判、系统分类并进行专项技术逐一突破；包括：

1. 深入研究地下工程开挖及维护方式，在经济合理基础上，减少地下工程，控制地下基础工程对周边设施及场地的影响；

2. 深入研究各子项工程的建设步骤及进度，在总进度通盘控制的基础上，协助机场当局建设方协调及理顺局部运营调整与施工工期衔接的关系。关键节点专项研究包括：1号航站楼地下共同沟冷热源连通口、交通中心连廊与1号航站楼对接区域、该区域总体机电管网路等三者工程子项之间的施工工序安排；地铁轨线区间段与1号航站楼南段指廊机位站坪改造之间的施工工序安排；新老高架衔接段与既有高架对接口部位的施工工序安排等。

正是由于前期规划阶段对拆改方案的深入研究，确保了后期工程实施阶段顺利平稳地开展。

3.2.5 大型机场航站楼分阶段发展模式研究

在工程实例中，我们发现，许多国内干线或枢纽机场在分阶段建设时，早期的航空业务量分阶段预测目标在后阶段变化很大，这往往因为：

- 航空业务量的增长速度明显超过预测；
- 国际业务量或中转业务量需求明显提高；
- 各类贵宾设施需求明显提高；
- 航站楼旅客服务水平及设施要求明显提高；
- 航站楼安检查验要求明显提高；
- 旅客进出机场集疏运交通方式及需求的变化等。

因此在进行本期建设时，要充分兼顾远期或未来的发展需求；具体到确定本期航站楼的设计规模及标准定位时，首先要明确一个重要问题：

本期建设的航站楼是以近期旅客容量目标为依据，但当未来旅客量继续扩展时，是在现有航站楼基础上进行扩容，还是再新建一个航站楼？

"航站楼集中式扩容发展模式"是在前期对航站楼设施、容量、空间、规模等进行有计划的可扩容预留，以便在后期通过对航站楼的适度改造来满足旅客量继续拓展后的各项设施需求。

"航站楼单元式扩容发展模式"是在前期根据旅客一定阶段内的容量实际预测需求进行航站楼建设，在未来旅客量超出设计服务标准后，通过新建航站楼的方式解决各项设施需求。

3.2.5.1 "航站楼集中式扩容发展模式"

该模式的优势在于：

- 未来扩容时相对节约投资；
- 便于机场运营单位、航空公司、查验单位等集中管理运营；
- 便于国际业务集中设置；
- 便于中转业务集中设置；

- 便于陆侧交通设施集中设置；
- 便于行李集中处理；
- 便于商业、贵宾等服务设施集中设置，提高人气。

该模式的劣势在于：

- 对航空业务量提高有限，一般增量上限在30%左右；
- 集中式扩容发展对现有航站楼及楼前交通设施运营的干扰无法避免，实施难度较大。

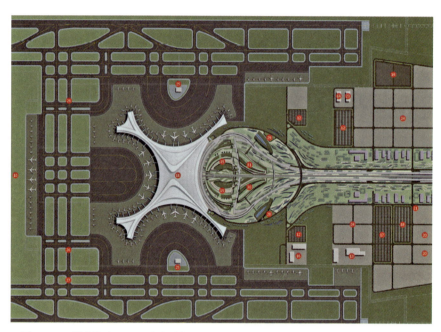

图 3-19 某新机场 2025 年规划——华东总院竞赛方案（集中式扩容发展模式）

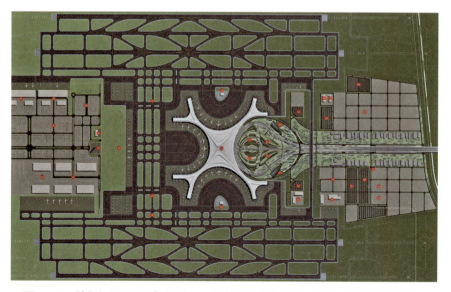

图 3-20 某新机场 2045 年规划——华东总院竞赛方案（集中式扩容发展模式）

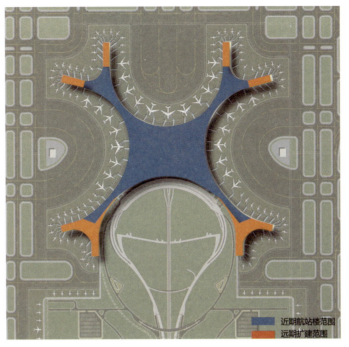

图 3-21　某新机场 2025 ~ 2045 年集中扩容示意——华东总院竞赛方案

基于目前国内机场发展的迅猛形势，一种"集中式"的"升级版"营运而生，即"大主楼"模式。该模式有一个超大规模的航站主楼，该主楼可容纳的旅客增量可能远远超出本期规划的 30% 的增量，甚至达到翻倍；而其候机区、机位及跑道容量的不足往往通过未来新建"捷运系统 + 远端候机卫星楼"以及新增跑道予以解决。推崇"大主楼"模式的理由在于：一体化的主楼运营模式更为集约和高效，即便带来近期空间的闲置，也是利大于弊，闲置空间的设施设备也可以远期再投资，本期的闲置空间可暂时作为商业开发的配套功能加以利用。

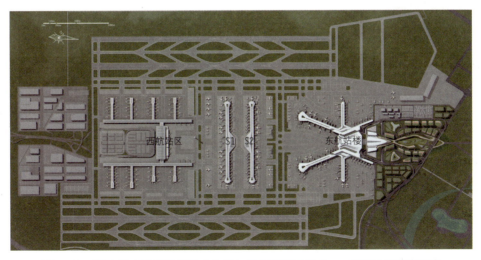

图 3-22　国内某大型枢纽机场大主楼加卫星厅发展模式——华东总院竞赛方案

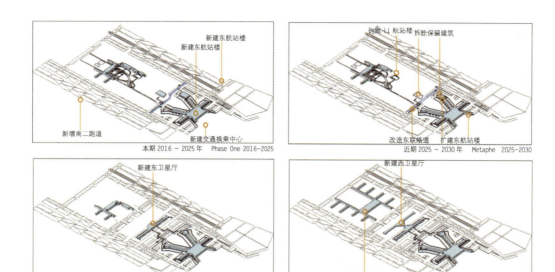

图 3-23 国内某大型枢纽机场大主楼加卫星厅模式分阶段演变——华东总院竞赛方案

3.2.5.2 "航站楼单元式扩容发展模式"

该模式的优势在于：

● 由于未来是新建航站楼，则旅客流程设施布置可以不受限制，趋于更为合理，旅客步行距离也可控制得较短；

● 新建航站楼为独立建设，对现有航站楼及楼前交通设施运营干扰很小，实施难度小；

● 更符合不同航空公司或联盟独立单元运作的模式；

● 更适合旅客容量大幅度增长的应对模式。

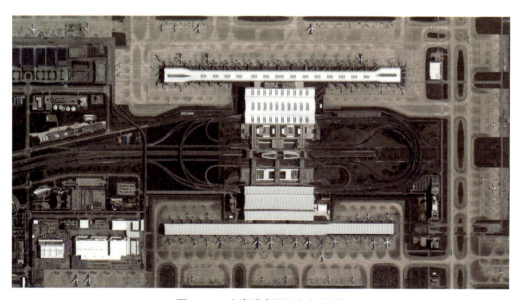

图 3-24 上海浦东国际机场总图

该模式的劣势在于：

● 未来扩容时相对投资较大；

● 不同单元航站楼对机场运营单位、航空公司、查验单位等都需要独立的运营团队，设施设备需要独立建设，一定程度上增加了建设、管理成本；

● 如果不同单元之间有国际业务、中转业务、行李转运等的互通需求，则难度与要求更高。

由于单元式扩容发展模式在运营管理上的客观不足，目前一种更为紧凑的"升级版"应运而生，即"一体化"模式。该模式的候机指廊在本期航站主楼的基础上向两侧延伸，衔接未来新建的航站楼，形成对航站区陆侧的环抱态势。"一体化"模式使旅客在近远期各航站楼空侧可以自由转换，从而解决了中转问题。

图 3-25　某新机场效果图

3.2.5.3　扩容发展的一些经验数据

综上，对上述两种发展模式的比较可以发现，无论采取何种模式，关键在于航空业务量的发展情况。有趣的是，随着我国航空业务的高速发展，一大批省级干线机场的终端年旅客量纷纷向"京、沪、广"靠拢，定位在七八千万以上已不稀奇。

根据经验，一条独立跑道可满足 2000 万～3000 万年旅客量的需求；如果没有特殊处理手法，一个航站楼的年旅客量上限为 4000 万人次；相应的，如果没有特殊处理手法，一套相对独立的楼前交通系统（包含高架）可承载的年旅客容量一般控制在 3000 万～4000 万人次。

上述两种发展模式并不是"非此即彼"，很多实例显示，在新建航站楼的同时，也会对既有航站楼进行改造（比如对国际业务的重新整合）。而上述两种发展模式的"升级版"却往往是"非此即彼"，这是因为如果在一个航站区内同时采用"多航站楼"及"远端卫星楼",那么一个航站区的承载能力便不足以支撑其旅客量对设施的需求。对于超大型机场而言,一个独立航站区的年旅客极限容量为 7000 万人次左右,但航站区可以通过采取双陆侧等形式以及增加跑道、挖掘潜在运能等形式来进一步提高其极限容量。

独立航站区年旅客承载容量表　　　　　　　　　　表 3-10

案例	独立航站区的年旅客承载容量（万人次）
北京新机场	7200
乌鲁木齐机场新航站区	5000
昆明机场航站区	6700
呼和浩特新机场	6500
浦东国际机场	8000

3.3　建筑设施容量的弹性设计

基于前文计算的具体设施量与空间容量,在交通建筑具体的空间排布和功能布局中,也是一个严格遵循数理维度的理性创作过程。在这一过程中,"弹性设计"依然是我们必须要重视的。下面我们继续以航站楼为例进行说明。

3.3.1　航站楼主楼的弹性设计

航站楼主楼的弹性设计主要涉及办票设施及空间、国内安检及国际联检设施及空间、行李处理设施及机房、行李提取设施及空间等的扩容。其处理手法包括:

其一,本期留足土建面积及机电设备容量,以便未来的设施设备扩容。该方法是未来扩容实施最便利的方案,但本期建设规模及投资较大,适用于未来扩容量不是很大,而本期建设规模及投资比较宽松的项目。

其二,本期在主楼的适当位置设置室外天井庭院,并留足机电设备容量,未来将室外天井庭院扩容为室内功能空间。该方法是未来扩容实施较为便利的方案,扩容时基本不会影响正常运营。但在天井庭院内施工难度较大,建议本期将天井庭院的基础部分一次完成,未来施工尽量采用钢结构及工厂预制构件,减少施工周期及难度。

其三,本期在主楼一侧或两侧设置未来拓展的可能条件,并留足机电设备容量,未来将主楼一侧或两侧的室外空间扩容为室内功能空间。该方法是未来扩容时施工较为便利的方案，但由于航站楼工艺流程的特殊性，主楼侧面扩容将有可能破坏现有航站楼功能流程的合理性（如将安检或行李处理空间分几处设置等）。如果要满足航站楼工艺流程的合理，就必须对现有设施空间做较大的改造，这将会对正常运营造成影响。陆侧相对而言更加合理，不会影响空侧的正常运行。

其四，本期在主楼适当位置设置预留夹层（完成土建楼板），并留足机电设备容量，未来将预留夹层扩容为室内功能空间。该方法是未来扩容实施较为便利的方案，扩容时基本不会影响正常运营。但由于航站楼工艺流程的特殊要求，扩容方案很难保证未来航站楼功能流程的合理性，该方案一般只能用于局部功能区域的扩容改造。由于夹层一般不在旅客主要流程上，改造时往往将旅客主要流程上的非必要功能置换于夹层上，以满足重要功能空间的扩容。

上述4种方法在操作中可根据实际情况灵活穿插运用。

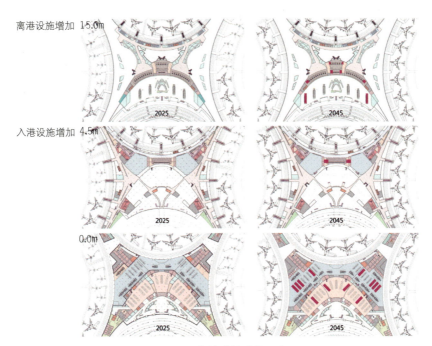

图 3-26　主楼弹性增长示意图

3.3.2　航站楼候机区的弹性设计

航站楼候机区的弹性设计主要为了增加登机口及近机位。其处理手法包括：

1. 延伸候机长廊——该方法是未来扩容实施最便利的方案，但从旅客服务标准出发，旅客步行距离是一个需要控制的指标。一般情况下，从空侧安检出口到候机区最远端的步行距离，无自动步道辅助情况下控制在300m，有自动步道辅助情况下控制在600m。

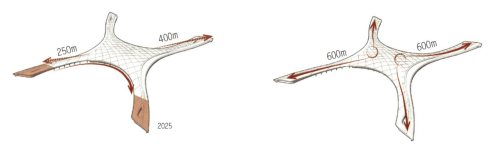

图 3-27 候机区弹性增长示意图

2. 增加候机指廊——该方法是未来扩容实施较为便利的方案，但增加候机指廊会对空侧机坪的运行造成一定影响，特别是如果未来拓展中部指廊，将影响较大。因此，建议在可能的情况下，未来以拓展端部指廊为宜。

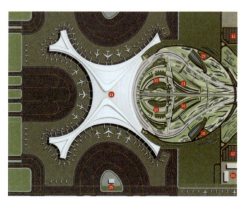 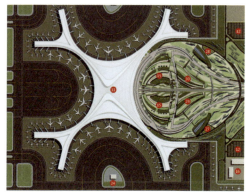

图 3-28 候机指廊端部加建

3.3.3 航站楼功能可变性设计

其一，航站楼预留的主要拓展空间往往位于办票大厅及候机厅等区域，在这些空间内，本期可将闲置的办票岛、候机区进行商业开发，以购物模块或贵宾设施模块等加以利用，未来在旅客量提升后，再改造为旅客主功能设施。上述方案应特别注意为今后机电设备容量及管线进行预留。

其二，对于具有国际服务功能的机场，应充分考虑不同发展阶段，国际功能设施的整合以及国际国内功能的切换。由于国际功能区涉及口岸联检单位的运作管理，很多机场都会考虑不同发展阶段在一个航站楼内对国际功能设施的整合。对于明确未来国际服务功能会拓展的航站楼，在本期建设时应充分考虑未来国内功能区功能设施逐步缩小，国际区功能设施逐步拓展的可能。

其三，具有国内、国际综合服务功能的航站楼在建设时应充分考虑国内、国际可转化候机区及机位的设置。毫无疑问，航站楼规划设计包含了许多不确定因素，即使五年或十年的机场规划，都可能会因为各种因素的改变而更新。因而，在规划设计阶段应进行具有"弹性、灵活性"的设计，以应对随时发生的各种变化。"弹性、灵活性"策略包括设置更多的"国内与国际可转换机位"，对重要的功能空间预设灵活的扩容模式等。

以上海空港建设为例，浦东机场 T2 航站楼采用"弹性、灵活性"的设计策略，设计了国内到发混流与国际到发分流立体结合的"三层式候机模式"，42 个机位提供了多达 26 个"国内与国际可转换机位"，这些机位既可以作为国际机位使用，也可以作为国内机位使用，充分利用了土地和空间资源，为未来浦东机场发展提供了巨大的灵活性。这种"三层式航站楼结构"能够更好地适应航空公司的中枢运作需要，更好地适应上海国际与国内之间中转旅客量比例较大的特点，更好地适应国际航班波与国内航班波在时间上错开的特点，最大限度地提高近机位的使用效率。也就是说，在最极端的情况下，如在早上的国内高峰时间将 42 个机位全部提供给国内使用，而在国际高峰时间最多提供 26 个机位给国际使用。目前，浦东机场正在建设的 S1、S2 卫星楼同样采用了"三层式候机模式"，将集约化的灵活布局策略用到极致。

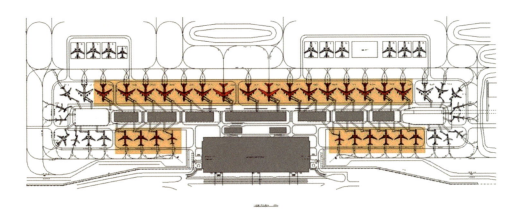

图 3-29　为满足枢纽化运作，上海浦东机场 T2 航站楼设置了大量的可转换机位

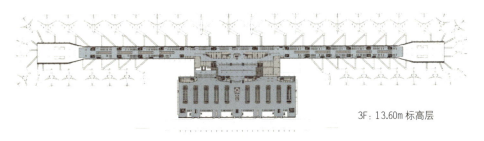

图 3-30　13.6m 标高层

出发旅客经出发车道边到达办票大厅，办票后可平层来到国际出发层或下至国内混流层。其中全部 26 个国际机位可切换为国内机位。

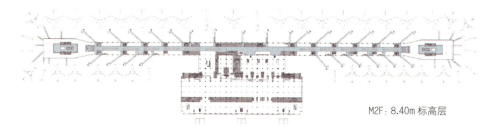

图 3-31　8.4m 标高层，国际到达通道

到达旅客可从这里下至 6.0m 标高的国际到达联检厅或中转中心。

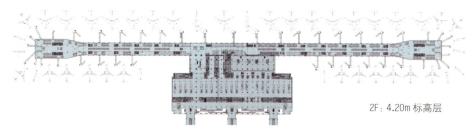

图 3-32　4.2m、6m 标高层，国内混流层

4.2m 标高为国内混流层，6m 标高为国内行李提取厅、国际联检厅和国际行李提取厅。

其四，具有国际服务功能的航站楼在建设时应充分考虑各类国际中转空间及设施的设置或预留。

其五，对于较大规模的航站楼，在本期建设时采用人工分拣行李系统的航站楼宜预留未来发展自动分拣行李系统的可能。

其六，大型机场航站楼宜预留未来发展捷运系统（联系卫星厅）的可能。

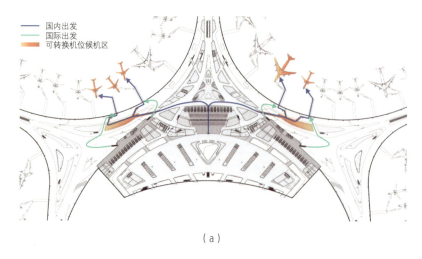

(a)

图 3-33　航站楼功能可变性设计，可以通过商业屋顶加建将其改造为新的候机区（一）

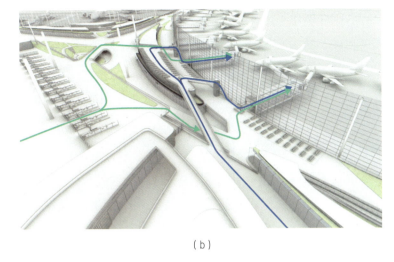

(b)

图 3-33　航站楼功能可变性设计，可以通过商业屋顶加建将其改造为新的候机区（二）

3.4　交通建筑设计的模数体系

交通建筑设计的宏观起点和微观终点都是"数"。宏观的数理计算是它的设计起点，而最终统帅整个设计的则是"模数体系"。

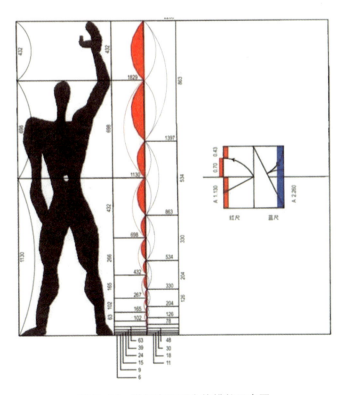

图 3-34　勒柯布西耶人体模数示意图

模数，是建筑设计最基本的构成方式，比例关系、尺度把控均在此基础上完成。柯布西耶从人体尺度、黄金分割和菲波那契数列出发，建立了一套模式体系。早在其20世纪20年代出版的《走向新建筑》一书中，勒柯布西耶就曾提到"一个模数赋予我们衡量与统一的能力；一条参考线使我们能进行构图而得到满足。"

3.4.1 由内而外的航站楼模数体系

航站楼"表情"通过模数体系完成整个设计过程。作为一个每年有几千万旅客通过的大型公共建筑，如何让旅客在空间内不迷失，让大量的旅客能够在较短的时间内读懂所在的建筑和空间，是设计师要解决的问题。在这样的前提下，整个建筑复杂的功能都统一在模数体系下，达到视觉上和逻辑上的和谐统一，同时建造、施工也更具可操作性。

强化重点区域的模数体系，使空间更具可读性。交通建筑内部功能复杂，旅客在行进过程中对于表皮的感知程度与心理感受是息息相关的，需要我们在重点区域强化其模式体系，使得复杂空间本身具有更强的可读性。

外部技术上的限制需求。交通建筑楼内各种功能模块对幕墙模式的设计和划分提出了要求。如登机桥的尺度往往长为6~7m，高为3m，室内门口，室外门窗等都有相应的尺度功能需求，这就要求我们的模数设计应与之相契合。应与柱网的模数相协调。航站楼内柱网往往为18m×18m。在这样的柱网尺度下，模数需要为柱网尺度的公约数，这样才能更好地与内部功能相契合。

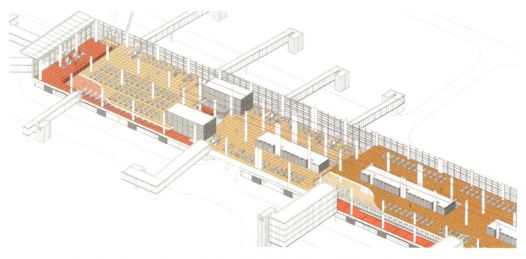

图3-35 交通建筑的设计中从地面、柱网、墙面都可以找到模数对应关系

内部旅客的心理需求。如前文提到的通过模数设计强化空间引导性。此外，模数的设计还需结合人体工程学考虑，如幕墙第一格的划分往往在人们的视线之下

的1.2m，或在人们的视线之上的1.8m，不能在视线当中。

3.4.2 分级的模数系统

模数体系的最后落地是通过大小不同层面分级实现的。小尺度上，通过300mm或者600mm的划分，使得视觉上更加和谐协调。小尺度的划分往往与材料的功能工艺有关，受到材料加工的限制。大尺度上，行李系统的安排、自动步道的布置、大的功能块和柱网都是在这样的逻辑下生成的，使得整个空间更具序列感和可读性。

一级模数系统。在上海在浦东机场卫星厅的设计中，卫星厅水平向以18m为基本模数，垂直向以6m为基本模数，成为组织卫星厅平面功能和立面造型的基本逻辑。

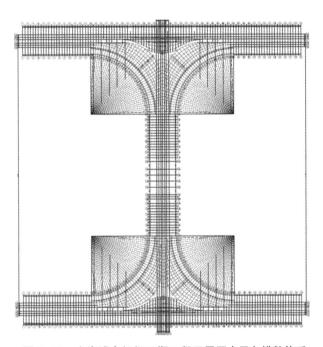

图3-36　上海浦东机场三期工程卫星厅水平向模数体系

二级模数系统。钢立柱间距为7.2m、10.8m两种（轴线尺寸），悬挂于混凝土结构上。

在大的模数体系下，立面根据次级模数体系细分，钢立柱成二三二三的节奏布置，呈现出立面的韵律感。第二层级的模数体系考虑了与登机桥接口的关系，使得登机桥与航站楼相接在一定的模数单元下。

三级模数系统。在第二层级的基础上，综合规范工艺需求，并进一步细分，3.6m×1.2m成为幕墙上最基本的块面组成。

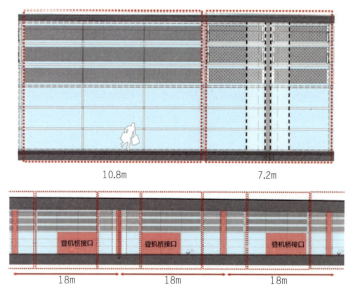

图 3-37　上海浦东机场三期工程次级模数体系

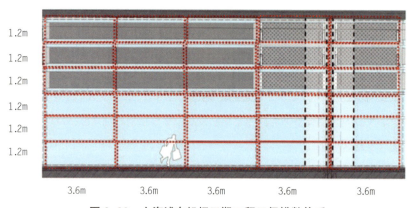

图 3-38　上海浦东机场三期工程三级模数体系

正如前文提到的那样，大型交通建筑是一个系统工程。这就对建筑师提出了更高的要求，我们需要从更加宏观，更加理性的角度进行把控。

1. 数理逻辑计算是开展后续规划设计的基础。它包含了交通业务量预测，交通设施量计算和交通空间需求计算；分别从宏观和微观层面指导交通建筑的规划设计和空间尺度设计。在这一阶段，建筑师往往需要与专项咨询单位合作。

2. 选择交通区域节点可持续分阶段发展模式应与交通业务量的发展相匹配，在这一过程中，我们需要把握以下原则：

（1）放眼未来，由远及近，立足本期；

（2）适当留白，近远兼顾，弹性灵活；

（3）植入中期，精细控制，"模糊"考虑；

（4）规划统筹，经济合理，平稳过渡。

3.建筑设施容量设计中,建筑师应注重交通建筑设施设备空间的弹性和功能可变性,增加设施量的冗余度,满足灵活运营需求。

4.具体实践层面,一体化、分级的模数体系是统领交通建筑设计的关键。复杂功能需要在模数体系下达到视觉和逻辑上的和谐统一,强化重点区域的模数体系,使空间更具可读性。

第四章

交通建筑设计的体验维度

机场、火车站等交通建筑是每个人都会经历无数次的地点，它已经不再是过去那种冷冰冰的交通建筑，而是一个城市不那么精确的微缩模型，对于旅客而言，它可能是每分钟都在上演悲欢离合的迷你剧场，可能是旅途中的第一站和最后一站，也可能是重逢的第一个瞬间。它是功能复杂的理性产物，也是旅客内心体验的外在物化。

在交通建筑内部空间的塑造中，从精神层面到物质层面，往往被要求赋予形形色色的标签。这种标签有时是业主要求的，有时是设计者自己提出的，这些"标签"往往对于设计者的决策影响很大。

第一个是"人性化标签"，交通建筑的室内空间应该体现人性化，但人性化本质应该通过什么样的建筑语言得以体现？

第二个是"形象标签"，谈到机场、火车站，我们想到的就是气派的室内空间，多少高度、多少宽度，希望形成高大气派的效果，这样的处理方式合适吗？

在多年的思考和实践中我认为，对于形象标签应该进行重新审视，重视合适的空间尺度关系。而对于"人性化"，它不应仅仅是一个标签，更应是交通建筑的灵魂。

1. "旅客体验至上"。在交通建筑的设计中，人性化应该将其转译为"旅客体验至上"。与过去单纯强调随着技术的发展，重视交通功能而忽视人的体验不同；随着社会的进步，动车、高铁的出现以及飞机、高速公路等的日益普遍，旅客体验受到了社会大众越来越多的重视。当代交通建筑已逐渐演变为以"交通为前提，换乘为基础，体验为核心"。自旅客抵达车道边到旅客抵达登机口这一过程，便是旅客不断地去体验交通建筑内部空间塑造的过程。

建筑师希望从物质层面和精神层面上提高环境品质和打造旅行体验的想法，可以通过在旅客从建筑中穿行时的细节、情绪和氛围塑造等方面切实提高其体验品质，使其在交通建筑中的这段旅程变为旅行中有趣的一部分。

2. "重视交通功能"。旅客体验至上并非忽视交通功能；直接体现就是室内空间应强调旅客导向性，这即是交通建筑亘古不变的核心：帮助旅客快捷地前往交通工具，同时又从心理上舒缓了旅客焦虑的感受，提高了旅客体验。

3. "强调细节设计"。旅客体验设计应从大处布局，小处入手，使旅客在交通流程的每个细节上都感受到切切实实的人文关怀。

4.1 步行距离与中转时间的控制

在交通建筑的设计中，步行距离的控制直接关系到旅客对交通建筑的第一观感。因此，步行距离成为建筑构型选择的重要依据。部分交通建筑的设计因步行距离过长，受到了旅客的诟病。

4.1.1 旅客步行距离

建筑应紧凑布局以减少旅客步行时间。针对主要功能区之间的最大步行距离进行量化控制。在有自动步道的代步辐射下，建筑内的换乘步行距离宜控制在600m以内，无自动步道的步行距离应控制在300m以内。超过600m的步行换乘宜考虑捷运或摆渡车。

事实上，旅客步行距离不仅仅是物理距离，同时也是心理距离。当行进路径空间体验较为丰富时，较长的物理距离也会变得有趣。如果行李路径较为单调，即使较短的步行距离，旅客也会觉得较为索然无味。因此，我们既要控制步行距离，更要控制这段步行距离上的体验。

在交通建筑的设计中，我们不仅要控制步行距离，更应该控制换乘距离。在不同交通方式的换乘中，我们建议：

（1）公交与公交间的客流换乘距离不宜大于120m；
（2）公交与地铁间的客流换乘距离不宜大于200m；
（3）其他交通方式间的客流换乘距离不宜大于300m；
（4）超过以上换乘距离时宜使用自动人行道或采用立体换乘形式。

乘客步行速度取值为1.0~1.2m/s。枢纽公共区应按要求设置楼梯、上下行自动扶梯及电梯等垂直换乘设施。

4.1.2 航站楼的中转流程和中转时间

中转和换乘不同，在枢纽维度中我们用较大篇幅讨论了旅客换乘的组织，主要是指旅客在不同交通方式之间的转换。中转则主要是指旅客在同一种交通方式之间不同线路之间的转换。在现代人的出行方式中，使用一种交通方式完成出行的比例正逐年降低，由于交通便利程度、经济因素或者对于时间的敏感度，旅客往往选择中转或者换乘，最终搭配出对于自己最为有利的出行方式的组合。

在交通建筑中，机场航站楼的中转需求具有典型意义。当前我国国内民航运输需求旺盛，机场吞吐量保持着高速增长态势。2017年，中国民航全年旅客运输量为5.5亿人次，同比增长13%；货邮运输量为705.8万t，同比增长5.7%。与此同时，区域间机场发展不均衡，大型机场高位运行，中小型机场效能较低。在各地机场间加强合作，建立统一合作标准，不同区域之间的机场开展跨航空公司中转服务、信息共享等合作机制，成为共同诉求和迫切愿望，是民航新型枢纽建设的重要内容。[1] 因此，规划师和建筑师应满足旅客持续增长的优质、便捷、经济、绿色的出行服务要求，进一步缩短旅客的中转时间，促进航班时刻的高效利用，提高国内外航空公司在机场的中转衔接能力，最终提升机场整体运行效率、旅客吞吐量和机场服务水平，推动中国特色的新型枢纽机场建设。

如果机场经营者和航空公司准备实施枢纽战略，即准备将机场打造成中转旅客占总旅客量一半甚至更多的枢纽机场的话，那么中转旅客的需求就会对航站楼构型的选择产生决定性的影响。美国丹佛国际机场、荷兰SHIPHOL机场、东京成田T1航站楼的中转流程都堪称典范。旅客中转流程往往比较复杂，需要在中转机场进出航站楼办理各种中转手续和等候中转航班，与直航流程相比，复杂的中转流程和中转时间耗费了旅客大量时间，增加了旅客旅行的不舒适感。根据IATA的建议，中转旅客最短衔接时间（Minimum Connecting Time，简称MCT）为同一机场的国内航班衔接时间不少于120min，国际航班不少于180min。选择合适的航站楼构型可以为在航站楼内安排中转流程提供可能，减少旅客中转时间，提升航站楼的服务水平。

集中设置中转中心是提高中转效率的一种方式。在上海浦东机场T2航站楼的设计中，建筑师充分挖掘和发展了"国际枢纽化"策略——T2航站楼设置了"中转中心"，各种中转、过境旅客均在航站楼中央部位的中转中心完成，中转中心结合行李提取大厅设置，提取行李和不提取行李的中转旅客均可方便到达。中转流程在满足最小的步行距离和提供最短的衔接时间的同时，使得设施相对集中，便于识别和旅客使用，中转流程的联检设施与国际出发到达联检设施集中共用、兼用、备用和错峰使用，有利于联检设施的充分利用，方便联检部门集中管理，节约资源。在航空公司枢纽运作的高效性与旅客中转的便捷性之间找到了最佳结合点，这对于上海浦东机场完成向"国际枢纽"的华丽转身，具有举足轻重的作用。

---

[1] 资料来源：民航资源网。

4.2 旅客导向性设计

清晰的空间、简洁的流程会让旅客在交通建筑内自如轻松的展开旅程，而复杂的路线会使旅客困惑甚至延误。

4.2.1 旅客流程与导向性设计

旅客流程与旅客导向直接相关，目前常见的有 2 种模式：混流模式和分流模式。

1. 混流模式多用于轨道交通车站、城市公交站等即来即走的公交式交通方式。国内大部分旅客航站楼的设计常采用国内出发和到达旅客分流（与国际旅客流程类似）；国内出发旅客使用出发层，而到达旅客使用到达层，航站楼两层配置；值得一提的是，在一些高峰时段旅客量巨大的城市轨交站（多见于多线枢纽站）也开始利用局部分流模式以疏导人流。

2. 大型枢纽机场和航站楼一般采用到发分流的模式，建筑立体分层设置，旅客导向清晰明确。但近年来，一些大型机场航站楼为了大力发展中转和国际枢纽化，采用了候机区国际到发分流、国内到发混流的模式。它能够有效提高到达旅客体验，有效促进国内中转，有利于航空公司的枢纽发展，并显著提高商业利用效率。因此，近年来新建的一大批大型航站楼多采用国内混流模式，大大提升枢纽机场中转服务水平。

国内各大机场年旅客量及国内旅客流程组织方式比对表　　　表 4-1

机场名称	北京首都机场	上海浦东机场	广州白云机场	厦门高崎机场	西安咸阳机场	厦门新机场	北京新机场	乌鲁木齐机场	成都新机场
航站楼	T1	T2 T1 改建 卫星厅 8000 万	T2 4500 万	T3 2700 万 （全场）	T4 近期 4000 万 远期 7000 万	T1 近期 4500 万 远期 7000 万	T1 近期 4500 万 远期 7200 万	T4 近期 3500 万 远期 5000 万	T1，T2 近期 4000 万

上海浦东机场 T2 航站楼的国内混流层位于 4.2m 层，出发采用集中安检，少量机位到达采用回流安检。中央通道则设置了为出发和到达的旅客共用的双向自动步道和人行通道。到达旅客通过坡道到达行李提取大厅，无须换乘可直接从出口进入 6.00m 的连接廊至公共交通中心。

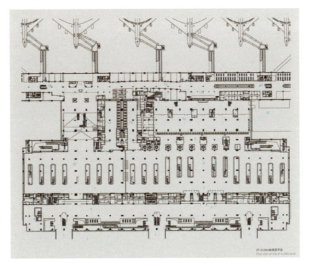

图 4-1　上海浦东机场 T2 航站楼放大平面图

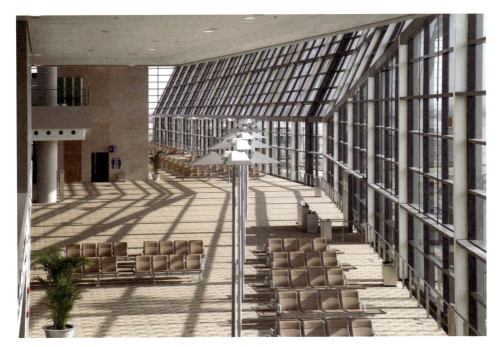

(a)

(b)

(c)

图 4-2　上海浦东机场 T2 航站楼国内混流层实景

4.2.2 空间导向性设计

交通建筑往往由于流线复杂，使旅客产生迷失感。空间导向设计应渗透到建筑和室内设计中，强化空间引导，实现顺畅高效的旅客流程。通过空间的导向性设计使得空间本身具有可读性，使得旅客能够自然地前往自己的目的地，提高旅客体验。在上海虹桥枢纽的设计中，运用吊顶的线条、灯带、留缝等处理手法来强化通道空间的方向感和导向性，使空间导向与旅客流程相一致，增强空间可读性。

为方便旅客判别，在流线组织时应注意以下3点：

1. 行进方向应与目的地方向一致，导向性与方向性一致。不要出现先退后再向前，避免对旅客行进造成干扰。

2. 渠化旅客流线、减少旅客判断点。借鉴交通科学中的"渠化概念"，通过构型对不同目的地的旅客进行"逐级分流"，使每个交通关键节点上的判别点不多于两个，"渠化设计策略"使旅客可以便捷明晰地找到自己的目的地。

图4-3 旅客流线渠化示意图

3. 高低空间的换乘应该鼓励自高向低的顺向换乘，大人流的情况同时鼓励坡道、扶梯的使用；电梯应主要满足无障碍需求。

值得一提的是，空间的塑造和光线的引入都增加了航站楼空间的可读性，使得旅客能够更加清楚地前往自己的目的地，舒缓旅客心理感受，提升旅客体验。

同样的设计手法在港珠澳大桥珠海口岸的设计中也可以看到。珠港旅检楼出境旅检大厅空间高大开阔，大吊顶上沿旅客行进方向布置了7道梭形天窗，形成强烈的引导性，使旅客对行进方向一目了然；入境大厅则利用折线形的吊顶板形成线性肌理，并结合设置灯光元素，强化了空间的纵深感，目的同样是对旅客形成明确的方向指引。

图4-4　港珠澳大桥珠海口岸珠港旅检楼内景

珠澳旅检楼出入境大厅的几何形态都是简洁的长方体，形成"通道"的空间感受。同时，在旅客的行进路径上方设置天窗或发光灯带，方向感清晰明确，旅客可轻松自然的完成通关流程。

图4-5　港珠澳大桥珠海口岸珠澳旅检楼内景

空间导向性设计最终与建筑造型设计相整合。在上海浦东卫星厅的设计中造型结合天窗提示室内空间，使得旅客能够自然而然地前往自己的目的地。

图 4-6 上海浦东机场卫星厅外景

图 4-7 上海浦东机场卫星厅内景

卫星厅较为复杂的功能，在室内设计中需着重强化建筑整体空间的导向性，所有旅客的集散区，具有多个主次不同的流线方向，以弧形实体，结合墙面轮廓，形成内外两个主要的旅客通行区，通过中庭、三角形屋面吊顶，形成清晰的空间引导。

在某大型机场国际竞赛中，我们将旅客前进的方向作为主要设计元素，并从中提炼网格，从而生成了最终的建筑形态。旅客在行进过程中，能够在造型线条的流动中感受前进的方向，更容易读懂空间，弄清自己前进的方向。

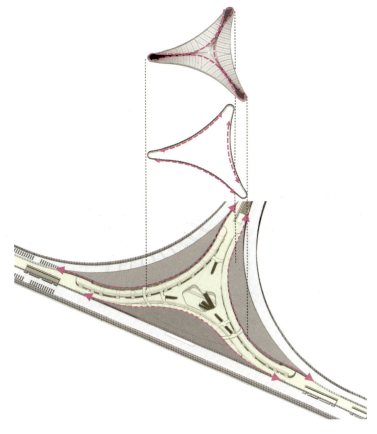

图 4-8 卫星厅核心区的空间导向设计

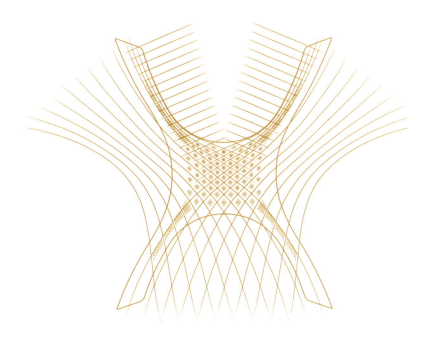

图 4-9 国内某航站楼国际竞赛概念方案 将旅客行进方向作为造型生成主要元素

（a）

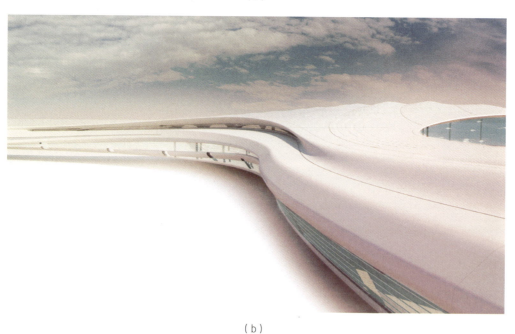

（b）

图 4-10　航站楼室内外效果图（a）；旅客能够从室内外的线条的流动中感受到前进的方向（b）

4.2.3　标识系统与导向性设计

交通建筑，特别是综合交通枢纽是现代交通方式的集中综合，其特点是建筑体量庞大、各种功能聚集、客流量多、流线复杂。旅客要在有限的时间内准确地完成交通工具的转换必须依靠一套完善的、系统化的标识指引，并提供公共信息。枢纽中的标识是表达流线、传递信息最直接、最有效的方式。

在大型综合交通枢纽中，由于功能的复杂带来了大量的换乘，标识指引的信息量庞大。同时，枢纽内的众多功能区空间彼此沟通，甚至相互融合，标识往往需要"跨界指引"，因此，只有在所有换乘的空间实现标识无缝引导，才能确保人流连贯、流畅的到达目的地。

4.2.3.1 建筑标识整合统一

在虹桥枢纽内，交通模式多、运行单位多。航站楼的标识与高铁的标识设计风格、样式不同，对枢纽的整体性理解不同，对信息主次认识不同，对多通道流线的理解不同、对建筑空间特色、色彩的把握标准不同。标识设计的要点就是要实现各功能部分标识的整合，重点区域是公共换乘通道。要实现标识整合，需要通过系统化的标识设计方法、一体化的资源编码方法、重点性的信息指引方法，以及建筑化的标识设计方法对其进行设计，确保标识逻辑清晰、顺畅地连接各个交通终端，与终端内部标识顺畅衔接。

整个交通建筑内部标识系统应该相对连续统一，避免使旅客在换乘中产生疑惑感。在上海虹桥枢纽的设计中，从西交通广场到火车站到东交通中心再到航站楼，整个枢纽内部标识字体、大小、版式、色彩、表述都统一设计。三大功能区的标识都由一家标识设计单位统一设计，最大限度地保证了旅客换乘公共区标识的整体性、统一性。航站楼、东交通广场、磁浮三大功能区的标识统一设计，保证旅客换乘公共区的楼层命名、编号、标识样式、指引逻辑具有整体性、统一性。

对于有行业标准的高铁、地铁标识，在楼层命名、编号等方面可以实现系统整合，但标识样式有其自身的行业标准，在设计中统一的标识指引到火车站门口和地铁付费区门口，严格限制其内部的特殊设计风格，使其内部标识的图文样式与枢纽整体标识在国标的基础上实现统一，在用色方面也结合枢纽用色，高铁采用蓝底白字，和枢纽内对高铁标识的用色一致。通过这些设计手法，最大限度的做到了风格、命名的整合，通过系统化的标识设计衔接不同的交通终端，保证换乘者顺畅换乘到高铁、地铁的内部。

图 4-11 上海虹桥机场航站楼内标识

图 4-12 上海虹桥枢纽东交通中心标识（一）

图 4-13 上海虹桥枢纽东交通中心标识（二）

公共换乘通道的标牌底板采用深色，文字采用白色，清晰醒目，中文采用黑体，英文数字采用易于判读的字体，充分考虑阅读距离设计，并且兼顾标识牌的种类和尺寸。

值得一提的是，枢纽在连续统一的建筑标识的背后需要对其颜色进行区分。公共换乘区标识设计中通过色彩强调航站楼、磁浮车站、高铁车站三大功能主体。具体做法是对公共换乘区内指引着三种交通终端的标识图像色彩加以突出。以交通工具原有的企业色为基础色，机场图标采用绿色、高铁图标采用蓝色、磁浮图标采用红色，一方面易于辨认，另一方面与企业色一脉相承。

图 4-14 上海虹桥枢纽公共换乘区用色示意图

4.2.3.2 一体化的资源代码

楼层命名一体化。在交通枢纽的设计中，由于各功能主体连为一体，因此，楼层编码必须做到一体化才不易引起误解。在上海虹桥枢纽的设计中，我们将相互联通的主要楼层命名为地下一层、一层、二层和三层，而把仅在某一处建筑内独有的夹层命名为夹层，保证信息的统一。

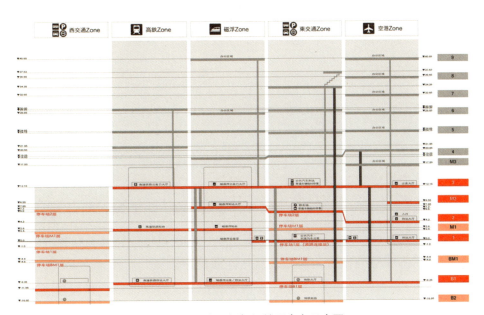

图 4-15　上海虹桥枢纽楼层命名示意图

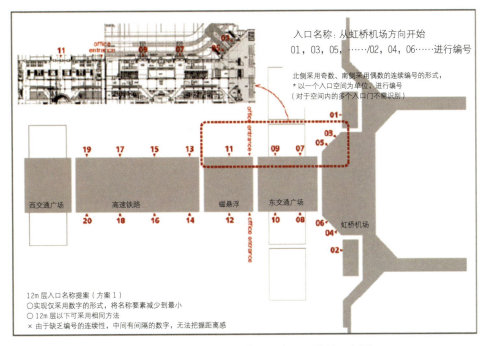

图 4-16　上海虹桥枢纽出入层出入口编号示意图

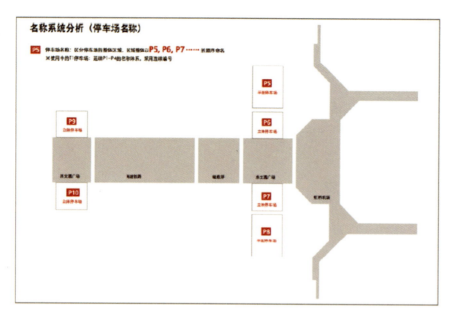

图 4-17　上海虹桥枢纽车库编号示意图

出入口编号一体化。枢纽中各功能主体连为一体，如果各单体以自我为中心对出入口进行命名，名称编号会重复，引起旅客混淆。因此，标识设计对出入口进行了统一的命名。编号遵循自北向南、自东向西的原则进行，在北区采用 1、3、5、7 等单数序列，在南区采用 2、4、6、8 等双数序列，数字唯一、逻辑清晰。

车库命名一体化。建议对于枢纽内部的停车进行统一命名。在上海虹桥枢纽的设计中，新建了 6 个停车库，此外，上海虹桥 T1 航站楼内还有 4 个停车库。因此，整个枢纽内部采取了一体化的命名方式，保留原有的 P1-P4 车库的编号方式，枢纽车库从 P5 开始编号，直到 P10，保证了编号的唯一性。

4.2.3.3　交通信息优先，重要功能优先

在交通信息、设施信息、商业信息、商务信息等诸多信息中，交通信息为最优先、最重要的信息。

信息表达的层次性

交通建筑内部流程信息繁多，既有指向换乘目的地的导向标识，又有指引卫生间、公共资源、设施的辅助信息标识，如何分类发布这些信息必须有统一的标准，保证主流程信息清晰。

经过长期的工程实践，我们建议将信息进行分类、分层次。明确流程导向标识作为第一层次的标识是旅客主流程信息，为避免因信息堆积造成主流程信息弱化，非主流程的导向信息一律不与流程信息并置，并在重要节点处设置地图强化主流程的表达。而大部分非主流程标识仅反映一定区域内的信息。这种信息表达的层次性和简化的手法有效地强化了旅客对标识信息的接受能力。

标识系统设计仅对主流程信息进行明确引导，而对非主流程信息则通过信息均匀布点便于人们寻找。上海虹桥枢纽的设计中，公共换乘通道内垂直于换乘流线的导向信息仅指引火车站、T2航站楼、磁浮车站等换乘目的地，但在关键的换乘节点设置地图、电子信息屏，便于人们定位、查询信息，卫生间设置在换乘主流线侧面，门口设置三角形灯箱标识，便于有需要的人查找。通过这样的设计既保证了主流程信息突出、醒目，也实现了辅助信息完善、可达。

图 4-18　上海虹桥机场 T1 航站楼内，对于最主要流程信息进行了重点提示

导向线路的重点整合。在交通建筑的设计中，特别是在枢纽的设计中要遵循多通道的设计方法，合理分流不同方向换乘人流的相互备份。但是在标识指引中，指向过多会让旅客迷失方向，因此，设计师必须对导向线路进行梳理，在同一地点仅显示最优换乘线路，并且在保证方向唯一的前提下尽量使大量换乘人流经过商业区。

直接、醒目的标识牌设计指引目的地。在出发大厅的大空间中，通过大型标识的设计、文字的简化，形成更直观、简单、醒目的目的地信息表达标识牌，使旅客可以更直接地看到目的地，而不是机械地先经过一系列的方向指引，再遵循指示路线到达。对于特殊的大空间，采用结合空间尺度的大型标识牌，保证大空间远距离观看效果。比如在办票大厅，标号可结合前列式办票厅设置在柜台上空，与建筑空间相得益彰。

标识牌简化的内容表达。在标识牌的设计上，应对空间特性、功能特性具体分析，将一些直观的重要功能用简练的图形表达，反而能够起到强化突出的效果。比如在航站楼特定的候机长廊空间中，登机口的指示最为重要，简化"登机口"文字的目的就是要强化仅有的登机口编号。

图 4-19　办票大厅的大型标识

图 4-20　上海浦东机场 T2 航站楼内对于登机口信息的提示

标识系统与广告位之间的关系。广告作为交通建筑内部重要的盈利来源，往往会与标识系统之间产生冲突。这就需要建筑师进行平衡和设计。总体而言，广告位信息不能影响主流程信息，尤其是在旅客主要判别点上更应该是标识系统优先。

4.2.3.4　合理的布点配置

基于唯一性的原则，在满足使用需要进行有效引导的同时，尽可能的合理控制布点数量（一般为 30～50m）创造合理有效的空间环境。其布点配置需要满足以下原则：

1. 以合理的建筑设计使旅客有明确的方向感，标识作为辅助手段沿流程设置，尽量简化。

2. 标识牌的位置、形态应充分考虑建筑空间的条件，使二者成为一个和谐的整体。

3. 在垂直于旅客视线的方向设置标识牌，在重要的空间设置清楚的目的地标识。

4. 在某些重要节点使用一些大型标识牌。

5. 导向性标识牌只表达旅客流程信息，在关键位置放置平面地图，显示服务信息，在各类旅客服务处放置明显的标牌。

6. 将动态航显、电子信息牌纳入标识系统的统一考虑之中。

4.2.3.5　容易记忆的编号设计

在大型停车场中，人们经常有停车后找不到车的经历。因此，我们需要引入一些特殊的编号系统帮助旅客记忆，寻找方向。在上海虹桥枢纽的设计中，车库编号使用不同颜色和象形图辅助识别，实现了人性化的指引。

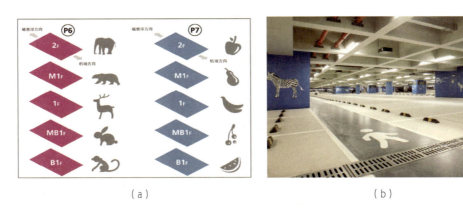

图 4-21　停车库色彩、图形设计

4.2.3.6　标识系统模块化

为了方便标牌在使用中的调整互换、加工安装和维护，我们在设计时确立了标牌单元化、模块化，以及尽量减少类型以便标准化制作的设计准则。减少不同设计尺寸的出现，不仅易于形成统一的标识体系，更便于管理和维修。

4.3　空间体验设计

空间设计的基础是功能设计。旅客体验是航站楼设计的根本，室内空间为旅客体验的直接载体，因此，航站楼设计的空间品位应从以下三个方面出发，以提升旅客体验。

4.3.1　尺度设计

一味地追求空间的高大气派只能起到适得其反的效果，空间设计应恰到好处，妥善处理空间尺度，避免其过于高大宽敞或者过于狭小。既不能让旅客因为巨大的尺度产生迷失感，也不能因为空间的低矮产生压抑感。

室内空间尺度应和交通建筑流程与功能安排相结合，应符合功能要求的规模尺度，符合交通逻辑性，便于解读。以上海虹桥枢纽 T2 航站楼为例，空间设计既不高大也不压抑，让旅客感觉舒适惬意，这正是建筑师追求的空间效果。

图 4-22　上海虹桥机场 T2 航站楼办票大厅

当尺度因为其他因素限制而不能恰如其分的表示时，我们可以通过其他处理手法进行处理。

当交通建筑尺度较为巨大，宜通过细部、模数等处理方式让旅客感受到空间的宜人尺度。

图 4-23　上海浦东机场卫星厅内景

当空间尺度较为压抑时，我们需要通过建筑手法的处理来缓解这种压抑感。在上海虹桥 T1 航站楼的案例中，由于商业中庭较为低矮，容易给人带来空间压抑感，因此设计者引入发光膜元素以减少其空间压抑感。商业中庭发光顶采用直线表达，包括玻璃栏板也采用直线，简化设计手法。中庭发光顶采用大面积光膜，光线明亮柔和，带给旅客舒适的旅行体验。行李提取厅也采用了类似的设计手法。

图 4-24　上海虹桥机场 T1 航站楼商业中庭内景

在上海虹桥 T1 航站楼中，行李提取厅的设计采取适合低矮空间的宜人尺度，增加空间延伸感。轻盈的光膜设计，减少低吊顶的压抑感。

图 4-25　上海虹桥机场 T1 航站楼行李提取大厅

4.3.2 空间体验序列与表情设计

当旅客置身于交通建筑中时，室内环境所涉及的光线、色彩、声音都直接影响旅客的直观感受，使其与人体舒适度息息相关。这三方面的设计并非一成不变的，需要契合其所在空间的性格与特质，考虑到旅客的心理感受，形成起伏的体验序列。

体验序列与旅客流程是紧密相连的。一般而言，针对出发旅客而言，应该为其营造较为丰富的空间，结合商业区布置，缓解旅客在等候中的焦虑，帮助其打发时间。

针对到达旅客而言，其空间设计应该简洁并富有导向性，以便快速地将旅客引导至出入口。

图 4-26　各大机场出发空间内景照片或效果图

图 4-27　各大机场到达空间内景照片或效果图

值得一提的是，在塑造空间体验序列时，空间表情设计非常重要。作为规模庞大的巨构式建筑，旅客在其中易感受到个体的渺小感。因此，作为直接和旅客亲密接触的肌理和材质显得尤为重要，恰如建筑的细腻表情，能够恰如其分地提升旅客的行进体验，能够直接影响到旅客的情绪和心理。

交通建筑的空间表情大致可以分为"硬""软""冷""暖"。交通功能性强的空间出于快速引导旅客通过的目的，往往采用"硬""冷"的空间表情。旅客逗留时间较长，希望能够缓解旅客旅行紧张感的场所往往采用"冷""暖"的空间表情。

综上，在交通建筑的设计中，既需要在宏观上对整个旅客的空间体验进行策划，又需要在微观上对和旅客直接接触的肌理材质进行统筹考虑。建筑师需要将两者充分结合，塑造一流的旅客体验。

4.3.3　空间识别性设计

室内空间不应该千篇一律，应该根据其空间特质给予其特殊处理。大量的空间节点，由于功能的不同，其比例、尺度差异较大，因此，需要突出场所识别，增强空间可读性，帮助旅客寻找定位与判别。

在上海虹桥综合交通枢纽的设计中，建筑师赋予了不同空间不一样的空间性格，塑造起伏的空间序列，帮助旅客进行空间识别。

机场出发办票厅

作为旅客旅行的起点客观上需要开放、通透而不失亲切感的空间，饱含现代气息的办票柜台方便旅客办理各种手续，不同方位的天窗带给室内柔和的自然光线。大厅的吊顶以45°斜线方向引导人流进入大厅，并交汇于中央天窗，以强调空间导向性。地面色块对应于空间特征和旅客功能，强调其空间限定和引导的功能。南北两侧延伸进入室内的清水混凝土墙，西侧与东交通广场交界处的局部暖灰石材墙面，对空间起到限定作用。办票岛上部墙面位于大厅中央，大面积的金属格栅背景墙面，在自然光线的照射下形成丰富的光影变化。办票柜台后部的绿色背景墙面，为机场的主要颜色，突出场所识别。金属吊平顶的灯槽留缝简洁、干净，起到与旅客流程相一致的空间导向作用。

机场出发层三角形商业区

集中商业区位于旅客流程的必经之路上，是多条指廊和远机位出发的连接点。各种餐饮零售敞开式与店铺式相结合，形成丰富的商业空间。VIP旅客候机区位于商业店铺上面的夹层，从三角区中心地带的圆形洞口可进入下一层的远机位候机厅，三角形天窗将自然光线引入室内，柔和而温暖，形成丰富的光影变化。吊顶格片与斜缝的设计，加上墙面七色彩带等时尚元素，辅之店铺大面积玻璃橱窗的运用，内景外透，烘托商业气氛。

图 4-28　上海虹桥机场 T2 航站楼出发办票厅

图 4-29　机场出发层三角形商业区

机场候机长廊标准段

　　它的设计是为旅客创造一个安静、舒适的候机环境。大面积的玻璃幕墙使长廊空间前后贯通。根据功能要求，铺地铺料（橡胶地板）通过不同色彩将动与静区分开来。在交通和商业模块的设计中，立面采用金属棒、玻璃等材料，使其形体轻盈，泛光照明和广告灯箱的运用烘托亲近、宜人、热闹的商业氛围。

　　金属平顶折线形开槽的处理手法，既有空间引导性，又有视觉装饰性。与自动步道对应的采光天窗的遮阳处理，使光线更为柔和、舒适。整个候机长廊中的功能模块的外饰面采用玻璃的材质，弱化体量感和视觉遮挡。

图 4-30　航站楼候机长廊标准段

机场候机长廊端部

候机长廊端部作为候机空间的收头，其三角形天窗设计，使得室内光线更为充沛，其光影关系强烈，空间个性突出。室内设计在三角形天窗下衬穿孔铝板，以此作为遮阳处理的方式，可以柔化光线，增强室内舒适度。

图 4-31　航站楼候机长廊端部

到达通道

室内空间强调导向性、视觉连续性，深色清水混凝土与浅色铝板的对比，通透的玻璃幕墙与通道中的实体墙面的对比，使空间更加清晰生动。直接照明与间接照明相互结合，灯带将墙面照亮，如同将一个个实体镶嵌在幕墙玻璃盒子中，顶部打开的洞口使得空间不再单调乏味，并获得了上下空间之间的视线交流。

图 4-32　上海虹桥机场 T2 航站楼到达通道

机场行李提取厅

重点打造的斜 45°的玻璃和金属拉索桥，轻盈而富有动感，是整个行李提取大厅空间中的个性化的视觉焦点。金属吊平顶上线形灯槽的处理，干净、大气，同时与矩形的空间形态相一致，突出空间导向。整个空间中的标志标识及广告牌有序排布，强化了空间的功能特质。

图 4-33　航站楼行李提取厅

东交通中心 12m 中央天井

东交通中心 12m 层核心共享空间，是整个枢纽水平和竖向流动空间的交汇点，拉索金属廊桥水平飞跨，4 部观光玻璃景观电梯上下穿梭，阳光与空气自由流动，在强化空间生态性的同时，赋予场所以灵魂，增强其生命力。通过圆形中庭将各层贯通，使之浑然一体。圆形中庭构图完整大气，结合天窗、室内天桥等合理布局，构建起互动穿插的室内环境，形成了多层次、立体化的室内景观效果。

图 4-34　东交通中心 12m 中央天井

东交通中心顶层商业区

结合中央天井周围的钢结构斜撑，塑造七彩虹桥，隐喻地域文化，烘托商业气氛，营造枢纽高潮空间。顶部采光带，结合菱形钢结构梁架，下衬遮阳穿孔板，柔化自然光线。不同孔率的穿孔板铺衬不同区域，从顶部对空间加以限定和提示。

最近完成的上海虹桥 T1 航站楼改造也是一次空间识别性设计成功的实践，其中，值机大厅和联检大厅是极富特色的两处空间。

值机大厅：室内设计采用简洁现代的手法，吊顶和墙面装饰以简洁线条为主。将 A 楼原有的出发厅屋面拆除后，沿用原有建筑的 45° 线关系，采用钢结构体系，重塑高敞的室内空间，形成内外统一的航站楼形象，以及精致简约、内敛含蓄的空间性格。

在联检大厅的空间设计中，建筑师通过两个柱列及顶部的采光天窗与左右两侧的高侧窗，塑造了航站楼较为庄重的空间，形成了宁静雅致的空间性格。

图 4-35　东交通中心顶层商业区

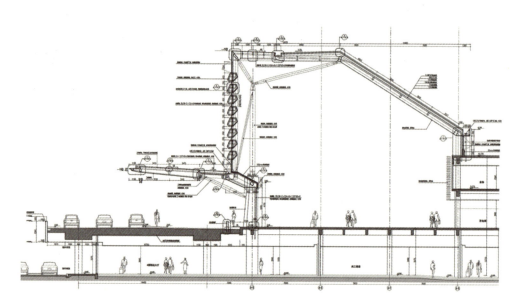

图 4-36　上海虹桥机场 T1 航站楼值机大厅剖面

(a)

(b)

图 4-37 上海虹桥机场 T1 航站楼值机大厅实景

(a)

(b)

图 4-38　上海虹桥机场 T1 航站楼联检大厅实景

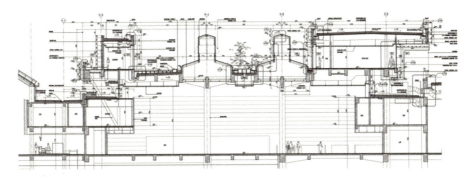

图 4-39　上海虹桥机场 T1 航站楼联检大厅剖面图

图 4-40　上海虹桥机场 T1 航站楼候机区实景

图 4-41　上海虹桥机场 T1 航站楼远机位候机区实景

4.4 环境体验设计

当旅客置身于交通建筑中时，室内环境所涉及的光线、色彩、声音都直接影响旅客的直观感受，使其与人体舒适度息息相关。这三方面的设计并非一成不变的，需要契合其所在空间的性格与特质，考虑到旅客心理感受，形成起伏的设计序列。

4.4.1 光环境体验设计

由于交通建筑尺度较大，且与超高层建筑不同，整体尺度较为扁平，需要通过巧妙的设计，使自然光线和人工光线相结合，营造出宜人的光环境。

4.4.1.1 自然采光的引入

旅客在自然光线下行进最为自然。在交通建筑设计中需要尽量引入自然光以减少对人工光的依赖，这既能提高旅客体验，又能达到降低能耗和环保的效果。在上海浦东机场T2航站楼的屋面上我们设计了梭形天窗，使其两两一组，间隔设置，并结合天窗设计了遮阳膜，半透明的膜在白天能够使透过的日光被减弱，从而柔和室内光线。此外，在13.60m层、8.40m夹层的中央自动步道间设计了玻璃地板，让处于8.40m层的国际到达旅客，以及4.20m层的国内出发与到达旅客，透过玻璃地板感受到从13.60m层梭形天窗照射进来的自然光线。13.60m层国际出发中央商业街通道上还设有玻璃天窗和遮阳板，使人们在这非高大空间的环境中也能感受到自然的光线。

我们需要着重考虑重点空间的光线强化设计。在上海虹桥综合交通枢纽东交通中心、南京禄口机场二期工程交通中心的中庭中，建筑师通过引入自然光线，营造了整个交通建筑中最让人兴奋的场所。

此外，针对停车楼等容易让人产生压抑感的建筑，我们可以通过室外采光通风天井，引入自然采光，在改善空间压抑感的同时有效改善室内空间感受。

4.4.1.2 照明设计

交通建筑的照明设计是一个系统工程，主要分为直接照明和间接照明两种。对于交通性功能空间，直接照明整体光感效果均匀明亮，间接照明效果柔和通透。将两者有机结合、相互衬托，能营造出层次丰富的创意照明空间，满足功能要求和舒适性要求。按照建筑物内不同的功能区域，选择合理的照明灯具，准确控制各照明指标，包括照度、亮度、眩光、显色性等参数，满足人的生理性和心理性需求;同时,充分应用各种照明手段表现建筑内部空间和外部形象,能够突出建筑物特点,合理配置照明器具,创造光影变化,并有效控制光污染,为人们创造一个忙而有序、安全、舒适的空间。

通过大空间照明设计,一方面为旅客、工作人员在不同区域有效、安全、准确、快捷的完成各项活动提供良好的视觉环境,营造一个舒适的室内环境气氛。另一方面,用光来表现枢纽独特的建筑特征,营造现代感、速度感、宏伟感的建筑夜景外形。

大空间照明设计应注意以下原则和方法:

1. 以人为本,合理选择照明方式,满足使用要求

根据枢纽建筑、结构和室内装潢,采用合适的照明手段,满足人们的功能性和舒适性要求;根据不同的区域、不同的功能要求进行设计,为不同区域的旅客与工作人员提供良好的视觉环境;根据不同功能区的特点,选择合适的照明方式,准确控制好各项照明指标,包括照度、亮度、眩光、显色性等参数,使其满足人们对照明功能的要求。

2. 建筑化照明,突出枢纽建筑特征

大空间照明设计是建筑的一部分,照明系统与建筑相互协调,形成一个整体。充分利用建筑空间氛围,营造间接照明效果;通过照明变化,提升空间的韵律感和节奏感;以光影结合的手法增加建筑空间的艺术感和趣味性;通过内光外透技术,营造通透、明亮的建筑夜景;运用泛光照明,展现公共建筑外观的稳重与大气。

(a)

(b)

(c)

图 4-42　上海浦东机场 T2 航站楼梭形天窗及自然采光的引入

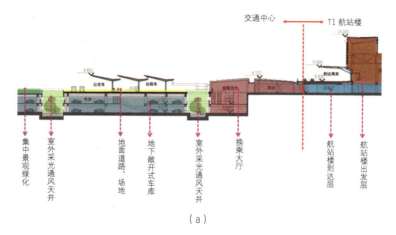

(a)

(b)

(c)

图 4-43 上海虹桥机场 T1 航站楼改造楼前剖面示意图及楼前交通中心实景

图 4-44　上海虹桥综合交通枢纽东交通广场天窗和照明系统

3. 合理确定照度标准，选择照明灯具及光源

照度标准的选择应符合特大型交通枢纽的要求，枢纽各部分照度标准的确定应相互协调，同时考虑各自不同的使用特点。照明灯具和光源的选择，兼顾建筑外立面内光外透的需求，选择高效、节能的灯具及附件，并合理设置灯具的安装位置。在满足照度、炫光等主要标准的前提下，灯具优先采用光效高的功率等级，在易产生眩光的空间，尽量采用小功率光源组合而成的灯具。此外，在灯具选择的过程中，应充分考虑灯具使用效率和维护费用的问题，合理选择高效率、长寿命的灯具，减少投资和运行成本。

图 4-45　上海虹桥综合交通枢纽东交通广场车道边夜景

4. 人工光和自然光协调考虑

根据时间和人流，选择灵活的照明控制方式，白天尽量使用自然光，晚上以功能性照明为主，装饰性照明需要开启，以达到节能的目的。结合自然光的变化对人工照明进行相应的场景切换，是营造最恰当照明环境、节能的必要手段。

5. 充分利用自然采光，符合节能要求

在T2航站楼出发层有许多条状天窗，东交通中心的顶部也有条状天窗及采光中庭，采光中庭可以将自然光导入地下二层的地铁出发层。在白天自然光条件好的环境下，可以充分利用自然采光照明，减少室内灯光照明的使用量，不仅能够提高室内光环境的舒适度，而且大大节约了能源。

高铁虹桥站的主进站空间、主通道空间、主候车空间基本实现了白天利用自然采光，减少人工照明的使用。

6. 照明设计结合建筑及环境，突出枢纽造型特点

枢纽大空间照明应考虑到建筑造型厚重、间接的特点。室外泛光照明配合建筑由近及远的高架雨棚、进出港（站）大厅玻璃虚体量、办公商业实体量三个层次，突出建筑的韵律和节奏。此外，在东交通广场24m以上的开发用房部分以及高铁站屋的墙面凹进部分，设置了投光灯和LED，通过利用内投、正投及动态LED的照明手法，突出一个"动"字，表达了交通枢纽的建筑特征。

图4-46 上海虹桥综合交通枢纽东交通广场夜景

7. 充分利用建筑空间构造，与室内装饰形成有效的反射面，营造均匀舒适的间接照明效果

高铁10m标高的南北主入口通过在入口门斗上方安装投光灯，照亮入口大厅顶棚，形成间接照明。入口大厅吊顶部位采用漫反射表面处理的铝板形成有效的反射面，入口大厅采光天窗部位结合内遮阳设置穿孔铝板形成有效的反射面，门斗又为投光灯提

供了比较隐蔽的安装条件，最终形成了见光不见灯的间接照明效果。

上海虹桥机场 T2 航站楼东交通广场在设计中采用了直接照明与间接照明相结合的照明方式，并以间接照明为主。通过大功率投光灯向上照明，照亮天花，通过天花反射整个空间。在满足地面照度的前提下，提高了空间亮度水平（相对直接照明方式），增强了旅客的舒适性。

图 4-47　上海虹桥综合交通枢纽东交通广场室内照明

图 4-48　上海浦东机场 T2 航站楼出发大厅室内照明

上海浦东机场 2 号航站楼整个出发大厅的照明以天花作为光的承接面，将光漫反射到地面，而办票岛、问讯处等要求高照度的区域则采用直接照明方式。当人们接近出发大厅时感觉到整个大厅是匀质的、明亮的透明体，而当人们进入大厅时，办票岛、问讯处等旅客使用的区域则以明亮的背景吸引人们的视线，从而引导人流，照明与功能紧密结合，达到统一。当夜幕降临时，隐藏的灯具会发出柔和的光线，均匀的照亮天花，整个天花作为一个反射器，再将光均匀地撒满整个空间，柔和的光再现连续完整、视觉通畅、方向感强的室内环境，给原本紧张、急躁的旅客营造一个轻松、明快的气氛。夜幕下，明亮的天花和暗的玻璃幕墙构件形成光影的对比，犹如一只大鸟，随时准备起飞；如此通透的城市标志会给来来往往的旅客留下深刻的印象。

8. 以光影结合的手法彰显建筑空间感和结构美

上海虹桥枢纽高铁站台两侧结合室内装饰吊顶设置暗藏灯槽，将灯光向轨行区延伸，提高了空间照明的均匀度，抬升了视觉高度，体现了建筑空间体量。再对10.100m层候车大厅的结构柱、立面石材等需要强调的建筑件进行渲染，体现建筑结构美。而在航站楼主楼和长廊的室内空间中，灯具结合结构立柱和室内廊桥布置，使柔和的灯光突出了建筑结构的精致和优美。

9. 利用照度层次，贴合建筑功能分区，形成有差异又不失协调的光环境，实现人流光环境引导

对于大型交通建筑，要使置身其中的旅客能够准确辨明方向，需要合理的利用照度层次，以及灯光的色温来区别空间，指引方向。比如高铁车站在室内照明中，利用入口—售票—候车照度递增；航站楼照明则重点突出办票区域等。

图 4-49　上海虹桥机场 T2 航站楼出发大厅室内照明

上海浦东机场 T2 航站楼 6m 层行李提取大厅在照明处理上，强调对人流的导向性。有光带处的天棚成为整个空间最亮的区域，内立面次之，空间主次分明，分区明确。

图 4-50　上海浦东机场 T2 航站楼迎客大厅室内照明

图 4-51　上海浦东机场 T2 航站楼行李提取大厅室内照明

10. 高效合理的照明控制，保证枢纽的节能环保

照明设计中，应引入智能控制系统，充分考虑自然采光的分布与变化，实现分时段、分区域的精确控制，以达到高效节能的效果。

4.4.2　色彩体验设计

交通建筑有其内在的色彩设计规律。可以将其概况为以下 3 点：

1. 统一的色彩体系。大型公共建筑，交通建筑功能性较强。楼内人来人往，颜色异常丰富，因此，其室内空间更应该统一在一种理性的色彩体系内。建筑主色调应不超过 2 种，广告和标识应该是整个交通建筑主色调背景下的主角。

2. 高级灰为背景主色调。交通建筑的颜色应该以清新淡雅的浅灰色作为背景主色调，为旅客提供一种轻松愉悦的旅途感。浅调的灰色作为背景大面积的铺陈，低调、不张扬，易于统一和整体控制。色彩切忌有很强的对比度，避免给旅客带来不适感。

3. 突出标识色。强调图底关系，在浅灰色上醒目的反映出标志标牌，强化引导标识，满足功能要求，易于旅客辨识和理解。

图 4-52　上海浦东机场 T2 航站楼指廊色调

图 4-53　上海浦东机场 T2 航站楼办票大厅色调

商业区是航站楼中的例外,通过店面、广告等较为绚丽的颜色,营造热闹的商业氛围,唤起旅客的购买欲望。

图 4-54 某设计竞赛机场商业区效果图

值得一提的是,"热闹"的背后不应该是"纷乱无序"。广告、店招、座椅等作为航站楼室内的重要元素,建筑师应对其颜色严格控制,并纳入一个相对统一的色彩体系。

图 4-55 某机场候机区座椅

在新建交通建筑时,我们须充分考虑既有建筑的主色调,呈现和而不同的视觉形象。在选择上海浦东机场 T2 航站楼主色调时,设计团队充分考虑了上海浦东 T1 航站楼色调,其室内大屋面蓝色的吊顶和张弦梁白色的腹杆带给人强烈的视觉感受,在当时已成为上海浦东国际机场的标杆。

同 T1 航站楼一致的蓝色或灰白色都可作为 T2 航站楼的选择,但却会失去展现新航站楼独特个性的机会。延续 T1 航站楼大胆的色彩配置,采用温暖的木色作为顶棚设计的新概念。木色蕴含脉动的节奏、活跃的气氛、温馨的感受、自然的气息、欢迎的姿态，与 T1 航站楼航站楼在和谐中形成对比，给旅客以不同以往的新鲜体验，也带给旅客温暖的体验，这是阐述 T2 航站楼的最佳选择。

图 4-56　上海浦东机场 T1 航站楼天蓝色主色调

上海浦东机场 2 号航站楼在室内整体设计上以蓝色标识和局部红色花岗石作为与 T1 航站楼的延续和一致的共同元素。

图 4-57　上海浦东机场 T2 航站楼木色主色调

在标识设计上 T2 航站楼延续了 T1 航站楼的特色和风格，在不同的室内空间采用不同的形态，但贯穿于整个室内空间的标识色彩却保持不变。色彩在标识系统中起到了重要作用，他们与环境色彩的对比改善了标识的可阅读性，加快了人们对信息的理解。2 号航站楼的标识色彩采用以下配置：标识背景色与 T1 航站楼相统一，采用单一的颜色——蓝色，所有其他信息如箭头、图形、字体等用发光的白色，蓝色背景不发光以衬托发光信息的醒目。作为一个 DNA 元素，连贯性的标识将 T1、T2 串接起来，带给旅客最直接的感受，增强了旅客身处一体化航站楼的体验，确保了两楼标准的统一。

另外一个室内 DNA 元素则是红色花岗石。红色花岗石在 T1 航站楼室内以大面积的地面和墙面出现，与顶面的蓝色形成对照，在 T2 航站楼的入口实体门套、主楼入口和长廊放大段共享空间的电梯芯筒同样运用了红色花岗石，既形成了红（花岗石）、黄（顶棚）、蓝（标识）的强烈对比，又在室内材料运用上部分地延续了 T1 航站楼的感觉。

（a）

（b）

图 4-58　上海浦东机场 T2 航站楼室内标识系统

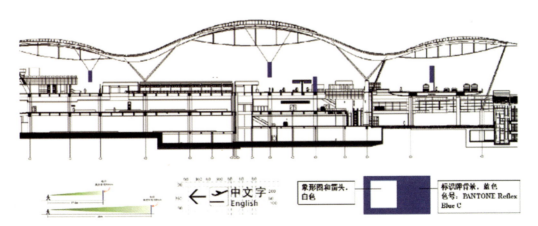

图 4-59　上海浦东机场 T2 航站楼剖面标识布置示意图

在上海浦东机场卫星厅的设计中，我们同样考虑了对于 T1、T2 航站楼整体色彩体系的延续。通过对现有 T1、T2 航站楼室内色彩体系的分析，鲜艳明快的吊顶，清新淡雅的中性灰色背景调，素雅坚实的实体墙面，是现状航站楼的主要室内形象。卫星厅室内设计将延续这一设计理念，在 S1 的室内设计中，考虑使用明快、沉静、具有 T1 的标志性的天蓝色，S2 室内设计中则考虑使用亲和、舒缓、具有 T2 标志性的暖黄色以形成统一易读的空间感受。

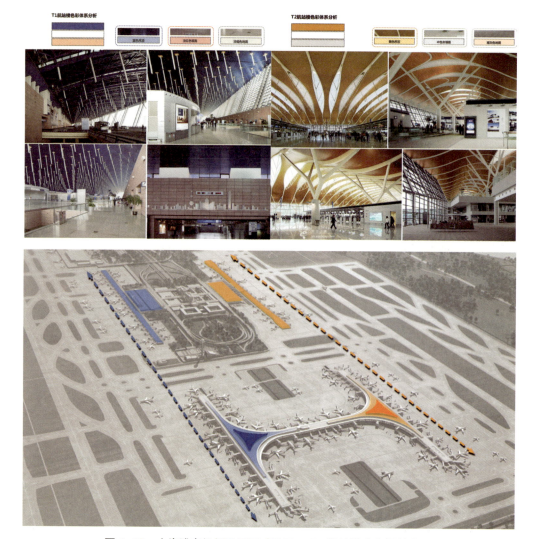

图 4-60　上海浦东机场卫星厅对于 T1、T2 航站楼主色调的传承

4.4.3　声环境设计

声环境设计在交通建筑的设计中也同等重要。每个区域都应该有一个系统的声环境策划，在此基础上建筑师需据此谨慎选择建筑材料。以航站楼设计为例，当旅客进入航站楼后，经历了一个嘈杂（办票区）—安静（安检）—嘈杂（商业）—安

静（候机）的声环境空间序列。建筑师此时需要通过对材料的处理，实现室内声环境的引导和控制。比如办票大厅多以石板为主，安检区和候机区多用软性橡胶地板或地毯或地毡。

此外，在交通建筑中，公共广播能够提示旅客关键信息，但嘈杂的声音则会对整个建筑内部的声环境造成干扰。因此，建筑师需要对公共广播进行适度控制，避免对旅客等候产生太多的干扰，并可以随着科技的进步，实现通过手机 APP 提示旅客关键信息，从而减少公共广播对声环境的干扰。

在上海浦东机场卫星厅的设计中，捷运区以动为主，旅客快速集中，较为嘈杂。候机区则较为安静。商业区也以动为主，气氛热烈。步行区则作为线性通过空间，以动为主，但毗邻候机区，需要考虑对候机区的声环境影响。

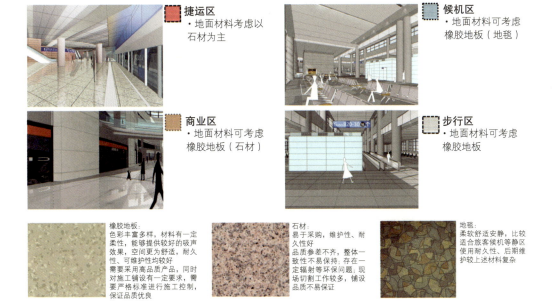

图 4-61　上海浦东机场卫星厅材质选择与声环境控制

4.4.4　服务设施设计

设施设计也是环境体验设计中的重要一环。我们可以通过设施设计的细节、情绪和氛围的塑造提高其体验品质。在近年来的机场实例中，我们可以看到一些提升旅客体验的设计关注点。

● 彰显人性关怀：特别是满足特殊旅客类型的需求，如老年旅客及残障人士；

● 增进空间品质：通过室内景观和小品增进空间品质，缓解旅客的焦虑情绪，提升购物和候机体验。

图 4-62　上海虹桥机场 T1 航站楼楼内小品

4.4.4.1　彰显人性关怀

无障碍设计已经成为交通建筑内的重要一环。以航站楼为例，在其各个环节中均应该体现人性关怀。航站楼各个功能区均需按相关规范为旅客配备全面的无障碍设施，包括：

1. 出发及到达车道边及停车楼需设有无障碍停车位；

2. 航站楼楼内盲道应引导至问讯服务中心，服务中心负责为残疾人提供售票、办票、安检直至送上飞机等服务。服务台局部应留出为残疾人服务的位置，其高度应方便轮椅者使用；

3. 联检区域应有 1 个联检通道可供乘轮椅者通行；

4. 设置残疾人专用或带残疾人功能的客梯、卫生间、坡道，使残疾人士无论出发、到达、中转还是使用公用设施都能够通行无阻；

5. 候机区、行李提取厅设置轮椅席位，旅客登机桥固定端坡度不应大于 1：10，条件允许的情况下宜不大于 1：12，由专人负责帮助旅客登机；

6. 饮水处、问讯处、公用电话、旅客求助设施等公共服务设施的设计应方便残疾人使用；

7. 各出入口、通行通道、检查通道等均需满足残疾人士的通行；

8. 增设设施完善的独立母婴室，且为减少气味对母婴室的干扰，建议母婴室与卫生间独立设置。

9.考虑祈祷室等其他特殊需求。

4.4.4.2 增进空间品质

在德国慕尼黑机场 T1 和 T2 航站楼的设计中，通过简洁的建筑外形、宜人的尺度以及直观的旅客流线设计来提升旅客体验，并根据旅客的生活习惯及差异化需求，设置不同功能的服务设施，如祈祷室和 VIP 候机室。通过对旅客流程的细化和简化，为旅客打造出无缝衔接的旅程。此外，为进一步提升品质，在航站楼的不同区域引入艺术品展示，为航站楼营造宁静和舒适的氛围。将传统座椅与其他服务设施相结合，打造更为舒适和多样化的候机空间。

在上海浦东机场三期工程卫星厅的设计中，经过对座椅数量的计算分析，候机室的座椅总体满足需求，直线区域座椅紧张，而三角区较为宽松；座椅的排布有联排式和"花式"两种，联排式相对较为紧凑，经分析与比较，兼顾整齐美观的"花式"排列法，其座椅数量约为联排式的 80%；旅客从捷运站台或者三角商业区进入候机室，需要在前往登机口前等候同伴，或者再确认登机口；综合上述分析，在三角区的节点部分，结合宽松的候机空间布置花式座椅，而在直线段候机室布置联排座椅，满足功能需求。座椅区可设置媒体桌，布局结合联排座椅，可在投运前后根据设置需求灵活增减。

从 2009 年开始，法国戴高乐机场开始致力于旅客满意度的研究和提升旅客体验措施的尝试，并应用于 T4 航站楼的设计中。其中包括：

- 通过不同于传统座椅区的设计来营造更为优质的候机空间；
- 增设更多消磨时光的设施区域，如阅读区、游乐区、儿童区及博物馆等；
- 为商务旅客打造适于工作的公共区域。

台湾桃园机场为了打造更好、更高效的旅客体验，对其 T1 和 T2 航站楼实施了一系列的室内改造措施，包括：

- 通过当地文化元素的展示及主题式候机区的打造，削弱登机口的距离感；
- 更新服务设施，为旅客提供高品质的服务；
- 关注老年旅客和残障旅客的需求，在候机区增设免费的电动车；
- 自助服务设施的应用，提高旅客容量；
- 增设其他服务：免费 wifi 和充电站。

4.4.5 服务与体验的定制化

随着科技的进步和生活水平的提高，人们对于服务的要求也越来越高，旅客体验已经由标准化向定制化发生转变。这对交通建筑的服务品质提出了更高的要求。

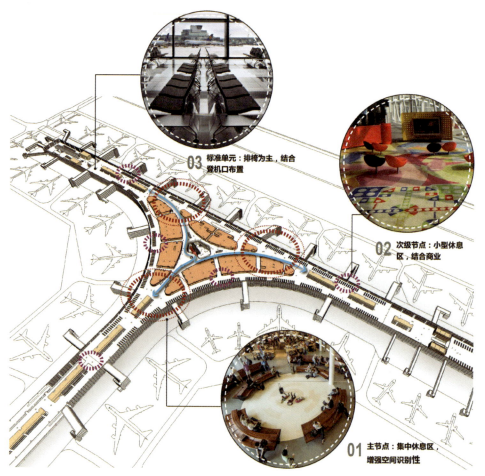

图4-63 为增进空间品质，上海浦东机场卫星厅候机区座椅进行了不同的功能排布

图4-64 上海虹桥机场T1航站楼改造中传统候机区内引入花式座椅和服务设施

4.4.5.1　旅客群体的体验细分

首先，我们需要细分旅客群体。旅客不再是千篇一律的面孔，应根据其人群特征将其细分，同时为其量身定做相应的旅客流程和设施，提高空间舒适度。

在国内某大型机场国际竞赛中，设计师将旅客群体划分为4类，并根据不同的旅客类型设计流程。

1. 常飞旅客。常飞旅客对于机场往往较为熟悉，对自助值机等设施有需求。同时对于机场和航空公司而言，这部分旅客往往是商业回报较高的，对于贵宾室和商业区的需求较大。我们将航空公司俱乐部设置在位于中心节点的国际出发层的夹层上，距离飞行常客的等候区很近，便于常飞旅客的出入。

2. 家庭旅客。应考虑设置儿童游乐区和成组座椅。在座位区附近设置小型游乐场和儿童主题游乐区，并可将其融入度假家庭的商业体验中。在候机时间逐渐变长的情况下，结合商业设置的花园和体验式商业也成为度假家庭打发时间的好去处，为其充分利用在机场的时间提供了多种可能。

在上海虹桥T1航站楼中，设计师在候机区附近设置了儿童游戏区，满足家庭旅客的需求。

3. 科技潮人。该类旅客热衷于使用自助值机和自动行李托运，喜欢体验式商业，需要充电插座。科技潮人对于其所处环境的关注和对社交媒体的热衷，为航站楼内的商业区和服务设施带来了独特的商机。睡眠箱、平板电脑充电站和穿流式画廊正是商业区及服务设施中投其所好的特殊设置。

4. 老年旅客。这类旅客需要考虑增加无障碍设施和相应的辅助服务。由于老人对自助设施及手机APP等工具的敏感度较低，应在适当的区域设置信息咨询处和显示屏。

4.4.5.2　高端定制的贵宾服务

随着航空公司间的竞争日益激烈，常旅客及高端旅客对主营业务收益的作用愈加明显。培养常旅客及高端旅客的忠诚度成为航空公司的战略要务——贵宾服务已然成为主营策略。这种趋势也在向铁路旅客延伸。

近年来，贵宾服务发展极为迅速，这在民航领域表现得特别明显。究其发展原因，可以归纳为以下几个方面：

1. 日益庞大的中产阶级和商务旅客对于出行的品质有了更高的需求，对于快捷便利舒适的贵宾服务抱有极大热情。

2. 可以通过购买贵宾服务节约在机场办理乘机手续的时间，促使商业机构向其高端客户提供机场贵宾服务，吸引其成为忠诚客户。

3. 内在"精神需求"使机场贵宾服务深受欢迎。

4. 优待高舱旅客，使旅客感受到贵宾室环境的舒适及归属感，提升旅客忠诚度，提高航空公司整体服务品质和形象,增加营业收入。

贵宾服务可以体现在两个方面:

1. 乘坐交通工具时提供不一样的乘坐体验。如高铁动车时购买的一等座和商务座,飞机中的头等舱与商务舱。其较之普通座位而言,有着更大的座位空间和更加细致周到的柔性服务(如更加丰富的餐食等)。

2. 在交通建筑中等候时提供不一样的等候空间和单独的旅客流程。这对于建筑师提出了新的需求,需要为其定制适宜的等候空间与环境。以机场航站楼为例,这类服务又可以细分为以下3点:

1)根据不同的客户需求安排陆侧及空侧的贵宾服务设施;

2)空侧设贵宾设施是着眼重点,可根据各航空公司机位布局合理考虑集中或分散的布置方式;

3)针对高端旅客,需考虑独立流程(独立的行李托运、安检或登机流程),以及多元化配套设施服务的贵宾专属区。

在航站楼设计中,我们一般将贵宾分为WIP(政要贵宾)、CIP(商务贵宾)、两舱及卡类贵宾。也可以将其分为机场贵宾和航空公司贵宾。机场贵宾通常由机场为其提供专用的外部交通、流程设施、休息室,以及站坪接送等条件。机场贵宾区通常集中设置在航站楼首层。航空公司贵宾(也称两舱旅客)主要由其所承运的头等舱、商务舱、高等级常旅客等人员组成,由航空公司为其提供专用的流程设施或检查通道、候机区等条件。航空公司贵宾区通常在各种公共的功能区中分隔出独立的专用区域。

旅客类别及流程服务表 表 4-2

旅客类别		流程及服务
出港旅客流程	航空公司贵宾	专用的办票区或办票柜台 服务人员陪同办票和行李托运 专用的检查通道 专用候机区或候机室 提供简餐、报刊等增值服务 提供专用的登机通道或优先登机条件
	机场贵宾	专用的通行道路和停车场 专用的办票区或办票柜台 服务人员代理办票或行李托运 专用候机室 提供简餐、报刊等增值服务 专用的检查通道 可通过站坪专车送达机位直接登机 亦可在主楼提供专用登机通道

续表

旅客类别		流程及服务
进港旅客流程	航空公司贵宾	提供专用通道和行李提取区域,提取行李后进入到达大厅离开
	机场贵宾	由专车接送至贵宾休息室,由服务人员代为提取行李,国际到港旅客接受边检后从陆侧专用出口离开

贵宾区可分为基本功能区和增值服务区。在贵宾区设计中基本功能区为入口、前台接待、餐区、休息区、卫生间等。贵宾休息区可集中设置,也可分散设置。其面积大小通常根据使用单位的意见要求进行设计。增值服务区包括独立贵宾室、洗浴、新闻阅读、酒吧、商务区、健康中心、氧吧等。

1. 政要和商务贵宾室

(1) 上海浦东机场 T2 航站楼 WIP,设计时间:2007 年

根据 T2 航站楼旅客来源分析,商务旅客将成为新的经济增长点,从而对位于上海浦东机场 T2 航站楼 0.0m 标高的 2 个 WIP 贵宾室的服务对象进行了定位。2 个 WIP 贵宾室属于政要及 VIP 商务客人的专用贵宾室,享受个性化服务,并有配套的大型室外停车位。南北两侧的布置基本相同,通过管理来提供不同的个性化服务。南侧由于靠近主要入口,交通便利,主要为政要旅客群服务;北侧主要为 VIP 商务旅客群服务。

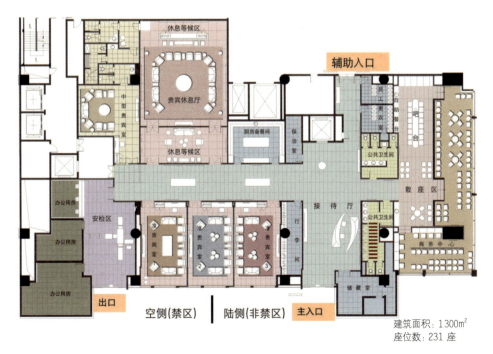

图 4-65 上海浦东机场 T2 航站楼 0.0m 标高——机场贵宾室平面布置(一)

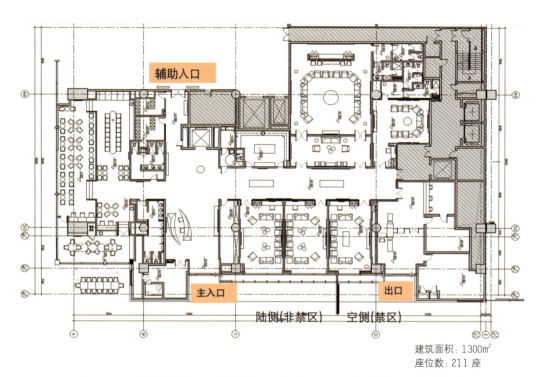

建筑面积：1300m²
座位数：211 座

图 4-66　上海浦东机场 T2 航站楼 0.0m 标高——机场贵宾室平面布置（二）

（2）上海虹桥机场 T2 航站楼 WIP，设计时间：2009 年

WIP 贵宾区位于 0m 站坪层，分为南区和北区两大部分，建筑面积约 4500m²。较之上海浦东机场 T2 航站楼的 WIP 增加了独立对外随从空间，兼顾多用途的使用功能。整体装饰简洁大方，以上海人文特色为主题，从细节出发，秉承"精致大气、高效实用"原则，并通过海派名家的艺术创作及软装陈设将其营造成为富有艺术人文特色的休息场所。

图 4-67　上海虹桥机场 T2 航站楼 0.0m 标高——南区 VVIP 平面布置

图 4-68　上海虹桥机场 T2 航站楼 0.0m 标高——北区 VVIP 平面布置

（a）　　　　　　　　　　　　　　（b）

图 4-69　上海虹桥机场 T2 航站楼 0.0m 标高贵宾室内景

针对大型航站楼的 WIP，设计单位在完成设计的同时，应满足机场贵宾区舒适、适用的使用要求，体现机场贵宾区典雅大方的风格定位。

2. 高端旅客（两舱、金银卡类）贵宾区

两舱和卡类贵宾区多见于航站楼出发夹层，航空公司贵宾多属于此种类型，此外，部分机场贵宾室也有专属的高端旅客贵宾区。这一部分旅客是各大航空公司、机场最为稳定的客户群体，这一类贵宾区在交通建筑中贵宾区的占比也是最高的，带来相当可观的经济回报。

然而，值得一提的是，随着目前航空卡类旅客越来越多，特别是银卡数量的快速增长，各大机场高端旅客贵宾区已经出现了超负荷运转的现象，随着运营部门、相关公司对于高端旅客的重视程度越来越高，未来应该在面积中留有更多的余量满足贵宾的持续增长。

此外，在未来的交通建筑的设计中，各运营方已经开始思考对于贵宾旅客进一步细化，以提供相应的差异化服务。

(a)

(b)

图4-70 上海浦东机场某航空公司贵宾室（资料来源：徐仲夏摄）

（a）

（b）

图 4-71　某机场贵宾室高端旅客贵宾区实景

3. 机场贵宾室的衍生品——机场会所

随着经济的发展，市场的培育，在贵宾室的运营过程中，逐步从仅提供舒适座位的休息场所，发展为多功能的贵宾接待场所，随之孕育出功能更齐全、舒适度更高的机场贵宾室的衍生品——机场会所。

例如：英国伦敦希思罗机场 T3 航站楼的维珍航空的商务贵宾会所（维珍航空舱位不设头等舱，仅设商务舱）；以及正在建设中的上海虹桥机场 T2 航站楼贵宾接待会所。

(a)

(b)

图 4-72　英国希思罗机场 T3 维珍航空贵宾室

图 4-73　上海虹桥机场 T2 航站楼机场贵宾会所——平面图

4.5　旅客体验主导下的南京禄口机场二期工程设计案例解析

　　南京禄口机场二期工程的设计是一个以旅客体验作为组织功能布局的典型案例。

　　作为服务南京青奥会的江苏省一号工程，2009 年，南京禄口机场二期扩建工程正式拉开序幕，设计年旅客量为 1800 万人次，航站楼面积约为 26 万 m²。华东建筑设计研究总院机场及综合交通枢纽专项化团队承接了这一设计任务，2014 年青奥会前正式投入运营。

　　在南京这样一座六朝古都，我们希望航站楼不仅仅是一座具有多种功能的理性产物，当功能的需求转化为合理的空间和适当的造型时，复杂的建筑功能也可以体现为纯粹的形式美。

图 4-74　南京禄口机场二期工程鸟瞰图

4.5.1　以空间表达体验

4.5.1.1　一览无余的流动空间

受规划进深限制，出发大厅进深为 50m，传统的岛式柜台布局会使空间显得更加局促。因此，我们采取前列式柜台布局，即在办票岛中采用前列式无背景板的通透设计，巧妙利用视觉效果，将岛前的办理值机办票空间和岛后的商业空间整合为一体，实现了视觉体验上的最大化。办票岛在前、商业区在后的功能布置安排符合旅客流程的心理。作为办票岛背后的背景，商业采用两层式设计，适度表达了功能，又不至于喧宾夺主，干扰主要功能。整个出发大厅更加一览无余，空间更具流动性，更加契合交通建筑气质。

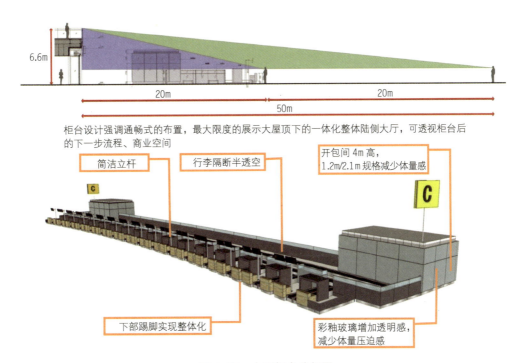

图 4-75　办票柜台分析图

图 4-76 出发大厅实景照片

图 4-77 出发大厅商业街实景照片

4.5.1.2 动静结合的空间序列

根据旅客流程和功能安排，按照不同空间的性格特征，动静结合并依次展开一系列性格不一的空间序列：安检区（集中）——商业区（通过）——候机区（舒展）——端部空间（放大）。

安检区位于9.00m出发层条形天窗下部，集中设置。国内商业区充分利用安检后的宽阔空间形成大弧形的商业广场，国际商业区的弧线则更加活泼和流畅，具有江南雨巷般的空间感，能够吸引旅客一探究竟。

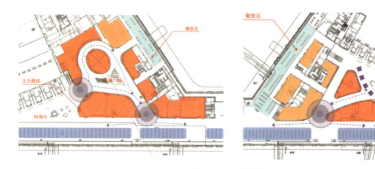

图 4-78 航站区商业区平面

当旅客通过商业区后，舒展的候机区空间和通透的玻璃幕墙则更给人一种安定感，缓解旅客在安检区中较为紧张的感受。航站楼长廊主要由通道、候机区及商业设施组成，是供旅客登机前快速通过、等候、休息的区域。为满足航站楼功能及旅客心理需求，我们创造了一个环境舒适、通道畅通、设计简洁、材质耐用、色调淡雅的和谐空间。

（a）

（b）

图 4-79　候机区实景照片

我们将指廊端部的设置降至 4.25m 层。每个端部候机厅可供 3 个机位使用，利用其登机口不多的特点，将出发、到达布置在同一层，从而获得一个两层通高的空间。端部候机厅面对空侧三面开放，旅客可在此驻足停留，同时结合商业和休闲设施，使得旅客在通过较长的候机长廊的过程中逐渐平静的心理感受再次达到一个高潮，并通过空间的变化暗示功能区的结束。与室内空间相呼应，此时的指廊端部也微微抬起，作为其建筑形态的收头。

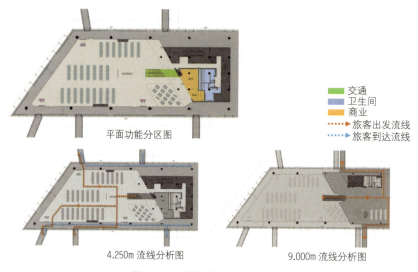

图 4-80 端部候机区平面图

整个候机厅拥有两层的高度，分别与 9.000m 层和 4.250m 层相连接，出发的旅客可以通过自动扶梯和电梯进入这个空间。在 9.000m 平台的下方高为 3.0m 的空间内设有商店和饮料区，服务候机旅客。候机厅的四周采用 2.4m 高的玻璃隔断进行围合，尽量减少对这个大空间的干扰。

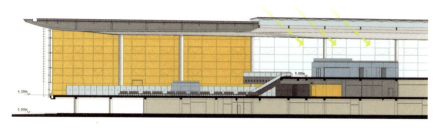

图 4-81 端部候机区剖面

图 4-82 端部候机厅实景

4.5.2 以光线塑造体验

4.5.2.1 自然光的引入与导向性设计

如果将整个航站楼的空间序列看作是一首协奏曲的话，光线则是串联起这首激扬乐章最为重要的音符。我们通过室内外空间的一体式表达，将光线引入了航站楼设计中。

航站楼形态的高潮主要集中在主楼区域，主楼屋面被细分为 9 个单元，每个单元都在平缓的屋顶曲面上形成高度逐渐变化的波峰。9 个凸出的波峰都统一在大的形式逻辑下，形成有韵律感的起伏节奏。

渐变的波峰之间设置 8 个修长水滴形天窗，天窗隐藏在波峰之间，避免了对屋顶整体形态的割裂。新航站楼出发层的室内大空间，延续了大屋盖的起伏态势，并尽量减少结构柱，使穹窿顶盖下的室内空间完整、大气；在"波谷"处设置天窗，将自然光引入室内，成为屋顶的装饰亮点。

图 4-83 出发大厅实景照片

图 4-84 指廊实景照片

天窗将阳光自然地引入出发层。在光线和灯带的引导下，旅客顺着天窗前行，自然而然地通过国内安检区和国际联检区，完成了由空侧到陆侧的过渡。

当旅客进入候机区后，线性天窗对旅客的导向性进行了强化，两侧通透的玻璃幕墙在引入自然光的同时，使得机场繁忙运作的场景能够呈现在旅客面前，旅客前往自己登机口的路径会变得更加直观且有趣。

值得一提的是，空间的塑造和光线的引入都增加了航站楼空间的可读性，使得旅客能够更加清楚地前往自己的目的地，舒缓旅客的心理感受，提升旅客的体验。

4.5.2.2 契合空间性质的光环境设计

旅客置身航站楼中时，室内环境中所涉及的光线直接影响旅客的直观感受，并与其人体舒适度息息相关。然而，这三方面的设计并非一成不变，需要契合其所在空间的性格与特质，考虑旅客的心理感受，从而形成起伏的设计序列。

出发大厅（明快，自然）：大空间照明为旅客营造一个温暖、柔和的大空间视觉感受，对机场的建筑环境留下深刻的印象。均匀、轻快、明亮、连续的空间及地面亮度，满足旅客对高流量交通建筑的安全感。

图 4-85　出发大厅实景照片

安检区（安静简洁）：整个安检区的光环境较为安静简洁，契合安检区的空间感受。

图 4-86　安检区实景照片

商业区（温暖热闹）：商业区的光环境则又有所不同。弱化楼内光线，强调商业自然的泛光。多采用立面照明和内透照明，利用立面照明保证地面的照度，同时借用商铺内透，也可吸引旅客消费的注意力。

图 4-87　商业区实景照片

候机区（自然，柔和）：利用自然光，通过百叶格栅等控制外部光线的进入，避免眩光。

（a）　　　　　　　　　　　　　　　　（b）

图 4-88　候机区实景照片

4.5.2.3　重点空间的光线强化设计

光线的设计始终是建筑设计中永恒的主题。在哲学家式的建筑师路易斯·康的笔下，"设计空间即为设计光亮。"如果说航站楼内的光线的塑造是更具功能性的考虑，那么交通中心内的塑造则更具场所感和仪式感。

在航站区内，新老航站楼无疑是机场的主角。我们也想让交通中心给往来的旅客留下深刻的印象。交通中心无论尺度和空间显然都无法与航站楼的恢宏气势相比。因此，我们求助于光线，让光线与场所对话。

我们创造了一个圆形中庭，让所有换乘旅客都经过这个圆形中庭，将中庭的四周相对封闭，以便自然光线能够收拢在这一空间。

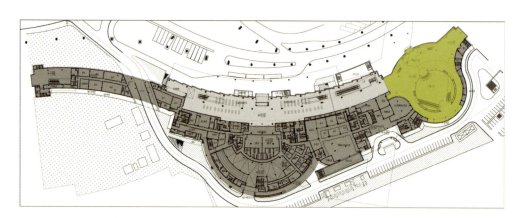

图 4-89　中庭区位图

这个中庭我们将其定位为独特而有震撼力、戏剧化的空间。该空间虚实结合，以实为主，并与建筑室外材质呼应。我们希望光影在此对话，天窗的光落在中庭独特造型的石材上形成影，塑造共享中庭围合墙面的造型与肌理。

我们尝试了不同的设计方案，为了让自然光更好地进入空间，最终选择了弦支穹顶这一独特的结构形式。轻盈的穹顶让人的视线自然而上，体会到空间的宁静和高远。

中庭空间内部则相对纯净，层叠的石材呼应了城墙的设计母题，玻璃观光电梯和自动扶梯以及特意安排的出挑平台，让刚刚走出较为压抑的地铁车站的旅客豁然开朗，在这里充分领略自然光的丰富表演。当旅客乘坐自动扶梯向上的时候，这个缓缓上升的过程正是阳光对于旅客心理的一种舒缓和洗礼。阳光透过遮阳格栅倾泻在整个中庭并折射到折型墙面上，随着时间的推移不断变化着他的表情，犹如蒙娜丽莎的微笑，成为南京禄口机场新的达·芬奇密码。

图 4-90　中庭方案比选图

4.5.3　以形态感知体验

4.5.3.1　形态——功能逻辑的物化

航站楼内部的形态表达同样可以看作是功能逻辑的一种体现。

航站楼自上至下共设有 4 个楼层，分别是出发层、到达夹层、站坪层、地下机房共同沟层。

航站楼采用"两层式"旅客流程，国内国际旅客分离，出发到达旅客上下分层，出发层在上，到达层在下。由上到下各层功能和标高为：

- 出发层——9.00m 标高；
- 到达夹层——4.25m 标高；
- 到达层 / 站坪层——0.00m、-0.15m 标高；
- 机房共同沟层——5.30m 标高。

出发旅客由出发层车道边进入航站楼，无须换层即可到达登机口，由坡道登机。到达旅客直接由登机桥进入航站楼 4.25m 标高夹层到达通道，国内无行李旅客直接由无行李通道前往车库离开，或者通过自动扶梯下行一层提取行李后离开。陆侧夹层 4.30m 标高设有连廊通往车库。陆侧出发层 9.0m 标高和到达层 0.00m 标高分别设有连廊通往交通中心，并联系 1 号航站楼。

(a)

(b)

(c)

图 4-91 中庭实景照片

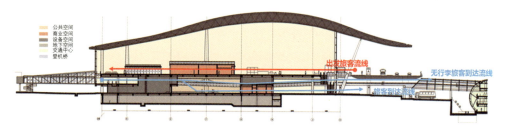

图 4-92 旅客流程剖面（红色为出发旅客流程，蓝色为到达旅客流程）

陆侧办票大厅位于 9.00m 出发层。设计为内凹弧线形，办票柜台、安检区和商业等各种功能面向旅客流线展开，一目了然，便于识别。

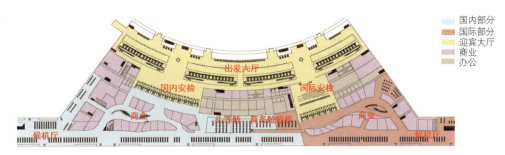

图 4-93　出发层平面

到达夹层位于 4.25m 标高，旅客到达后，有行李的旅客将下一层至行李提取厅提取行李，无行李的旅客则可以通过廊桥直接前往车库或者在陆侧迎客平台上下电梯，前往出发、到达功能区。国内无行李廊桥的设置既方便了旅客，同时也形成了一道靓丽的空中风景线。

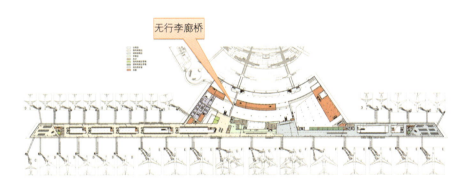

图 4-94　到达层平面

图 4-95　无行李廊桥实景照片

4.5.3.2 幸福终点站的寓言——"活跃"的商业空间界面设计

在电影《幸福终点站》中,主人公在航站楼里生活了9个月,这已经不只是一个由真实事件改编的电影寓言,今天的航站楼中,更像一个城市的缩影。而在这个寓言中,航站楼的商业是必不可少的一部分。

为了营造一个具有城市活力的环境氛围,空侧商业区引入弧线元素作为设计语言,以此与候机区联检大厅安静的、具有逻辑性的环境氛围拉开差距,并结合较为"热闹"的立面设计,使得旅客进入商业区后即可通过形态体验到不同的气氛。国际国内各形成了约 6500m² 的集中商业区,零售店集中布置在这一舒适区域,咖啡、休闲设施等结合绿化布置,模糊商业和休闲的界限,使之成为航站楼内最具活力的城市广场。

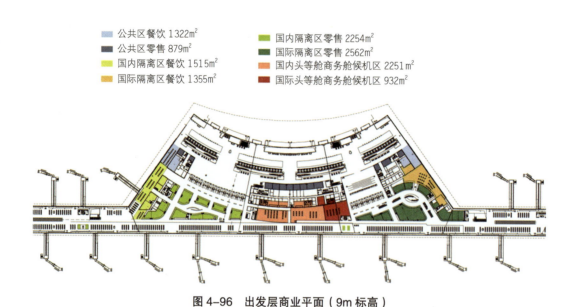

图 4-96 出发层商业平面(9m 标高)

国内商业区设计。国内商业区充分利用安检后的宽阔空间形成大弧形的商业广场,所有店铺都能拥有充分的面宽,挖掘商业价值。对商业区和候机室进行一定程度的实墙面分隔。流线设计使大部分旅客沿路经过商业进入候机区,曲线设计使商业空间更加丰富有趣。商业中心位置结合天窗、设置绿化和咖啡饮料休息区,把人留在商业区。中间休闲商业区采用商业岛的形式,透空设计,使后排商业店面有公平、连续完整的展示面,保证问询柜台的醒目。

国际商业区设计。在国际商业区的设计中我们则经过了较为复杂的比选,先后尝试了多种可能。

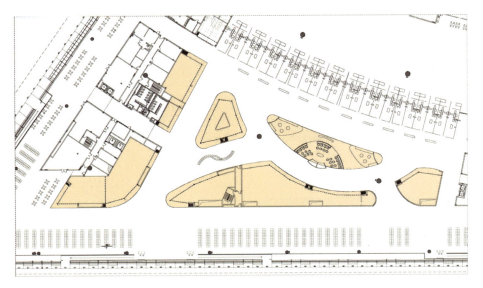

图 4-97 国内商业区平面

图 4-98 安检后国内商业区实景

图 4-99 方案一：商业街的模式，主流线较为清晰，但缺乏活泼的元素

 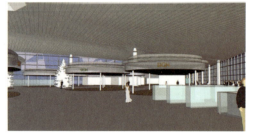

图 4-100　方案二：点状布局，开敞商业模式，形式活泼，但布局过于散乱，缺乏明确中心

图 4-101　方案三：自由曲线，屋顶相连，边界过于自由，缺乏统一

经过多轮方案比较，我们最终采取了更加活泼和流畅的弧线形态，更有江南雨巷般的空间感，能够吸引旅客一探究竟。

在商业区中，我们设计了面向旅客的商业广场，营造生动有趣的、街区式的国际商业区氛围，环形的商业流线，使店面的展示面最大化，中心区域结合景观设置休闲广场，把旅客留在商业区中。商业区吊顶则延续办票大厅的肌理，天窗位置对应商业区中心。

图 4-102　国际商业区平面图

商业区的铺地采用硬质石材铺地，与候机区有所区别。中间的休闲商业岛地面经特殊处理形成限定。商业走道区域引入活泼的弧形地面划格元素，营造更加热闹的商业氛围。

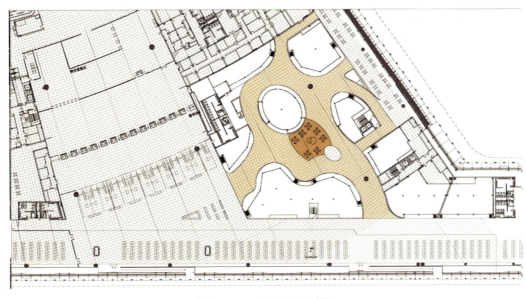

图 4-103　国际商业区铺地

商业小盒子设计。为了使商业空间热闹而不纷乱，我们统一了商业小盒子的做法。铝板形成弧形连续的屋顶，形成有趣的漂浮感，简洁现代。统一店招的高度和位置，避免可能出现的凌乱：商业小盒子高度为 4.8m，店铺内净高位置为 3.0m；店招高度为 0.9m，水平放置于店铺上方。

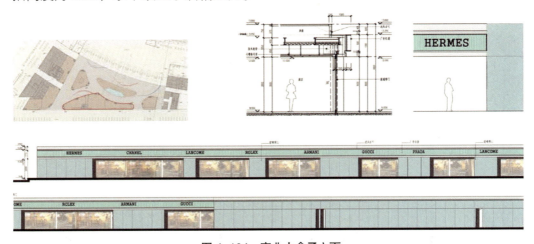

图 4-104　商业小盒子立面

(a)   (b)

图 4-105　安检后的商业广场

对于不在旅客主要流程的商业空间，我们将其设置为头等舱、商务舱候机室，使之相对较为封闭，保证了旅客的私密感。在面向机坪的视野开阔空间，集中布置餐饮类商业，使旅客能够在就餐的同时欣赏到飞机起落的壮丽景象。在候机区内，则采取散点式商业形态，使之如同投进平静河流的一颗颗小石子，在空间激起了层层涟漪，形成了旅客流程中的商业全覆盖。

4.5.4　以"表情"提升体验

作为规模庞大的巨构式建筑，旅客在航站楼内易感受到个体的渺小。因此，作为直接和旅客亲密接触的肌理和材质显得犹如重要，恰如航站楼这座巨型建筑的细腻表情，能够恰如其分地提升旅客的行进体验。

4.5.4.1　出发旅客的"表情"体验

出发大厅的办票岛开包间设计为发光墙面，并配以大型标识，强调其办票岛的功能，便于旅客识别。

图 4-106　办票岛开包间

商业区的墙面采用玻璃背衬仿木铝板，候机区内选用橡胶地板、聚氨酯座椅、栏杆扶手仿木质，所有这些材料的选用都力求改变交通建筑冰冷的界面，以温暖可亲近的材质塑造温馨宜人的候机氛围，使旅客能够感到人文关怀。

图 4-107　商业区木质材质

图 4-108　候机区实景

4.5.4.2　到达旅客的"表情"体验

对于到达旅客而言，他们需要的是能够快速进入行李提取厅提取行李，同时在这一过程中不至于迷失方向。因此，我们的肌理设计对于空间提示性加以强化，从而舒缓旅客内心的焦虑感。当到达旅客进入航站楼后，人工灯带、幕墙、混凝土、铝板形成的建筑肌理会强化旅客前进的方向，当这一肌理发生变化时，则提示旅客转弯，从而将其引导入到达厅。

旅客通过自动扶梯到达行李提取厅，两层高的行李厅视线通畅，旅客可以更加容易地找到相应的转盘。

行李提取厅是旅客到达南京的第一印象空间，旅客可在此作短暂停留。行李提取厅空间高大宽敞，并与迎客大厅相连；设计肌理体现了功能和层次。主要肌理沿弧线展开，更好地表现了行李提取厅的弧形空间特色，行李提取转盘沿弧线排列，与墙面肌理相呼应，肌理中的灯带又将旅客引导至下一个空间。此外，行李提取大厅作为旅客到达南京后的第一个开阔空间，其背后的投影墙面可作为动态展示南京云锦图案的窗口，这一特殊的设计能够灵活地体现南京的城市特色，同时也考虑了广告的可能。

设计中利用高低吊顶的关系把空间尽量做高，避免因为一小部分做不高，而压低吊顶；从到达夹层延伸出来的直线型吊顶肌理继续在这空间中延续，形成空间的扩大感；单元式的弧形白色铝板吊顶强化了弧形空间的形体感；行李提取厅的主墙面采用玻璃质感的云锦墙面，营造出空间独具一格的识别性；迎客厅的主墙面采用砂岩暖色调亚光墙面，彰显历史悠长、稳重大方而又现代的南京特点。

(a)

(b)

图 4-109　到达区实景

(a)

(b)

(c)

图 4-110 行李提取大厅实景

行李提取厅外是开敞的迎客厅，迎客大厅是旅客到达、与亲友会面的空间。它的北面是航站楼的主要出口，且被玻璃幕墙包围，西侧与交通中心相连，可以通往地铁站和长途汽车候车厅。迎客厅内设有租车柜台、旅游接待、宾馆接待、咖啡茶座、餐饮、超市等，还具有行李寄存、邮政、货币兑换、问询、会合点等功能，为到达旅客和等候的宾客服务。其弧形主体墙面采用石材，这一材料沿着陆侧弧形展开、延续，将航站楼的陆侧功能区与交通中心的长途候车室、地铁站、宾馆等功能区有机地结合在一起，形成交通中心与航站楼的无缝对接。

(a)

(b)

图 4-111　迎客大厅实景

卡尔萨诺在《寒冬夜行人》里写到"一个人，只有当他处在从一个地方到另一个地方的旅途中时，才会觉得孤独，因为这时候的他不属于任何地方。"我们建筑师的职责正是为这些匆匆行走的旅人塑造一个安心舒适的场所。与日俱增的复杂性并没有使交通枢纽变得无序、混乱、臃肿、丧失魅力，而将空间体验、城市魅力与之有机结合，使得交通换乘这一日常功能性行为升华为一份难忘的体验。

很长一段时间，国内交通建筑设计主要着眼于满足运营管理的需求。随着时代发展，交通建筑设计已经由安全性、便捷性等基本需求上升为多元化的需求，已经由以运营为本提升到以人为本的新高度。可以说，以人为本的设计原则，回归到了建筑设计本源。

以人为本的设计理念核心在于关注旅客体验，体验维度主要涉及导向设计、空间体验、环境体验、体验细化4个方面。

1. 旅客导向性设计主要讨论了旅客流程与导向性设计，空间导向性设计，建筑设计对于空间的提示以及标识系统导向设计4个方面。

2. 空间体验设计主要包括尺度人性化设计，空间识别性设计，空间体验设计和空间表情设计4个方面，为旅客呈现一个尺度适宜、连续有趣的交通室内空间。

3. 环境体验设计主要包括光环境设计、色彩环境设计和声环境设计。通过光、色、声三个方面进一步丰富环境空间品质。

4. 旅客体验细化则讨论了旅客群体细化和贵宾服务高端定制的发展。

简而言之，在交通建筑设计中，旅客体验为上是颠扑不破的真理，也是建筑师必须牢牢把握的原则。

第五章

交通建筑设计的开发维度

大江健三郎曾这样描述自己坐在京都火车站的体验，"这里好像是众人聚集的充满活力的家，仿佛在共同感受着什么，给人一种戏剧性的预感。"这种戏剧性，皆因其功能的丰富和多义而生。[1]

今天的交通建筑已经越来越向多维度复合化的趋势演变。枢纽的复杂性带来人流与出行目的的复杂性，枢纽将从满足单层级交通需求向多层级体验需求转化：在虚拟经济风靡，实体商业发展相对受挫的今天，枢纽的建设将为城市带来大量的人流，巨大的建筑体量和复杂的空间组织关系使交通换乘功能进一步孵化，孕育出等候、交流、休闲、观赏、消费等需求。开发维度在交通建筑设计的维度中日趋重要，已经成为提升旅客服务水平，平衡前期建设投资，促进城市功能转型升级的重要抓手。

由于交通量的迅猛增加，巨大的客流开发所带来的收益愈来愈受到业主的重视。然而，传统交通建筑规划观念在短期内并不能改变，对商业布局、业态分布、交通组织等设计要素没有形成有机高效的规划设计，商业价值并没有最大化的体现。

交通建筑主体楼内商业是否需要配置，配置多大规模的商业服务设施，是交通建筑主体设计中一个永恒的话题。商业不仅为旅客提供了出行途中所需的服务，而且对旅客高峰流量有削峰填谷的调节作用。同时，为交通设施的建设以及后期的运营提供了资金保障，为提高旅客服务水平奠定了基础。项目在前期立项过程中，对于资金的回报会有一个预期，能否达到预期，很大程度上取决于商业设施能否达到理想的回报。因此，交通建筑的商业模式是在特定环境中的商业操作方案，需要契合公共交通环境中商业市场的规律。

无论是交通建筑的规划设计还是交通建筑的单体设计，商业部分越来越被设计师所关注，与后期的运营回报紧密相连。我们的目标是实现一种快节奏、轻松愉快、便利、和谐化的交通建筑商业设施。

---

[1] 卜菁华,韩中强.聚落的营造——日本京都车站大厦公共空间设计与原广的聚落研究[J].华中建筑,2005(05).

5.1 开发的三个圈层

交通建筑引领的商业开发包含了 3 个层面：本体建筑内为旅客服务的商业设施，核心区内配套的设施及辐射的商业，与周边城市形成的联动开发。在这 3 个圈层中，我们更关注建筑本体及核心区的商业开发。

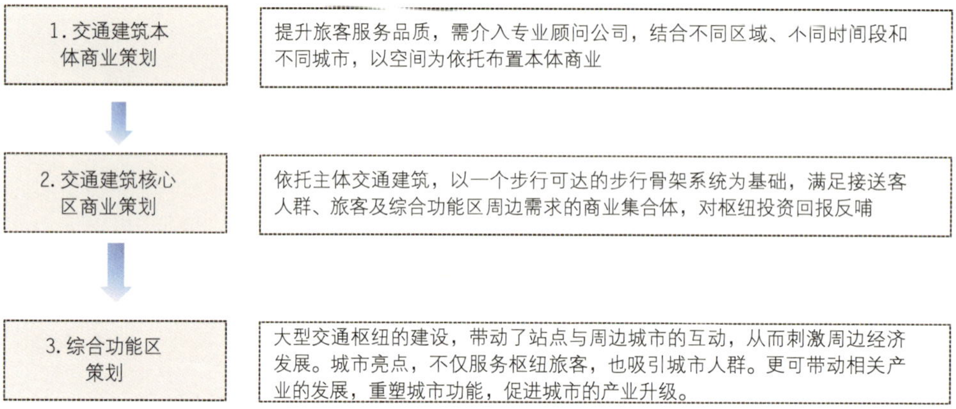

1. 交通建筑本体商业策划	提升旅客服务品质，需介入专业顾问公司，结合不同区域、不同时间段和不同城市，以空间为依托布置本体商业
2. 交通建筑核心区商业策划	依托主体交通建筑，以一个步行可达的步行骨架系统为基础，满足接送客人群、旅客及综合功能区周边需求的商业集合体，对枢纽投资回报反哺
3. 综合功能区策划	大型交通枢纽的建设，带动了站点与周边城市的互动，从而刺激周边经济发展。城市亮点，不仅服务枢纽旅客，也吸引城市人群。更可带动相关产业的发展，重塑城市功能，促进城市的产业升级。

图 5-1　交通建筑开发设计流程

第一圈层：交通建筑本体商业——服务旅客。提升旅客服务品质，需介入专业顾问公司，结合不同区域，不同时间段和不同城市，以空间为依托布置本体商业。

第二圈层：交通建筑核心区综合体——服务旅客，辐射城市。该区域约 $1 \sim 2 km^2$，位于交通建筑核心区，交通建筑发挥作用的最基本的功能组织区域，区域空间开发强度高、建筑密度大，在新建车站带动下建设投资密集。依托主站房及附属交通中心，以一个步行可达的步行骨架系统为基础，满足接送客人群、旅客及空港城周边需求的商业集合体，对于枢纽投资回报反哺。

第三圈层：周边联动开放——带动城市。该区域约 $2 \sim 10 km^2$，各种功能需求与交通建筑的关联度也在逐步降低，并从为交通建筑地区流动服务为主，转向兼顾城市市民。城市功能逐渐增强。大型交通枢纽的建设，带动了站点与周边城市的互动，更可带动相关产业的发展，重塑城市功能，促进城市的产业升级。

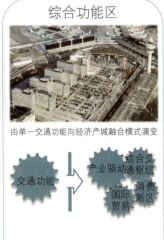

	枢纽本体商业	核心区	综合功能区
进出的可达性	枢纽内部	直接联系 5~10min 步行	间接联系 10~30min 多种交通方式
区位潜力	布置旅客服务设施与商业	布置高等贸易功能	布置高等贸易功能备选区， 依赖特殊区位特殊功能
建设密度	非常高	非常高	高
发展动力	非常高	非常高	高

图 5-2　交通建筑开发的 3 个圈层开发

图 5-3　某综合交通枢纽 3 个圈层的开发示意

5.2 枢纽主体开发：旅客服务的容器

在网络经济高度发展的今天，人们依赖网络完成其必要的商业购物活动，导致实体经济发展受挫。而交通建筑的大规模建设，则使得大量人流不可避免地涌入交通建筑进行活动。交通建筑需要为这些旅客提供必要的乃至高水准的服务，以满足其餐饮、娱乐、休闲等多样化的需求，从而为商业综合开发带来新的商机。从这个维度上看，它已经不再是过去冷冰冰的交通建筑，而成为城市生活的一个基本容器。

（a）

（b）

图 5-4　某交通建筑内部商业开发效果图

此外，从经济角度上看，这部分收入占比也日益提高。以航站楼为例，航站楼的收入包含航空性收入和非航空性收入两大部分。

早期交通建筑的建设与开发首先强调的是其交通功能；如今，枢纽的运营者比以往更加看重其盈利能力。以航站楼为例，非航空收益是航站楼重要的收入来源，航站楼内的商业开发就是创造此种收益的重要措施之一。庞大的旅客流量将为机场带来更多的入店客流，离境免税业务和较高的旅客消费水平拉动商业发展，枢纽机场越来越高的中转比例延长旅客的逗留时间从而提高消费比例，这些因素使得枢纽机场具有更大的商业价值。

近年来，无论是在新机场的设计投标中还是在机场的改造项目中，航站楼商业化发展越来越成为其设计的关注点和重要趋势之一。随着航空业的进一步发展，全球机场的平均收入构成显示，非航空性收入比例逐年增长，成为航站楼的主要收入来源。顺应当前机场发展趋势，商业将成为航站楼收入核心贡献之一。

因此，商业的良性开发是提升旅客体验、创造非交通业务盈利的主要措施，对于交通建筑的发展日益重要。

5.2.1 "交通城市综合体"概念的提出与商业策划步骤

由交通建筑到交通城市综合体的转变体现在：以枢纽带来的稳定人流为驱动，有人就有消费力，"空铁"带来最富有活力的人群，打造最时尚的业态、最时尚的建筑、最时尚的消费理念。

我们将交通建筑主体内商业系统设计分为以下几个步骤：

1. 基于参数分析，配置商业规模。对交通枢纽的客流总量进行计算，并以客流总量为依据对公共服务设施各业态面积进行合理配置。

2. 整合旅客流程，活跃商业动线。结合旅客流线，将消费者的需求细化，分析各个商业业态所需的面积及布局，为旅客提供舒适、方便的服务空间。

3. 创造空间效果，营造商业氛围。整合空间效果，利用交通建筑优势，创造既延续传统商业综合体又别具特色的空间效果。同时，协调广告和标识的关系，在保证室内空间效果不受影响以及交通功能不受干扰的前提下，营造空间氛围。

4. 基于平面布局，明确功能业态。考虑枢纽所在的地理位置及历史与未来的发展趋势，最终确定商业的开发定位，对各业态、设施进行系统的运营和规划，这就是商业的开发定位与预测；保证一定的功能适应性调整（如餐饮和零售功能的可转换性）。

5. 结合地域文化，策划特色主题。结合所在城市的地域文化以及功能布局，提出特色主题策划。有时可将这一步放在步骤 3 之前。

6. 引入生态绿化，优化体验商业。在旅客重要流程及商业活动区设置绿化中庭或花园，结合体验式商业，优化航站楼室内环境质量，进一步提升商业价值。

7. 协调相关专业，预留未来增长。综合协调建筑、结构、机电等专业，为商业面积的未来增长留有余地。

8. 探索运营模式，保持资金平衡。运营模式及资金平衡等专题研究，在这一篇章中不做具体展开。

需要提出的是，由于商业规划与设计在交通设计中是一个相对专业的专项，设计团队往往需要邀请专业的商业顾问公司介入，与设计团队共同完成这一工作。建筑师需指导并整合商业顾问公司的研究结果，贯彻上述设计理念，融入最终的交通建筑设计成果中。

5.2.2 基于参数分析，配置商业规模——商业设施量化分析及收益

商业设施通常利用三种方法来预测其规模，即调查实证法、需求测算法和 IATA 计算方法（针对航站楼）。调查实证法是项目的经验总结数据，便于操作，适合建筑师比较快速的圈定商业的大致规模；需求测算法较为精确，商业策划顾问工程通常采用这种方法，但是需要依据实际调研数据；IATA 计算方法更加概括，只能作为一个参考。下面我们以航站楼内商业开发测算举例说明。

5.2.2.1 调查实证的方法

利用实际已经有的、调查得来的相关数据预测商业服务设施规模的方法，其实质就是通过现状数据总结、梳理、推算未来商业服务设施的面积。根据多份商业报告的资料显示，商业面积和每百万旅客量有直接类比关系。一般而言，航站楼内国内商业最佳面积指标为每百万旅客 700～1000m²，国际商业最佳面积指标为每百万旅客 900～1300m²。

从下表看出，中国香港、新加坡、罗马、悉尼、东京、仁川等大型城市或是旅游城市机场的商业容量要高于 1100m² 这个平均值。同时国内机场的商业容量一般比平均值稍低，后期还有发展扩容的余地。

大型机场商业容量与百万旅客量对比表　　　　表 5-1

参考项目	出发旅客（百万）	商业面积（m²）	百万出发旅客商业面积（m²）
洛杉矶	29.6	19222	649
中国香港	24.9	26252	1055
旧金山	19.5	17339	887
拉斯维加斯	19.5	12060	619

续表

参考项目	出发旅客（百万）	商业面积（m²）	百万出发旅客商业面积（m²）
罗马	18	21266	1183
悉尼	17.8	21631	1217
迈阿密	17.4	16192	931
东京	16.9	23304	1378
仁川	16.7	31729	1895
平均	20	20999	1090

注：以上数据来源上海浦东T1商业策划报告

参考项目	旅客量（百万）	商业出租面积（m²）	人均商业面积（m²/万人）
新加坡樟宜国际机场	53.92	65000	1205
德国法兰克福机场	59.62	31000	520
中国香港赤腊角机场	63.25	74000	1170
上海虹桥机场	39.07	27000	691
北京机场T3	44.72	50000	1118
深圳机场	39.72	24000	604
平均	50	45167	903

注：以上数据来源上海浦东卫星厅商业策划报告

国内机场的商业配比则相对较低，后期随着商业的发展，仍然有扩容的空间。

案例分析的4个机场商业容量与百万旅客量对比表　　　　表5-2

机场代码	城市	出发旅客（百万）	商业面积（m²）	百万出发旅客商业面积（m²）
LAX	上海浦东T1	20	15565	778.25
HKG	上海浦东卫星厅	38	31499	829
SFO	上海虹桥T1	10	9246	924.6
LAS	浙江温州T2	11.7	8314	710.60
	平均	19.925	16156	811

5.2.2.2　需求测算法

利用旅客购买商品和服务的能力来预测商业服务设施规模的方法，其本质就是用旅客消费能力计算商业服务设施的面积。这种方法是商业策划顾问公司经常采用的方法，经过现场调研，拿到实际数据后进行预测分析。

计算公式：

各业态商业营业额＝人均消费额 × 客流量 × 商业消费意愿度

商业面积＝业态商业营业额／业态商业坪效

5.2.2.3　IATA 计算方法

一般来说，尽管专门用作零售休闲店的机场商店区占到机场候机区域的 8%～12%，但是在一些较大规模的机场，这个区域却能占到机场候机楼区域的 20%。因为旅客愿意花费大笔开支在机场购物，所以特许权使用所带来的收益能够占到机场总收益的 30%～50%。IATA 及其航空公司会员支持机场管理局在他们的规划中开发或者扩大机场特许权经营，但是机场必须首先满足以下条件：

①机场管理局获得的商业收益应当用来降低机场使用者（航空公司）的费用。

②机场应该对机场及其子公司的销售收益实行"单账制"。这种商业模式应当非常清楚、一目了然，以便航空公司能够随时对机场运营商所有形式的商业活动收益进行评估。

③必须安排整理这些设施的可及性和适应性以便在不影响候机区域客流交通的情况下让旅客和游客能够最大程度的接触到特许权经营区的服务。

5.2.2.4　收益与租金

优质的商业服务不只是对于旅客的服务，而是通过研究合理化的租金模式以及租金水平，从而实现商家合理化支出及机场收益的最佳平衡。事实上，租金水平测算在一定程度上决定了业态与功能布局。

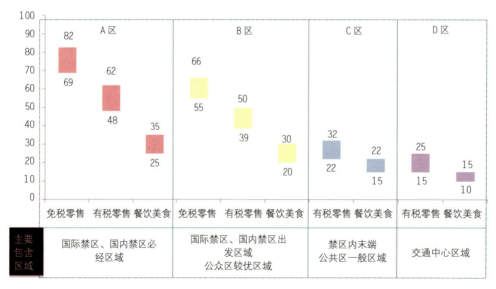

国内某机场各价值区域租金水平测算　　表 5-3

各价值区域租金水平测算（元／天／m²）

说明：由于部分区域商业面积大幅增加，客流量及人均消费额短时间未有较大增加，部分业态租金降低

5.2.3 整合旅客流程，活跃商业动线——结合旅客流线的功能布局

充分了解旅客需求，让最合适的商业出现在旅客最需要的地方。由于客群的消费习惯、对商业业态的不同需求，导致交通建筑商业具有不同于其他商业的特性。通过细致的分类，有针对性地进行需求理解，并可以将其概括为"让恰当的业态出现在恰当的位置"。

5.2.3.1 禁区内外商业布局比例

针对交通建筑不同区域量身打造不同的商业类型。所谓区分不同消费领域，就是在航站楼的主流程上，将商业的组团布置首先分成不同的区域。一般来讲，大的区域分为禁区内和禁区外，由于旅客心理和商业租金水平的不同，禁区内商业一般占比较大；禁区外商业一般在值机大厅和到达迎客厅设置少量的零售和餐饮；禁区内一般会在安检通道后侧布置集中商业设施，同时在候机长廊内设置零散的商业网点。交通建筑内的商业区域划分其实与城市内商业建筑是相同的，只是商业建筑是按照垂直楼层划分，而交通建筑是以水平距离划分。随着楼层的升高，商品档次逐渐降低。并且相同楼层上的商品档次相差不大，将不同档次的商品组群呈现给消费者。其本质是：商业集中区业态档次和配比明显不同，人流量递减是主要原因。

以航站楼为例，航站楼空陆侧商业比例为 3：7。

5.2.3.2 商业布局要点

交通建筑商业策划相比一般商业策划有以下特点：辐射面大、人流量大、客流性质相对单一、在国际机场等地有免税店商业。

商业设施布置应遵循以下原则：

1. 布点——商业设施应和旅客动线相结合，且不影响航站楼主流程。商业应遵循集中和分散相结合的原则，集中商业区应考虑连续有节奏的布置，分散布置的商业则充分考虑其所处区域的旅客类型和旅客心理。

2. 可见度——旅客的购物方式需简便、直接。商业店面应对旅客清晰呈现并便于旅客从商铺外获取内部商品信息。

3. 灵活性——商业需求不断变化，商业布局需具有灵活性以保持持续的服务和盈利能力，并考虑到未来扩容的可能性。

4. 连续性——商业界面应具有一定的连续性。

5. 风格——商业设计应契合室内设计风格，并体现商业特有的氛围。

5.2.3.3 经过式与磁铁式相结合的商业体系

走过路过不能错过的通过式商业。以航站楼设计为例，一般来说，旅客在航站楼内除办理与登、离机相关的手续外，就是等候、步行两种行为模式交替进行的过

程。通常来说旅客要在航站楼内行走 300～700m 的距离以及总共几十分钟的等候方可完成登机或离机的过程。

商业设施沿旅客流程布置的模式满足了航空旅客讲究简捷高效率的购物方式。沿流程一览无余的商业布局和业态摆设才可能激发他们购物的欲望，从而丰富他们的旅途体验，加深对机场的美好印象。同时，各类旅客的必经之地也为各类商业设施提供了明显的人流聚集点，各类商业空间的分配和业种的选择就可以根据旅客的特征、需求来制定。人流刺激销售，销售吸引人流，商业从中可以获取收益的最大化。

在航站楼内人流量最核心、旅客的消费冲动最旺盛的地方就是国际禁区内靠近一关三检的位置，国际禁区可设置较大体量的免税奢侈品店和香化首饰集合店。在我国香港机场中，商业核心区的奢侈品店业态占比为 65%，DFS 免税品店占比为 12%，一般零售占比为 19%。

品牌零售一般集中分布在人流主动线上，商业冷区布置餐饮和特产特色礼品类零售；比如香港机场国际出发层商业分为 2 个大型商业集中区和 5 个指廊小型集中区，各区的业态配比和档次根据人流量的变化有较大差异。人流集中区云集 33 家世界顶级奢侈品店，以及 4 个大型 DFS 免税集合店，整体展示面极佳，形成较浓的商业氛围；上层则集中布置了餐饮和特产礼品零售店。人流次密集区商业档次降低，以奢侈品牌和大型 DFS 免税集合店为主；指廊布置少量商业，以 DFS、一般零售和咖啡饮品为主。品牌零售一般集中分布在人流主动线上，商业冷区布置餐饮和特产特色礼品类零售。

在某机场的设计中，商业的业态布置结合旅客动线在节点处形成"西域民族区""中华丝绸路""亚欧风情区"三大集中商业区，通过"一线名品街"串联，形成"一链串三珠"的形态。以"一街三区"作为核心的主题展示区域形成候机区域延续主题，以打造景观等作为补充，从时间、空间的维度展示其作为西部门户机场的特色。

随着航班准点率的提高，越来越多的旅客在机场中选择"即来即走"，火车站这种即来即走的趋势也越来越强。与旅客流程相结合的商业布置应满足旅客快速消费的需求。流程上的商业价值更高。

吸引旅客前往的磁铁式商业。餐饮和影院、贵宾区等目的性较强的消费磁铁，可设置在商业冷区，带动客流抵达，比如在商业夹层和出发层等不同标高的层面可布置此类商业类型。

近期竣工的港珠澳大桥珠海口岸是有机结合经过式商业和磁铁式商业两种体系的一次积极尝试。商业设计是口岸建筑群的重要组成部分，不仅为通关旅客提供商业服务也为口岸未来的经营管理带来可观的经济收益。口岸商业设施的成败，不仅关系到珠海口岸的服务水平同时也关系到口岸整体形象。

　　口岸建筑群商业整体规划结合旅客流线进行布局，旅检楼之外有2个主要商业功能区，位于交通中心与口岸交通换乘人流紧密结合的交通中心商业以及与未来北侧配套服务区及有轨电车站衔接的交通连廊商业区。结合口岸综合交通枢纽的商业设施设计，如何创造出独具特色的新型口岸商业设施，是我们在设计中重点思考的问题。因此，我们提出了"水乳交融"与"泾渭分明"两种口号。

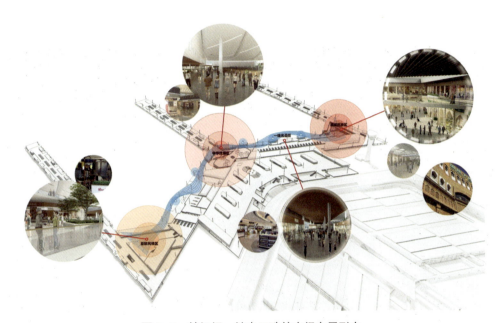

图5-5　某机场一链串三珠的空间布局形态

　　作为兼具交通与商业功能的综合体，口岸交通中心与交通连廊的设计一方面要顾及换乘旅客的便捷性与舒适性，另一方面又要考虑挖掘潜在的商业价值，提升口岸品味。表面上看上述2个目的是有矛盾的，交通换乘旅客要求空间简单便于理解，行为特点为快速通过；购物休闲旅客则要求空间有趣，行为特点更多地表现为无目标的行进路线。如何同时满足这看似矛盾的要求是枢纽空间及功能布局的一个难点，同时，如何在有大量车流进出枢纽的情况下保证旅客的安全与车辆运行的效率也是设计中需要重点考虑的因素。针对以上问题，我们提出了水乳交融和泾渭分明的设计思路，即水乳交融的换乘流线与商业空间，泾渭分明的旅客流线与车辆流程。

　　我们的处理方法是将商业空间分为穿越性商业与目的性商业。交通流线上的商业空间结合交通流线有序布置，交通流线外的商业空间则布置在交通流线的尽端并赋予其更多的趣味与浪漫。交通中心西侧的商业体为目的性商业，主要针对有购物需求及通关时间充裕的旅客，其业态以休闲餐饮、购物娱乐为主；交通中心中轴线步行通道两侧的商业及交通连廊为穿越性商业，主要服务于换乘旅客，其业态以礼品、高档餐饮等为主。同时，人流与车流完全分开。珠海口岸的商业设施与通常的商业综合体做法不同，商业设施完全漂浮于地面之上，不存在位于地面层的商业入口。商业人流与旅客换乘路线相结合，交通中心与交通连廊商业入口均与 7m 层或 15m 层换乘平台衔接。交通中心 7m 层平台是一个集合了休闲景观、商业设施、换乘通道于一体的独特设计，将出入境旅客与 0m 地面层的车辆流线完全分开。

0m 层主要布置了旅客上下客换乘等候岛，也是车辆通行的区域，看似复杂的平面布置有效地将地面层的各种车流分离并为各类旅客提供独立的候车区。

图 5-6　交通中心 7m 平台鸟瞰效果图

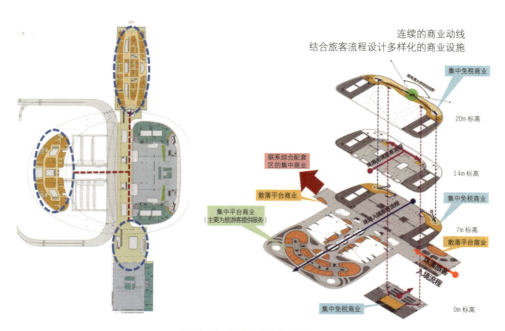

图 5-7　珠海口岸商业布局

7m层平台则成为商业与换乘人流聚集、停留、换乘的主要场所。其中央自动人行道也成为枢纽换乘及视觉焦点，水平方向上从东向西依次串起了旅检大楼7m入境大堂、预留地铁垂直通道、出入境旅游巴士上下客区、各个公交旅客上下客区、出租车上下客区、长途汽车站及旅游集散中心。前往换乘各种交通方式的旅客行走在7m层中央通道，被沿途的商业设施吸引，一路前往交通中心的尽端的商业综合体。

中央共享空间垂直方向上贯穿地下层、地面层及7m平台，可以为地下停车库带来采光与通风。旅游集散中心及长途汽车站在7m层商业区设有售票窗口，同时，旅客也可以通过室外扶梯及垂直电梯进出7m层商业设施。围绕中央步行换乘通道设置的平台商业，结合0m旅客候车岛入口布置，不仅提升了商业价值，也丰富了旅客的换乘体验。

交通连廊商业则配合远期的有轨电车站，结合15m的珠海离境大堂及7.5m层的入境大堂分两层设置，空间整体上与旅客流线相一致。通过这样的设计，不仅保障了换乘旅客能够清晰舒适的选择自己所需要的交通工具，同时也为有商业休闲需求的旅客提供了有趣的空间。

图 5-8　交通中心 0m 候车岛

5.2.3.4　集中与分散相结合的多层次商业体系

在航站楼内部旅客相对集中的区域可以设置集中商业区，该区域可以包括餐饮、零售、娱乐等各类商业设施，并通过合理的业态分布设计，强化商业氛围，刺激商业行为的发生，体现最高的商业价值。

分散商业是指在旅客通道或休息区设置小型零售店、咖啡吧等商业设施，这种布置方式可以模糊商业区的界限，为旅客在候机或行走之余方便地消费，却又不影响旅客出发或达到的效率，符合旅客心理。由于分散式商业区的摆设、家具都是活动设施，方便实施和改造，所以它具有高度的灵活性，未来可根据实际运营情况，在候机座位区和商业区之间作调整，以满足使用需求。

上海浦东2号航站楼内的旅客流程，在分析了各区域功能及旅客的行为特征后，空侧商业布局定位为：

（1）国际——中央大型集中商业街；两端敞开式集中商业区；标准段分散敞开式商业点。

（2）国内——中央大型集中商业街；两端集中商业区；标准段分散敞开式商业点。

1. 大型商业区

按照普通商场的规划原则，应尽可能引导顾客经过每一个店面，但是由于航站楼的规模、旅客的行为目的及旅客流程等各方面因素导致这种状况并不适用于航站楼商业。从现有世界航站楼实例来看，通常把大型商业区的模式分为两种：

（1）集中商业街模式。集中商业街模式是在航站楼内有大量旅客通过的区域集中设置大量商业元素，形成浓厚的商业氛围，从而吸引、刺激旅客消费。

（2）多层次商业区模式。多层次商业区模式是通过把旅客从第一层商业区逐步分散、导向、渗入至第二层、第三层商业区中，这是一种较为先进的、航站楼特有的商业流程模式。

作为多层次商业区的第一层商业区享有最大的曝光率，它和旅客接触频繁、密切，地点也最为优越，适合于高价位的品牌商店。此类商品的利润高，经营者一般负担得起昂贵的租金，商店也注重门面的整齐性和严肃性，这就可以为航站楼营造一个整齐而体面的商业环境，给旅客带来良好的印象。第二层和第三层商业区可以依次安排地方性商品和日用品。而在分散式商业区则可以安排休闲产品、儿童游乐和上网等设施。

上海浦东机场2号航站楼的设计为在13.6m层（国际出发层）采用多层次商业区模式，在靠近安检区设置大量的国际品牌、高消费产品和免税店，在次一级的位置则设置地方产品和其他商业。

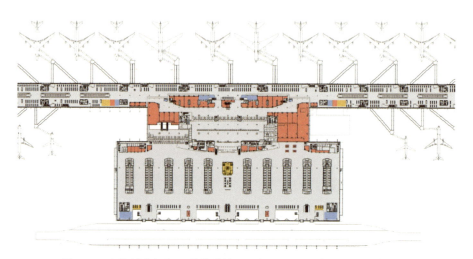

图 5-9　上海浦东机场 2 号航站楼国际候机入口处商业业态层次分配

2. 分散式补充商业

一般来讲，旅客登机前不会在远离他们登机口的区域闲逛，而且通常最多不会超过 3 个机门位的距离。除此之外，对于没有经过且远离他们机门位的区域，旅客一般不会直接进入而会选择在大约 1 个机门位的距离处观看。

由于上海浦东机场 2 号航站楼长廊的长度较长，所以对于在长廊南、北远离中央位置候机的旅客一般不太可能再回到中央位置的大型集中商业区购物。为此，在长廊沿线国际、国内标高层分别布置了 3 处以上的分散式商业区，作为对集中式大型商业的补充。

在国内某机场的设计中，我们同样采取了集中＋分散式的布局模式，在指廊的四处分叉处设置了集中商业区，再在指廊深处设置点状商业，完成了商业全覆盖。

图 5-10　某航站楼设计中，集中＋分散式布局模式实现商业全覆盖

3. 商业区域的步行可达

值得一提的是，分散式商业要注意步行距离的可控。一般来说，适宜的城市广场尺度需要控制在 120m 半径以内，符合人们步行探索的心理需求。因此，根据这个尺度我们将航站楼划分成若干个区域，并将主要的商业设施设置在这些区域的核心位置（60m 半径以内），以满足旅客近距离互动的需求。而在区域的边缘配合设置便利、休闲设施以及景观休闲区，进一步缓解旅客的焦虑心情，提升旅客体验。

商业的布置和业态与旅客流程相匹配能够更好地发挥商业价值，提升服务水平。旅客流程分为出发、到达两种。航站楼商业主要集中布置在出发层，因为出发旅客时间较为充裕，有空闲时间及有冲动购物的可能性；而到达旅客，除非有非常明确的购物需求，一般情况下都会快速离开，到达层商业一般布置餐饮或免税等目的性业态。

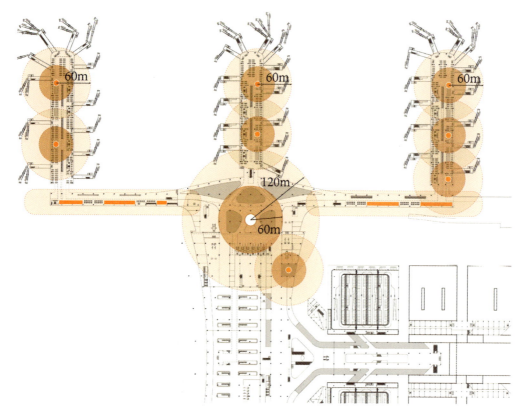

图 5-11 将航站楼划分为若干个区域，实现商业区域的步行可达

5.2.4 创造空间效果，营造商业氛围——交通建筑商业空间设计

整合空间效果，利用交通建筑优势，创造出区别于传统商业综合体的空间效果。同时，协调广告和标识的关系，在保证室内空间效果不受影响以及交通功能不受干扰的前提下，营造空间氛围。

5.2.4.1 围绕中庭组织商业空间

在传统商业综合体中，往往围绕商业中庭组织空间。在条件成熟的交通建筑中，我们同样可以采用这样的空间组织手法，以中庭作为交通和商业组织的核心。在上海浦东机场三期工程卫星厅的设计中，我们充分利用捷运车站中庭，将其作为卫星厅室内空间组织的原点，商业也紧密围绕着中庭布置，营造出浓厚的商业氛围。

国内商业布置。国内商业主要布置在 6.9m 国内混流层的中央三角区，在此设置大规模集中商业区；在长廊候机区，结合服务核心，设有为旅客就近服务的小规模点式商业，为旅客提供必需性的服务。商业区的设置与旅客流线紧密结合，针对国内旅客停留时间较短的特点，旅客可以选择性进入商业区而非必须通过。具体布置如图所示。

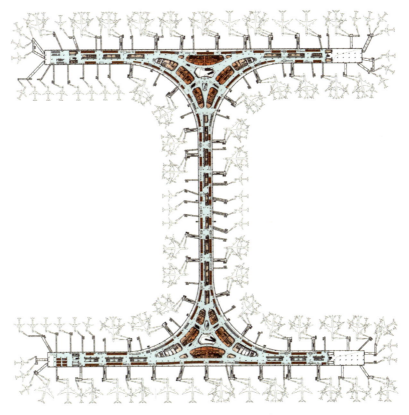

图 5-12 上海浦东机场卫星厅 6.9m 国内混流层平面图

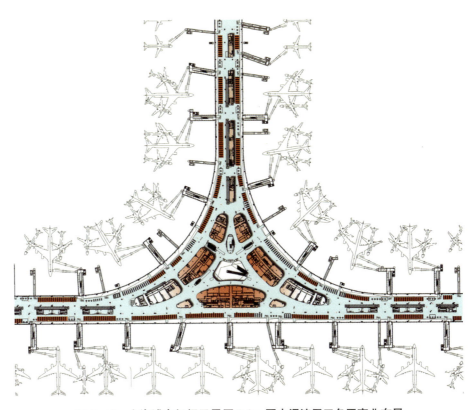

图 5-13 上海浦东机场卫星厅 6.9m 国内混流层三角区商业布局

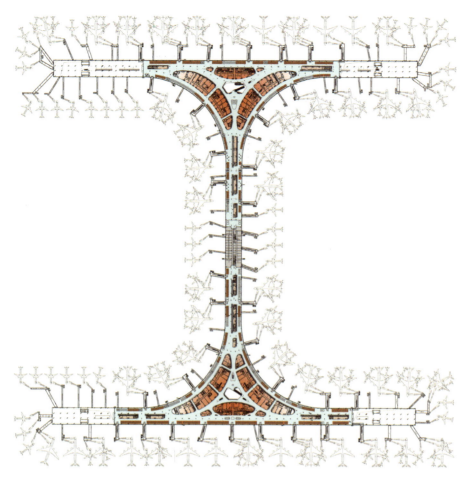

图 5-14 上海浦东机场卫星厅 12.9m 国际出发层平面图

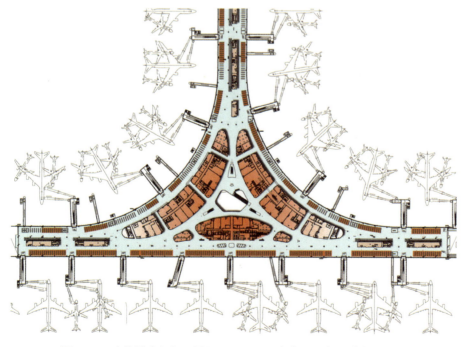

图 5-15 上海浦东机场卫星厅 12.9m 国际出发层三角区放大平面图

图 5-16　上海浦东机场卫星厅剖面图示意

（a）

（b）

（c）

图 5-17　上海浦东机场卫星厅室内效果图

国际商业布置。国际商业分两层布置，主要设置在12.9m国际出发层中央三角区。旅客通过捷运到达航站楼后，一个两层通高的商业区展现在面前，同层的大规模集中商业区以零售为主，其上的夹层则以休闲餐饮为主。商业区的设置与旅客流线紧密结合，针对国际旅客停留时间较长的特点，旅客被引导到中央商业区附近，通过高捕获率实现较高的非航盈利收入。具体布置如图所示。

需要强调的是，并非所有的交通建筑都适用于这一模式。同时，在采取这一空间模式时，会造成空调系统的运营成本的增加，这一点也需要引起建筑师和业主的注意。

5.2.4.2 空间导向与商业氛围塑造之间的平衡

值得一提的是，交通建筑的商业与常规的商业综合体有着很大的不同，要避免让旅客有迷失方向的感觉。我们常常有首次进入某大型商业综合体时迷路的经历，这是商业空间流线设计中为提高商业价值、提升商业人气所采用的设计手法。但在交通建筑的设计中，商业流线还是不应给旅客导向带来困惑，应当极力避免上述情况的发生。建筑师需要在空间导向与商业氛围塑造之间达到平衡。珠海口岸就是一个很好的例子。在珠海口岸商业空间的设计中，我们希望塑造出独一无二的空间感受与外观效果以及流连忘返的室外景观与旅行体验。力求将每一个空间都塑造得个性突出、特点鲜明，同时又具有方向感，从另一个角度保证枢纽整体的服务水平。

交通中心西立面面向珠海侧主要是车辆进场的高架，在采用垂直装饰片覆盖后部商业墙面上的各种进排风百叶，配合流畅的屋面造型，为进场车流提供了一个律动立面的同时，也加深了旅客对枢纽的第一印象。朝向枢纽内侧的一面则更加开放，结合内部餐饮，设计了更多的玻璃立面。在交通中心18.5m层南北两侧还设有室外空中咖啡厅，旅客可置身其中欣赏口岸内景，是一处别具特色的场所。

交通中心7m平台自旅检大楼入境层一直延伸过来，平台两侧设有景观绿化、夜景照明，休闲空间结合旅客流线，创造出一个不同于传统口岸的建筑，这是令旅客流连忘返的室外空间。呼应口岸屋顶中央镂空部分，7m平台设置有室外休闲广场，旅客徜徉在平台东、西两侧、可购物、可换乘、可休息、可拍照、可远眺。对岸起伏的澳门、珠海的天际线，是口岸拍照的绝佳之地。

交通中心商业室内，沿中轴方向南北对称，为避免产生同质空间，我们别出心裁地将2个空间用不同材料进行区分，创造出"金庭"与"银庭"两种不同的空间体验。商业形象提升了商业价值，也为旅客提供了很好的空间可识别性。

图 5-18 交通中心金庭

图 5-19 交通中心银庭

图 5-20 交通中心金庭入口

图 5-21 交通中心银庭入口

交通连廊的商业空间，为区别其他所有的空间，与交通连廊的室内旅客行进路线相结合，设计了如峡谷一般的室内效果，同时兼具空间方向性与空间特色。

（a）

（b）

图 5-22 港珠澳大桥珠海口岸交通连廊室内效果

5.2.4.3 利用交通建筑优势，设计特有的商业氛围

GMP 设计的柏林中央火车站，将火车站和购物中心完美融合，结合交通枢纽，设置了与之相关的商业、餐饮和服务业。其负二层为长途轨交站台，负一层设置了轻餐、健身和购物。客站中间三层为购物世界，实现了商业和交通的交融。购物世界全天 24 小时营业，商业设施种类齐全。整个火车站成为一个大型购物中心，同时也为展览、圣诞等大型活动提供了场地。

从柏林中央车站的经验看，采用所谓"三加二"的立体布局，将轨道分别布置在枢纽的最上层和最下层，枢纽最中间层为地面层，三者之间为两个商业夹层。一方面与城市形成良好的对接关系。另一方面车站达到换乘高效便捷，所有的交通设施几乎都是立体布局，换乘旅客只要通过垂直交通就能方便地到达。车站内部同时提供了 26 部自动扶梯和 6 部垂直景观电梯。配合明亮的室内自然采光，为乘客提供了高品质的换乘空间。

商业提升枢纽品质，中央车站每天客流量达到 30 万人次，巨大的客流量带来了巨大的商机。同时，多样性的旅客需求也需要枢纽提供不同的商业服务，业态包括了从餐饮网点到汽车出租等多种内容。中央车站商业夹层位于地上二层和地下一层，商业规模 15000m²，由于其位于旅客换乘的流线上，从而便于旅客购物。商业空间成为中央车站的重要组成部分，提升了枢纽的服务水准，提高了商业价值。

商业区与候车区合二为一。与国内车站管理不同，德国柏林火车站没有设置独立的候车空间，车站的商业区起到吸纳旅客候车的作用，位于夹层的商业设施也成为容纳等候车辆旅客的人流缓冲区。

原广司和他的团队在日本京都火车站的设计中，将传统的火车、购物中心、休闲娱乐设施与景观绿地相结合，穿插布置酒店、百货、剧院、超市等多种业态。建筑师针对交通流线和人群将商业分为 3 种体系：百货主力店、散点式布置的精品商业以及与换乘空间相连的通过式商业，利用车站带来的人流，提高商业价值。交通流线主动配合商业流线，多回路处理，提高商业可达性。

此外建筑师还设立了一个城市主题公园、大型敞开式的露天活动中心，户外景观节点作为各功能的连接点，提升消费空间的愉悦度。

图 5-23　德国柏林中央火车站剖面示意图

图 5-24 德国柏林中央火车站室内效果图

图 5-25 日本京都火车站室内实景

(图片来源:高浦敬之,山本博史.京都站大楼未来百年保护策略[J].世界建筑,2018(04).)

(a) (b)

图 5-26 日本京都火车站室外景观节点

(图片来源:高浦敬之,山本博史.京都站大楼未来百年保护策略[J].世界建筑,2018(04).)

在航站楼的设计中，能够欣赏到飞机起落的商业肯定拥有更高的商业价值。国内外许多机场都设计了能够欣赏到飞机起落的观景平台，如日本名古屋机场顶层为观景台，该观景台是长300m的露天式平台，对机场的所有旅客免费开放，是日本最近距离观测飞机之处。日本关西机场在陆侧也同样设置了一个观测中心。天朗气清之时，既可以远眺关西机场，又可以看到海岸线，欣赏到海天一色的壮丽景象。

在我们设计的新疆乌鲁木齐国际机场北航站区中，也考虑设置观景平台。在陆侧中央商业广场设置自动扶梯，将人们引导至18.0m标高的观景平台和餐饮，在保障机场安全运营的前提下，旅客可以一边喝茶，一边欣赏飞机起降的壮丽景象，形成新疆乌鲁木齐机场一道靓丽的风景线。

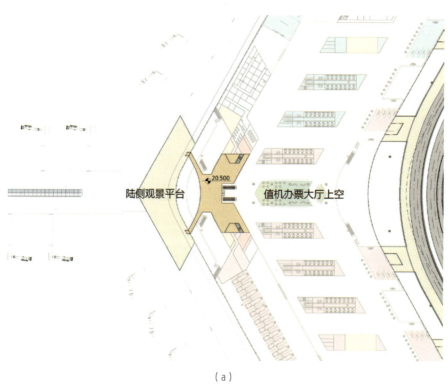

(a)

(b)

图5-27 新疆乌鲁木齐机场陆侧观景平台及餐饮效果图

5.2.4.4 整合广告店招，融入整体氛围

作为营造交通建筑商业氛围的重要组成部分，广告同时也是交通建筑运营单位的重要收入来源之一。

我们需要把握以下几点：

1. 广告不能影响交通标示功能；保证旅客能够首先读取导向信息；
2. 交通颜色及位置应融入室内整体空间氛围，室内空间效果不受影响；
3. 应在建筑设计时即对广告店招做出统一规划。

(a)

(b)

(c)

图 5-28 交通建筑内部商业与店招关系效果图

5.2.5 基于平面布局，明确功能业态——与功能布局紧密结合的业态

交通建筑内商业业态可参照下表。

商业业态设置建议　　　　表 5-4

序号	业态	布置特点	商品主要类型
1	零售	商业效益与经过的旅客数量成正比；在各类店铺组合布置时，应适当考虑同一出行团体内个体的消费目的	服装、鞋帽类品牌；土特产、纪念品；工艺美术、礼品；手表、珠宝；箱包、化妆品和个人护理；药店保健品专卖店
2	免税	航站楼国际部分布置在空侧特有的零售形式	
3	餐饮	餐饮设置较为灵活，与零售及其他业态相互组合，可通过餐饮的吸引力适当增加旅客流线覆盖面并有效提高商业区的人气	咖啡、茶室、甜品、冷饮、面包房、快餐类（中式/日式/西式）、自助餐、中型餐饮（中餐）、中型餐饮（西餐）、大型餐饮（中餐）等
4	休闲娱乐	与零售和其他业态相组合	理疗、美容、诊所、儿童游戏场地等
5	服务	分布在控制区内外	自助银行、银行网点；书店、报亭；便利店、专业超市

商业区设置建议　　　　表 5-5

序号	商业布置位置	商业特征
1	控制区外出发	在办票前可适当设置与旅行有关的服务类业态，如行李寄存、箱包出售等，适当地设置小超市、小吃零食等商铺，对于商务客较多的机场，也可在办票前设置中高档餐饮；办票后如有条件，可适当增加零售商业，以及一些中低端餐饮
2	控制区外到达	根据到达旅客的特征，陆侧到达大厅需设置服务性的业态，如货币兑换，自助银行、旅游产品、酒店预订、租车服务等。针对接机人员在该区域可设置能观察到达出口的餐饮和零售，零售的种类应以礼品类为主
3	控制区内出发	空侧出发区域是航站楼商业设施集中区，几乎所有的航站楼商业业态都可以在此区域设置。在空侧还可提供大量的服务性商业，如 SPA、书吧、计时旅馆等
4	控制区内到达	此区域可设置少量服务性设施或小型零售商业

5.2.5.1 出发层陆侧商业规划建议

出发层陆侧一般在大厅两侧或是在值机柜台后方等不影响旅客通行的位置，可

以布置少量的餐饮、服务、零售业态。

报纸、便利店等服务业态可为那些忘记携带某些旅行必需品的旅客提供便利；旅行用品商店用于满足旅行最后一分钟的需求，让乘客在行李超重时能够重新分放他们携带的物品；店铺销售的商品应该是体积较小，容易放在行李箱中的商品；餐饮业态为送客人群提供品尝佳肴的机会。餐饮规模可根据项目的具体情况确定。

5.2.5.2 出发层空侧商业规划建议

国际出发旅客比国内出发旅客的候机时间更长，旅客的购买力也更强，调研的结论是国际出发旅客的平均花费相当于国内旅客的 2.7 倍。

因此，安检过后应布置集中的商业区域，并建议提高免税业态的比例，同时避免同等类型有税和免税产品的重叠。调研结果表明，所有收入阶层都有较强的免税商品消费冲动和消费能力。

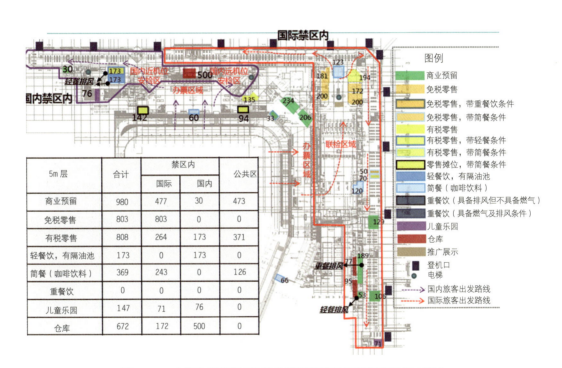

图 5-29　上海虹桥机场 T1 航站楼国际安检区后侧布置集中商业

在具体的集中商业布局中，让整个商业设施可以洄游是一个重要的理念。2 个案例不约而同都采用了环绕式的布局，将所有商业服务设施布置在一个游廊的两侧，旅客穿行其中，被琳琅满目的商业包围，渲染出繁华的商业氛围。经过大量的案例总结发现，安检后的集中商业是整个航站楼商业中最重要的区域。

在长廊的中间和末端设置商业，可以为旅客提供起飞前最后的购物机会。末端指廊可设置少量的，以便利店和咖啡甜品为主的商业。

5.2.5.3 大力发展中转旅客商业

事实上,在大型交通枢纽或者枢纽型机场中,中转旅客往往占有很高的比例,以亚特兰大机场为例,2016年,其中转旅客占总吞吐量的67%。在这样的情况下,我们需要对中转旅客的大力发展高度重视。

值得一提的是,在目前许多机场的设计中,机场运营者都提出了针对中转旅客打造中转旅客天地,为其提供单独的旅客休息厅,甚至提出为中转过夜旅客提供免费住宿。

在中转旅客商业的设计中,我们需要考虑不同时间段的商业需求。22点之后仍有大量航班进港。未来人流量提升后,中转比例提升将增加夜间商业的需求。可针对不同中转比例及时间,发展有针对性的特色业态。

5.2.6 结合地域文化,策划特色主题——地域特色、城市文化的展示窗口

交通建筑,作为旅客来往这座城市的第一站或者说最后一站,本身即是旅客旅程的重要组成部分,它应该成为展示城市文化魅力的一部分。在某机场设计中,我们考虑结合有当地地域特色的表演设置民俗商业街。

西域民族区位于航站楼北侧商业三角区,从建筑形态与商业业态两个方面展示了当地广阔领域内各民族的多元文化。引入民族乐器、民族服饰、民族工艺品等当地特色商品,成为当地对外的文化展示窗口。

在我们参与竞标的某航站楼设计竞赛中,我们的商业体验以人性化的尺度为出发点,再现闽南小街小巷的传统氛围。商业模块高低错落,形成了多层次的对话空间,温暖的木色材质透出亲切的气氛,结合当地特色品牌的业态布置,使旅客产生恍若置身于闽南步行街的错觉。

荷兰史基浦机场内设置有阿姆斯特丹国家博物馆,是全球第一座机场博物馆。在这座博物馆内能免费欣赏到许多荷兰大师的作品,比如扬·斯特恩和费迪南德·波尔等作品,该博物馆24h免费开放,使旅客在旅途中了解从黄金时代至今的荷兰艺术,进一步提升了旅客体验。

机场内还有全球第一座机场图书馆,可以供来往旅客浏览荷兰故事、了解荷兰信息,分享经验与想法。

此外,在加拿大温哥华机场中还设置有海洋馆,在美国拉斯维加斯机场中还设有老虎机。这些都是城市文化的一种体现。

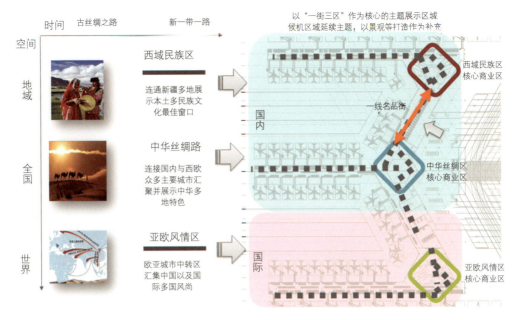

图 5-30　某机场北航站区方案阶段特色商业策划方案示意图

图 5-31　某机场北航站区商业区意向及效果图

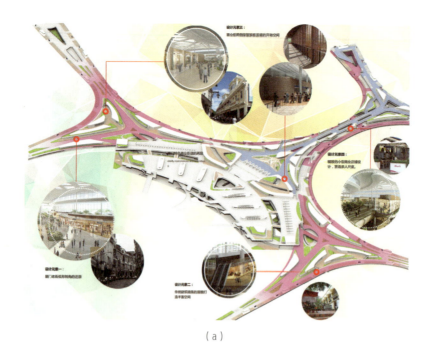

(a)

(b)

(c)

图 5-32　某航站楼商业区效果图

图 5-33　荷兰史基浦机场博物馆实景

（资料来源：http://www.archiscene.net/wp-content/uploads/2010/11/Schiphol-Museum-Shop-by-UXUS-01.jpg）

图 5-34 荷兰史基浦机场图书馆实景

(资料来源:http://www.sohu.com/a/196446819_383698)

5.2.7 引入生态绿化，优化体验商业——消费模式由被动向主动转变，创造经济效益

在旅客重要流程及商业活动区设置绿化中庭或花园，优化航站楼室内环境质量，并结合体验式商业，进一步提升商业价值。它一般包括商业型体验、科技型体验和生态型体验，它们之间相互关联。

商业型体验：传统常规商业主要包括传统的餐饮和便利零售。今天的消费模式已经由过去的被动式的常规商业为主转变为主动的体验式商业。包括：商业展示（汽车展示）、娱乐体验（亲子儿童、观景平台如日本名古屋机场观景台）、休憩住宿（SPA、胶囊旅馆）等模式。

科技型体验：随着科技与建筑的一体化发展，科技与商业的结合也愈发密切。因此，在设计中，我们需要考虑如何整合科技新手段，更好的发挥商业魅力。如LED 表皮、信息查询平台（HUD）、压电地板以及体验式广告站的设置等。

樟宜机场内设置了一颗巨大的社交树，是樟宜机场内最大的互动式体验设置。围绕着社交树有 8 个触屏照片亭，旅客可以在这台高科技记忆舱中分享、储存照片和视频，并与社交媒体相连。此外，机场内设置了"动作剪影墙"，旅客可以与"动作剪影墙"互动艺术装置屏幕上的画面进行互动。

生态型体验：绿色生态体验可以很好地提升旅客体验。 如采用本土植物打造

图 5-35 新加坡樟宜机场内社交树

（资料来源：http://thenexttech.startupitalia.eu/wp-content/uploads/sites/10/2016/07/social-tree-changi-airport.jpg）

图 5-36 新加坡樟宜机场内动作剪影墙

（资料来源：http://sg.xinhuanet.com/2016-07/29/c_129189621_3.htm）

绿色生态景观、增加绿化面积、营造舒适氛围、将区域配套设施色彩和形态与绿化结合等。

在国内某机场的设计中，我们将绿色生态与商业设计相结合，营造一系列有趣的空间，使旅客能够主动地参与到空间活动当中。

某市是中国东南沿海著名的风景旅游城市，素有"海上花园""海上明珠"的美誉。作为一座有名的花园城市，在其机场的设计中，我们希望这一抹绿色在航站楼的设计中能够得以延续。

我们从当地气候特色出发，航站楼自然形成端部庭院，打造一座美丽的庭院式航站楼。与商业广场相互融合的庭院绿化，使旅客的行进流程不再枯燥乏味；花草树木、岩石小品，无不展现着闽南的气候与地域特色。

室内景观结合功能统一布置，形成了点—线—面式的多类型景观空间。结合出发大厅和行李提取大厅布置垂直绿墙，结合国际国内旅客的流程布置线型绿轴；指廊端部和三角区布置端部花园、下沉庭院，提供给旅客一流的旅行体验；结合候机区和商业布置散点式景观，提升候机区与商业区的空间品质。我们的绿色空间设计是成体系的，在以下一系列空间中展开。

图 5-37　某大型航站楼室内景观布局

办票大厅与行李提取：航站楼室内设计了大面积具有当地地域特征的垂直绿化景观。垂直绿化在视觉上联系了出发大厅和行李提取大厅，并结合底部水系和绿化，让旅客即使在行李提取的过程中也能感受到航站楼郁郁葱葱的生机。另外在办票大厅结合中庭和商业布置有点状绿化。

中指廊共享中庭：中指廊上的线型中庭打破了12.5m层和7.5m层之间的空间界限，并结合绿化将原本单调的交通空间转化为旅客之间视线能够相互交流的景观中庭。同时，打破了7.5m层空间的平淡和压抑。

图5-38 某大型航站楼办票大厅效果图

图5-39 某大型航站楼行李提取大厅效果图

候机区：机场以3处室内庭院为起点，形成了3条线性绿化带。国际出发层中将自动步道分开布置形成线状庭院，国内区则在自动步道两侧布置线状绿化，它为旅客在最长的步行距离中创造了特殊的空间体验，将一个原本紧张的行进过程转化为旅客能够主动参与的事件中去。商业区中绿化结合庭院和起伏的商业屋顶布置。此外，厦门作为旅游城市，在候机区中布置散点式庭院，结合开放式咖啡、休闲躺椅，为游客提供舒适的候机体验。

端部庭院：为了提升候机厅的品质，机场在4个指廊端部的中央设置了大型的室外庭院，营造出轻松宜人的候机环境。围合庭院的幕墙从屋面自然垂落，室外光线也随着幕墙洒向底层的花园，形成了端部候机厅的视觉焦点。

国内部分的室外庭院在 0m 层与国际远机位候机厅形成了视觉上的联系，使旅客即使在底层候机厅也能感受到高品质的候机氛围。

（a）

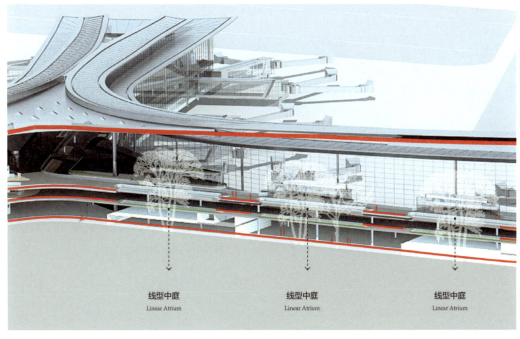

（b）

图 5-40　某大型航站楼行李中指廊共享中庭

国际到达廊道：出发层后退玻璃幕墙留给国际到达廊道更加开敞的空间感受，沿着玻璃幕墙边布置室内花园。

我们希望通过设计，旅客能够在树影花香中享受舒适的乘机与购物体验。当旅客徜徉于这座为当地量身定制的航站楼中时，在淡淡的花香中悠闲地喝着茶时，他们可以忘记自己正身在旅途，而是真正的置身于当地原汁原味的生活体验之中。

(a)

(b)

图 5-41 某大型航站楼候机区效果图

图 5-42 某大型航站楼端部庭院效果图

(a)

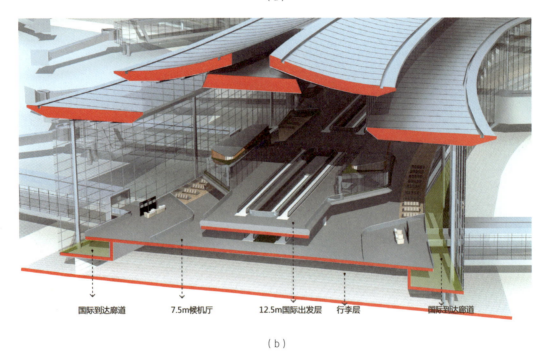

| 国际到达廊道 | 7.5m候机厅 | 12.5m国际出发层 | 行李层 | 国际到达廊道 |

(b)

图5-43 某大型航站楼国际到达廊道效果图

5.2.8 协调相关专业，预留未来增长

未来，机场自身的发展和服务水平的提升需要更多商业设施的支持，因此，我们在本期航站楼设计中就为商业的远期扩展预留了可能性及灵活性，以便为机场创造更为可观的非航收益。具体商业扩建的方式有以下几种：

1. 利用原有商业屋顶加建；
2. 利用室内花园加建；
3. 利用休闲座椅区进行改造。

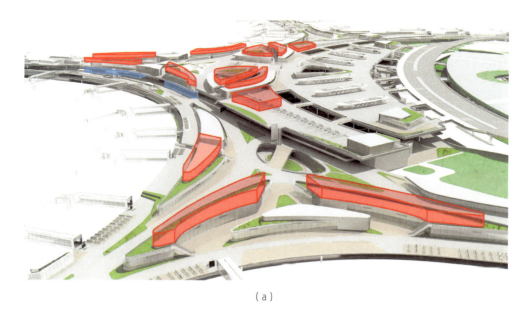

(a)

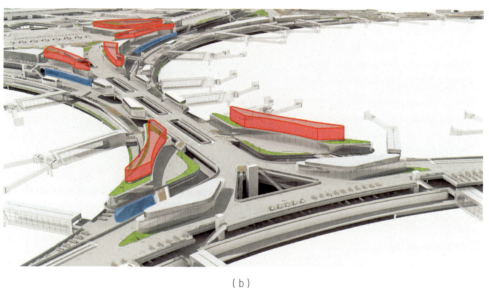

(b)

图 5-44 大型航站楼商业远期预留示意图

5.2.9 国际知名案例商业解析

5.2.9.1 荷兰史基浦机场

作为欧洲的第五大机场，荷兰阿姆斯特丹的史基浦机场是人们进出欧洲的重要门户之一。除了繁忙的航空业务外，它更以琳琅满目的商业设施而著名，是旅客们钟爱的中转机场。结合自身六指廊的航站楼构型，它沿指廊空间布置了一系列连续或者分散的商业空间，其中还设有世界知名的购物中心"See buy fly"，为来自世界各地的商业人士和当地居民提供一流的购物体验。

丰富的业态规划是其商业设计的特色。该机场将小型餐饮、零售以及休闲设施结合布置，如图书馆、祈祷室、淋浴室、贵宾候机室以及休憩室等，不仅能满足旅客多样的需求，更能发挥商业的集合效应，吸引更多的客流为机场创造更多的收益。

与旅客流程的紧密结合。大面积的商业布置在安检区后以及候机指廊的连接处，使旅客能够快速便捷地使用各种商业设施，极大地缓解旅客的焦虑情绪。在接近指廊末端还设有"last minute shop"为旅客提供服务。

精心的商业空间设计。采用连续的商业空间与点状的开放式商业空间相结合，打造流动空间。在细节处理上，采用现代感的穿孔铝板与当地文化特色的图案相结合，处处体现荷兰特色。

5.2.9.2 英国希思罗机场 5 号航站楼

英国希思罗机场 5 号航站楼于 2008 年 3 月正式启用，拥有 22000m² 的广场面积，至今为止，它是伦敦航空中心最大的零售场地。作为欧洲最大的枢纽机场，繁忙的客流为其商业开发带来了巨大的契机。整体的商业设计以牛津街的高档精品模式为基础，为旅客离开英国之前提供最优质的购物体验。

在旅客流程的决策点附近设置空间开阔的商业广场，便于旅客的路径识别；双层式的商业空间使旅客能够享受俯瞰候机区的良好视野，同时便于判别登机口方向，缓解旅客的焦虑情绪。精品店与大型百货商店（哈罗德）相结合，满足不同类型旅客的购物需求。

5.2.9.3 新加坡樟宜机场 T3 航站楼

作为亚洲主要的枢纽机场，新加坡樟宜机场是一个将体验商业、生态绿化与航站楼相结合的成功案例，其商业收益超过新加坡一般的商场，超过机场总收入的 58%，是非航空盈利的最佳案例之一。其 T3 航站楼更是成为我国机场设计借鉴的典范。

多样的商业业态：除了传统的零售与餐饮，机场内设有电影院、中转过夜区、健身房及电视休息室等各种免费设施，满足旅客候机时的不同需求，更为其他商业设施吸引人流，为机场自身的服务水平增添魅力。

与当地景观特色的结合：新加坡樟宜机场 T3 航站楼设计的另一大特色是与自然植物的结合，这也体现在商业空间的设计中。垂直绿化、点状绿化等与商业空间和广告完全融合，不仅完美诠释了当地特色，更极大地提升了机场室内购物环境的品质，促进了旅客们的消费欲望。

新加坡樟宜机场内针对不同的中转停留时间为旅客定制了不同的商业体验流程。

针对 2~3h 停留时间的旅客：主要推荐其购物旅行，包括各类新加坡特色纪念品等以及去免税店挑选手表、珠宝、化妆品等。并为来不及登机的旅客设置了樟宜机场免税购物网站，旅客甚至可以网上购物。最后前往提货中心提取商品即可。

更多旅程，更多节省
旅途中最快乐的经历，当然少不了在候机时前往免税店购物这一项。

独具本地特色的礼品
我们向您推荐各类优质纪念品，相信您一定能从中为挚爱亲友找到心仪的礼物。

尽享美妙的购物体验
尽享超值免税购物体验，尽情挑选价格实惠的手表、精美珠宝以及定制服装等奢侈品。

图 5-45　新加坡樟宜机场为 2～3h 停留时间的旅客定制商业服务
（资料来源：http://www.changiairport.com/zh/airport-experience/explore-changi.html）

针对 4～5h 停留时间的旅客，则推荐去航站楼内进行适当的主题体验，如"踏上自然之旅"，即乘坐轻轨列车体会 3 座航站楼内 3 个不同的绿色园林：如 1 号航站楼内的仙人掌院、2 号航站楼内的向日葵园和 2 号航站楼内的兰花园；"数码旅程"：体会不同航站楼内的多媒体娱乐和电影院等；"放松之旅"：包括泳池、葡萄酒吧和艺术展览区等。

踏上自然之旅
放慢脚步，从旅程中抽出些空闲，让自己在静谧的大自然中焕发新的活力。

精彩不断的数码旅程
看看电影，玩玩游戏，抑或随音乐尽情摇摆。

从头到脚放松自己
漫步机场，感受艺术的魅力——一定会让您重新焕发活力。

图 5-46　新加坡樟宜机场为 4～5h 停留时间的旅客定制商业服务
（资料来源：http://www.changiairport.com/zh/airport-experience/explore-changi.html）

针对 5h 以上的旅客，则为其推荐新加坡城市旅行、商业办公以及家庭旅行。

探索新加坡
只需短短 8h，即可与新加坡来一次邂逅之旅。

商务旅客的避风港
需要一个私密的空间稍作休憩，或一个安静的地方继续工作？这里能满足您的各项需求。

趣味盎然的家庭之旅
樟宜机场琳琅满目的娱乐设备，能让大人和孩子们一起享受欢乐时光。

图 5-47　新加坡樟宜机场为 5h 以上停留时间的旅客定制商业服务
（资料来源：http://www.changiairport.com/zh/airport-experience/explore-changi.html）

枢纽本体商业是交通建筑设计中商业开发的重中之重。设计时，我们必须考虑以下因素：

1. 充足的商业面积

设计中不仅要尽可能地挖掘商业空间的可能，更要为航站楼未来发展的需求预留一定的可扩展性。同时，控制商业面积的配比也很重要，如空、陆侧商业面积的比例和餐饮、零售面积的比例，都需要精心设计。

2. 以旅客为本的商业设计，满足不同类型旅客的需求

设计中需要对主要旅客类型的需求进行研究和分析，并根据不同需求设计商业设施的布置。如常飞的商务旅客需要舒适的候机室和奢侈品商店，而老年的旅客更青睐便利商店和休息吧。根据旅客需求定制的商业设施布置是今后机场发展的趋势。

3. 研究旅客流线，尤其是安检后的人流动线

商业设计必须与旅客流程紧密结合，在引导旅客流程的同时为旅客提供服务。尤其是安检区后，商业区的价值最高，需要根据旅客流程的主要方向设置商业区及节点空间。反之，通过商业空间来优化旅客流程的体验。

4. 商业空间及形态的设计

商业空间的设计要满足不同商业业态及功能的需求，在传统商业设计的基础上，将休闲区、景观、座椅区以及展示空间统一布置，提升综合效益和服务品质。

图 5-48　某机场商业空间设计：在传统商业区的机场上融合多种设施

商业空间的布置还需要考虑旅客的步行距离，尽可能地将商业设施的辐射范围覆盖整个旅客公共区，形成商业空间的连续性。

5.3　枢纽核心区开发：服务枢纽的核心区综合体模式

随着发展因素（交通条件、吞吐量、城市发展、产业基础）的演变，部分交通建筑乃至交通枢纽功能的需求会逐渐升级。机场枢纽化、消费大众化、业态休闲娱

乐化是当今枢纽核心区的发展趋势。

消费品类从奢华向大众的蜕变。从国外机场的发展历史可以看出，只要机场接驳方便、商业发达，机场将被赋予购物中心的功能，比如韩国首尔仁川机场和我国香港国际机场，成为市区居民购物休闲的目的地之一。如果机场陆侧商业发展到一定程度，潜在的消费者不单单是旅客，还有居民。这也是机场商业向大众化转变的重要驱动力。我们预计未来国内机场商业经营向大众化转变的趋势将更加明显。

"休闲娱乐化"的业态组合正当其时。随着经济的发展，居民收入水平不断提高，消费需求和消费观念也随着收入水平的提高开始出现新的变化。在购物时，消费者不仅追求商品的丰富、多样和个性，同时更开始注重购买过程的体验和愉悦。根据对消费者消费习惯的调查显示，消费者在购物中心的停留时间跟购物中心的功能是否齐全有很大的关系。若购物中心的品牌和商业集中度不够，旅客停留的时间就少一点；若品牌和功能丰富，则旅客停留的时间就长一点。就机场而言，由于被赋予了航空运输所需的众多功能，其内部空间布局难以出现集中的超大面积的商业可用区域，故大型百货店模式在机场难以实行，而"专业专卖店＋餐饮＋娱乐"模式则不存在这种问题。这种业态组合一方面符合旅客的消费习惯和发展趋势，有利于提升旅客的逗留时间和消费欲望；另一方面也符合机场空间布局的特点和需要。

核心区综合体模式渐渐成型。核心区综合体，是指依托主体交通设施及附属的交通中心等建筑群，在满足主要交通服务功能的基础上，根据旅客、接送客人群及综合功能区周边居民的消费需求，提供零售、餐饮、休闲、娱乐、体验式项目、人文艺术展览、会展、商务办公等综合性商业项目的商业集合体。以航站楼为例，传统意义上的航站楼是按照功能提供服务的，以航空旅客值机、行李托运、安检、登机、到达、行李提取的民航功能服务为主，附带提供旅客及接送人群停留楼内所需的零售、餐饮、娱乐等商业服务。核心区航站楼服务综合体是按照需求提供服务的，在满足旅客便捷乘机、便捷换乘各类交通工具及方便接送客人群的基础上，提供其他各类商业消费、体验项目、文化展示、服务设施，以满足航站区往来人群的文化体验和商务消费的需求。

5.3.1 换乘中心与主体设施一体化考虑

在枢纽核心区的商业设计中，我们不能再将楼前的换乘中心与主体交通设施分开考虑，而应该将其作为一个整体一体化考虑，换乘中心内部商业成为楼内商业的重要组成部分。

在上海浦东机场的设计中，T1、T2航站楼与旅客过夜用房通过三纵三横交通中心相联系，最终形成同一屋檐下的整体商业布局。

图 5-49 上海浦东机场 T1、T2 航站楼与旅客过夜用房通过交通中心相联系

荷兰史基浦机场的陆侧交通换乘格局以航站楼前部一层的换乘中心为核心立体展开。主楼在陆侧形成"C"型,三角形换乘广场作为荷兰史基浦机场新加建的部分,与航站楼到达层相接。

换乘中心组织枢纽内到发人流,亦然成为交通中心的缩影。向上联系机场出发层;向下连通火车站台层,由于设有直接联系轨道交通的出入口,旅客可以通过自动扶梯到达换乘广场地下一层的轨道站台层;水平向内与航站楼到达出口相连,向外至到达车道边;旅客可通过跨越式的人行大通道前往车库和开发设施。

图 5-50 荷兰史基浦换乘中心平面图

(资料来源:https://thingstodoinamsterdam.com/transport/amsterdam-airport-schiphol/#1460488501781-e218c4a3-1606)

荷兰史基浦机场换乘广场内的商业开发设施很有特点,旅客由机场到达口出来后首先经过一系列商铺通道,然后到达换乘广场。机场给人的感觉更像是百货公司。琳琅满目的商品和丰富的服务设施大大缓解了旅客长途跋涉的疲劳感,并且满足旅

客多样的需求，提升机场的服务水平。同样，机场通过商业设施亦可以提高非交通收益，扩展机场的盈利范围。

大规模综合开发。由于机场便捷的交通优势和日益高效的商务节奏，越来越多的公司选择在交通枢纽周边设立总部。荷兰史基浦机场的商务区被誉为"欧洲商业界的神经中枢"，吸引了众多国际大公司前来投资，它对国际商界来说极富神奇魅力。该商务区是一个重要的物流、商业枢纽，直接导致许多跨国公司把他们的欧洲总部、营销部门及研发中心等设立在这里。

荷兰史基浦机场商业开发规模庞大，由一排排规模形式相近的办公楼酒店组成，它们通过高架人行连廊和航站楼相连。由于其位于机场航站楼陆侧，距离航站楼较近，旅客或商务人士步行即可到达。荷兰史基浦机场的商业开发规模较大，配套设施完善，已经发展为航空城的概念。即以机场为核心，具有以民用航空业和临空产业为支柱产业的综合性功能。

交通枢纽不仅仅是旅客长途跋涉的交通节点，更是作为新的城市中心商业区模式，符合商务活动由城市内部向跨区域发展的趋势。荷兰史基浦航空城成为提供就业、购物、娱乐、商务会议的场所，对社区的回报是国际联系、税收基础、旅客数量、建筑就业、零售和商务等方面的全面增长。机场也成为企业总部、区域分布、专业服务部门集中的区域。

图5-51　综合商业开发实景

(资料来源：http://www.urcities.com/civicBuilding/20160105/20513.html)

5.3.2　步行可达的骨架系统下核心区综合体

依托航站楼及附属的交通中心等建筑群，以一个步行可达的步行骨架系统为基础，在满足服务功能的基础上，根据旅客、接送客人群及空港城周边居民的消费需求，提供零售、餐饮、休闲、娱乐、体验式项目、人文艺术展览、会展、商务办公等综合性商业项目的商业集合体。

在整个核心区开发设施内，可考虑通过通道把周边设施连接起来。地下建设一个公共通道，实际上就是步行通道，可以方便人们通行，并不受天气环境影响，真正实现设施的全天候联系。另外，也可以在空中设置一个步行系统，与航站楼到达夹层相连；在商务区以地面人行通道的方式沟通多个地块。在地面沿街部分，既可以做一些休闲酒吧、开发以及简餐功能的设施，也可以设置商业和零售等。地下、地上两个步行通道系统有效地联系了航站楼、核心区商业设施及交通中心。行人通道联系了车库，国际国内到达层使人流最大化地穿梭在核心区商业开发的腹地中，与商业设施充分接触，提高商业消费的机会。

在国内某机场的设计中，我们设计了两个标高上的人行层面串联起了整个核心区。一个是位于12～16m的人行步道，作为一条景观步道，串联整个商业开发区，为周边居民与工作人员带来不一样的航站区综合体生活体验。还有一条是6m的通道连廊，它是商业开发区的旅客步行通道，将周边商业、办公与交通中心、航站楼紧密相连。

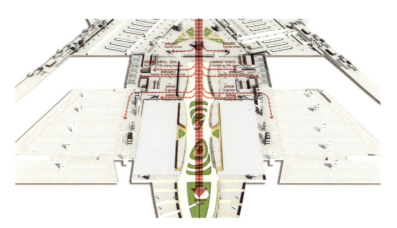

图5-52　某航站楼设计竞赛步行可达的骨架系统下核心区6m步行大通廊分析图

图5-53　某航站楼设计竞赛步行骨架系统

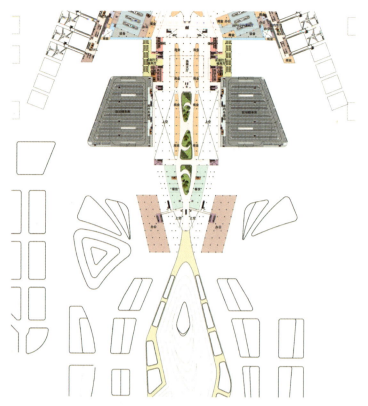

图 5-54 核心区 6m 步行大通廊平面图

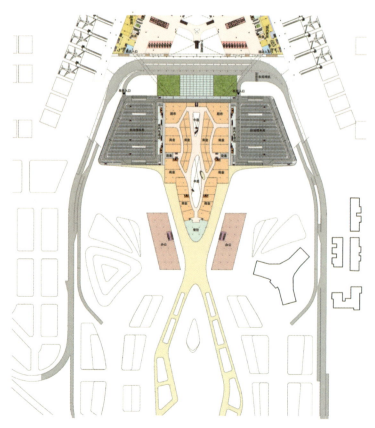

图 5-55 核心区 12m 步行通廊平面图

图 5-56 某航站楼设计竞赛步行可达的骨架系统下核心区综合体效果图

在新疆乌鲁木齐机场北航站区的设计中,增加空中连廊,将零散体量连为一体,联系起旅客过夜用房、停车库、交通换乘中心和旅客综合服务中心,形成一套"人车分离"的空中步行循环流线。

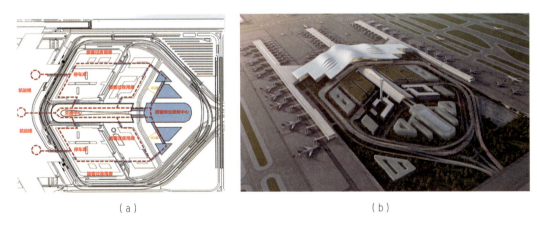

(a)　　　　　　　　　　　(b)

图 5-57 新疆乌鲁木齐机场人车分离的空中步行系统分析图及效果图

5.3.3 对于城市人流进入枢纽开发的审慎:核心区商业道路交通独立循环,并与交通建筑主体有便捷联系

需要注意的是,当我们在强调枢纽城市性的同时要注意,交通枢纽与城市的融入应该是有"控制"的。

在上海虹桥枢纽等国内一批大型综合交通枢纽的建设中，城市管理者和设计者更多地将枢纽周边的商业定位为服务旅客，而非一味地强调与城市共享。这些业主担心大量的核心区商业开发会产生大量的交通车流，从而对机场的对外交通产生巨大的压力，因此对核心区的开发模式、开发业态和道路交通存有疑虑。尤其是对进入机场区域道路网结构和道路资源冗余有限的情况，担忧更甚。

因此，在强调站城一体化发展的同时，我们必须为这部分客流留好充分的交通冗余度，同时核心区商业道路交通宜独立循环，并与交通建筑主体有便捷联系，将旅客与去往开发的人流相分离。同时积极发展轨道交通，减少道路压力。

以机场为例，核心区商业根据机场区位条件，分为两种：在机场远离市区的情况下，其主要服务周边和机场外围地区；在机场处于城市区之内，则可服务整个城市，成为城市副中心。第一种情况，车流进入核心区主要通过地面道路，与机场快速道路完全隔离，不影响进出机场的道路交通。周边地区的客流可以通过分布合理的地面路网很方便的进出核心区的商业。第二种情况，由于地处城市副中心，因此进出核心区商业的车辆很容易挤占航站楼道路资源，这就要求核心区商业有独立的快速道路系统分支，尽早分流，避免对机场高速产生压力。两类快速道路体系能在楼前相互联系，可形成紧急情况下互为备份的道路系统。

5.3.4　与轨道交通的紧密结合

5.3.4.1　多式轨道交通合理贴近航站楼

轨道交通尽量贴近航站楼才能吸引大量的旅客采用轨道交通方式进入机场，提高轨道交通换乘机场的客流量无疑是核心区开发潜在客流的最主要的保障。建设组合枢纽，把铁路引入机场，这是因为铁路与航空的对接是最重要，也是最可靠的，且很大一部分乘坐高铁的旅客与航空旅客是"重叠"的，两者之间的旅客换乘必然是频繁的。"高端与高端对接、高速与高速对接"的理念，拓展了核心区陆侧开发的潜力范围。同时，如果再配套其他辅助设施，例如在各城市高铁站设置一个机场的城市航站设施，提供远程值机服务，机场未来的通过轨道交通陆侧换乘机场的旅客会更多，那么设在核心区陆侧开发的竞争力也会更强。经过调查，上海虹桥枢纽投入使用至今，铁路与航空之间实际的旅客换乘量已达到 5000 人次，由于换乘方便，而且更加节省时间，因此吸引了注重时间效率的商务人士，这部分人也是机场最想吸引的高端旅客。

5.3.4.2　引入机场陆侧捷运，利用捷运延伸段在核心区和机场间建立联系

大型机场为了增加吞吐量，除了采用多个航站楼外，还可采用航站楼＋卫星厅的构型方式。因此，多航站楼之间可能会采用陆侧捷运系统的联系。捷运系统，方

便不同航站楼、卫星厅之间的旅客换乘。捷运系统向核心区延伸，将捷运线路向航站区及枢纽工作区延伸，并设立捷运站点，配套设置办票、值机功能，以及机场的服务，并随着空港城今后发展的需要继续延伸。捷运系统可以考虑中间预留一个通道，这个通道既可以运行李，也可以发挥其他作用。如果一个空港城未来可形成交通环线，将使机场与周边区域的联系更加紧密。对于一座航空城来说，核心是机场，机场里最重要的区域是航站区，所以与航站区联系越紧密的地区，物业价值就越高，商业价值也越好。这种联系通过捷运系统来实现，是容量大、可靠度高的，对于捷运系统的制式可以根据实际情况加以选择。

5.3.5　对于旅客过夜用房的重要考量

在交通枢纽核心区配套开发中，应对旅客过夜用房的位置给予重点关注，比较合适的位置应在旅客步行可达的范围内。恰当的旅客过夜用房设计能够极大地提高旅客体验。

酒店是机场核心区商业开发的核心功能，通过调查发现，酒店的入住率随着与航站楼的距离呈递减态势。大型机场核心区酒店应该由多个品牌组成，满足不同层次旅客的需求，同时也通过星级、数量和定价错位，实现各酒店良性竞争。大型机场附近酒店客房数根据目前机场发展情况，几乎都出现了客房供不应求的态势，酒店客房规模从过去追求 500 以上的大客房率的大型酒店转而朝规模适中的精品化酒店开发为主，高流量国际机场核心区高级酒店客房规模以 200～500 间为主（在部分大型枢纽机场酒店客房可能达到 1000 间以上）。这在一定程度上是配套设施成熟及服务提升的结果。

5.3.5.1　德国法兰克福机场 The Squaire 综合体

法兰克福国际机场为欧洲第三大机场，2016 年年旅客量约 6000 万人次。德国法兰克福机场 The Squaire 综合体位于机场陆侧，建筑面积约 14 万 m^2，其中约有两家希尔顿酒店，与航站楼通过廊道联系，位于航站楼步行可达范围内。综合体内包括餐厅、商店、医院、健身场所、日托中心，以及从理发店到干洗店等各种范围的服务。

综合体设计了丰富多样的交流空间，如中庭、餐馆和咖啡馆、会议中心等，进一步推进了周边区域的发展，如许多公司高管来到法兰克福国际机场举行商业会谈。

酒店综合体与机场和高铁站有着便捷的联系，整个机场、高铁站与酒店可以称作"同一屋檐下"，节省了旅行的时间和成本。此外，建筑的基础设施完善，内部停车位和建筑附近的停车场为员工及旅客提供了约 3000 个停车位。

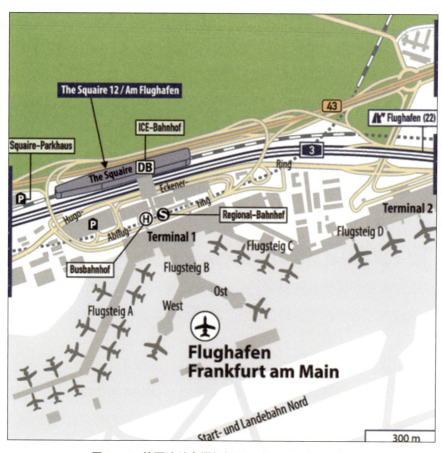

图 5-58　德国法兰克福机场 The Squaire 总平面图

（资料来源：Bing 地图）

图 5-59　德国法兰克福机场 The Squaire 鸟瞰图

（资料来源：http://archgo.com/index.php?option=com_content&view=article&id=1751:the-squaire-jsk&catid=53:airport）

5.3.5.2 南京禄口机场二期工程旅客过夜用房

南京禄口机场二期工程位于线性展开的交通设施上部,离航站楼步行可达,酒店大堂与换乘通道紧密相连、无缝对接,轨陆空多种交通使用便捷,提升了航站区的服务品质,增加了机场的收益。当我们站在陆侧远眺整个航站区时,航站楼的车道边画出一道完美的弧线延伸至远方,层叠的片墙在弧线的尽头展示出了别样的雍容,那正是我们精心打造的五星级酒店。

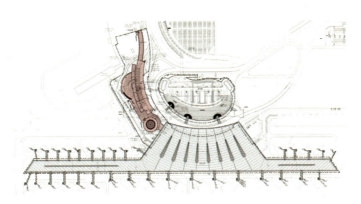

图 5-60　南京禄口机场二期工程旅客过夜用房位置示意图

在设计中,我们提出"两轻一重、协调过渡"的口号。通过宾馆厚重的石材体量,连接 T1、T2 航站楼轻盈的屋面和玻璃幕墙体量,在形成震撼虚实对比的同时,利用水平延展的弧墙协调过渡。

图 5-61　两轻一重 协调过渡

一般而言,宾馆立面往往较为通透,所呈现出来的视觉形象比较"纷乱"。为了使航站区形象不受其干扰,我们设计了大露台,将宾馆立面"藏"了起来,使其一体化衔接过渡更强。此外,露台也将机场的噪声隔绝于外,旅客凭栏眺望,整个机场壮观景色尽收眼底。

图 5-62　旅客过夜用房立面效果图

350 间客房的酒店融合了城市酒店和度假酒店的优点，通过中庭等公共空间的设置营造了空间内敛、内涵丰富的室内空间。

图 5-63　酒店中庭内景

当人们拉开窗帘，清晨的第一缕阳光照进房间，映入眼帘的正是起伏的云锦和冲上云霄的飞行。"零距离邂逅飞行"正是建筑师希望这座酒店能够带给人们的不一样的体验。

图 5-64　从航站楼出发车道边看旅客过夜用房

5.3.5.3　上海浦东机场旅客过夜用房

2004 年，在上海浦东国际机场航站区总体规划修编中明确了由 T1、T2、T3 三大航站楼围绕一体化交通中心的航站区构型方案，并在之后的二期工程初步设计文件中予以体现。当时，T3 航站楼被定位为是一个没有空侧区域，只包含出发值机功能的航站楼，其选址位于 T1 和 T2 航站楼的南侧。

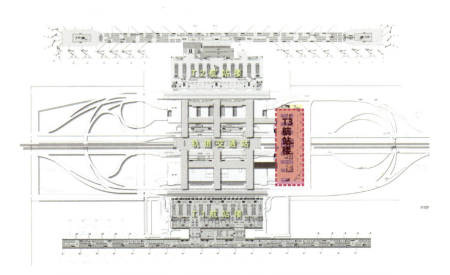

图 5-65　原上海浦东机场规划（旅客过夜用房被定位为航站楼）

随着上海浦东机场两个空侧卫星厅的扩建，上海浦东机场最终将达到 8000 万人次 / 年的旅客吞吐量需求，旅客数量增加直接带来住宿、商务等配套需求的大增。单纯的酒店功能无法满足旅客多元化要求，应考虑多种业态复合的综合体。目前机场现有的配套服务设施难以满足 8000 万旅客的要求。依据 2004 年的规划，在原规划 T3 航站楼的用地上，拟建设旅客过夜用房航站楼综合体（简称旅客过夜用房），其服务对象为整个航站区的旅客。"T3"被定位为高星级酒店，与航站楼的步行距离在10min内，客房数可达到1000间以上，由单一的酒店扩展成为多种业态复合的空港综合体。它的建成将解决目前航站区值机柜台和相关业务办公空间不足的问题，补充现有航站区陆侧配套服务功能，提高为机场旅客服务的水平。

图 5-66　上海浦东机场旅客过夜用房效果图

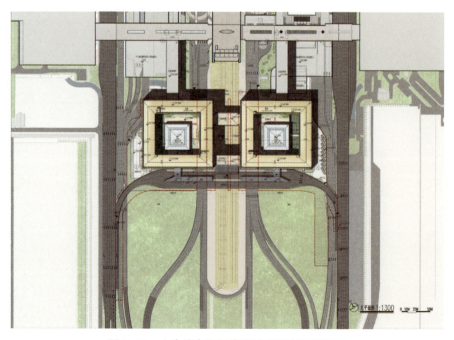

图 5-67　上海浦东机场旅客过夜用房总平面图

酒店与办票功能融合，作为上海浦东机场T1、T2航站楼值机功能的补充和提升，满足旅客过夜用房（酒店）住店客及T1、T2航站楼的部分团体客、特定航空公司或特定目的地办票等的便捷办票值机需求，以及相关配套服务及业务办公需求，提高航站楼服务品质。

综合体与航站区陆侧商业系统衔接，构成交通中心一体化的陆侧商业开发环，对陆侧商业功能予以补充和增强，并通过业态集聚效应，起到陆侧商业的龙头作用。

T3综合体以"漂浮的盒子"为设计理念，在总体上延续T1航站楼和T2航站楼基座与主体的关系，上轻下重，通过两个立方体的穿插形成一个虚与实完美结合的丰富的立面效果，酒店入口空间大小雨棚高低错落、庄重典雅，酒店入口大厅东西两侧由竖向幕墙划分，空间开场明亮，结合6.7m与13.6m的平面功能布置庭院，自然形成屋顶绿化与垂直绿化相结合的绿肺空间。

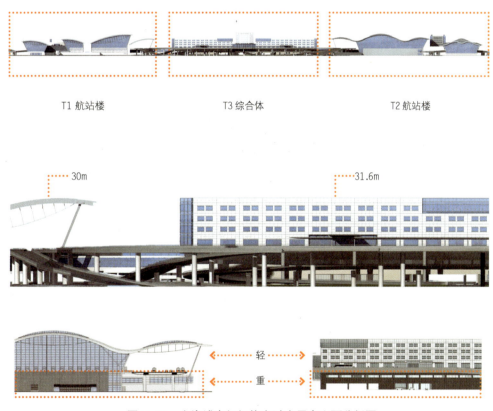

图 5-68　上海浦东机场旅客过夜用房立面分析图

5.3.6　陆侧综合体开发模式

5.3.6.1　一体化的开发模式，避免小块开发，提高开发品质

核心区土地资源在机场快速发展阶段可能会成为稀缺资源（如德国法兰克福国际机场）。核心区地块的开发应借鉴城市综合体开发模式，整个区域统一规划、统一

开发，可保证业态、品质、开发强度、商业价值的平衡，从而实现最大化的商业价值。核心区商业如果划分成过多的"小块"进行开发，可能会因为存在如一块先做好了，还有一块没做，结果两块档次不一致等诸多不确定性因素而影响整体开发效果。

5.3.6.2 核心区商业综合体的开发功能定位

核心区商业综合体，是指依托航站楼及附属的交通中心等建筑群，在满足航空服务功能的基础上，根据旅客、接送客人群及空港城周边居民的消费需求，提供零售、餐饮、休闲、娱乐、体验式项目、人文艺术展览、会展、商务办公等综合性商业项目的商业集合体。

传统意义上的核心区商业是按照功能提供服务，以保障旅客和机组住宿，周边工作区，旅客及接送人群所需的零售、餐饮、娱乐等商业服务。而核心区商业综合体是按照需求提供服务，在满足旅客便捷乘机、便捷换乘各类交通工具及接送客人群方便接送的基础上，提供其他各类商业消费、体验项目、文化展示、服务设施，以满足航站区往来人群的文化体验和商务消费的需求。

其次，核心区商业综合体能提高消费者的时间利用效率。通过提供多样化的服务，核心区商业综合体能节省旅客和接送人群的时间，在提前到达或现场等待的时间内，可以不必经过市区停留完成其必需的生活类消费。如接客人群在等待区洗车、候机和接客等待人群完成银行或电信类服务、到达旅客或送客人群完成超市采购后开车回家、本地旅客出发前送衣干洗回程后顺便取衣、市内交通高峰时刻到达旅客在航站区就餐后回城、线上采购的物品线下提取等。在核心区商业综合体内开发多样化的商业服务业态，提供高性价比的服务，将有效吸引机场往来人群及空港城常住人群进行消费。

再次，核心区商业综合体能满足往来人群的文化体验需求。机场作为城市窗口，既有体现地域历史文化的义务，也应通过满足旅客的文化需求提升商业价值，搭建商业和文化的平台，以促进机场文化价值的可持续提升。通过内部文化景观、文化艺术展示、文化体验空间、文化商品开发等形式，在有效发挥窗口价值的基础上，形成机场特色的文化产业开发模式。

核心区商业综合体能提升机场作为综合交通枢纽的价值。成熟的综合交通枢纽，不仅应实现各类交通工具的便捷换乘，还应满足交通人群的复合性需求，如为商务旅客提供住宿、商业会谈服务，为旅游人群提供旅游集散服务，为接送客人群提供图书馆、博物馆等文化体验服务等，核心区商业综合体依托便捷的城市、城际、地区交通进行消费产业开发，将大大提升核心区的商业价值。

5.3.6.3 核心区商业开发业态

核心区业态应提高配套功能，完善特色功能和综合功能。如韩国仁川的"韩国传统文化中心"、德国法兰克福的"新工作城市"、荷兰阿姆斯特丹的"欧洲商业神经中枢"。

在国内某机场国际竞赛投标中,围绕航空特质,我们在其陆侧设置了天空之城,在核心区打造:一廊、一园、一厅、一市、四中心。位于 6m 层航站主楼的最西部、国内混流旅客的交汇处为幸运时光廊,让旅客和送行客人能够相处到登机前的最后一分钟。城市印象园位于 6m 层行李提取厅外,聚集空港新城的临空产业、创意产业,是国际国内到达旅客一下飞机对西安形成聚焦的第一印象。

云间休闲娱乐中心布置于航站主楼的两侧上盖,是两所不同定位的精品酒店及商务会所。人们可在此举办机坪婚礼。商用航空专营中心和飞行商务客厅则分别位于机场停车库南北侧上盖。

盛唐时期,这座城市的工商业和经济活动中心被称为"金市"。我们围绕 6m 层通廊为步行街主轴的综合体将重新打造新"金市",东起 CBD,串联起各类交通换乘区、秦陕小吃城、秦砖汉瓦文玩街、汤峪温泉 SPA 和秦腔歌舞演绎天地等地域特色,并结合金市,分别设置航空体验中心和空陆侧免税中心。商业综合体层层叠叠,勾勒出饶有趣味的中庭和退台,使商业动线活泼生动。商业界面围合出展示空间和室内市民广场,在这里,以中原文化为底蕴的艺术演绎,和以时尚风格为元素的现代秀场,交相辉映、百花齐放,它不仅是交通方式的容器,更是城市生活的载体。

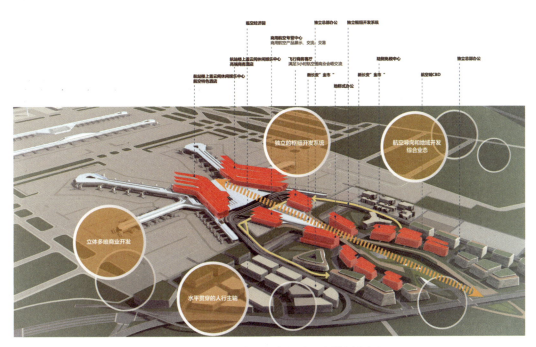

图 5-69 某机场陆侧天空之城业态策划分析图

5.3.7 TOD 模式下的上盖开发

TOD 模式带动地铁上盖开发其实可以理解为枢纽核心开发的另外一种特殊形式。事实上，它已成为带动区域经济增长的常见开发模式。它将水平展开的圈层进行垂直叠加，以上盖形式带动城市开发。

根据交通枢纽的不同形式，确定物业布置的不同模式：轨交站点上盖开发、轨交车辆段上盖开发、地面铁路的跨线双面开发、空中轻轨的竖向开发等。

根据步行的距离配置不同的近铁物业模式，从近到远依次布置：商业、公交设施、办公、酒店、公寓等，形成"职住平衡"的区域开发需考虑单独的城市交通系统对上盖开发进行支撑。

日本涉谷站是通过8条线路、设有6个站点的大型轨道枢纽站，上下客流约为300万人次/日，规模可谓东京都内最大的。

由于交通便利，涉谷站周边形成了以商业、办公机能为中心的街区，吸引了包括音乐、时尚、影像业等创造性产业进驻，形成了特有的文化及产业特征，吸引了众多观光站的驻足。

图 5-70　日本涉谷站上盖开发分析
竣工时间：2012 年～2027 年（依次）
总建筑面积：约 591000m² （4 个街区）

日本名古屋车站是日本名古屋的主车站与重要交通枢纽，位于爱知县名古屋市中村区范围内。车站内停靠不同服务级别的列车，城际列车包括 JR、名古屋铁道、近畿日本铁道；市内轨道列车：名古屋地铁也在此站停车。

车站属于名古屋市重要的交通枢纽，站体规模较大，线路较多。应对以上两项制约因素，日本名古屋车站采取将车站融入城市区域交通的规划策略。首先，轨道线路采用高架形式，将地面留给城市地面交通，缓解城市交通压力；其次，车站采用线下式布局，布置于地面层，便于旅客换乘地面交通工具；车站采用南北连通的车站入口，成为城市人行通道。最后，车站内布置三根垂直于轨道线路的通道，应对集中的旅客高峰。

日本名古屋车站在地面层和地下层形成多条人行通道，与城市道路或周边建筑相连相通，便于旅客快速疏解。在地面层，车站的出口设置在南北两侧，与城市道路紧密结合。在地下一层，车站的出入口和通道与周边商业相连通，缩短旅客的步行距离，旅客可以快速到达目的地。

日本名古屋车站的案例反映了交通枢纽在自身功能完善和经济发展双重需求下做出的功能拓展。

首先，大量人流为商业带来无限商机。综合交通枢纽作为多种交通设施的综合体，必然形成巨大的建筑体量和复杂的空间组织关系。多种交通方式的并置必然导致旅客在不同层面、不同区域的换乘，交通换乘的间隙，旅客需要等待和休息。大量的人流和旅客多元化需求都为商业提供了运营基础。

其次，从土地开发的角度来看，日本轨道交通企业采取的是以铁道为中心，以房地产及租赁业、购物中心等零售服务业共同发展的经营模式。其中最主要的经营战略是土地经营和铁道经营同时进行的战略。铁路公司开展土地规划时以追求最大经济效益为其宗旨，包括两个方面：一方面是土地经营效益最大化，另一方面是为铁路提供尽可能多的客流，使铁路投资能够赢利。由于交通方便程度不同，越靠近车站物业价值越高，在追逐利润的目标驱使下，房地产自然向车站集中，形成车站建筑密度高，向外围逐步降低的趋势。这种布局反过来也促进了铁路的经营。

深圳前海综合交通枢纽的功能规划将所有交通属性布置在地下，地上空间完全释放给了办公、居住、社交功能。以交通枢纽的入口为中心，东北部是拥有公寓和酒店的商业购物村，东南部是密度较高的沿街商业区，西南部是设置会议、酒店的超级商务区，西北部是定位休闲的娱乐区围绕四周，使其满足商业、办公、公寓等各项生活需求。[1]

整个地上区域被分隔为各个单体，和其他区域的商务区没有什么区别，但在地下区域，各条流线高速运转。城市功能和交通功能由枢纽入口广场相联系。

---

[1] 吴蔚，沈慧雯. 对话的火车站——gmp 交通建筑的一体化设计 [J]. 城市建筑

在某综合交通枢纽的设计竞赛中，建筑师集中整合了地铁、捷运、长途巴士、公交等多元化的公共交通方式，为交通导向的城市商业开发提供了必要的条件。因此，在航站楼上盖叠加了机场酒店，并且在交通中心上盖叠加了办公塔楼，并且利用交通综合设施的巨大人流量创新性的叠加了一个综合性商场，无论是往来旅客还是办公塔楼中的工作人员都可以享受到丰富而精致的商业设施。交通中心不仅仅是一个通过性的交通设施，而真正成为一个混合功能的综合体，一个一站式购物、休闲娱乐中心，都市人的多元化的活动场所。

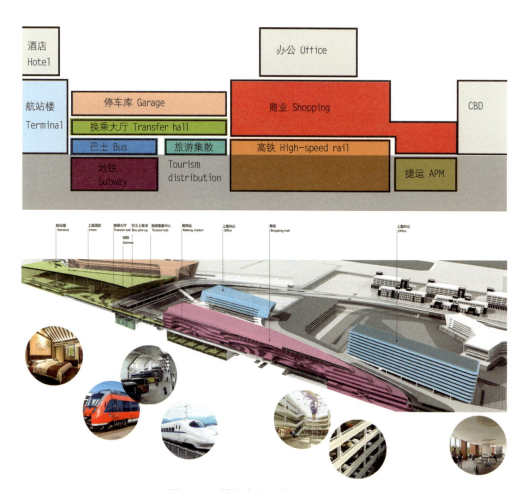

图 5-71　某综合交通枢纽上盖示意图

5.3.8　枢纽开发模式等专题研究

枢纽的建设带来了集聚效应。作为政府投资的基础设施建设，政府或公众为其建设付出的巨大投资如何平衡并得到回报，需要通过商业综合开发，或直接招商获得部分收益，或带动周边地价溢价，增加政府收入。如核心区的宾馆，通过核心区的业态规划实现整个投资回报，反哺运营成本。

在上海虹桥枢纽中，枢纽开发资金平衡可以通过以下方式：可经营不可拆分的设施（枢纽设施内的商业服务设施及部分物业）——通过经营权的出售平衡运行管理费用；可经营可拆分的设施——平衡枢纽设施的运行管理费用；可供开发的土地——通过土地批租，平衡市政配套设施的投资和维护费用；平衡土地的拆迁费用；提供开发利益。

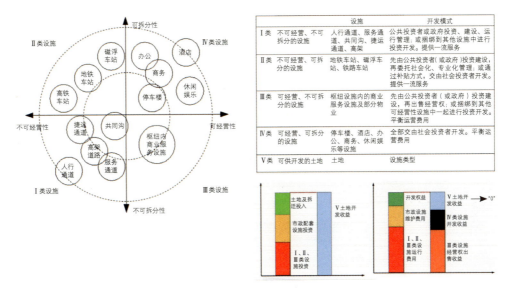

图 5-72 枢纽开发资金平衡

随着金融体制的改革，目前政府项目已逐渐脱离了依靠政府单一投资渠道的开发，而采用不同融资渠道进行开发的模式。融资模式按不同融资渠道，主要分为以下3种模式：

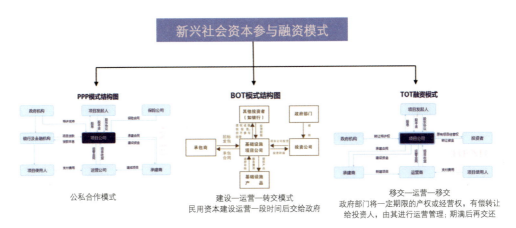

图 5-73 新兴社会资本参与融资模式

其中，PPP模式是近年来比较流行的一种模式：PPP（Public—Private—Partnership）模式，是指政府与私人组织之间，为了提供某种公共物品和服务，以特许权协议为基础，彼此之间形成一种伙伴式的合作关系，并通过签署合同来明确双方的权利和义务，以确保合作的顺利完成，最终使合作各方达到比预期单独行动更为有利的结果[1]。

开发管理模式策划

应改变传统以单一投入与管理为主的开发模式，将大型交通枢纽建设与土地出让捆绑运作，一部分建设职责分担给其他参与者，横向切分、统一协调。政府及社会资本联合成立发展公司，引进专业的核心管理层，并达成"五共同原则"，实现各方利益分享，有效推动航空城的发展。

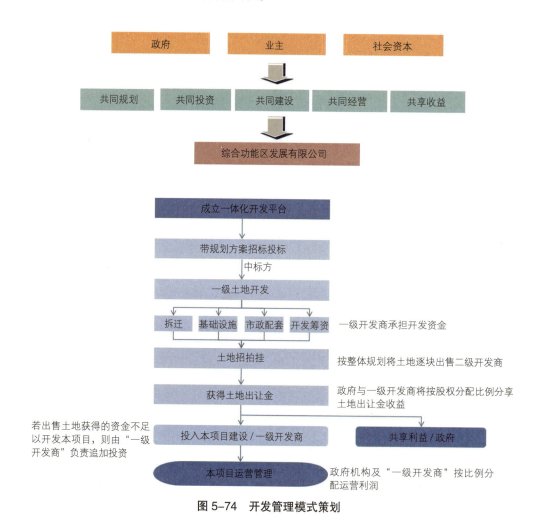

图 5-74 开发管理模式策划

---

[1] 资料来源：https://baike.baidu.com/item/ppp 模式 /5474529?fr=aladdin

5.4　枢纽综合功能区开发：从城市枢纽到枢纽城市

5.4.1　枢纽：城市发展的引擎

纵观历史，城市文明借助交通运输崛起和发展，古代的黄河流域、印度河流域、两河流域无外如此，沿河的交通型城市，依托物流、人流的优势聚集财富、实力与政权。

空港城、高铁城则是近十年来出现的新概念，机场聚集了来自全世界的旅客和货物，在机场城的概念中，机场不仅仅是起飞和降落的一个地点，更是地方社会经济发展的引擎。怎样借助空港的空中和地面交通优势，围绕机场进行综合化的开发，创造盈利点，实现经济发展，是开发者关心的问题。大型交通枢纽的建设，带动了站点与周边城市的互动，从而刺激周边经济发展。城市亮点，不仅服务枢纽旅客，也吸引城市人群；更可带动相关产业的发展，重塑城市功能，促进城市的产业升级。

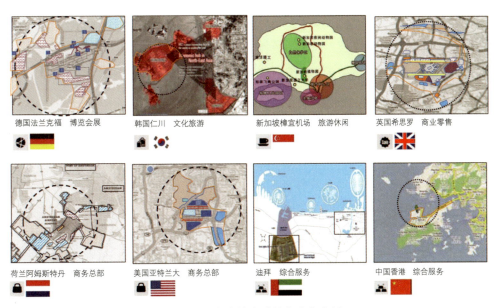

图 5-75　各大航空城特色产业分析

从城市枢纽到枢纽城市。以机场为例，机场运输枢纽地位的确立，吸引了大量航空公司的入驻，航空服务链条上的其他企业会随之发展，进而加大对航空运输的要求，激发航空工业的发展潜力，并带动临空经济区的整体发展。空港城的概念一方面包含从城市规划角度提出的宏观概念，涉及经由机场路与其他快速城市干道可快速直达的周边的区域规划，另一方面也包含空港核心区的综合开发。

把交通枢纽功能与商业地产结合起来的综合开发是未来的发展趋势之一，适合在枢纽周边的项目包括：
- 与交通设施相关——维修货运设施中心；
- 与人相关——旅馆、相关服务业；
- 与面对面交流相关——展览、培训、会议设施；
- 物流分配中心等具有时间敏感性的功能设施；
- 第三产业（医疗、休闲）；
- 休闲、体育设施（尤其在中东）

荷兰史基浦机场是较早利用机场的带动作用，促进周边地区产业发展的机场城案例，这一发展模式同时带动了整个阿姆斯特丹的经济增长。作为欧洲第三大枢纽型机场，在1988年制定的荷兰政府《国家规划与发展报告》中，荷兰史基浦机场就被定位于国家发展的中心地位，希望将其打造为欧洲配送中心；在全球化进程中，当地政府通过国家控股专业地产机构主导空港城规划和建设，机场已经成为荷兰吸引物流与客流的磁石。它以"机场城市"为理念，为旅客提供除了航空旅行之外的观光、购物、休闲等众多服务。

史基浦机场城不仅满足旅客在城市生活中的各种需求，而且做到将机场打造成一座城市。同时，利用第三产业的集聚作用以及丰富的会议、办公和酒店资源，吸引了20多家企业总部落户机场周围，在机场周边形成了与之契合度极高的高端产业园区。

荷兰史基浦航空城已经成为地区经济增长的发动机，对于周边区域经济带动和就业带动作用明显，2011年航空城带动17万~28万人就业，仅在机场内就业的员工就近6万人。

芬兰赫尔辛基航空城（Aviapolis）包括赫尔辛基万塔机场及其周边42 km^2 的区域，集合了商务、办公、零售、居住、交通等城市功能。航空城区域近年来被认为是赫尔辛基区域最受欢迎的商务场所，甚至超过了赫尔辛基市中心。其中高科技园区和机场商务园区功不可没。同时，借助机场的平台以及便捷的地面交通设施，无论是远在另一个大洲的目的地还是临近的城镇都与航空城区域便捷地连接在一起。

航空城中心区域的大型购物中心是芬兰国内第二大购物中心。除此之外航空城区域还有完善的居住配套设施，学校、医院、公园等一应俱全。通过机场带动周边区域发展的模式，促进了产业的发展、提供了更多的就业机会，因此航空城成为芬兰经济增长最快的区域。

韩国政府计划围绕仁川国际机场打造规模庞大的机场城，作为仁川自由贸易区的重要组成部分。机场城的主要功能包括：离岸休闲娱乐，主要着重于发展旅游业和休闲产业，包括高端居住（针对外国人）、高尔夫球场、医疗养生等；旅游观光业，将会兴建游艇码头、赌场、主题乐园、购物广场和生态旅游园区等；航空城，主要以跟航空相关的后勤、现代物流业、会展业等。为了将众多功能区更好的联系起来，韩国当局还将兴建一条总长37.4km的环岛磁悬浮交通线。

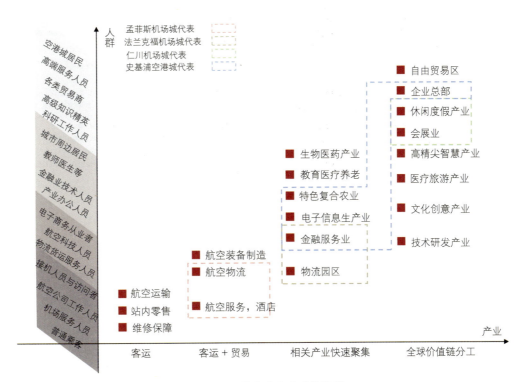

图 5-76 航空城产业功能模型

5.4.2 交通带动模式

城市直接依附于大型交通枢纽，城市产业活动特征与发展实践均与交通本身息息相关。以空港城为例，归纳空港产业活动特征以及各地发展实践，根据与航空运输联系的紧密程度以及发展演变的时间序列，空港产业大致可分为航空核心产业、航空引致产业和航空关联产业三类，分别形成不同层面的空港经济功能。

空港城市周边产业细分如下：

1. 核心产业：临空经济区内的以航空物流业为核心，形成集运输、仓储、包装、流通加工、航空货运大通关信息处理等的现代化空港物流。利用机场口岸的功能和机场周边物流基地的保税功能，满足临空经济区内园区企业对物流的需求，实现港区联动推动临空经济的发展。

2. 引致产业：以货运设施为龙头的物流产业区：如仓储、加工、包装、运输、保税租赁等，高新技术临空制造等。

3. 关联产业：航空业务产业链、文化娱乐生活区：休闲、疗养、航空关联的居住与生活服务设施、文化娱乐设施以及高端的商务培训、科研等。

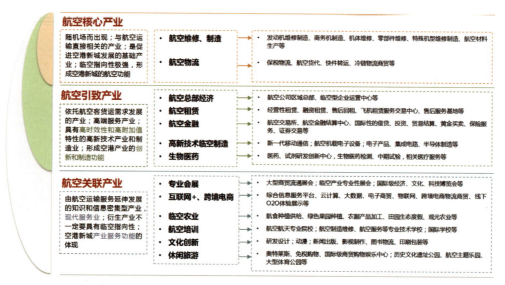

图 5-77 空港城市产业分析

德国法兰克福在发展的初级阶段主要驱动力来源于物流及产业园区,主要开发货运设施、仓储物流等设施;随着城市化进程的推进,商务和休闲购物成为核心驱动力,商务广场、大型购物中心、酒店园区等成为开发重点产品,逐渐成为综合发展的航空城。

5.4.3 特色产业带动模式

特色产业带动模式利用交通带来的人流、物流优势,带动当地特色产业发展。如国内正在打造的通用航空小镇、高铁新城。泰国曼谷素万纳普机场带动周边医疗市场的繁荣,每年吸引大量旅客前往就医,医院甚至在机场设置专用通道快速过关。

5.4.4 产业集群带动模式——商务区

在传统交通带动模式的基础上进一步实现产业升级,以枢纽为起点往外延伸的商务交流区:金融、商务办公、会议、展览、批发零售、旅行服务、文化、教育、住宿等。

上海虹桥商务区位于上海西部,面积约 86km²,其中主功能区面积 26.3km²。上海虹桥商务区依托虹桥综合交通枢纽,建设上海现代服务业的集聚区、国内外企业总部和贸易机构的汇集地,以服务长三角地区、长江流域,以及全国的高端商务中心。

未来上海现代服务业的空间格局将呈现多中心空间结构的演变态势,"大虹桥"区域已经成为上海重要的城市副中心之一。它已经成长为长三角快速便捷的交通方式的聚集地、现代服务业和总部经济功能区、上海西部结构重心与转换节点、长三角廊道辐射的中枢区域。

随着国家会展中心项目的建成,上海虹桥商务区逐渐形成了双核驱动的模式,将商务区打造成为上海世界会展之都的核心功能承载区、世界知名的会展功能集聚区和会展产业发展示范区,形成大交通、大商务、大会展三大格局。

图 5-78　上海虹桥商务区鸟瞰图

在电影《幸福终点站》中,主人公在航站楼里生活了 20 年,这已经不只是一个由真实事件改编的电影寓言,而更像一个城市的浓缩舞台,商业和开发正是这个舞台不可或缺的布景。

对全球范围内主要机场的收入来源分析得出一个结论:过去 30 年中非航空性收入的增长明显超过航空性收入。世界范围内机场收入的 40% 来自非航空性收入,同航空性收入相比,非航收入的营收能力逐年上升。以上海机场集团为例,公司 2015 年非航收入同比增长 6.56%,占营业收入比例的 49.2%。

交通建筑开发设计主要涉及 3 个圈层的开发。

第一圈层:交通建筑本体商业。这是建筑师重点关注的部分,我们应当和商业咨询公司合作配置商业规模、整合旅客流程、创造空间效果、明确功能业态、策划特色主题、引入生态绿化、优化体验商业,同时为未来增长做好预留。

第二圈层:交通建筑核心区综合体。该综合体位于枢纽核心区,交通建筑发挥作用的最基本的功能组织区域,建筑师应当将换乘中心与主体设施一体化考虑,构架依托步行骨架系统的核心区综合体,紧密结合轨道交通,打造服务枢纽的核心区城市综合体。

第三圈层:周边联动开放。在这一区域各种功能需求与交通建筑的关联度也在逐步降低,并从为交通建筑地区流动服务为主,转向兼顾城市市民。大型枢纽具有极强的城市性,我们需要关注不同的带动模式,充分发挥交通建筑带给城市的人流、物流、资金流、信息流的优势,整合城市功能,引导城市发展。

第六章

交通建筑设计的形象维度

在交通建筑设计中，火车站、机场航站楼作为城市门户，受到了政府和社会的广泛关注。其标志性和门户形象不可或缺，造型设计和功能设计是决定方案是否中标的重要影响因素。目前在交通建筑设计中存在着两个趋势：

形象的千篇一律。造型交通建筑存在着千篇一律的趋势，各地的交通建筑脱离其所存在的地域文脉，缺乏文化性和识别性。

造型的过度表达。政府和公众都将形象放到了一个过高的地位，寄予了太多建筑之外的内容，过分强调形态的表现力，寄托了太多符号性的内容，交通建筑更倾向追求夸张、震撼的造型效果，造成了造型与功能之间的脱节。

在长期从事的交通建筑设计中，一直存在3个问题：

1. 机场航站楼作为区域最重要的交通节点，其标志性和门户形象不可或缺，那么，航站楼的立面造型应如何表达？设计单位通过招标投标取得项目，但评标时的"专家看功能，领导看造型"，让设计师何去何从？

2. 航站楼造型越来越追求新、奇、特，第五立面——鸟瞰图对赢得项目非常关键，在招标投标中，鸟瞰图在立面造型里是决定性作用吗？

3. 很多时候，航站楼的造型被要求赋予更多的地域文化、人文精神、高技术趋势的表达或象征意义，作为交通建筑的航站楼能够承载吗？

事实上，总结多年的交通建筑设计经验，我们认为建筑师应该逐渐回归本真，更关注建筑形态的适宜性、空间的愉悦性、流线的导向性、旅客使用的便捷性以及管理维护的合理性。现在交通建筑的设计发展正逐步走向理性，建筑师也应该逐步适应这个过程。建筑师应该更愿意去做理性的建筑，以此诠释交通建筑的真谛与意义。

通过思索和实践，我们提出以下设计原则：

1. 建筑设计应注重功能与造型的统一性和协调性；
2. 造型设计中第五立面设计与人行动态体验的考虑同等重要；
3. 造型在表达象征符号意义时，仍应体现功能与空间的逻辑性；
4. 造型应体现与周边环境，特别是既有建筑的协调性和整体性；
5. 造型应体现时代感和结构的力学美与高科技趋势的时代感；
6. 造型的实施应充分考虑经济性、合理性，采取成熟、可靠的工艺技术。

图 6-1 交通建筑水平舒展的形象

图 6-2 超高层建筑竖向生长感

6.1 形象维度的创意设计概述

建筑的形象可以理解为是交通建筑的"表情"。在一定程度上,不同的建筑师希望旅客怎样去解读航站楼,往往是通过形象的创意设计第一时间得以体现。当旅客到达车道边时,透明通透的玻璃幕墙,结合连绵起伏的大屋顶,以及具有表现力的车道边雨篷,给旅客带来壮观且精美的视觉感受,使得旅客在进入建筑前能够对其有较为宏观的认识。

"表情"与旅客体验。作为一个年旅客量数以千万计的大型交通建筑,表皮的表情往往与旅客体验息息相关。在旅客从空侧进入陆侧的这一过程中,由于航站楼本身尺度较大,再加上旅客流程较为烦琐,往往给旅客带来紧张感。恰当的建筑表皮设计则能够通过节点空间的设计以及行进路径的处理,如通过较为通透的幕墙设计引入自然光,使旅客与机场空侧形成视线上的互动,舒缓旅客在这一行进过程中的压力,从而提升旅客体验。

交通建筑的创意设计一般需遵循以下设计原则。

1. 水平舒展的视觉形象

不同类型的建筑有其功能相对应的建筑特点,例如超高层就是垂直生长的视觉形象,而航站楼则是以水平舒展为主的视觉形象出现。航站楼楼内竖向分层可分为国际出发、国内出发、国际到达和国内到达等,其屋面高度往往不超过 45m。然而,作为一个年旅客量以千万计的交通建筑，由于近机位停机岸线和旅客服务水平的需求，其水平向展开长度往往达到数千米。因此，在这样的比例情况下，航站楼往往呈现出水平舒展的视觉形象（而非高层建筑的竖向生长感）。在其基础上，再结合横线条与竖线条的进一步划分与设计，使之与水平舒展的视觉形象相契合。

2. 下实上虚的形式逻辑

交通建筑内与旅客关系密切的办票、候机等公共区往往位于航站楼上部，底层除行李提取厅和迎客大厅外主要为与旅客关系不太密切的机房等非公共空间。在这样的功能逻辑下，航站楼也呈现出"下实上虚"的形式逻辑。下部主要为石材等较为封闭的材质，上部则以通透幕墙为主。

3. "由动至静，由大到小，由细入微"空间转换

交通建筑空间是一种连续性的空间体验。旅客对于其空间感受由动至静、由大到小、由细入微。表皮通过光影、色彩、材质和细部实现空间转换。最终由模数体系下的细部设计予以落实。设计中需要加强细部设计实现航站楼表皮的空间转换。

4. 符号印象的象征意义

交通建筑作为城市的门户，人们往往对于其给予了很高的精神寄托或者文化期许，业主和社会大众往往对其给予了一定图像符号的象征意义，也就是对于美好事物、城市符号的比喻或者致敬。

在上海虹桥综合交通枢纽中，通过室内带有颜色线条的设计、廊桥符号的引入比喻了"虹"与"桥"的元素；南京禄口机场二期工程则是对南京当地云锦这一城市符号的致敬；港珠澳大桥人工岛口岸则是对中国传统符号——如意的象征。在本章节后叙内容中将会详细展开。

6.2 功能性即标志性——内部功能的合理物化

造型应该是内部功能的合理体现。当功能的需求被恰如其分的表达为合理的空间和适当的造型时，复杂的建筑功能也可以体现为简单的形式美。作为复杂大型交通建筑，内部功能要求需要符合运行单位、政府监管部分、设备工艺等要求，功能要求综合、复杂。因此，造型设计不能只是天马行空的异想天开，"形式追随功能"在航站楼设计中是非常适宜的指导原则，好的造型设计应与功能流程匹配，作为功能的引导和氛围的渲染。

交通建筑集聚了多种交通工具，汇聚大量人流，它一定会融合更丰富的城市功能，特别是商业、办公以及区域服务。交通枢纽的功能性要求极高，特别是旅客使用的高效性以及便捷性，流线要求简明、清晰。举例来说，我们在设计上海虹桥交通枢纽这种超大型的交通建筑时，政府领导明确提出，建筑功能问题的解决就是交通枢纽问题的解决，而功能性就是标志性，并不需要建筑师谈标志、谈造型，他们希望建筑师能够先解决功能问题，功能问题解决好之后，标志性就会顺其自然地体现出来。这是一个很好的启示。而且，当功能布局合理化之后，建筑师也会自然地在建筑空间中寻找所需表达的语言、材料和个性。

6.2.1 城中城：枢纽形象的统一塑造

上海虹桥综合交通枢纽的造型设计就是一个很好的案例。在其造型设计中，设计团队紧密围绕"功能为先、体现交通建筑特点"的设计原则，紧密结合枢纽各组成部分的功能要求和使用特点，体现交通建筑便捷、便利的性格特点，实现功能和形式的完美融合。

此外，和其他单体交通建筑不同，大型综合交通枢纽往往由多个单体建筑共同构成枢纽的整体形象，枢纽的造型设计需要从宏观规划出发、统一考虑、协调设计，使枢纽以一个完整的形象展现给世人。

6.2.1.1 穹翼城

在上海虹桥枢纽的设计中，设计团队在此方向上做了一系列有益的尝试。第一轮方案造型根据上海虹桥枢纽的功能组成和体量关系，产生了三大类型、九大方案。

第一种为一段式类型：即将高铁站、磁悬浮、上海虹桥机场 T2 航站楼造型看作一个大建筑，进行一体化设计。造型具有整体感性、气势宏大、形象鲜明的特点。其中，方案一"虹"的造型以自由曲线性设计为突出特点，形成造型舒展、气势恢宏的大型综合体；方案二"城"的造型方正简洁、线条流畅，犹如一座微型城市。

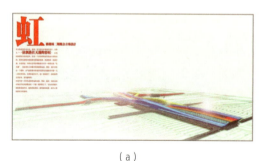

(a)

(b)

图 6-3 上海虹桥枢纽第一轮方案"虹""城"

第二种为两段式类型:即将上海虹桥机场 T2 航站楼、磁悬浮车站造型连为一体、形成统一形象与上海虹桥高铁站造型分别设计,共同构成枢纽造型。其中,方案三"翼"的造型水平延伸、舒展大气;方案四"桥"的造型运用这种元素,配合柔美曲线,形成韵律感。

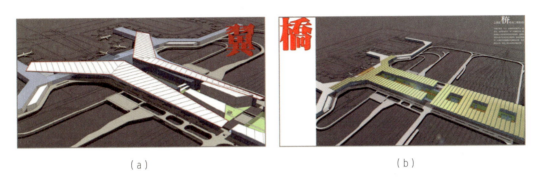

图 6-4　上海虹桥枢纽第一轮方案"翼""桥"

第三种为三段式类型:即将机场、火车站、磁悬浮各自独立形成建筑形象。代表方案如方案五"飞燕"、方案六"风筝"、方案七"廊"、方案八"飞宇"、方案九"苍穹"。

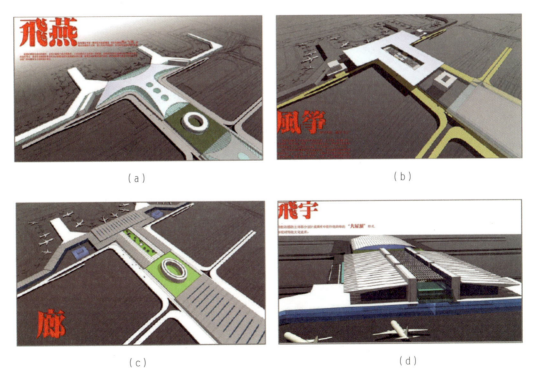

图 6-5　上海虹桥枢纽第一轮方案"飞燕""风筝""廊""飞宇""苍穹"(一)

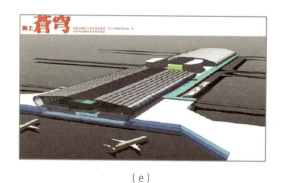

(e)

图 6-5 上海虹桥枢纽第一轮方案 "飞燕""风筝""廊""飞宇""苍穹"（二）

在第一轮方案的基础上，我们对 "穹""翼""城" 三个方案进行深入推敲。

"穹" 方案外观造型以流线的曲面、简洁的外形及内部宏大的共享空间给人留下深刻印象；完整的曲面覆盖了整个枢纽，巨大的流线拱门象征通往世界的门户，超大尺度的一体化屋面无论室内室外感受超乎寻常。巨大简装结构、光滑外表体现未来派的风格，而高层中央景观轴线显得气势磅礴。

(a)

(b)

图 6-6 上海虹桥综合交通枢纽——"穹" 方案

"翼"方案屋面由玻璃和金属拼接而成,寓意飞翔,力求带给旅客动感,因此设计更加大胆和前卫。交通枢纽两侧的交通空间被两翼所覆盖,由一系列折板组成,给人以自由翱翔的联想。

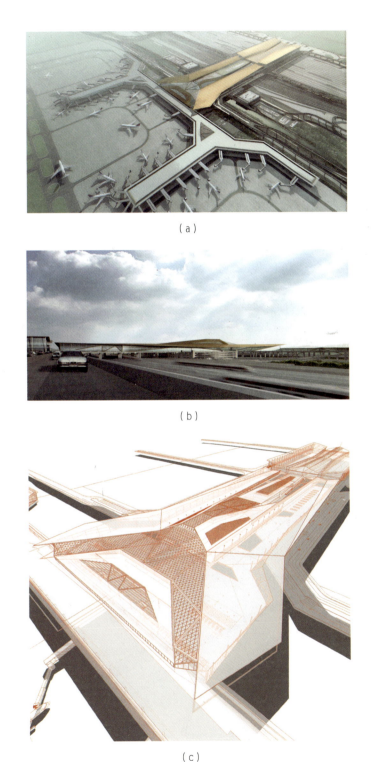

(a)

(b)

(c)

图 6-7　上海虹桥综合交通枢纽——"翼"方案

"城"方案重点考量如何将商业开发的体量与交通设施的大空间有机结合。每个功能体都自有形象，同时又相互协调，以直线条为主，突出虚实对比。造型是内部功能的真实写照。城的概念表明了交通建筑的最主要特征——简洁、大气、条理分明。无论是在造型上还是空间上都紧密围绕这一概念精心设计。最终城方案脱颖而出。

（a）

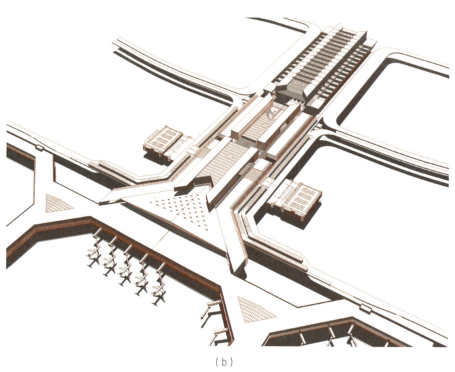

（b）

图6-8　上海虹桥综合交通枢纽——"城"方案

6.2.1.2 和谐统一的枢纽形象

上海虹桥枢纽以"功能性体现标志性"作为设计定位，将枢纽核心区五大建筑功能块以"和谐统一"的设计手法一体化规划于设计中，形成统一的建筑造型、用材、用色；统一的建筑空间语汇与标识引导系统；统一的人性化服务标准。重点突出枢纽东西两端的建筑造型，形成枢纽门户形象。整体造型简洁平和。枢纽建筑空间尺度宜人，错落有致，着重刻画建筑细部与人性化设计。

作为由各种不同功能组合成的一个超大型综合体建筑，每个功能区块都有其自身的形象要求，造型反映着各自内部不同的建筑功能。同时，他们毗邻而建，又需要相互协调，共同形成一座复杂有序、多样统一，仿佛一座微型城市的综合体建筑。在枢纽的造型设计中，我们通过设计原则来实现整个微型城市形象的和谐统一。

图 6-9　上海虹桥枢纽整体鸟瞰图

重点突出、张弛有度，形成枢纽门户形象。上海虹桥机场 T2 航站楼是枢纽中重要的组成部分，而西端高铁车站也是旅客进出上海的主要通道，旅客在这两处最能直接感受枢纽的门户特征。整体上，重点突出枢纽东西两端的建筑造型，形成枢纽门户形象，放松处理中间的磁悬浮车站，作为连接东西两端建筑的过渡体，枢纽整体造型简洁平和，与上海浦东机场的流线型外观形成对比。在高铁磁浮和航站楼的屋面设计中，通过一条相同宽度的屋面采光带，将各部分屋面造型与内部功能有机结合，在形象上形成统一的虚实关系。

图 6-10　上海虹桥枢纽立面图

尺度、造型风格的协调统一。机场、磁悬浮大厅和高铁进站大厅的进深尺寸统一，保证了枢纽沿进场道路的立面的统一性和完整性。机场、磁悬浮和高铁的最高点高度统一为 42.85m，保证了天际线的统一性。

航站楼造型遵循多样统一的设计原则，包括与高铁功能部分统一的外形轮廓和天际线，以及以通透玻璃幕墙为主的进出港大厅与平直方正铝板的上部体量所形成的强烈虚实对比的造型与西端高铁造型相互映衬，造就了枢纽的厚实稳重的整体形象。

建筑细部的协调。在细部处理上，航站楼通过与其他功能部分采用相同的幕墙装饰线条，相同的钢结构车道边雨棚，成为枢纽立面多样统一的重要基底和元素。

(a)

(b)

图 6-11　上海浦东、虹桥机场建筑气质比较

简洁平和的造型，突出与上海浦东机场不同的建筑气质。上海虹桥机场与浦东国际机场在上海航空枢纽港中的发展战略不同，浦东机场的建筑造型代表了亚太国际航空枢纽的形象，而虹桥机场的造型则定位为国内大型航空枢纽。因此，虹桥机场 T2 航站楼造型着重突出与浦东机场造型风格的差异，以功能为先的设计思路和

简洁平和的设计风格与浦东机场气势宏大流线外观形象形成强烈对比,从而使浦东、虹桥两机场产生性格迥异的视觉形象。如果说浦东机场那自由波浪、大鹏展翅的自由曲面造型代表了上海的改革开放和经济腾飞,那么虹桥机场 T2 航站楼造型阳刚充满力度、内敛但不失张扬的形象,则寓意改革开放新阶段上海国际化、现代化发展的成熟和稳重。

6.2.1.3 建筑元素母题——"彩虹""桥"和三角形的运用

"虹桥"地名因"彩虹"和"桥"而得名,因此,在建筑设计中,建筑师大量运用了彩虹和桥的建筑母题。

在商业区,建筑师在墙面上通过五彩的线条与吊顶相呼应,同时予以了七色彩虹。同理在交通中心天桥,采取了五颜六色的钢杆,同样是对七色彩虹的暗示。

桥在造型设计中也扮演着重要的标志性作用,我们结合功能使用和视觉要求,设计了形态各异,造型多样的"桥",使旅客能够随时随地感受到虹桥机场的场所特征和桥的意境。设计师结合功能设计了许多形态各异的桥,有出发大厅里的梭形桥,到达大厅里无行李通道的斜拉桥,东交圆形中庭里的斜拉悬空桥,空侧 VIP 区的单柱桥,以及东交和西航顶部长约 70m 的空中连桥等。

表达建筑形体的"桥"。上海虹桥枢纽将艺术化的桥作为建筑主体的情感表达方式,着重发掘趋向雕塑性的造型艺术语言,创造出与众不同的形象——充满结构理性的桥。如连接东交通中心和 T2 航站楼、跨度达 70 余米的空中连桥,与两边建筑体量一起形成强烈的虚实对比。而巨大的桥洞的建筑意向,同时又暗示了入口的位置,形成了代表航站楼门户形象的重要特征,这座桥仿佛是上海与世界、未来与现在的时空之桥。

(a) (b)

图 6-12 彩虹元素在上海虹桥机场 T2 航站楼中的运用

丰富空间层次的"桥"。在上下高差 50 余米的东交通广场圆形大厅中间,一座斜拉桥横跨而过,光线从由数根彩色钢柱支撑的天窗中倾泻而下,整座桥仿佛笼罩在一片彩虹之中。在宽敞开阔的机场办票厅里面，一座跨度 30 余 m、形态优美、纤细的悬杆桥横跨而过，桥底被暗藏在悬杆下方的 LED 灯光照亮，使整座桥仿佛飘浮在空中，桥面由橡木地板及发光玻璃地面组成，温暖的阳光透过桥顶玻璃天窗的白色金属穿孔板，照到桥面上，给人以温暖和宁静的感觉。车库外露天的人行天桥是连接车库与室外停车场的重要通道，采用单柱钢结构支撑，桥身由从车库两侧金属百叶内混凝土梁伸出的钢索固定，精致的钢结构栏杆和立柱铰节点，与车库的粗犷清水混凝土墙面形成鲜明的对比。

三角形的造型母题是上海虹桥枢纽设计中的另一个特点。

上海虹桥机场 T2 航站楼与磁浮高铁垂直连接，采用三角形的建筑形态，将三大建筑体量巧妙自然地衔接起来，避免了生硬的转折关系，使建筑体量关系更加活泼。主楼办票厅造型呈三角形布局，既使南北进场高架路线更加顺畅，也有利于增加车道边的有效长度。空侧的短指廊造型充分利用三角形的空间特点，在两条垂直指廊相交的地方做 45°连接，形成的三角空间则作为内部的集中商业空间使用，既满足了功能需求，又强化了造型特征。在上海虹桥机场与磁浮车站交接的地方，各自后退一个三角形的体量，在两楼之间形成一个虚的菱形图案空间，从而形成特征鲜明的过渡空间。

(a) (b)

图 6-13 上海虹桥枢纽内"桥"元素的运用

T2 航站楼的造型细部通过反复使用三角形符号，将不同的建筑形态有机协调起来，形成完整的建筑形象。大小三角形以平面和立体造型反复出现，表现出建筑师为营造和谐和韵律感所做的努力，成功破解了现代主义易出现的单调感和冷漠感。这些三角形各司其职，有的是采光天窗，有的是入口雨棚，结构巧妙，造型工整有序，体现出形式探索的意味。入口雨棚采用斜向布置的钢梁和拉索构成的梁架体系，巧妙的形成一个个富有韵律的三角形造型单元。又如东交通广场的屋面天窗同样采取斜向 45° 的交叉钢梁，在每个网格中又布置了由三角形组成的室内穿孔板遮阳板，形成造型统一、层次丰富的天窗造型。此外，长廊三角天窗和长廊端部商业顶部的天窗均反复采用三角形造型语言，使整个建筑造型的细部统一而富有变化。

图 6-14 三角形母题在枢纽中的运用

（a） （b）

图 6-15 三角形母题在细部中的运用

6.2.1.4 室内空间的延续

枢纽设计在建筑体量上挖了很多天井、门洞，这些上下贯穿的天井给枢纽带来了充足的光线，减少了人工照明。从节地的角度出发，枢纽大量利用地下空间，同时，为了体现枢纽绿色节能，设计多组贯通地下的绿色庭院，将采光通风引入地下，创造宜人的体验空间。

室内设计延续功能型即标志性设计原则，体现交通建筑快捷便利的性格特点。整体风格简洁、现代、淡雅，在室内集中商业区等重点区域，以鲜明的色彩作为点睛之笔，如道道彩虹映衬其间。

（a）

（b）

图 6-16 上海虹桥枢纽室内空间

6.2.2 造型与室内空间的统一

如果说交通建筑的室外形象是旅客对建筑的"第一印象",那么旅客逗留时间较长的室内空间则是其内在精神的体现。如果说旅客体验是交通建筑的根本,那么室内空间则是旅客体验的直接载体。一体化的室内设计更有助于提升旅客体验。

建筑师在进行建筑创作时,基于对枢纽功能的理解、流程的安排,在内部空间的营造上已有深入的构思和明确的形态意向。如对重要节点空间从比例、尺度、光线利用、界面处理等各方面均有所考虑,这些将直接影响旅客体验。在南京禄口机场二期工程的设计中,我们将内、外置于统一的形式逻辑下进行通盘考虑。

6.2.2.1 一体化的室内空间设计

建筑师非常重视南京禄口机场T2航站楼的室内空间设计。因此,采用了内外空间整体考虑的设计方式,也就是在建筑外观初步确定后,便对其内部空间着手设计,同时有效协调结构和机电专业。

室内形态设计首先明确基本空间区域的高度关系。吊顶的高度控制根据空间大小、空间比例、功能要求综合考虑,主楼的平面尺度较大,宽度达到500m、进深达到180m,并且功能较为复杂,在主楼区域吊顶净高最高控制在30m,由主楼中心逐渐向四周递减,最终降低到10m高度。长廊的空间尺度较小,宽度为40m,其主要为旅客候机空间,因此,空间高度基本控制在8m左右。尽管不同空间高度要求不同,但是南京禄口机场T2航站楼室内吊顶的设计出发点是完整连续的空间界面。

造型空间与室内空间流程相统一,屋面的起伏即是对当地云锦的回应,同时天窗隐藏在波峰处,渐变的波峰之间设置8个修长水滴形天窗,天窗隐藏在波峰之间,避免了对屋顶整体形态的割裂。新航站楼出发层的室内大空间,延续了大屋盖的起伏态势,并尽量减少结构柱,使穹窿顶盖下的室内空间完整、大气;在"波谷"处设置天窗,将自然光引入室内,成为屋顶的装饰亮点。天窗将阳光自然地引入出发层,在自然光的照射下,旅客会感到更加放松。在光线和灯带的引导下,旅客顺着天窗前行,自然而然地通过国内安检区和国际联检区,完成了由空侧到陆侧的过渡。

6.2.2.2 吊顶形式的多方案比选

事实上,在吊顶的设计中,我们同样经过了多方案的比选过程。

方案一:单元斜线方案

优点:波峰和波谷形成单元,使空间更具节奏感。

缺点:吊顶弱化了原屋面曲面变化的美感,形成的新的肌理和屋面难以形成有机的整体。

(a)

(b)

图6-17 单元斜线方案

方案二：单元大肌理方案

优点：吊顶板在原有形态基础上，形成独特的肌理质感。

缺点：增加了吊顶的实施难度；渐变的肌理形态减弱了原有吊顶的整体感。

图6-18 单元大肌理方案

方案三：径向条板方案

优点：强调了旅客行进方向的流线，指向性较强。

缺点：吊顶弱化了原屋面曲面变化的美感，形成的新的肌理和屋面难以形成有机的整体。

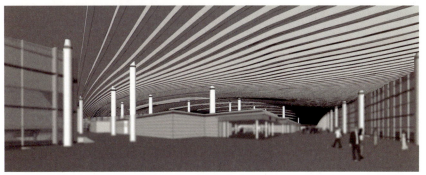

图 6-19　径向条板方案

方案四：梯形单元方案。

优点：逐渐跌落的吊顶肌理形成较新的肌理变化，呼应吊顶形态。

缺点：肌理过于厚重，与飘逸轻盈的设计初衷不太匹配。

图 6-20　梯形单元方案

方案五：三角板肌理方案。

优点：渐变的吊顶肌理呼应吊顶形态变化；三角面简化曲面形态。

缺点：大量堆积的三角面，形成较繁复的肌理质感，稍显复杂；三角面难以形成光滑的吊顶质感。

图 6-21　三角板肌理方案

方案六：斜交网格方案

优点：通过斜交网格的板缝设置，形成统一的屋面划分肌理。

缺点：斜交网格肌理弱化了吊顶形态的特点，与吊顶形态难以形成和谐整体。

图 6-22　斜交网格方案

方案七（最终方案）：曲面条板方案

采用简洁明确的弧形线条，清晰地将吊顶形态勾勒出来，体现吊顶的起伏感，视觉感受随着空间的转动而变化；形成简洁明快的界面质感，为旅客带来轻松愉悦的心理感受。通过板缝的尺度变化形成特有的节奏感，同时化解双曲面带来的施工难度，降低成本。

图 6-23　曲面条板方案

图 6-24　模型与实景照片对比

图 6-25　曲面条板建成实际效果

6.2.2.3 吊顶方案的优化

"律动的云锦"延续在室内空间中,为室内空间提供了独特的空间界面。室内大吊顶为连续光滑的曲面形态,保证室内吊顶界面的完整。主楼、候机长廊吊顶形成完整连贯的三维曲面。航站楼出发层被一层完整的吊顶覆盖,形成统一完整的空间,极具空间表现力。

图 6-26　一体化的吊顶形态控制线网格示意图

吊顶形式延续屋顶形态,采用渐变的起伏形态,同时将半径变缓、高差变小,同时采用更加细腻的尺度,控制渐变起伏的大小。圆润的吊顶形态仿佛天际的白云,又仿佛丝滑的轻盈绸缎将建筑覆盖。

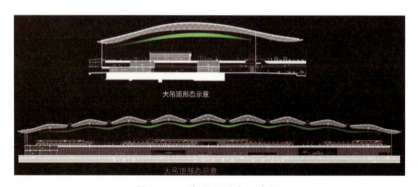

图 6-27　大吊顶形态示意图

图 6-28　大吊顶形态调整示意图

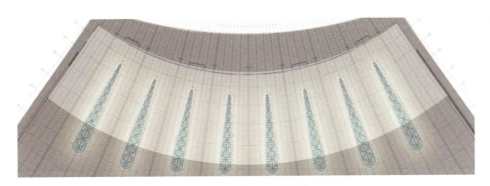

图 6-29 大吊顶平面图

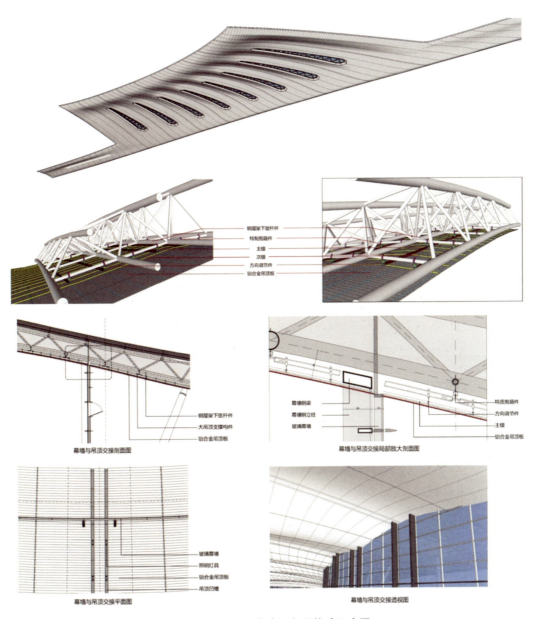

图 6-30 大吊顶节点细部及构造示意图

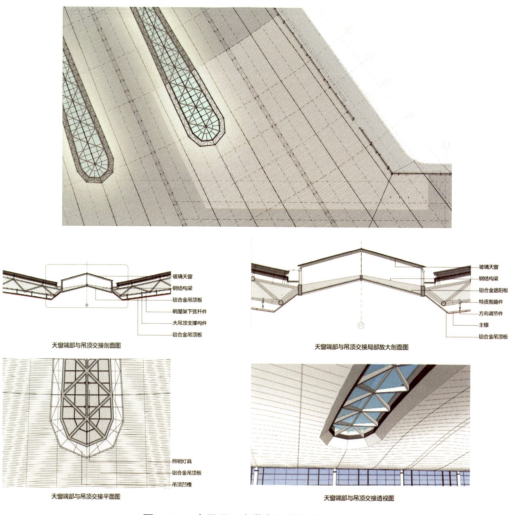

图 6-31 大吊顶天窗节点细部及构造示意图

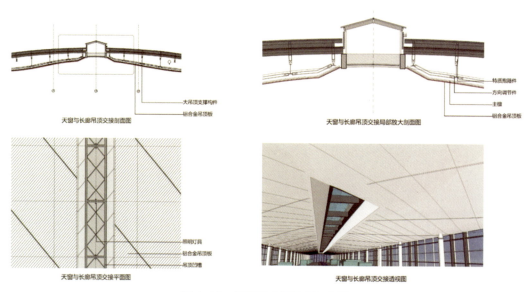

图 6-32 长廊标准段吊顶示意图

在人屋盖巧妙利用波峰波谷变化设置的天窗为室内带来自然光线的同时，令屋顶看起来更加轻盈，并形成丰富的室内外空间效果。采用简洁明确的弧形线条，清晰地将吊顶形态勾勒出来，体现吊顶的起伏感，视觉感受随着空间的转动而变化；形成简洁明快的界面质感，为旅客带来轻松愉悦的心理感受。

通过板缝的尺度变化形成特有的节奏感，同时化解双曲面带来的施工难度，降低成本。

值得一提的是，三维曲面的吊顶形态须由二维建材实现完成，设计中需要兼顾实施的可行性。条形板吊顶利用板块之间留缝的大小变化，有效消化三维曲面的变形量，简化吊顶板的施工难度，大大减少工程造价。为保证吊顶较为纯粹的视觉效果，减少灯具、管线、马道对吊顶视觉效果的影响，我们将其集中整合，方便维护检修。

在大跨空间中，建筑的表现与结构体系密不可分，选择体系合理并且与建筑风格匹配的结构体系，是大跨空间设计的重点，需要建筑师、结构工程师密切配合。在南京禄口机场T2航站楼室内方案的初始阶段，经过建筑师和结构工程师对结构体系、室内表现等方面的多次讨论后，最终形成了钢桁架结构体系以及室内吊顶风格。

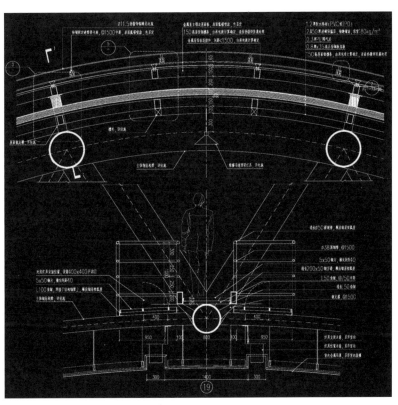

(a)

图 6-33 大吊顶节点细部及构造示意图（一）

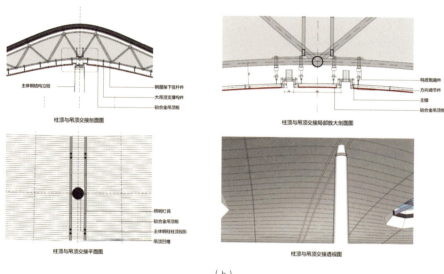

(b)

图 6-33　大吊顶节点细部及构造示意图（二）

图 6-34　南京禄口机场鸟瞰图

图 6-35　南京禄口机场空侧透视图

6.3　富有表现力的第五立面设计与其建构逻辑

在交通建筑造型设计中，最为直观的印象往往是第五立面——屋顶。它是业主最为直观的感受，更是旅客对这座城市的第一印象。众多投标单位甚至在第五立面（屋面）上大花笔墨。

交通建筑作为大型复杂建筑，由于其体量巨大，任何小尺度的设计手法，都不能形成控制性的形式语言，而设计一个具有足够表现力的第五立面，则能够很好地实现其建筑概念，统领整个造型设计。

近几年来，建筑师往往通过三维曲面的形式来实现其宣言，三维曲面形体越来越多地出现在交通建筑的造型创作，尤其是像航站楼这样大型复杂的建筑中，从国内的设计潮流来看，基本上各大机场都采用较为炫酷的曲面造型。目前的计算机设备已经足够支持理论层面的复杂曲面设计。建筑师不仅需要通过自身的建筑素养，塑造出符合项目要求的具备美感的建筑形体；同时，也需要通过逻辑的设计方法将曲面形体化解为构造合理，造价可控，可操作、可实施的技术措施，最终实现建筑效果。

6.3.1　浪漫与时尚的屋顶设计

某大型航站楼所在城市是一座位于北方海滨的现代都市，始终站在时尚潮流和科技发展前言。在其国际竞赛中，我们将浪漫与时尚作为其屋顶造型设计的原则，从自然图案中获取灵感，缔造标志性建筑，在回应自然和人群的流动的同时，深度研究旅客流线，造就独树一帜的机场功能与外形，创造出非凡、独一无二的旅行体验。在指廊端部设置庭院，使自然形式和绿色空间在岛上和机场内融为一体，既舒缓紧张感又吸引旅客。

屋盖造型设计来源于对科技和自然的编织，共同打造以人为本的旅客体验。自然的海风和流水，以及人性化的智能设计系统是能源和可持续性的保证。整个体验由流动的线条、自然的图案和室内外自然空间的编织共同构成。建筑如同风一般的流动，旅客被自然地引入建筑内部，并在商业设施中流动，如同江河或大海中的水流一样。

旅客的在机场中的流线启发了屋顶的形式。每种旅客流动的路径都刻画出了结构和采光天窗的肌理。这些线条一直流动到4条指廊的末端，流入位于指廊末端的绿色花园，为旅客提供宁静的自然体验。屋顶自然流动形式唤起了人们对海风、云彩和天空的感知。网格状的图案创造了一个第二层级的尺度和肌理。这些屋顶上的网格和开窗，是对自然图案的模仿，更能彰显机场的时尚感。他们能够直观地引导旅客进入指廊末端，从而继续他们的旅程。

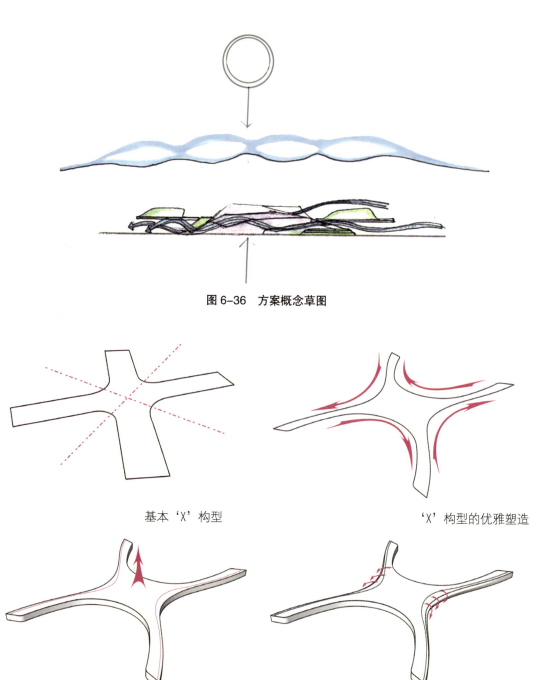

图 6-36　方案概念草图

基本'X'构型　　　　　　　　　　　'X'构型的优雅塑造

动态三维流线型主体及指廊的发展　　　屋顶与立面的流畅连接

图 6-37　航站楼形态生成过程

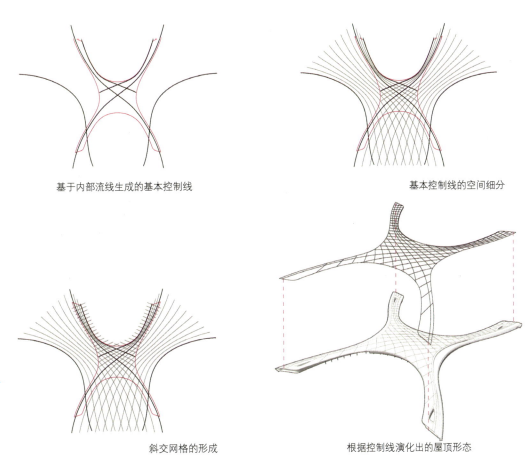

图 6-38 屋顶形态生成过程

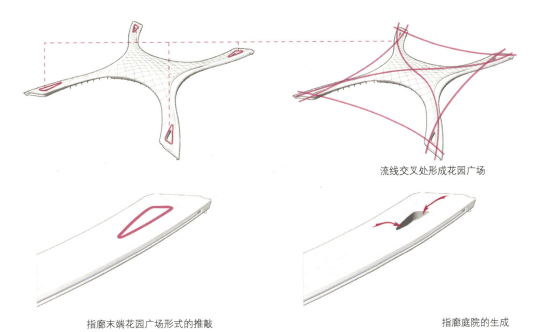

图 6-39 屋顶的流动形成花园广场

(a)

(b)

图 6-40 某航站楼效果图

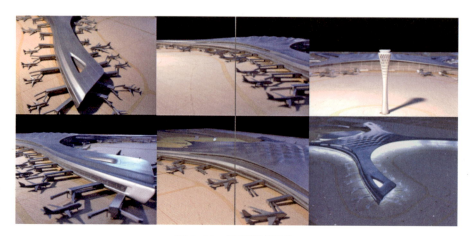

图 6-41 建筑模型照片

最终。该设计于 2015 年获得了美国 AIA DALLAS 金奖，这也是设计团队第一次获得 AIA 奖项，这是国际同仁对我们建筑创作的一次肯定。

6.3.2 云行锦韵后的建构逻辑

在南京禄口机场 T2 航站楼中，造型设计以屋面形态的设计为切入点，以具有代表性的建筑形态作为项目的特点，并将这一特点抽象、演绎、反复形成极具个性特点的空港建筑，并运用计算机辅助设计等手段，通过严密的建构逻辑加以实现。

6.3.2.1 云行锦韵的第五立面概念

在南京禄口机场 T2 航站楼形态设计中，我们将主楼和长廊屋顶作为整体考虑，统一在一个大的平滑曲面中，塑造出整体变化的建筑趋势。结合室内空间节奏和车道边旅客视点的表现要求，将形态变化的高潮集中在主楼区域。首先将主楼屋顶的曲面结合主楼轴网模数关系，细分为 9 个小的单元，每个单元都在平缓的屋顶曲面上形成高度逐渐变化的波峰。

图 6-42　航站楼屋顶效果图

图 6-43　航站楼实景照片

"风从虎，云从龙"——新航站楼在轻盈通透的形体之上，覆盖以充满张力、飘逸舒展的多曲面顶盖，如行云流水，气势不凡。

9个凸出的波峰都统一在大的形式逻辑下，形成富有韵律的起伏节奏。主楼的屋顶仿佛被微风吹出皱褶的金属丝缎，在阳光下熠熠生辉。渐变的波峰之间设置8个修长水滴形天窗，天窗隐藏在波峰之间，避免了对屋顶整体形态的割裂。长廊的屋顶强调水平延伸的感觉，屋顶延续平滑的曲面形态，在端部微微抬起，作为建筑形态的收头，仿佛伸展的飞机机翼。外形设计巧妙的与平面形状相契合，屋面起伏变化以扇形平面的轴网关系作为基础，从透视角度上看，更具视觉张力。

云锦是南京悠久历史文化的代表性载体，云锦因其色泽华丽灿烂，素有"寸锦寸金"之称，又因其美如天上云霞而得名。云锦用料考究、织造精细、图案精美、锦纹绚丽、格调高雅。南京云锦的产生和发展与南京的城市历史密切相关，最早可追溯到三国东吴时期。航站楼造型以屋顶形态为切入点，充满张力的金属质感的屋顶，轻巧的覆盖在整个航站楼上，如云行锦韵，整体大气。屋顶形态借鉴了南京文化遗产"云锦"的神韵，整个屋面形态犹如被微风拂动的锦缎。

立体停车楼的构型完全贴合高架系统和航站楼，创造出一幅宛如"雨花石"般秀美的造型构图。共同营造核心区"秀美灵动"的景观效果。

云锦的制造是一种特殊的工艺，仅用于"通经断纬"挖花盘织法的引纬，就有很多秘不示人的口诀和技能。"通经断纬""挖花盘织"都是云锦制造的特殊技法，云锦编织的过程也正是织手在图样确定的基础上对艺术品的再创造，真正达到了"逐花异色"的特殊效果。在南京禄口机场二期工程中，我们如同心灵手巧的织手一般，运用现代的建筑手段，一针一线地编织起这匹特殊的云锦。

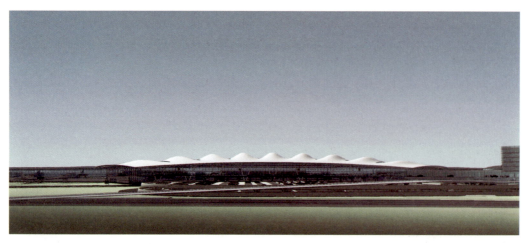

(a)

图6-44 模型推敲与实景照片对比（一）

（b）

图 6-44　模型推敲与实景照片对比（二）

图 6-45　楼前车库照片

6.3.2.2　"云锦"曲面形态的理论建构

屋面的建构分为 2 个层面：曲面形态的建构和构造做法的建构。同样是建构，但是 2 种建构在项目推进过程中的作用和对建筑师的要求是不同的。曲面形态的建构是对曲面逻辑化、数据化的过程，经过形态的深思熟虑，将复杂曲面抽象成为几根关键曲线或是几个关键点，是方案优化调整的基础；构造做法的建构是项目顺利实施的基础，建筑师充分了解材料性能后，顺应材料的性能和特点，通过材质的巧妙搭配，形成施工简便、质量可靠、造价可控的技术方案，保证项目的完成度。

对于复杂曲面的控制，需要建筑师在造型设计的同时，对其建构逻辑加以确定，并随着方案不断推进而逐渐优化。在南京禄口机场 T2 航站楼的形态塑造中，首先将整个屋顶的形态做整体曲面控制，即首先确定一张虚拟的曲面"底层控制面"，确保屋顶的光滑连续。接下来的关键点是对屋顶起伏形态的控制。在控制原则上，所有的变化同样是在统一的逻辑上，确立一张虚拟的曲面"顶层控制面"，以此来控制所有起伏的最高轮廓线。通过控制面以及轴网关系将复杂屋面的曲面变化进行约束，进而采用参数化软件将所有的形态建构逻辑数据化，作为方案优化调整的基础脚本。

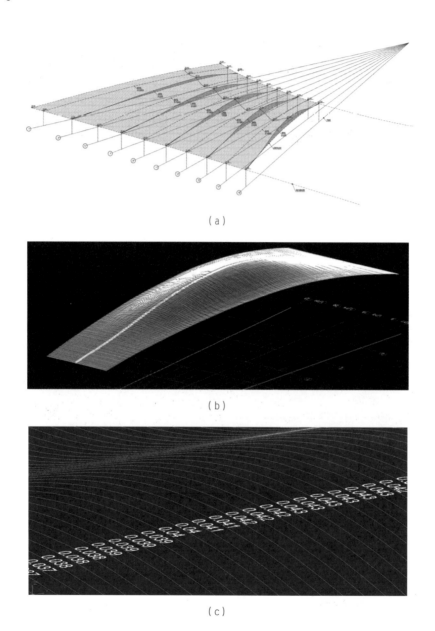

图 6-46 主楼屋面形态建构简图

6.3.2.3 "云锦"复杂屋面的构造建构

南京禄口机场 T2 航站楼屋面是机场团队以往工程中较为复杂，难点较多的屋顶形式。首先屋面形态是连续变化的曲面，半径小、曲率大，每个单元的形态都是变化非常剧烈、复杂的三维曲面；其次，复杂曲面表皮经常采用复杂、特殊的工艺，会增加施工的难度和造价，机场航站楼作为国家基础建设工程，对项目的整体造价有比较严格的控制，要求建筑师做"定额设计"，并对工程造价给予高度关注；最后，复杂屋面的风险较大，建筑形态复杂，建造措施相对复杂，质量把控的难度更大。航站楼作为大型公共建筑，备受关注，必须保证安全牢靠。

"对于复杂的构造形态，造价和施工时间是材料选择的最大制约。"设计团队认为，"以逻辑的设计方法将曲面形体化解成为构造合理、造价可控、可操作、可实施的技术措施，最终实现建筑的效果。"在比对柔性卷材、刚性金属直立锁边、装饰板+刚性直立锁边（两层）、刚性直立锁边+柔性紧贴卷材防水层这4类屋面系统后，建筑师首创了双层屋面系统，并已成功申请专利。上层以直立锁边金属板屋面作为刚性防水层，表面质感与建筑体量匹配；下层以卷材屋面作为柔性防水层，排水坡度更好。

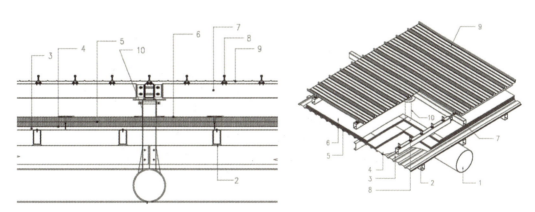

图 6-47　双层屋面系统

金属直立锁边的光泽与屋顶圆润的造型非常协调，在阳光下随着曲面的形状变化，金属表面呈现出不同的光泽，将建筑形体表现得更加清晰。

图 6-48　航站楼建设屋面实景

屋面表面的金属板材的选择也是技术设计中的一个难点。曲面屋顶的主流技术设计方式主要有定制加工的曲面板材、定制加工的三角形板材、规整的成品平面板材。曲面板材能够完美的表现顺滑的曲面。但是板材的加工难度较大、费用较高、并且加工周期较长，会对施工周期产生较大影响。三角板能够拟合任意曲面。三角形拟合的曲面效果可能比较粗糙，需要通过分析，研究曲面效果。加工尺寸可能较多，需要研究板块划分的方式，尽可能减少板块规格。规整的平面板可以节省造价、缩短加工周期。理论上，规整的平面板材是不能拟合光滑曲面的。能否通过构造措施、板块变形、施工工艺等实现光滑曲面形态，需要经过仔细的研究。而南京禄口机场T2航站楼通过分析研究，采用现有技术手段，将规整、标准化面板材料拟合成三维曲面。从而实现其复杂屋面的构造建构。

6.3.2.4 谈复杂异型屋面的细部把控

屋面技术设计的另一个重要问题就是关于重点区域的防水、防风掀设计。

由于航站楼的屋面形态比较复杂，为避免运营过程中出现漏水或是被风掀起的情况，重点在屋面天窗、天沟等关键部位进行了强化的构造设计。天窗、天沟交界处、钢结构立柱等处做防水加强处理。

航站楼体量大，屋面的排水是其首要问题。不同于以往大跨度曲面或平面的分水线，复杂曲面屋面的排水方向、坡度更为繁杂，以波谷为界分解成单元，并在波谷处设置天沟，对一个个单元进行定点分析。航站楼屋面挑檐进深是逐渐变化的，屋檐最大挑檐距离达到37.5m，最小挑檐距离达到12m，建筑师只能将曲面形态简化，再通过参数化分析，研究变形量。同时同步结构和构造的尺寸，进行高差分析，不断优化。设计团队强调："对排水坡度、曲面变形、曲面高差等特性反复分析，贯穿整个设计优化过程"。

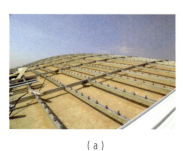
（a）
南京禄口国际机场T2航站楼上层
金属屋面檩条

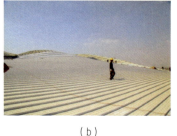
（b）
金属屋面板铺装过程

（c）
下层防水卷材屋面施工过程

图 6-49 航站楼建造过程

对天窗、天沟交界处、钢结构立柱卷材等重点区域防水加强处理。

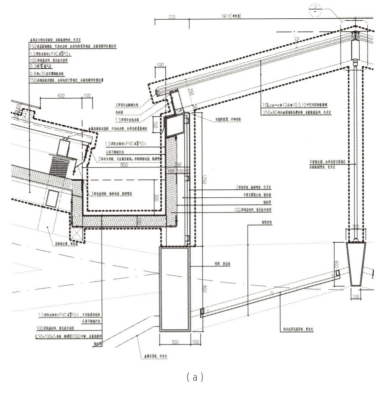

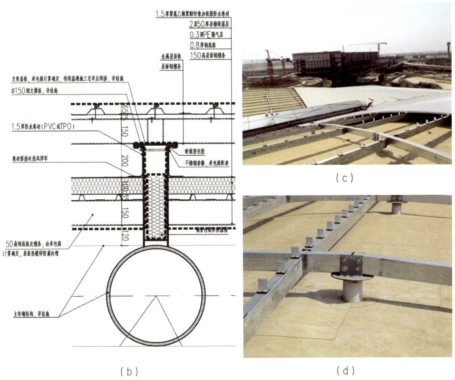

图 6-50 航站楼屋面细部节点及照片

防风措施的重点在屋面与天沟交接处,天沟形成的负风压使屋面固定件失效,导致屋面板被掀起。为了加强防风措施,设计根据国家规范和航站楼风动实验报告,经计算，结构取风荷载最大值；另外，我们还采取了龙骨加密、连接件加密以及专门的防风扣件等方法。

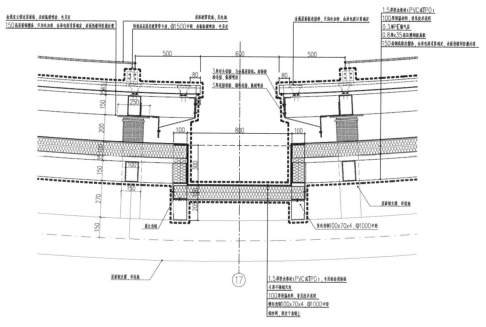

图 6-51　航站楼细部节点

6.4　动态变化的视点感受

如果说屋顶形态更多的是"上帝视点"鸟瞰角度的表现，那么与普通旅客视觉体验密切相关的则是进场道路的一系列透视角度。对于大部分旅客而言，人行视角是其最为直观的感受。相较于人们无法真正看到的鸟瞰造型，航站楼主立面造型更具标志性。

1. 在主进场路动态视点变化中，旅客重点感受航站楼各立面特别是主立面及天际线的逐次展开和表达；

2. 在主进场车辆靠近航站楼过程中，须保证各主体建筑（特别是航站区内包含多个航站楼）的单体造型完整性。

在南京禄口机场二期工程的设计中，我们注重旅客靠近交通建筑这一动态过程中，旅客随着车行位置变化而产生的不同视点体验的反馈，并用"步移景异"的艺术手法将传统与现代衔接在一起。在旅客沿着车道边行进的路上，律动起伏的屋顶似乎脱离了重力约束，轻盈的悬浮在空中。纤细的Y形钢结构立柱与屋顶起伏呼应，分别以不同的倾斜角度与屋顶连接，形成了步移景异的动态视觉效果。航站楼屋顶在门前车道上方的近 40m 悬挑，满足了车道边遮风挡雨的功能需求。

图 6-52　从人的视点拍摄航站楼实景

出发旅客车辆从 9m 层高架靠近新航站楼，可以感受到连续的建筑景观界面；感受到航站楼"出檐深远"的车道边雨篷高低起伏的微妙变化。

图 6-53　车道边实景照片

6.5　地域环境的现代表达

如何恰当地营造交通建筑的文化品位，延续文化认同？

作为超大型现代交通建筑，对于地域风貌的延续并非是一味地仿古，而是运用现代建筑语言，对传统地域文化、气候环境特征加以诠释。

它包含了两个层面的考虑：

1. 建筑对于所在区域既有风貌的传承——场所性；
2. 建筑对于城市地域风貌的延续——地域性。

6.5.1　环境基因的传承

造型应体现周边环境，特别是与既有建筑的协调。目前航站区改建扩建的情况越来越多，总的来说应该体现整体的区域空间环境；体现既有建筑、新建筑的风格统一；注重中轴线的处理。可以将其视为环境基因或者航站区基因的传承和延续：航站楼往往呈现出较为动态、高技术、现代的建筑形态。新建航站楼需要延续这一手法，尊重既有航站区风貌，应用发展的技术手段和现代建筑语言重新加以诠释。整个航站区呈现出"和而不同"的形象。

上海浦东机场 T1、T2 航站楼就是一个很好的案例。针对上海浦东机场 T2 航站楼的设计，我们考虑它与 T1 航站楼之间应该既有逻辑联系又有不同，将这种区别与联系整合起来，使整个航站区形成 DNA 的统一。

T1 航站楼四片弧形屋面组成了海鸥展翅的独特形象，T2 航站楼则以连续的波浪形曲线屋面为主要造型元素，与 T1 航站楼形成了比翼齐飞的建筑呼应。T1 航站楼阳刚而充满力度，T2 航站楼则更加柔和和灵动，两者刚柔并济，构成了和谐均衡的统一整体。如果说 T1 航站楼展翅欲飞的空间形象，寓意上海浦东的改革开放，那么 T2 航站楼则是大鹏已展翅翱翔于蓝天之上。暴露结构体系，舍弃繁复装饰，体现朴素典雅的审美情趣，通过对结构构件的比例、尺度和细节的精心设计，直接展示力量之美。体现了交通建筑高效、现代的精神内核。

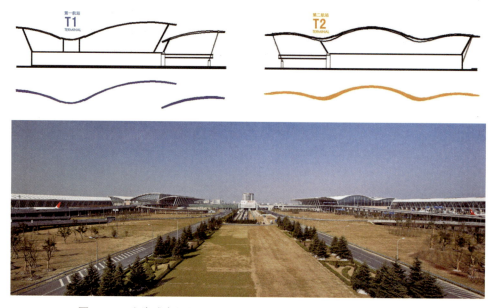

图 6-54　上海浦东机场 T1、T2 航站楼呈现和而不同的航站区形象

图 6-55 上海浦东机场 T1 航站楼外景

2 号航站主楼的屋面由几片连续的弧形组成，它们分别覆盖着出发车道边和出发办票大厅，整体形象好像一只气定神闲的大鸟在自由翱翔。指廊上同样覆盖着弧形屋面，两侧微微翘起，并结合室内使用功能在端部适当放大，与主楼形成既统一又富有变化的整体，连续的大跨度钢结构屋面形成了室内连续通畅、富有韵律的空间。

为了利用自然通风和采光，达到降低能耗和环保的效果，在航站楼的屋面上设计了梭形天窗，两两一组，间隔设置。为了达到更好的室内照明均匀度，结合天窗设计了遮阳膜，半透明的膜在白天能够使透过的日光被减弱，使室内光线柔和温暖，而晚上在精心设计的大空间照明灯具的照射下，同样能带来旅客温馨舒适的感受，避免了无遮阳膜时天窗白天过亮夜间过暗的情况。天窗的设计不仅对采光和通风大有裨益，同时沿航站楼进深方向开合的天窗带有很强的指向性，其形态与结构主钢梁的开合完全一致，形成一种室内有机的整体感受。

上海浦东机场 T1、T2 航站楼采用钢结构，明露的白色构件，清晰的反映了建筑的结构系统，以及相同的结构逻辑，体现了同一航站区的基因传承。建筑与室内的一体化设计使得室内在空间塑造、材料选择上更多地沿用建筑结构固有的语言，达成建筑、结构、室内设计的完美统一，充分展现其建筑的内在美出来，体现由外而内的结构美，展现体积感、空间感和力度感。

南京禄口机场也是一个很好的例子。1 号航站楼正对机场主进出场道路，面东背西；楼前旅客道路以单向大环在陆侧围合出一片巨大的航站核心区绿化广场及地面停车场。1 号航站楼采用单曲大跨波浪形屋盖造型，体现出江南水乡灵动的特色。在 20 世纪 90 年代，1 号航站楼无疑是具有标志性的交通建筑。因此，在南京禄口机场二期工程的设计中，我们同样选择了波浪线的屋盖造型传承了既有航站区的文脉，同时又采用了更加现代的建筑手法进行诠释，使屋面更加大气自然。

(a)

(b)

图 6-56　上海浦东机场 T2 航站楼外景

6.5.2　传统意向的建筑隐喻

交通建筑作为旅客来往城市的第一站和最后一站，其室内空间的整体氛围是对这座城市气质最好的诠释。建筑师可以通过恰当的空间隐喻营造适宜的空间氛围，使旅客能够触碰到这座城市的文化脉搏。在福斯特设计的约旦皇后机场中，采取了一系列单元式混凝土穹顶，看上去就像是沙漠棕榈树的叶子，这可以看作是对当地贝多因人游牧文化的隐喻。

(a)

(b)

图 6-57 上海浦东机场 T1、T2 航站楼内景比较

图 6-58 南京禄口机场航站区鸟瞰图

图 6-59　约旦皇后机场内景

（资料来源：http://bbs.co188.com/thread-9102315-1-1.html）

在崔愷院士设计的西藏拉萨火车站中，他通过空间意向、符号和颜色表达了对传统藏式建筑的敬意。举世闻名的青藏铁路把钢轨伸进了拉萨河谷，车站坐南面北与拉萨城隔河相望；一字排开的列柱从高原大地中拔起，层层递进的空间来自藏族建筑的传统；红色和白色的墙体表达了对布达拉宫的敬意。

丝路天山的造型演绎。在新疆乌鲁木齐机场的设计中，我们也进行了一次对当地传统意向隐喻的尝试。新疆乌鲁木齐地处亚欧大陆地理中心，随着"丝绸之路经济带"的提出，其地缘优势和对民航发展的推动作用日益明显；它将成为辐射中亚、西亚，连接欧亚大陆的国家级门户机场。

新疆古称"西域"，巍巍天山下，丝绸之路在此绵延，汉唐风韵、西域文化在此碰撞交融。我们的造型设计尊重当地文脉，以"丝路天山"为灵感来源。航站楼以"天山"为母题，并从大漠、雪山等新疆特有的大地景观中提取元素，形成了连绵起伏的壮丽景象。屋面上通过曲线的天窗，形成丝带掀起般的灵动效果，丰富了空间层次，兼有山川的巍峨大气和丝绸的柔美飘逸。

连绵的屋面和层叠的天窗，旅客带给旅客极具震撼力的视觉体验。造型与室内高度契合，屋面的起伏提示了室内的重要空间。

(a)

(b)

图 6-60　西藏拉萨火车站外景

（资料来源：http://www.architbang.com/project/view/p/392）

图 6-61　西藏拉萨火车站内景

（资料来源：http://www.architbang.com/project/view/p/392）

(a)

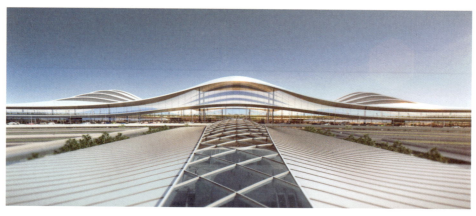

(b)

(c)

图 6-62　丝路天山：新疆乌鲁木齐机场北航站区造型生成演绎

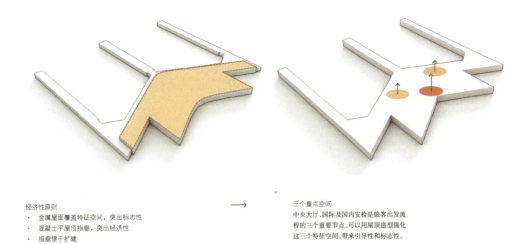

经济性原则
- 金属屋面覆盖特征空间,突出标志性
- 混凝土平屋顶指廊,突出经济性
- 指廊便于扩建

三个重点空间
中央大厅、国际及国内安检是旅客出发流程的三个重要节点。可以用屋顶造型强化这三个特征空间,带来引导性和标志性。

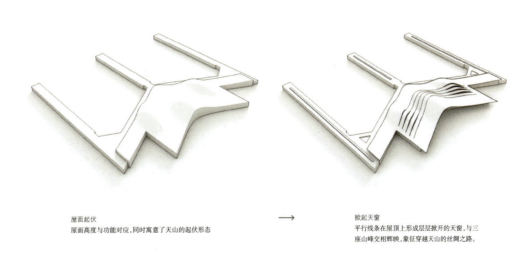

屋面起伏
屋面高度与功能对应,同时寓意了天山的起伏形态

掀起天窗
平行线条在屋顶上形成层层掀开的天窗,与三座山峰交相辉映,象征穿越天山的丝绸之路。

图 6-63　丝路天山：新疆乌鲁木齐机场北航站区造型生成图解（一）

吊顶生成图解

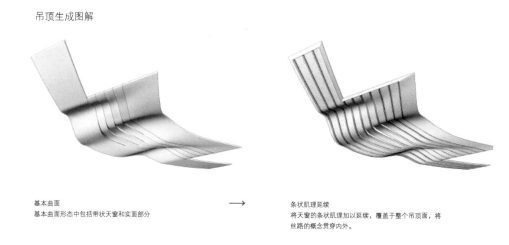

基本曲面
基本曲面形态中包括带状天窗和实面部分

条状肌理延续
将天窗的条状肌理加以延续，覆盖整个吊顶面，将丝路的概念贯穿内外。

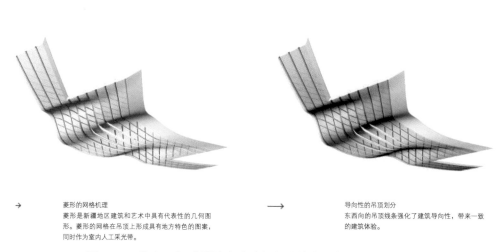

菱形的网格肌理
菱形是新疆地区建筑和艺术中具有代表性的几何图形。菱形的网格在吊顶上形成具有地方特色的图案，同时作为室内人工采光带。

导向性的吊顶划分
东西向的吊顶线条强化了建筑导向性，带来一致的建筑体验。

图 6-63　丝路天山：新疆乌鲁木齐机场北航站区造型生成图解（二）

在室内出发大厅吊顶设计中，我们延续了屋面的节奏感和韵律美，体现出一种流动变化的空间感受。我们研究了当地民族文化后，萃取了菱形作为基本设计元素，加以抽象将其运用到吊顶上，渐变的条形天窗形成了动态的光影效果。

(a)

(b)

图 6-64 新疆乌鲁木齐机场北航站区航站楼室内效果图

淮水东边旧时月，夜深还过女墙来。在南京禄口机场二期工程交通中心的设计中，地域性也是建筑师必须回答的命题。当我们走在南京老城区时，那厚重、斑驳的城墙仿佛在讲述这座城市悠久的历史和人文故事。我们希望在交通中心中延续"城墙"这一母题，延续旅客的文化体验。

事实上，这样的造型并非是一蹴而就的，我们也进行了几种不同方案的探索。

方案一，我们强调了 4 片弧形石材立面的独特形象，立面阳台形成的水平线条，犹如飘带，突出联系了 T1 和 T2 航站楼的纽带关系。

图 6-65　方案一效果推敲

方案二，我们尝试在外立面采用光洁完整的金属立面弧形造型，立面条状阳台造型错落有致，立面的速度感与航站楼简洁的外观相得益彰。

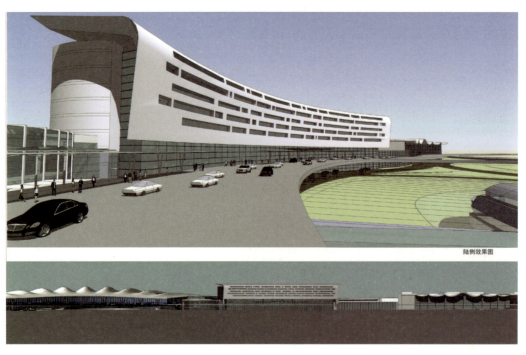

图 6-66　方案二效果推敲

方案三，石材立面每层向前出挑，形成 5 条婉约流动的条带，将旅客视线自然而然引导到两座航站楼，形成造型简洁、肌理丰富的立面效果。

图 6-67　方案三效果推敲

方案四，造型采用了平滑曲线的幕墙形式，形态简洁完整，既呼应了 T1 航站楼和 T2 航站楼的曲线外观，又承担起联系二者之间视觉的作用。

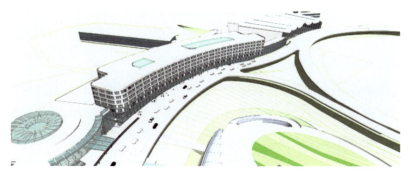

图 6-68　方案四效果推敲

方案五，立面采用玻璃幕墙为主，出挑阳台外部覆盖金属百叶，使其整个形态变化丰富，形成韵律波动的自由曲面效果，与 T1、T2 航站楼造型形成对话和协调的关系。

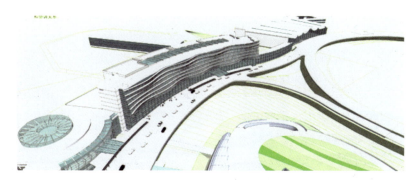

图 6-69　方案五效果推敲

方案六，也即是最终的落成方案，我们借鉴了城墙这一母题，强调 4 片石材立面形成的端庄典雅的立面形象，同时延续了旅客对于南京城墙的体验。

图 6-70 方案六效果推敲

"淮水东边旧时月,夜深还过女墙来",城墙元素被建筑师用于交通中心的设计中,200m 的长度内,我们将其划分为 4 片弧形墙面,每片墙面都没有紧贴在建筑上,而是拉开一个双层灰空间,使其立面造型极富韵律感。

4 片彼此穿插的呈韵律的片状墙体形式不仅强调了坚实挺拔的建筑特质,同时统一有致的造型语言也形成了建筑的连续性和整体感,墙面的凹凸层次强化了建筑的个性特征,使得建筑变化更为丰富。

片墙上精心设计的洞口,在阳光下形成了极强的虚实对比和丰富的光影变化,如南京的古城墙,体现着六朝古都的文化底蕴。

南侧立面结合餐饮、办公等不同功能要求,基本以大面积开放式干挂石材墙面为主,局部采用玻璃幕墙,强调虚实对比,且有利于节能。稳重的造型在满足功能需求的同时,力争彰显高档次酒店的形态特征。石材幕墙采用开放式干挂石材墙面为主,墙面划格均采用与航站楼立面划格一致的模数。

(a)

(b)

图 6-71 酒店实景照片(一)

(a)

(b)

图 6-72 酒店实景照片（二）

6.5.3 材质符号的延续

室内设计通过引入丰富的文化符号、抽象的装饰语言，创造一个令人难忘的出发大厅和迎客厅的室内空间，使旅客只要进入其室内空间便能体验到不同国家或地区的地域文化特征。

南京古称"石头城"，城墙暗喻着这座城市的过往。在南京禄口机场二期工程的设计中，我们不仅在外部使用了城墙这一印象，在室内设计上，古城墙的元素同样得以延续。在贯通连接地铁站厅和旅客通道等其他功能的圆形交通厅中，墙面石材采用层层堆叠的构造方式，既暗示了旅客的前进方向，又延续了城墙的理念与旅客的感受，使之形成和谐统一的室内空间效果。

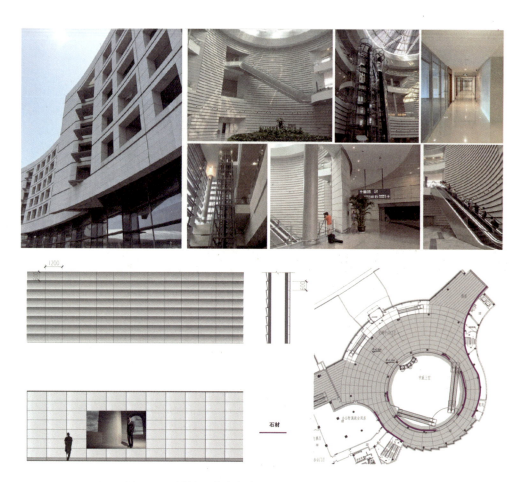

图 6-73　城墙元素在南京禄口机场二期工程中的运用

图 6-74　南京禄口机场二期工程圆形中庭实景

2011年,我们的设计团队参与了国家级某大型机场的方案征集。我们在航站楼立面和空间上也引入了"城墙元素"作为文化母题和文脉联系。

图6-75　国家级某大型机场竞赛方案

"墙"具有鲜明的城市特征,它作为线索元素贯穿设计始终,引领着空间的起承转合。从市区驶来,首先呈现在人们面前的便是一道充斥张力的弧形朱墙,其造型呈现出客迎八方、环拥世界的态势,给旅客带来"朱楼玉宇"的第一印象。

朱墙之内是繁忙的车道边,在这里,墙与墙之间构成对话,顶部结构的斑驳落影,行人和道路在"门洞"之间的穿梭,无不散发着城市的深深韵味。从功能上讲,外墙的设置,有效地阻挡了冬季寒冷的北风对航站楼及车道边的影响,保证了旅客在室外空间的舒适度。

(a)

图6-76　传统元素在航站楼中的运用(一)

(b)

图 6-76 传统元素在航站楼中的运用（二）

图 6-77 航站楼雪景效果图

如果说正立面的墙体表达了一种门户形象和迎宾态势，那么室内的墙体则强调空间的引导与更加亲人的尺度。进入出发层回望，一道墙体自地下 7m 处拔地而出，暗示着空间的延伸，引导了垂直交通转换；过安检之后的一层落差，由一面温馨的木色墙体构成，引导着人们寻找登机口；东西两侧的实墙体与屋顶采光和登机廊完美结合，创造动人的空间，并且从功能上解决了西晒问题。

6.5.4 结构构件的提示

航站楼主要是以大跨度的钢结构为主的结构体系，多样的结构体系和构件形式也表达了机场空间的特点。通过结构外露或与结构贴合的装修形式，形成具有特殊文化符号的结构造型。SOM 设计的印度孟买新机场，主楼屋面结构由菱形单元网格构成，灵感来自于印度宗教中的莲花。室内吊顶造型完全体现结构形式，垂直方向的立柱由下至上逐渐扩展为由菱形网格构成的巨大"柱帽"，与屋面结构融为一体，拉近了旅客与航站楼高大空间的尺度。

摩洛哥马拉喀什—迈纳拉机场拥有白色的外观，巨大的菱形结构贯穿建筑的屋面及立面。其屋顶上错综的剪贴画样式将阳光分割得十分美丽。阿拉伯式的花纹图案与融合了现代风格和传统伊斯兰设计的建筑形状形成了完美搭配。

在江苏苏中机场的设计中，我们采取了主楼长廊一体化的空间形态，出发到达层通过敞开空间上下贯通，为中小机场避免空间尺度过小带来新的思路；屋盖采用菱形交叉单层网壳结构，三维曲线屋面和斜交网格结构体系紧密结合，营造出自然柔美的屋面曲线；屋架变截面曲梁和双曲面四边形斜交网格结构，作为结构构件同时也作为装饰构件，体现结构和装饰的一体化设计。

图 6-78　印度孟买新机场室内实景

（资料来源：http://www.som.com/china/projects/chhatrapati_shivaji_international_airport__terminal_2）

（a）　　　　　　　　　　　　　　　（b）

图 6-79　江苏苏中机场结构与装饰一体化设计

在我们设计的某少数民族地区区域枢纽机场的竞赛方案中，吊顶灵感来自于传统马鞍的雕花纹饰，它们将大草原的天光云影，引入航站楼内部空间，将地域化的民族元素同现代的工程技术完美统一。借鉴传统蒙古包辐射状的檩条结构，航站楼设计了一套辐射状轴网，协调复杂造型与结构柱网的关系。

图 6-80　某少数民族地区区域枢纽机场室内方案

6.5.5　细部对城市格调的彰显

细部设计是彰显城市文脉的重要组成部分。精致细腻的城市品位显示出上海的城市格调。在上海虹桥枢纽的设计中，建筑师着眼于细部设计体现建筑格调。

首先，以模数化的控制形成空间的秩序感。枢纽建筑通常规模庞大，建筑师需要采用统一的模数进行控制，以体现整个建筑内部从内往外的一致性。模数的设置使得建筑室内设计的网格化控制成为可能，各种材料形成了统一的尺度，墙面、顶面、地面形成了完整的对位关系，使整个空间具有一致性和秩序感。

其次，以现代、简洁、朴素的材质与柔和的色彩体现清雅的格调。枢纽吊顶采用铝合金瓦楞板，墙面为夹胶玻璃和铝板，地面为花岗石和橡胶地板，材料的色彩统一在灰色系中，以不同的质感形成对比，商业、标识、广告在空间中凸显出来，成为空间中活跃的元素，整个室内显示出清新、优雅的格调。

最后，构造节能以精雕细刻的细部设计来体现建筑的精美感。玻璃幕墙的横框遮阳线条强化了建筑的横向线条感和立体感，清水混凝土的螺栓孔和凹格表达着材料的质感和墙面的切割感，室内石材的金属线条、凹缝和玻璃框无不体现出交通建筑的精确性和精美感。

图 6-81 上海虹桥枢纽细部设计

6.5.6 景观对地域文化的暗示

景观也是室内设计的重要组成部分，景观组合是对建筑地域中气候条件最好的呼应。在热带或者亚热带等气候条件较好的地方，我们可以在交通建筑的设计中引入景观要素，在创造绿色建筑的同时生动地反映当地地域环境。在新加坡樟宜机场的设计中，处处可见绿化要素；在萨夫迪最新完成的星耀樟宜项目中，设计了 5 层室内雨林，打造一个世界级的休闲新体验。零售商店、餐饮场所、酒店和机场运作设施与花园相融合。星耀樟宜将工程设计和可持续性发展很好的融合，它将成为新加坡新的旅游景点，进一步提升樟宜体验，吸引更多旅客前往新加坡。

图 6-82 星耀樟宜效果图（一）

（资料来源：http://www.luxuo.com/wp-content/uploads/2015/03/Rain-Vortex-Jewel-Changi-Airport.jpg）

图 6-83 星耀樟宜效果图（二）

（资料来源：http://www.pwpla.com/8464）

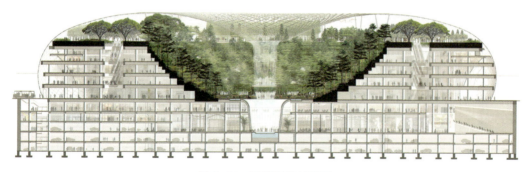

图 6-84 星耀樟宜剖面图

（资料来源：http://www.pwpla.com/8464）

6.5.7 标识系统的延续

标识系统也是反映文化的重要组成部分。我们可以结合地域文化设置标识系统，从细微处对地域文化进行提示。在上海虹桥机场 T1 航站楼的设计中，车库标识以上海地域文化为背景，充分运用上海近代标志如石库门、海关钟楼以及上海现代标志如东方明珠、世博会中国馆等内容进行设计，给来往旅客留下了深刻的印象。

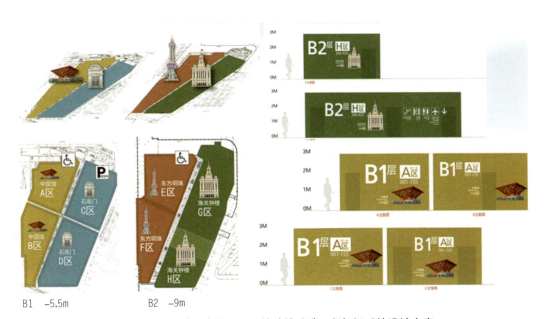

图 6-85　上海虹桥机场 T1 航站楼改造工程标识系统设计方案

6.6　建筑结构的一体化演绎

6.6.1　从美国环球航空公司谈起

航站楼、火车站作为交通建筑类型，因其共性的功能安排、空间节奏，以及其代表的业务自身的技术属性，其建筑形式风格应是现代的、简洁的。在这个过程中，建筑师需要综合考虑建筑和结构两个方面，通过恰如其分地结构设计体现时代的技术特征。

早在 20 世纪中叶，一批著名建筑师即已做出了积极的尝试。美国环球航空公司候机楼由芬兰建筑师埃罗·沙里宁设计，建筑外形像展翅的大鸟，极具动感；屋顶由四块钢筋混凝土壳体组合而成，几片壳体只在几个点相连，空隙处布置天窗，楼内的空间富于变化。这是交通建筑设计中将建筑与结构充分融合的经典案例。

图 6-86　美国环球航空公司候机楼实景

（资料来源：http://www.businessinsider.com/new-twa-flight-center-hotel-at-jfk-2015-7）

造型虽然是感性的创作过程，但是，在创作过程中也一定要把功能和空间作为理性的考虑因素，建筑和空间的尺度要匹配，屋盖更多考虑自然通风、采光、节能等绿色因素。当然，目前航站楼设计具有重要发展趋势——以数字化、一体化三维技术来表达复杂的多维多曲造型；但一体化数字设计更多的是通过表达大空间、暴露结构的力学美感来体现。应该说，合理的结构系统必然是建筑空间的逻辑表达。在我们的相关设计中都涉及采用空间结构的暴露来表现空间建筑形态。

图 6-87　上海浦东机场 T2 航站楼车道边的暴露结构

在上海浦东机场 T2 航站楼设计中，建筑平面采用 18m 开间的钢筋砼柱网布置，并采用独具特色的丫形分叉柱来支撑弧形的钢屋面，支撑 9m 间距的曲线钢梁承担屋面荷载。连续的曲线型钢梁从车道边一直贯穿到连接廊，形成 3 跨波浪形连续整体，连续梁使整个建筑空间成为一个整体，为屋盖下旅客活动提供了通透、宽敞的使用空间。连续梁在波谷处闭合，波峰处张开；波峰段仍采用刚柔结合的张弦体系，波谷段则采用刚性的箱型实腹梁,开合有致。利用梁在波峰段的自然张开,把腹杆由T1的直线型改为V字形,通过V形腹杆和上部的檩条形成三角形稳定体系,大大减少了腹杆数量,使整个建筑空间更为干净简洁。箱型梁截面根据力学分析的结果不断改变截面高度尺寸,形成粗细有致的视觉效果,与整个波浪形外观相得益彰,多榀梁架形成类似网状的体系,使结构的整体性更强。在合理的结构布置和新颖的建筑造型之间取得平衡,体现了技术与艺术的和谐之美。钢结构节点经过仔细推敲和控制,精致美观,如树状钢立柱与连续波浪形屋面梁分别处于不同的空间坐标体系内,节点连接轴内暗藏万向节,外部以独特的空间曲面形式流畅的过渡,形成了完美的视觉感受。由外而内,形成了室内外的一致性,同时也为室内空间带来了新鲜独特的视觉语言,创造出轻盈活泼的超大空间。

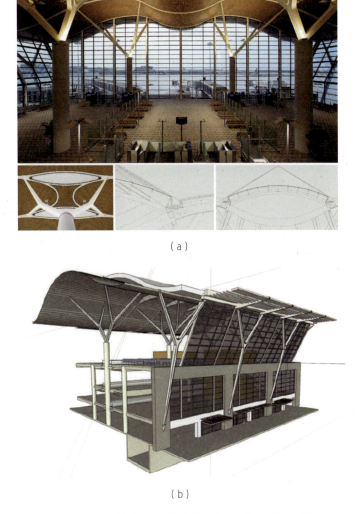

图6-88 Y型钢柱在上海浦东机场T2航站楼的运用

图 6-89　Y 型钢柱在上海浦东机场 T2 航站楼立面的运用

安东尼奥拉梅拉和理查德·罗杰斯设计的西班牙马德里巴拉哈斯机场 T4 航站楼同样是一个建筑结构一体化表达的案例，它获得了 2006 年英国皇家建筑师协会颁发的 RIBA Stirling Prize 奖。

图 6-90　西班牙马德里巴拉哈斯机场 T4 航站楼
（资料来源：http://www.thousandwonders.net/Adolfo+Suárez+Madrid–Barajas+Airport）

6.6.2　速度与动感的高技表述

交通建筑的大空间和其交通工具本身的速度感，赋予建筑师以现代的设计手法和结构方式以体现时代感和速度感。造型在表达象征意义的同时仍应该体现其功能和空间逻辑性，以及时代感，实现大空间和更多结构的美感。因此建筑师在建筑设计时经常赋予其科幻、未来的空间意向并通过高技的造型，细致的细节表述予以表达。

著名建筑师结构工程师卡拉特拉瓦设计的法国里昂机场火车站也是这一系列的

著名案例。里昂圣埃克絮佩里站位于法国里昂市中心以东约 20km 处，与圣埃克絮佩里机场连接。1986 年，法国成功运行了高速列车，法国铁路公司把原来巴黎至里昂的铁路线延伸到瓦伦斯。当时的里昂市政府借此机会在当地建设了一座火车站，火车站建成后成为里昂的地标性建筑之一[1]。

图 6-91　法国里昂机场火车站鸟瞰图

（资料来源：http://www.treemode.com/case/1582）

在火车站的设计中，建筑师完美的融合了不同的建筑构件与符号，通过建筑自身构件的材料和形态变化引导旅客行进方向，从而为旅客营造一种令人难忘的浪漫体验。

图 6-92　法国里昂机场火车站室内照片（一）

（资料来源：http://www.treemode.com/case/1582）

---

[1] 资料来源：法国里昂机场站（Lyon Airport Railway Station）— 圣地亚哥·卡拉特拉瓦 http://www.treemode.com/case/1582

混凝土的支撑结构连接了4根钢拱,中央的一对拱沿着屋面曲线形成了一个带有覆盖的脊柱,而两边的拱则像翅膀一样在南向和北向的立面上展开,突出的放射状框架支撑着其悬挑的跨度。在这里混凝土和钢都发挥着各自的特性,形成了一个富有动感的形态,厚重的混凝土抵抗着钢拱带来的侧推力,而钢则展现出其良好的抗弯性能,从而形成轻盈的样式。铁轨和月台的周围是53m长的连续支撑和覆盖。在基地上浇筑的、像蜂房一样、反向的混凝土构件支撑着月台上方交错、倾斜的混凝土拱顶[1]。这些有节奏的构件给旅客以提示,引导他们通过车站。

图6-93 法国里昂机场火车站室内照片(二)
(资料来源:http://www.treemode.com/case/1582)

上海龙阳路磁悬浮车站则是本土建筑师的一次成功尝试。2003年开通并投入运行的上海磁悬浮列车示范运行线由龙阳路站至浦东机场轨道交通车站,全长33km,运行时其最高时速可达430km/h,它是全世界第一条投入商业运行的磁悬浮线路,有效地缩短了市区到浦东机场的交通时间,同时成为上海的城市名片之一。磁悬浮龙阳路车站总建筑面积22488.5m^2,是整个营运线路的起点站,整个线路的控制中心也在车站内,它的形象代表着上海磁悬浮交通线的视觉印象。龙阳路磁悬浮车站成为上海对外展示的重要门户形象之一,产生了较大的经济效益和社会效益。

磁悬浮龙阳路站设计的载体是磁悬浮列车,如何通过建筑设计所产生的视觉形象来表达磁悬浮列车高速度、高科技的内涵,是建筑师在建筑设计中所追求的,流线型的外表,精致、优美的细部设计是其最基本特征。设计师从磁悬浮车站最基本

---

[1] 资料来源:http://www.treemode.com/case/1582

的剖面入手，椭圆形的断面包容了整个站台层与站厅层，在椭圆形的外表面，采用了 600mm×1800mm 的铝合金挂板，形成具有优美、光滑、精致肌理的金属屋面，它与底部的清水混凝土墙面相对比，构成了整个车站最基本的视觉形态，在包容车站的椭圆形柱体两端，作了 45° 削角处理，从而使整个建筑在视觉上产生动感，更有强烈冲击力，极具个性，反映出磁悬浮列车的高科技感和速度感。

设计师从这一外观形态引申下去，在内部空间设计中强调旅客在视觉和心理上的感受，天窗即成为设计关注的又一重点。在整个富有动感的形态上，天窗面积由大到小，形成一道优美的曲线，营造出亮度不均匀的视觉效果，使乘客随磁悬浮列车进出站台产生由明到暗，或由暗到明的体验，仿佛进入时空隧道，空间的感受是与磁悬浮列车所要表达的内容是一致的。

(a)

(b)

图 6-94　上海龙阳路磁悬浮车站实景（一）

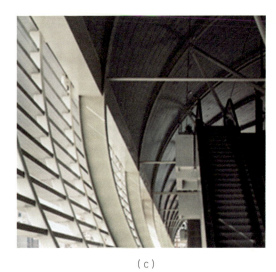

(c)   (d)

图6-94　上海龙阳路磁悬浮车站实景（二）

6.6.3　建筑与结构的充分融合

南京禄口机场二期工程是一次建筑结构充分融合的案例，建筑师通过建筑与结构的一体化表达，成功打造了云锦般连绵的波状屋面。

6.6.3.1　内与外：双层表皮的控制

在航站楼造型设计中，空间设计和屋面设计同时展开并相互磨合，最终形成上下两层皮。建筑师寓意的机场建筑形态通过外表皮表达，空间尺度关系则由内表皮表达，共同组成一个有机体。这是非常复杂的体系，建筑师从视觉美感、空间功能需求两方面控制好这"两层皮"，最终达到表达异型屋面的自由度和表现力，满足机场航站楼这一特殊建筑类型的时代性和功能性。

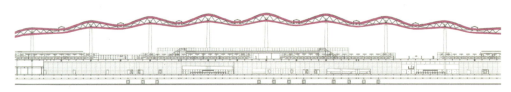

图6-95　航站楼内外双层表皮的控制

6.6.3.2　厚与薄：屋面形态的处理

鉴于建筑造型和受力的要求，最终形成了厚薄不一、连绵起伏的屋面形态。为了给室内带来更多的自然天光，屋盖波浪间布置了条形的天窗。结合采光和结构受力需求，将厚的部位作为屋面结构层，薄的部位作为天窗，结构的厚重更加表现出屋盖的轻盈。单层网格结构被用在这个部位，引导旅客去想象整个屋盖的结构尺度的轻巧；网格以三角形布置，保证了结构平面刚度的需求；单层网格与双层桁架的过渡处经过细致规划，自然平滑。

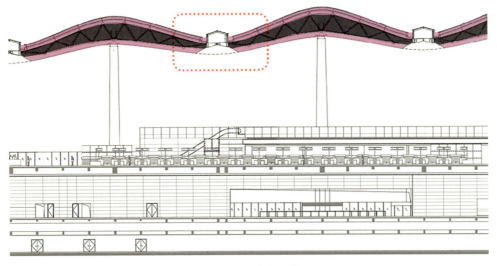

图 6-96　天窗与结构层

图 6-97　建设过程中的天窗

6.6.3.3　藏与露：暴露的结构美学

事实上，"藏与露""厚与薄"都是相互联系的。结构细节的暴露与否需要与其受力情况、建筑细节表现综合考虑，最终通过建筑形态将结构受力情况外化表现出来。

如上文中提到的，将大的受力构件隐藏于较"厚"的屋面之中，而在需要表现的重点空间、细节却有意地暴露出来，以彰显结构与细部之美。

如交通中心的圆形中庭顶部为 30m 跨度的圆形玻璃采光屋面，采用弦支穹顶结构，弦支穹顶矢高为 2.5m。由于屋面结构完全暴露，弦支穹顶的构件布置方式显得极为重要。配合采光天窗的玻璃分格，上弦穹顶采用联方型和肋环型混合的单层网格，外圈为联方型网格，内圈为肋环型网格；下弦由 10 道高强度的径向钢拉杆和 1 圈环向钢拉杆组成，其平面投影位置与上弦外圈联方型网格的平面投影位置一致，节点采用铸钢节点。弦支穹顶的尺度虽然不大，但精细的结构设计和与建筑效果的密切结合，使得结构本身成为一个美的展示点。

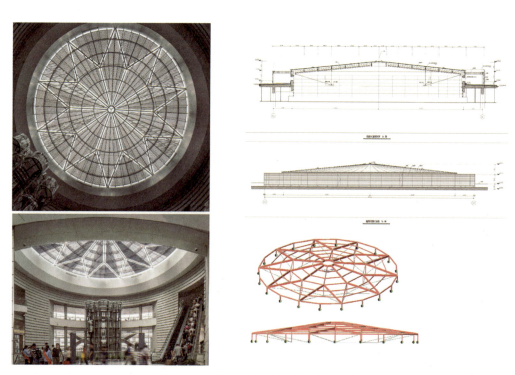

图 6-98　暴露结构的交通中心圆形中庭

6.7　对于经济性、合理性的重视

6.7.1　经济性、合理性的重视与成熟技术的使用

　　机场设计的诸多变化，迫切需要我们了解最新的航站楼造型设计动态，分析和掌握最新的造型和空间设计发展趋势，使我们在航站楼规划和设计领域能够不断保持创新头脑和思维，把握最新设计动向和趋势，为专业化建设奠定坚实的基础。近年来，国内外经济形势进入新常态，业主越来越关注机场规模、建设和运营成本等经济性因素。因此，需要投标单位针对这种情况，力求在造型的经济性和标志性，造型设计的感性和理性上寻找最佳平衡点。

目前航站楼设计时间、工期非常紧，对设计要求也非常高，应从设计层面选择比较成熟的工艺技术方法来避免航站楼建成后的使用问题。当然，由于其功能及空间的复杂性，难免会存在结构和构造设计的难点问题。我们希望技术难点在规划设计初始就梳理出来，通过专题科研同步展开研究工作，以科研指导设计，使航站楼设计能够完整、科学地发展起来，这是整个造型的重要因素。例如钢结构、大跨度等新的技术的科研研发是非常关键的，需要成立专门的科研小组进行科研攻关，这对整个航站楼工程的完成起到良好的作用。

6.7.2 功能优先、舒适实用——上海浦东机场三期工程卫星厅造型设计解析

上海浦东国际机场是长江三角洲地区的中心机场，是我国三大门户型枢纽机场之一。随着航空业务量的增长，在完成1、2期工程后，新一轮的扩建已迫在眉睫。三期扩建工程的核心是一座规模约62万 m^2 的卫星厅（由S1和S2组成），承担3800万人次/年的候机和中转功能，使上海浦东国际机场能够实现8000万人次的年旅客吞吐量。卫星厅的建成将大大缓解机位需求的压力，提升航站楼设施，进一步实现航空业务量增长，为建设世界级枢纽机场打下坚实的基础，并有效地促进了长三角地区综合交通一体化发展和区域经济联动。

图 6-99　上海浦东机场三期工程卫星厅鸟瞰图

在上海浦东机场卫星厅的设计中，形态设计遵循功能优先、舒适实用、安全可靠、技术成熟的原则，采用中部高、周边低的整体造型，与功能布局紧密结合，通过建筑空间的穿插组合，形成明确的空间导向，使复杂的功能形成一个有机整体，朴素

大方，平易近人。摒弃了近年来较为普遍的追求高大形象的钢结构大屋面，而采用了简洁明快、成熟可靠的混凝土屋面。通过多层次、层层退进的变化，在形成独具特点的建筑形式的同时，结合带形侧窗，与自然采光、自然通风等有针对性的节能措施紧密结合，确保了建筑的安全可靠、低碳运行。

图 6-100　上海浦东机场中央航站区大鸟瞰图

图 6-101　上海浦东机场三期工程卫星厅效果图

统一协调，形成整体的航站区形象。机场建筑总处于不断发展中，规模不断扩大，因此，新建卫星楼应考虑与原有航站楼的风格协调，充分考虑建设完成以后的航站区总体规划形象。

现代简洁，表现空港建筑的特点。交通建筑的形象更多的存在于人们乘坐交通工具的动态体验过程中，航空港留给人们的形态意向包含了蓝天、飞行器、高科技。因此，在航站楼的设计中往往采用流畅而富有动感的线条，抽象简洁的设计语言，表现出使人易于识别的空港建筑特点。

内外统一，满足内部空间的需求。航站楼造型设计应充分反映机场的地理尺度，并体现其特有的空间尺度的特点。采用简洁洗练的造型元素，突出干净完整的空间形象，符合交通建筑要求的快速通过、准确识别的空间使用特点。

绿色节能，充分运用绿色建筑技术。根据节能分析的成果，采用实体外墙、出挑檐口等，结合 low-e 断热玻璃幕墙、自然通风、自然采光系统等被动式节能手段，使机场最大限度地节约资源。

功能优先，与室内空间紧密结合，舒适实用、安全可靠。根据功能布置，卫星厅自下而上共计地上 6 层、地下 1 层，沿卫星厅周边布置有大量停机位。按照这样的功能安排，卫星厅的基本体型为沿空侧机坪展开的均质体量，根据中部功能楼层较多而适当抬高，周边功能单一而渐渐降低，形成理性而富有内在逻辑的整体造型。

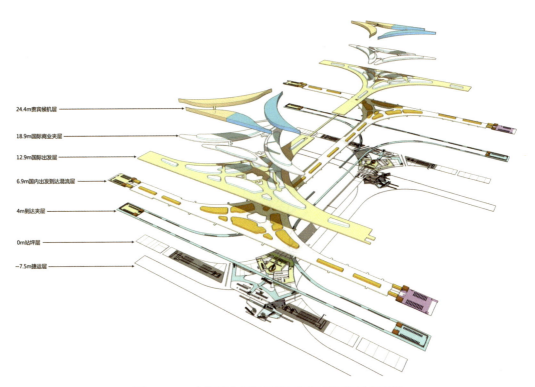

图 6-102　上海浦东机场三期工程卫星厅各层平面图

成熟技术，以混凝土为主的多层次的屋面形象。根据卫星厅体量巨大、全天 24h 运行的特点，卫星厅采用了大量成熟技术，主要屋面系统采用钢筋混凝土建造，仅在 S1 和 S2 中部三角区域采用了少量钢结构屋面，确保建筑的安全可靠。不同层次的屋面体系覆盖着不同的功能空间，既涵盖尺度怡人的候机空间，也包括空间丰富的中央核心，通过建筑空间的穿插组合，形成明确的空间导向，使由复杂功能构成的卫星厅能够形成一个有机的整体，朴素大方，平易近人。

图 6-103　上海浦东机场三期工程卫星厅屋面效果图

图 6-104　上海浦东机场三期工程卫星厅幕墙效果图

　　简洁明快，构造简单。卫星厅幕墙采用成熟简单的框架式结构形式，避免了过多幕墙支撑构件，营造简洁洗练的空间效果，简单的工艺能够节约造价、便于施工、易于维护，并能有效缩短施工周期。幕墙主要由 3.6m×1.2m 的玻璃单元组成，支撑在其后的钢结构幕墙框架体系上，简单明确，清晰完整。

　　结合现状，根据塔台控高进行造型设计。整体造型的调整主要是根据塔台控制高度的要求进行，根据不同区域的控高要求，对卫星厅的形体进行优化。以三层式屋顶的主体形象，S1 和 S2 整体基本对称，仅根据塔台控高的要求，对核心区、南北指廊端部采用不同高度的设计。

　　虚实结合，根据节能和旅客视线要求设计幕墙，低碳环保。绿色节能是建筑设计的重要因素，在设计中，针对上海夏热冬冷、雨水丰富、夏季多台风的气候特点，采用了层层退进的屋面形式，结合带形侧窗，为室内提供了充足的日间采光，同时避免雨水渗漏。具有针对性的节能措施与建筑设计紧密结合，形成独具特点的建筑形式。

6.8 从概念到建成：一次大型交通建筑造型生成的全过程回顾

事实上，回顾每个大型交通建筑的创作过程，其造型都并非是一蹴而就的，都经历了一个非常复杂的生成过程。从初步概念的提出到创意的深入优化再到细节的完整呈现，也是建筑师对自己作品不断优化和再创造的过程。建筑师在这一过程中，不仅需要提出概念创意，更需要具备一颗能够协调各种因素将创意持续深化最后得以建造的强大心脏。下面我们将以港珠澳大桥珠海口岸为例进行说明。

对于港珠澳大桥珠海口岸的国门形象，政府的期望非常高，既要求有创新性，又要求大方得体，在选材和工艺方面也要求成熟可靠。为了实现这个目标，我们对方案创意百里挑一，对设计细节千锤百炼。

目前人工岛上所呈现出的建筑形象并非一蹴而就，口岸项目的整体形象经历了3个阶段的定型和调整，分别是2012年7月至9月的第一次投标，2012年11月至2013年1月的第二次投标，以及2013年2月至2014年7月深化设计至施工图完成。珠海口岸经历了从总体布局到形象外观，从表面材料到构造细节的数百次设计"整容"。有主动的，也有被动的，一直到目前的施工现场，这种变化仍持续存在着。

6.8.1 珠联璧合，如意牵手

港珠澳大桥珠海口岸的总体形象经历了两次大的定型，分别是项目初期的两次投标。

6.8.1.1 第一次招标投标

2012年7月31日至同年9月24日，珠海市政府委托珠海格力港珠澳大桥珠海口岸建设管理有限公司发起"港珠澳大桥珠海口岸工程设计总承包招标"，本次招标为人工岛城市设计方案的设计总包招标，华东总院与上海城建院联合体在激烈的投标中胜出，人工岛上的城市设计格局被我们的联合体锁定。

此刻我们的城市设计在人工岛上构建起一串明珠，首先以珠海口岸旅检楼为核心，与综合配套区会展建筑和澳门口岸区相协调，形成纵向主体建筑序列；其次，综合配套区通过V形规划结构，实现岸线与城市的融合，达到景观面的最大化，形成丰富的横向滨海景观序列；最后，两条序列与城市互为对景，共同构建海上明珠。而菱形主题的三重奏，表达出三地携手、情脉相依的寓意。

图 6-105 菱形主题的三重奏

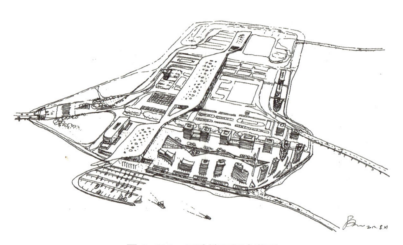

图 6-106 三地携手概念草图

图 6-107 第一次投标模型

6.8.1.2 第二次招标投标

2012年11月28日至2013年1月11日格力口岸建管公司发起"港珠澳大桥珠海口岸方案设计国际招标",这是关于本项目的第二次招标,标的为珠海口岸建筑群的原创方案。换句话说,如果这个任务没有拿到,之前的努力将付诸东流。在大家的共同努力下,以上的情况没有发生,设计团队原创设计中标,有机会将我们的规划思路和设计理念在之后的设计中得以延续和贯彻。

6.8.1.3 "如意"形的规划格局

在本次投标中,设计团队延续并优化了第一次投标的城市设计方案。人工岛主体建筑群自南向北由珠澳旅检楼、珠港旅检楼、综合交通楼、商业连廊,以及会展中心6个部分组成。这一组建筑群将成为人工岛的核心,以及贯穿南北的轴线,并形成"三点一线"的规划格局。

这样的布局方式正好与我国传统工艺品"如意"的形象如出一辙,这一寓意也与港珠澳口岸"一地三通,如意牵手"的理念不谋而合。我们以"如意"为参照,将人工岛核心建筑群打造成一个简洁优雅的整体,并赋以圆润的体量,回避尖角和方向感,体现华人世界的处世哲学。

主体建筑造型体现了"一地三通,如意牵手"的设计理念。

"珠联璧合"的整体形象塑造

设计团队创造性地将珠港旅检大厅与综合交通楼的屋面连成一体,使其成为人工岛中体量最大的建筑,标志着人工岛的核心,增强建筑群的向心性。屋面中央镂空,环形的屋面围绕着公共的室外空间,被屋面环绕的人行广场因此具有了强烈的归属感。每当旅客出入口岸时,都能够感受一次心灵的震撼。

珠港旅检楼的屋面结合结构柱网,设计了6组括号形东西向天窗。侧向天窗南北采光,两两围合出橄榄形下沉的屋面。从港珠澳大桥方向看,旅检楼的屋顶好似层层追逐的海浪。从珠海方向看,雨棚向上抬起,又好似张开的贝壳。在旅检大厅室内,6片下沉的屋面在天窗的映衬下好像6片垂下的巨大花瓣,为旅人遮阴避暑。

此外,我们还统一考虑了人工岛上配套服务建筑的整体风貌,对建筑群体的体量、位置、关系做了统一的规划设计,使其与主体建筑形象相协调,以一个统一的人工岛形象呈现在世人面前。

图 6-108　第二次投标效果图

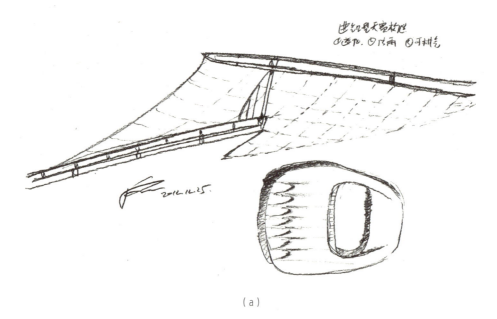

(a)

图 6-109　第二次概念草图、效果图（一）

(b)

(c)

(d)

图 6-109　第二次概念草图、效果图（二）

6.8.2 数百次的刻画与打磨

正如上文所描述，核心区的圆形大屋顶将成为人工岛的视觉中心，其覆盖面积约 10 万 m^2，其中珠港旅检楼部分约 7 万 m^2，交通综合楼部分约 3 万 m^2。在方案中标以后，为了把大屋顶设计得更安全、美观、合理、经济，我们专门在院内申请了专项课题《港珠澳大桥珠海口岸工程项目大屋盖创新技术研究》，并多次考察华南地区金属屋盖项目。课题的研究过程以方案调整和初步设计阶段为主，与方案的细节调整与深化一道，一直持续到施工图完成。

6.8.2.1 大屋盖的平面和剖面轮廓调整

自 2013 年 3 月以后，我们对大屋盖造型进行了海量的推敲和对比工作，其中包括：1. 推敲大屋盖外轮廓，使其外观更加圆润，各向均好；2. 推敲大屋盖内洞口轮廓，让其更开阔，更容易从珠海方向被看见；3. 推敲大屋盖的檐口造型，并分别尝试了平直型、鸭嘴型、菌盖型等方式；4. 推敲大屋盖的剖面和竖向设计，让其造型更有表现力，排水更加顺畅；5. 推敲大厅室内空间以及吊顶曲面，让空间更经济美观。在 2013 年 8 月份初步设计完成以后，大屋盖的整体曲面形态基本稳定下来。

6.8.2.2 下沉天窗的演变

下沉天窗在投标过程中成为本方案的亮点之一，高侧窗的形态让其遮阳和自然通风成为合理的可能，同时，盆型天窗下方的结构在室内形成别样的船头形态，造型新颖，富有冲击力。但是其特殊的结构对室内空间高度要求过大，我们在 2013 年 6 月，开始探索另外的下沉形式，最终 V 型天窗成为初步设计的定稿方案，天窗的数量也因为柱网原因变成了 7 个。

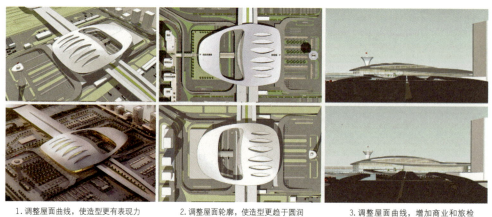

1. 调整屋面曲线，使造型更有表现力　　2. 调整屋面轮廓，使造型更趋于圆润　　3. 调整屋面曲线，增加商业和旅检楼面向珠海方向的被看面

图 6-110　大屋盖平面和轮廓推敲

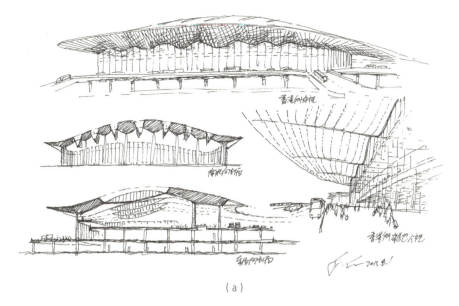

(a)

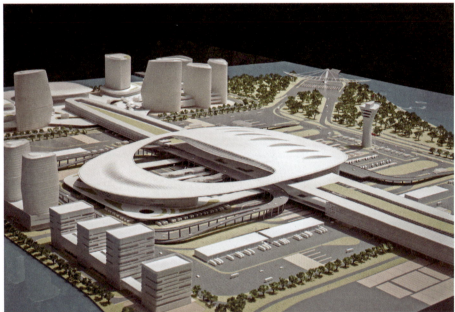

(b)

(c)

图 6-111 草图及模型推敲

为了排除下沉式天窗的排水隐患,通过推敲将其更改为传统的 A 字形封闭天窗。其后,我们继续对天窗的遮阳做了研究,最终采用了整体框架式的膜结构遮阳系统,大屋面天窗包括遮阳系统定案,并落实到施工图中。

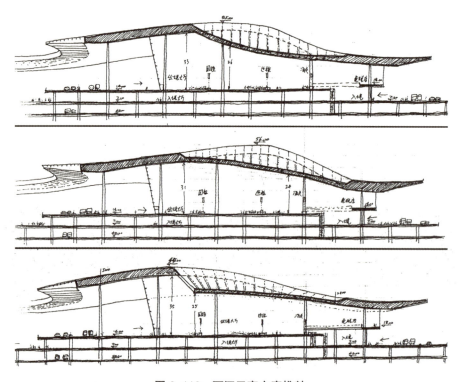

图 6-112　下沉天窗方案推敲

(a)

图 6-113　下沉天窗建成效果及推敲方案草图(一)

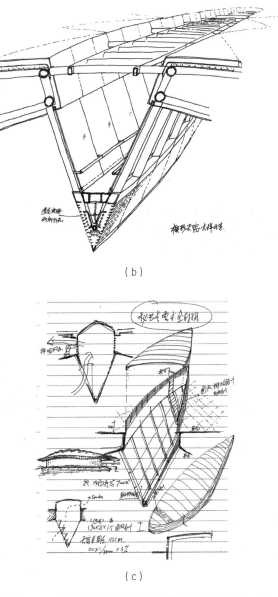

(b)

(c)

图 6-113　下沉天窗建成效果及推敲方案草图（二）

6.8.2.3　大屋盖檐口玻璃雨棚的推敲

大屋面玻璃雨棚是继天窗之外的第二个设计亮点。玻璃天顶与大屋面的曲面融为一体，镶嵌在珠港旅检楼西侧人行集散广场的上空，其上表面好像小轿车的前挡风玻璃，与金属屋面形成顺滑的流线型曲面，其下部是一组三棱锥状的钢结构桁架，支撑约30m的悬挑，桁架的下表面成为重要的观赏面，如何与大屋面的檐口和吊顶衔接，尺度如何匹配，亮点如何突出，这些都成为我们关心的问题。

在经历了4个多月的推敲以后，我们最终将三棱锥结构的下表面由膜结构覆盖，与旅检大厅的天窗遮阳相呼应，同时，将三棱锥之间的水平部分更改为与大屋盖吊顶同色的吊顶，从而更加突出了半透明三棱锥形态，强化大雨棚的戏剧感和独特性。在施工过程中，玻璃雨棚下表面装饰工程被取消，玻璃天顶下方的钢结构直接暴露，现场效果依然非常震撼。

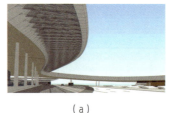

（a）

（b）

图 6-114 大屋盖檐口玻璃雨棚推敲及建成效果

6.8.3 纸上得来终觉浅，绝知此事要躬行

整个大屋顶的施工由于种种原因，历经风雨。然而，从现场的施工情况看，整体设计理念得到了较好的贯彻：大屋面的外形轮廓被准确地建造出来，屋面的色彩和材质与我们预想的基本一致，金属屋面的肌理以及顺滑程度让人赞叹；最了不起的当属 4～6m 长的蜂窝铝板将巨大的两圈曲面檐口拟合得异常平整顺滑，板块分割整齐，线条流畅，与施工图高度一致，正是檐口的细腻与流畅实现其"珠圆玉润、珠联璧合"的效果。珠港旅检大厅的复杂曲面吊顶也曾经让建筑师揪心，出人意料的是，约 7 万 m^2 的室内外铝板吊顶过渡自然，曲面拟合生动，通过设计的层次分明的拼缝能够恰到好处地看出吊顶那如云朵般的起伏，大屋顶上的 7 个天窗被柔和地烘托出来。

建筑从设计到建造，是一个漫长的过程，交通建筑尤为如此。造型设计过程也并非是艺术家的天马行空，期间可能充满了政策、场所、环境、造价、施工等种种因素，需要综合设计概念、建构逻辑与工程实现这三者的关系，从而完成最终的设计与建造。

造型维度作为旅客和社会对于交通建筑最为直观的感受，在交通建筑的设计中至关重要，本章通过大量案例的分析，对交通建筑造型维度设计要点可以概况为如下要点。

1．"表现力"——富有表现力的第五立面设计。强调交通建筑的大屋面设计，以一个富有表现力的第五立面塑造城市门户形象，彰显建筑特点。

2．"动态化"——步移景异的人行视角。重视旅客进场路方向上对于交通建筑的感知，塑造动态的有趣的人行序列。

3．"功能性"——内部功能的合理物化。重视功能理性，不以强调追求酷炫造型为目的，建筑造型应是其内部功能的合理体现。

4．"文化性"——地域环境的现代表达。交通建筑必须植根于其所在的地域文化，通过空间隐喻、符号延续、构件提示、景观设计、标识设计的手法在大尺度的现代建筑中表达其文化属性，不能呈现千城一面的趋势。

5．"高技性"——高技趋势的细致表述。交通建筑本身即是时代高科技属性的体现，因此与其他建筑相比，在其形态、色调、材质上应该彰显其高科技属性。

6．"经济性"——社会效益的综合体现。航站楼、火车站等大型交通基础设施，往往是政府投资的城市重要项目，其投资主体往往是政府或者大型国有企业。我们必须充分考虑其背后的社会性、经济性、合理性，避免浪费。

事实上，交通建筑的造型设计并非单纯地从造型这一个维度出发，它要求建筑师真实地面对建筑，理性而不失浪漫，克制而不乏大胆，妥善地去融合建筑、功能、人、空间、文化与环境之间的关系。在建筑呈现出空间、细节、材质与色彩的同时，也表现出建筑师对于建筑及其设计本身的哲学观和世界观。砥砺多年，当建筑完美呈现在世人面前的时候，正是每位建筑师感到最为欣慰的时刻。

第七章

交通建筑设计的智慧维度

当今的时代是一个技术发展日新月异的时代，信息技术的迅猛发展正在深刻地改变着交通，改变着我们的生活，这些发展都是我们以前难以想象的。

此外，由于交通建筑建设具有极强的前瞻性，一个大型综合交通枢纽的建设往往需要3~5年乃至更长的时间，而前期规划则需要提前更久进行。在这几年的时间里，技术往往又发生了极大的变化。因此，这就要求建筑师以发展的眼光去看待交通建筑设计。这种对于未来的设想可以是大胆的，设计看上去是"离谱"的，但在其规划设计落地时又必须是严谨的，"大胆假设，严谨设计"是我们需要秉承的设计原则。本章讨论的是交通建筑设计的发展维度，它又可以被细分为3个维度：安全维度、生态维度和智能维度。事实上，这三者之间在一定程度上又是相互依存的。

7.1 安全维度

一个智慧的交通建筑必须是安全的。交通建筑作为体量规模巨大、各类人流交织复杂、人员密集的交通建筑场所，可能对交通建筑带来伤害的灾害种类很多，自然灾害如地震、风灾、水灾，人为灾害如火灾、恐怖袭击等。面对这些可能的灾害，建筑设计中必须将安全维度放在一个极其重要的位置，建立多层次的防灾体系。

7.1.1 防灾规划策划

1. 区域内河道改造，降低受灾概率。通过对区域内河道改造，降低汛、涝灾害发生的概率，避免河道穿越交通枢纽设施造成对枢纽地下设施的潜在危害。

2. 外部道路交通系统规划留有足够冗余。交通建筑实际布置车道应多于计算值，具有足够冗余度，为应对灾害时的疏散、救援需求提供有利条件。

3. 各功能模块相对独立，形成多车道、多通道体系。各功能模块相对独立，各有出入口，相对独立；相互间通过联络通道或楼前高架等连为整体，可以互用。

枢纽内部道路系统规划的原则是：道路互相备份，资源丰富；建设枢纽专用的高架快速道路系统，将地区内的交通与枢纽集散交通分离；枢纽道路系统内部保持良好的互通性；快速道路系统采用单向大循环方式。同时，按照这些原则布置车道边，引导车辆进出流线，以及组织社会车辆、出租车、公交车辆的车流和停放。

上述布局形成了多车道、多通道疏散体系，可以有效地降低灾害发生时因交通阻塞带来的损失。该体系使得各城市交通的疏散能力充沛，有效增加建筑灾害的免疫力。

4. 各交通主体布局充分考虑换乘距离。在上海虹桥枢纽的设计中，各交通主体的平面布局由东向西依次为：航站楼、公交集散、磁浮、高铁，这是允分考虑换乘需求后的结果。根据预测，在枢纽内部换乘公共交通的旅客中，有70%选择轨道交通，其中又有70%乘2号线和10号线。在各大交通方式换乘比例关系中，换乘量较大的是铁路和地铁、机场和地铁、地铁和磁浮线、磁浮线和铁路。所以，枢纽就形成了机场、高铁车站在东西两侧，轨道交通与高铁车站、轨道交通与航站楼和磁浮线车站、磁浮线和高铁车站紧临的总体布局，以缩短旅客换乘距离，提高枢纽防灾能力。

同时，各主体间设置防火门等隔离装置，能够在灾害发生时启动隔离装置，控制灾害蔓延、减少灾害损失，并为救灾行动提供更充足的时间。

5. 敞开式结构设计，利于应急疏散和防灾防恐。在防灾规划设计中，考虑最多的就是在灾害发生时旅客的疏散问题。上海虹桥综合交通枢纽地下空间规模巨大且采用开放式设计，在枢纽设施周边地区规划15万 m² 以上的绿地和开敞空间，同时，还在建筑中设计了许多开敞空间、庭院、屋顶平台等。上述建筑结构规划能使灾害发生时，地下设施中的人群就近迅速逃出建筑物，进入室外绿地，从而有效降低灾害时的人员伤亡。

6. 充分考虑疏散及避难安全场地保障。在上海虹桥综合交通枢纽的车流疏散设计中，采用高架快速道路系统，以及单项大循环的方式，保持高架系统良好的互通性，减少交叉、交织；枢纽内的旅客疏散应尽量减少绕行交叉，因此采用分块运行，内外敞开联系，外部充分设计并预留了人员疏散空间和避难场地。

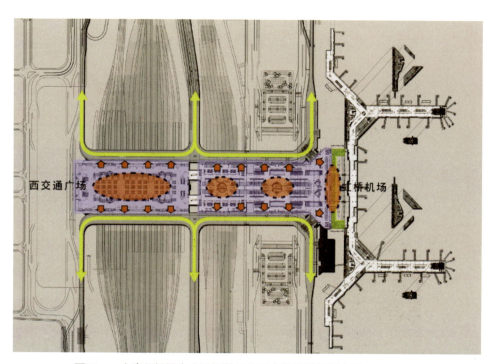

图 7-1　上海虹桥综合交通枢纽核心区内部疏散规划布局 –17.3m 层

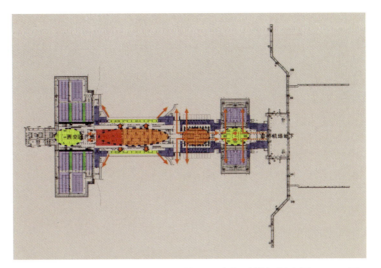

图 7-2 上海虹桥综合交通枢纽核心区内部疏散规划布局 –4.2m 层

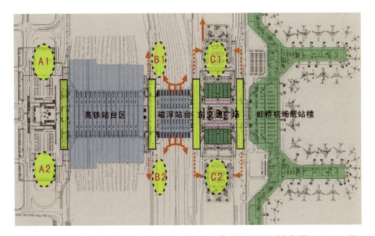

图 7-3 上海虹桥综合交通枢纽核心区内部疏散规划布局 –0.0m 层

图 7-4 上海虹桥枢纽敞开式车库

7.1.2 防恐

7.1.2.1 安保、监测系统和安检系统

1. 高效的防恐安保、监测系统

安保、监测系统是交通枢纽本身防范恐怖袭击的第一道，也是最重要的一道防线。在上海虹桥交通枢纽的安保系统设计中部分采用了智能安防技术。这套系统作为灾害监测与预警系统的一个子集，整合到枢纽整体的公共信息平台之中，与城市灾害监测平台联动。

2. 灾害监测与预警系统框架

在充分利用枢纽本身就有的综合信息集成系统——枢纽公共信息平台的基础上，针对防灾、救灾的需求整合、拓展而成，从而实现灾害信息与日常运行信息共享，最大程度地节约建设成本和运营管理成本。当枢纽各灾害监测技术、监测设备所采集到的现场各种监测信息或数据超过预先设定的阈值时，系统便发出预警信息，同时进入预案启动执行状态，不同的报警信息可能得到不同的反应程度。

3. 安检系统的变革

交通建筑中防恐的重要环节是安检，安检的等级也越来越高。建筑设计需要考虑安检技术的革新来提高建筑的可靠度和效率。这些革新包括：1）使用提高安检效率的全身扫描技术等；2）实行对交通建筑及其内部的实时监控，网络的预警监控等；3）加强重要节点处的人脸识别，在进入主楼、指廊等重要节点处进行人脸识别等；4）大数据技术与安检的互动，将身份信息和安检信息整合在一起，实现为不同旅客设置不同的安检级别。在这样的趋势下，未来交通建筑的安检会出现以下趋势：

由单一安检向逐级过滤、分层安检的多层次安检演变。特别是航站楼和综合交通枢纽，将会形成逐级过滤、分层安检的多层次安检体系。以航站楼为例，目前越来越多的机场采取了多层次安检的体系。旅客进入航站楼前先有一道入口安检，进入空侧前再通过一次航空安检。

安检端口会出现前移与后移的趋势。前移的即是第一道入口安检；第二道身份识别和安检则集中于登机口，航站楼楼内其他区域均可释放供非旅客使用的公共区域。新加坡樟宜机场即是采取类似的模式。

4. 金字塔式的枢纽控制体系

交通建筑，特别是大型交通枢纽类建筑需建立分层级的金字塔式的枢纽控制体系。

对于交通换乘复杂的大型机场（如上海浦东机场），除了设置传统的 TOC（航

站楼运营管理中心）外，还会考虑设置 TMC（交通运营管理中心）。它包含机场运营、交警、公交公司、停蓄车管理等多个部门的跨部门管理，这对于管理的要求更高，使信息可以同时传递至各个部门，以便第一时间做出反应和快速处理。对于综合交通枢纽来说，最高层级是 HOC（交通枢纽运行管理中心）。上海虹桥综合交通枢纽的 HOC 功能很强大，包含机场、磁悬浮、铁路等多种交通方式及其换乘的综合管理，在防灾和反恐等方面的应急能力更强。HOC 构建于原各信息管理子系统之上，运用物联网、云计算等网络管理手段，为不同的运营单位提供了一个共同应对、共同协调的平台，有利于实现信息共享、统一调度和快速响应。

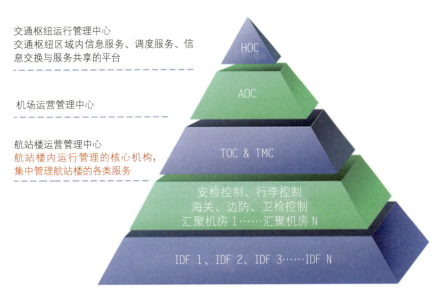

图 7-5　金字塔式的枢纽控制体系

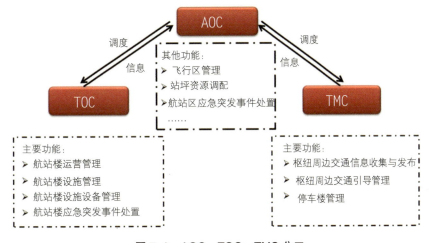

图 7-6　AOC、TOC、TMC 分工

枢纽控制中心的功能包括：负责日常监控、预警信息的采集；与各种交通方式协调，警情的再确认与通报；负责枢纽的调度，包括防控措施的协调与联动。它的应急指挥管理功能则包括应急调度人员和集中处理重大事件，同时不影响运营指挥中心的其他工作；应急指挥室内具有全国的枢纽客流调度手段，有大屏幕显示灾害信息；在应急指挥室内通过内通系统与各交通方式及政府应急处置部门协调。

7.1.2.2 防爆设计与其他措施

确定防爆关键部分与构件。鉴于交通建筑庞大的体量，对所有结构柱进行设防的代价显然是无法承受的，因此必须在整体结构中找出最关键的部位和构件，对其进行有针对性的重点分析和加强其抗爆性能，就能以最合理的代价使防恐怖爆炸袭击的能力达到一个较好的水平。

保证最小安全距离和选择设防爆炸当量。结合自身的建筑功能特点和结构抗爆炸设防目标，确定了本工程适用的最小安全距离和对应的爆炸物当量。为保证满足最小安全距离，采取分级安全区域划分，采取不同的措施有意识的布置层层防线，使整个交通枢纽形成设防水平渐次增高的不同安全区域。

防止结构连续倒塌。对各项单体进行分析，保证整体结构不会因为某一局部遭受恐怖袭击而发生连续坍塌。

玻璃幕墙的抗爆防护建议。玻璃幕墙系统防护的主要目的是防止玻璃碎片飞溅对密集的人群造成二次伤害，设防的对象包括幕墙支撑系统和玻璃本身。由于交通建筑立面大量采用玻璃幕墙，且其中部分入口处、车道边受汽车炸弹威胁较大，因此对幕墙系统抗爆能力的研究是必需的。通过设置防撞墩提供足够的安全防护距离、幕墙玻璃贴膜防止飞溅等方式进行防护。根据不同的背包炸弹及汽车炸弹威胁，计算得到反射超压及反射冲量；再根据工程实际情况，提出安全防护建议（如增加垫块宽度或采用防护缆索），以及需要进行防护的区域（如出发层高架落客区、站坪层贵宾厅靠近车道侧等）。

防撞墩布置的建议。根据建筑物与车道布局的关系，针对一些可能发生汽车炸弹或汽车撞击袭击的区域（如出发层高架落客区、站坪层出租车上客区、交通中心巴士上客区等），提出防撞墩布置方案，并建议对相应区域进行结构柱抗爆分析与加固。

7.1.3 消防

本着"以人为本"的原则，为了给旅客创造轻松、愉悦的候机环境，交通建筑采用了大空间的设计理念。但是，在消防设计方面，由于交通枢纽人流密集空间具有流线复杂、空间高大通透、不宜物理分隔的特点，如果在这些空间内为防止火灾蔓延而采用分隔墙或水幕等传统方式会限制人流在建筑内的流动。因此，在取得消防审批部门同意的前提下，可针对消防进行专题研究、分析和评估，采取相应措施确保消防效果。

大型交通建筑消防加强措施包括：(1)高大交通空间应加强排烟、智能监控、智能疏散引导、智能灭火等措施；(2)对可燃物较多的商业、办公或机房等功能模块，应按防火单元进行严格的防火分隔；(3)重要交通空间的人员疏散量应根据高峰小时旅客量推算最高聚集人数，并可运用动态模拟软件辅助确定安全出口位置。

以下3个概念是需要注意的。

1."防火隔离带"策略。为防止火灾蔓延，原本应当使用具有耐火极限的防火分隔物划分防火分区，但对于上海虹桥综合交通枢纽来说，人流、物流在各个功能建筑内通畅的流动是整个交通枢纽最基本的功能需要。同时枢纽内局部区域，如各种通风井、采光井、庭院等，也形成天然的防火分隔。在保证这些区域的消防安全水平的同时，应最大限度地保持建筑功能。

2."防火舱"策略。在20世纪80年代针对英国斯坦斯特德机场的消防性能化设计中，国外设计师首次提出了"防火舱"的概念，将局部消防措施应用于火灾载荷较高的房间，从而将火势控制在"防火舱"内部，避免蔓延到大空间内其他区域。上海虹桥综合交通枢纽的"防火舱"面积限制在300m^2以内。对于大于300m^2的商业，则应在其中加设防火卷帘将其划分为300m^2的"防火舱"或设置2h防火维护结构以形成防火单元。

3."燃料岛"策略。上海虹桥综合交通枢纽内开敞式的商店、售货亭可以使用"燃料岛"概念将这些零散分布的可燃物划分成一个个相对独立的"岛"。充分利用已有的建筑设计在"岛"与"岛"之间或"岛"与其他火灾载荷较高的区域之间保持一定的间距作为防火间距，确保在一个燃料"岛"发生火灾后，不会通过辐射蔓延到其他区域。

7.1.4 防震与防极端气候条件

交通建筑作为大人流的建筑类型，应对其防震等级进行加强，鉴于全部加强的建造成本太大，应在综合考虑经济因素后，对其重要的机构部位进行加强。包括：地下铁路联络线、地下换乘空间、高架结构系统等。在满足抗震规范的前提下，重点考虑旅客公共区域、逃生通道。此外，对整个交通建筑做一个系统的隔震策划，在不同功能区域采取不同的隔震防震措施。

交通建筑还应该重视防洪和防涝。其主要措施包括：(1)防洪设防标准要适当提高，特别是重点区域的排水标准应当提高；(2)地下敞开空间周边加强防护；

（3）地道、地下空间出入口设防淹设施等。

交通建筑还应该考虑防雪措施，特别是严寒和寒冷地区，对于其大屋盖应该考虑融雪措施，机场跑道上应该考虑除冰坪。

防风设计也是重要的一个部分。风灾是主要自然灾害之一，全世界每年都会发生因风灾而造成严重的生命和财产损失的情况，风灾损失的主要形式之一是工程结构的损坏和倒塌。对大型交通建筑而言，在风的作用下屋面局部被掀开的例子时有发生。根据调研资料分析，风对建筑工程的主要影响形式为，风力导致主体结构变形过大、围护结构破坏及脱落等，而且建筑物的薄弱结构，如大跨度结构、转换层结构等最容易受到风灾影响。因此，设计团队需要对钢结构连廊、钢结构屋顶、雨棚、幕墙等重点部位进行抗风设计，确保在台风天气中万无一失。

总而言之，随着全球气候的变化，极端天气越来越频繁。针对台风、严寒、积雪等极端天气，交通建筑应有针对性的提高设防标准。确保旅客万无一失，这是设计团队必须坚持的最高准则。

7.2 生态维度

绿色建筑是指在建筑的全生命周期内，最大限度地节约资源（节地、节能、节水、节材）、保护环境、减少污染，为人们提供健康、适用和高效的使用空间以及与自然和谐共生的建筑。近20多年来，世界各国对于节能与环保都给予了高度重视，许多国家都将节能环保列为其基本发展战略。

交通建筑作为现代科技和建筑美学相统一的产物，因其规模较大、使用人数较多而成为节能设计关注的要点。许多业主在项目伊始就对建筑提出了绿色三星、LEED认证的期许。这就要求建筑师在设计之初就统筹建筑的建设、使用及废弃的全寿命周期过程，结合建筑所在地域的气候、环境等因素，实现节能、节地、节材和环境保护，这也是智慧交通建筑中重要的一环。

7.2.1 节地

交通建筑节地的最终目标是通过优化规划设计使场地中的各要素，尤其是建筑物、设施与其他要素形成一个有机整体，以充分有效的利用土地、合理有序的组织生产和生活，最终达到空间、形式与功能的完整统一，使其发挥最大的经济、社会和环境效益。

它需要考虑空港场地内部和外部的自然生态环境、产生的环境负荷、人性化设计等因素，核心工作是在不破坏或尽量少破坏自然环境的条件下，科学处理场地环境和组织场地中的各项设施，考虑材料和能量的循环流程。可持续场地设计能将空港活动对场地的破坏降低到最小，并且使建设费用和资源消耗达到最少，从而创造一个更加健康、有序、生机勃勃的环境。

交通建筑占地面积往往较大，规划设计时应在尽可能的条件下使建筑布局紧凑，达到节约用地、缩短交通距离、管网长度、通信电缆长度等目的。建筑群体的布置方式对其热环境及风环境的影响也较大，需要综合协调日照、通风间距与建筑密度等因素。总体规划时要考虑当地城市建设、农田水利、生态环境、空港周边经济等因素。但是多数时候各因素之间又相互矛盾。

场地的选择及整体规划，应利用地形的有利因素，适当遮挡或充分利用太阳辐射，利用或防止主导风，增加或降低温湿度。在小气候环境中，场地的方位、风速、风向、日照、地表结构、植被、土壤、水体等都影响其整体状况。而场地的规划同时也限定了站房主体规划的范围，为了使站房主体实现被动式节能应该注意场地地形、风速风向、日照、空港建筑、环境或者运营引起的一些特殊情况等。

事实上，将交通建筑集约化、枢纽化就是节地的最佳措施，上海虹桥综合交通枢纽就是一个很好的节地的案例，在本书的第三章已经有系统的介绍，在此不再展开。

图 7-7　上海虹桥枢纽鸟瞰图

7.2.2 节能

随着科技的发展，体现机电运维管理一体化、智能化的"智慧技术"层出不穷，这被称为"主动式设计"。然而，从绿色节能设计的本源出发，"被动式设计"仍然是最基础和最重要的。例如合理的功能布局，节约土地资源；合理组织自然通风，改善室内空气品质，降低空调能耗；充分利用自然光，营造自然的室内光环境，降低照明与空调能耗；设计与选材紧密结合，节约材料资源。做好"被动式设计"，交通建筑就能在过渡季节节约大量能源，甚至可以做到局部零能耗。建筑师需要与机电专业、绿色节能专业密切合作，将主动式节能与被动式节能相结合，从而实现交通建筑的绿色设计。在上海浦东机场T2航站楼的设计中，通过自然通风和自然采光的精心设计，取得了很好的节能效果。

绿色建筑技术分类及其特征[1]　　　　　　　　　　　　表 7-1

类型	定义	技术特征	常用技术
被动式技术	根据建筑所在的地域特征、气候特点、资源条件、功能要求等，通过非设备手段，在满足建筑综合功能需求的前提下，提升建筑室内环境质量，节约建筑能源，并最大限度降低建筑对环境的影响	通过对建筑体形、空间形式与布局、围护结构构造以及建筑构配件等的合理设计来达到改善建筑环境、节省建筑能耗的目的。常表现为因地制宜、低技术、低成本、性价比高等特征	围护结构节能构造、太阳能集热蓄热墙、附加阳光间、天然采光、自然通风、遮阳等技术
主动式技术	通过附加的建筑及设备，改善建筑室内环境，提高可再生能源利用率，达到绿色建筑节能低碳的综合效果	依靠设备设施等附加系统，主动有效地控制室内环境质量。相对于被动式技术常表现为高技术、高成本、调节能力强等特征	机械通风、太阳能光伏、太阳能热水、地源热泵、风力发电等技术

7.2.2.1 合理的规划和建筑设计实现节能

合理的建筑规划及总平面的布置和设计，减少夏季太阳辐射得热并充分利用自然通风，冬季时则应利于日照和避开冬季主导风向。进行交通建筑的平面、立面形式设计时，对冬季太阳照射、夏季遮阳以及春季、秋季的自然通风进行分析，从而达到冬季尽量利用太阳辐照取暖、夏季减少太阳辐射并利用自然风降温，实现建筑节能的目的。

充分利用水体和绿化等节能措施。空港建筑周边的树木能有效起到夏季遮阳的

---

[1]　资料来源：《建筑设计资料集》第八分册

作用，降低环境温度；草坪也能起降温、减少地面太阳反射的作用，可以增加雨水渗透、减少排水系统径流。在室内通过庭院灯形式引入绿化改善室内微气候。

避免交通建筑体形过多的凹凸错落，减小外表面积和体形系数，合理控制建筑层高。单位建筑面积对应的外围护面积（包括外墙、屋顶、外窗、门）的大小，直接影响以单位建筑面积计算的建筑能耗。减少外墙凹凸以及适当控制层高，都能起到减少外围护面积的作用，降低建筑单位面积的能耗。

合理确定交通建筑冷热源和设备机房的位置，尽可能缩短冷、热水系统和风系统的输送距离。

合理确定和控制交通建筑的窗墙面积比和天窗面积比，优化交通建筑的热工效应。

合理确定外窗（包括玻璃幕墙）的可开启面积，充分利用自然通风。

事实上，最终呈现的建筑形态即应该是综合节能、功能、造型后的产物。上海虹桥机场T2航站楼和浦东机场卫星厅就是两个很好的例子。

在上海虹桥T2航站楼的设计中，考虑到上海地区西晒较为严重，同时航站楼西侧为陆侧，应将旅客视线更多集中于空侧，使其可以欣赏到空侧飞机起飞的壮丽景象。因此，航站楼西侧多以实墙面为主，与航站楼空侧以玻璃幕墙为主形成了对比，既契合了功能需求又优化了建筑的热工性能。

在上海浦东机场三期工程卫星厅的造型设计中，同样综合考虑了节能效果，东西向的太阳得热无法通过挑檐等水平遮阳处理，南向则可通过挑檐的设计减少太阳得热，因此，卫星厅南北方向采取了挑檐水平遮阳方式，港湾部分由无到有逐渐出挑。

东西向立面采用玻璃后衬穿孔铝板和玻璃后衬实墙（岩棉+穿孔铝板）的方式遮阳，在港湾区域渐变到无。

图7-8　上海虹桥机场T2航站楼西侧立面以实墙面为主，空侧立面则以玻璃幕墙为主

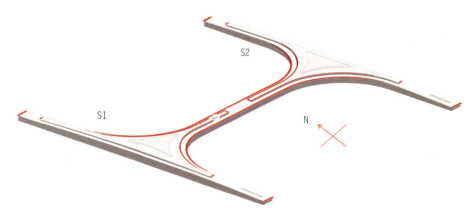

图 7-9　卫星厅南北方向挑檐设置示意

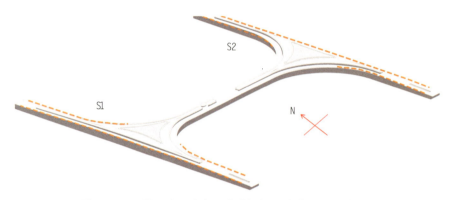

图 7-10　卫星厅东西方向以穿孔铝板和玻璃后衬实墙为主

7.2.2.2　围护结构的保温隔热技术

根据建筑所处地的气候特点及其使用特性，加强建筑的围护结构性能。往往体现在：

1. 提高建筑屋面、外墙、外窗及玻璃幕墙、架空楼板等的热工性能，达到节能目的。

2. 建筑入口或外门应有保温隔热措施。在北方地区该点尤为重要。空港建筑的性质决定了外门开启频繁，冬季大量冷空气进入室内，夏季室内冷气散失过快，这些都导致能耗的增加。因此应控制门的开启及形式，可采用自动关闭功能门、加设门斗或者开侧门等形式加强入口的保温性能。外门以及内部空调和无空调区域的分隔门应有保温隔热措施。

3. 空港建筑外墙和屋顶的热桥部位的内表面温度不应低于室内空气露点温度。由于钢筋混凝土柱、梁等部位传热系数远大于主墙体的传热系数，热流密集形成热桥。冬季内表面温度较低甚至会低于室内空气露点温度，形成结露，造成围护结构材料受潮，影响保温及室内环境；夏季因为此部位传热过大增加空调能耗。综上应针对热桥部位采取保温措施。

4. 车库或配套建筑平屋顶宜采用绿化隔热措施，改善夏季室内外热环境，降低空调能耗。

5. 屋面、外墙的外表面宜采用对太阳辐射热吸收率较低的浅色材料，结合环境条件采用高反射太阳光的材料如各类隔热涂料处理外表面。空港建筑的高大空间（如办票厅、候机厅等）屋顶、外墙面积较大，多为轻质结构，热惰性指标小，隔热性差，空调能耗巨大，不利于夏季隔热，如果采用隔热涂料可有效降低围护结构内表面温度，达到夏季节能的目标。

7.2.2.3 光线的引入——自然采光技术

利用交通建筑的形态将自然光引导至建筑内，同时避免眩光的形成以及太阳的直射。但具体采取何种引入方式取决于其具体的结构形式，钢筋混凝土的结构往往限制了采光形式和采光面积，而跨度大、通透性强的钢结构建筑则可以使其采光方式的选择更加自由。

交通建筑的自然采光设计应满足以下要求：（1）照度需求：满足办票、安检、等候等功能区的要求。（2）视觉舒适要求：采光要均匀，亮度对比小和无眩光等。（3）环保要求：自然采光设计时还要考虑到"光污染"问题，尽量采用技术与构造相结合的玻璃幕墙和天窗，最大限度地降低"光污染"，保护环境。

自然采光的形式主要有：

1. 天窗采光。使用天窗采光，建筑师首先要在天窗下设置挡板，将部分反射光反射到顶棚，从而获得均匀柔和的采光效果。但这种形式可能会存在一定的漏雨隐患，需要对天窗细部进行仔细推敲研究。

图 7-11　天窗采光形式——南京禄口机场二期工程

2. 侧窗采光。侧窗能够有效地避免雨水渗透，但与天窗采光相比在同等情况下室内亮度稍显不足。

图 7-12　侧窗采光形式——上海浦东机场三期工程卫星厅

3. 中庭采光。通过采光中庭引入自然光，通过中庭内部光线漫反射形成柔和光线。

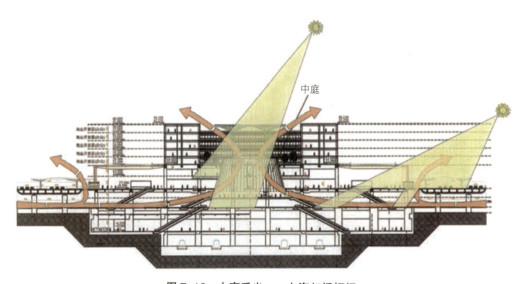

图 7-13　中庭采光——上海虹桥枢纽

4. 其他方式。除上述 3 种方式外，还有许多其他采光方式可供选择，如导光管法、平面镜反射等。

总体而言，各种采光方式都各有利弊，建筑师应该综合考虑，选择最为合适的采光方式。

上海浦东机场二号航站楼和虹桥机场二号航站楼通过精心设计的自然采光，在不增加夏季建筑空调能耗的前提下，达到了照度和视觉舒适的技术要求，最大限度的利用自然采光、减少人工照明，节约照明用电。据计算，航站楼的自然采光可节约照明能耗 90kWh/（m²·年），总计可达到电力照明系统能耗的 50%。

7.2.2.4 光线的控制——建筑遮阳技术

交通建筑特别是航站楼往往采用大面积的玻璃幕墙为旅客营造开阔的视野，但同时会引起建筑能耗的增加，需要建筑师采取必要的遮阳方式，降低空调能耗，提高楼内舒适度。同时遮阳也能够避免眩光、使得光线更加柔和。遮阳方式分为外遮阳、内遮阳和可控遮阳等。

上海浦东机场二号航站楼的 138 个巨型天窗和遮阳膜也可根据季节和天气选择开启或关闭，既隔离日照又节能。主楼和长廊的玻璃幕墙采用了向外倾斜的设计，大大减少了太阳的直接辐射；东西两侧屋面均向外出挑，在屋面外延大约 6～7m 的范围内设计了若干片遮阳百叶。

图 7-14 上海浦东国际机场二号航站楼屋面出挑的遮阳百叶

在上海浦东机场卫星厅的设计中，设计团队更是通过一系列的分析，最终采用了外遮阳和内遮阳相结合的形式实现控制座位区的辐射热。

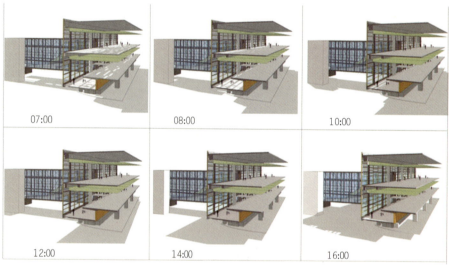

图 7-15 上海浦东国际机场卫星厅遮阳体系设计

7.2.2.5 自然通风技术

自然通风主要是利用风压和热压作为动力实现空气的"自发"流动,起到调节室内温度和空气品质的效果。通过可开启的屋顶侧窗有效地起到拔风作用;通过自然通风的引入,使得航站楼在过渡季节无须使用空调,成功降低能耗。

设计时除了要注意门窗的相对位置、建筑内设施设备的位置等对空气在建筑内部的流动影响外,对于空港航站楼这种大空间的建筑有时候即使依靠大功率的中央空调和排风机,也很容易出现空气不流通的现象,所以只有设计优良的自然通风才能实现节能。可开启窗扇的面积和数量由热工计算确定,气流组织则通过CFD模拟进行设计优化。在机场中利用自然通风,应考虑空侧和部分陆侧飞机起落的噪音影响,可设定两种自然通风模式:运营模式和非运营模式。

图 7-16　航站楼自然通风系统示意

7.2.2.6　机电系统的优化设计实现高效的主动式节能

作为特大型公共基础设施，交通建筑具有高排放、高能耗等特性，可以通过机电系统的优化设计和新能源的使用实现高效的主动式节能。它包括以下措施：

1. 分层空调。空港建筑尽管空间高大，但是旅客和工作人员主要在 0～4m 的底部空间活动，因此，只要将底部空间的温度湿度、空气流速、空气和 PMV 等控制在设计范围内即可，遮阳可大大减少空调系统能耗。

2. 分区空调与控制。空港建筑根据区域功能的差异可采用不同的空调室内设计参数，分别设置空调系统并能独立控制。比如可对常年需要供冷的区域采用独立空调方式（如 VRV 或单冷风冷热泵系统）。

3. 自然通风和过渡季全新风。在过渡季和夏季早晚室外气温较低时段利用自然通风或者加大空调系统新风的方式，将室外新鲜空气引入室内，不仅可以改善室内清洁度，还可以降低空调系统能耗。

4. 智能照明控制系统。空港建筑的公共区域可根据室内外光照度、照明功能、时间、航班信息等进行分时段、分区域照明控制。根据空港建筑各功能区域划分照明控制区域，不同的功能区域属于不同的照明控制区域。根据运营要求设置不同的场景模式，根据天气、时间采用不同的开灯方式；通过光探头自动控制或手动控制的方式，根据时间、气候控制开灯方式；根据人流控制功能性和装饰性照明的开关，以达到节能的目的。

此外，通过太阳能板、地源热泵、风能等新能源的开发，提供交通枢纽运作能源。

7.2.3　节水

建筑节水的主要措施有：在方案、规划阶段制定水系统规划方案，统筹、综合利用各种水资源；设置合理、完善的供水、排水系统；采取有效措施避免管网漏损；建筑内选用节水卫生器具；采用雨水回收利用技术；绿化、景观、洗车等用水采用非传统水源；绿化灌溉采用节水高效灌溉方式；按用途设置用水计量水表等。

7.2.3.1 节水型卫生器具

一般而言，交通客运类公共建筑的卫生间用水占比较高，以航站楼为例，卫生间用水约占总用水量的70%左右，因此，卫生器具的选择对节约用水至关重要。

所谓节水型卫生器具包括节水型水嘴、节水型便器冲洗阀、节水型淋浴器等。在建筑物中（尤其是在水压较高的配水点）安装使用节水型卫生洁具，节水效果明显。在公共卫生间，洗手盆采用光电感应式龙头，便器采用光电感应式冲洗阀，可以避免长流水现象，这也是卫生器具的节水措施之一。

7.2.3.2 雨水回用

以空港为例，空港的飞行区、航站区拥有大面积不透水表面，如能将雨水进行集中收集并有效利用，将会大大减少对市政供水的需求。天然雨水硬度低、有机污染物小，稍作处理就可以满足空港低水质用户的使用要求。

但是由于降雨时间分布不均衡，因此必须解决雨水收集和储存的问题。雨水收集储水的方式通常有三种：（1）利用空港航站楼巨大屋面，通过屋面排水系统集中收集，这需要在空港航站楼附近建造一个巨大的雨水储水池。（2）利用景观水池储水，但应注意景观水池对水质的要求。（3）利用飞行区泵站调节水池储水，需考虑距离雨水回用点的距离。

雨水回用主要提供空港航站楼内卫生间（大便器和小便器）冲洗用水、空调冷却水补水、空调机房冲洗用水、园林绿化用水和道路浇洒用水。

上海浦东国际机场的雨水回用主要用于二号航站楼部分楼层冲厕、场区绿化灌溉和二期能源中心冷却水补水，平均每天用水量约为7000t。按当时城市自来水水价2.58元/t（目前已高达3.8元/t），雨水供水成本为1.05元/t，雨水回用处理站投资2377万元，投资回收期仅为6年。

上海虹桥国际机场西区扩建再生水主要作为卫生间冲洗、园林绿化、道路浇洒、能源中心冷却水补水等，再生水日需求量约为11000t，约占西部场区总供水量的73%。本期每日再生水生产处理能力为6600t，工程总投资约为1600万元，再生水处理成本为2.35元/t，城市自来水水价3.8元/t，投资回收期约为4.6年。

7.2.4 节材

7.2.4.1 建筑要素节材

建筑造型要素简约，无大量装饰性构件。上海虹桥综合交通枢纽多处采用清水混凝土，如二号航站楼指廊的西立面、枢纽室内的混凝土柱子等结构直接暴露，节约了大量建筑装饰材料。

清水混凝土的使用具有以下优点：（1）不需要装饰，舍去二次装修，节约大量人力物力；（2）有利于环保，一次成型，不别凿修补，不抹灰，减少大量建筑垃圾；（3）消除诸多质量通病，清水装饰混凝土避免了抹灰开裂、空鼓甚至脱落的质量隐患，减轻了结构施工的漏浆、楼板裂缝等；（4）降低维护保养费用，清水混凝土耐久性好，护理简单。

7.2.4.2 结构体系节材

空港建筑的结构体系应尽量提高高强钢材和高强混凝土使用率，以降低混凝土和钢材消耗量；采用预应力混凝土结构技术，节约构件用料；采用有利于提高材料循环利用效率的结构体系，如钢结构、轻钢结构体系；采用新型先进结构体系，减少结构面积达到节材的目的。

上海虹桥交通枢纽钢结构比例占到50%以上。磁浮虹桥站12.150m高架候车厅采用屈曲约束支撑（BRB）技术，使得本层的框架柱比下层减少了2/5。

上海浦东国际机场二号航站楼钢结构屋面通过采用Y形钢柱支承多跨连续张悬梁的结构优化，使支柱从原先每隔9m一根变为每隔18m一根，虽然支柱间距增大一倍，支柱数量减少一半，但支撑效果并未打折扣，节省钢材12%。

7.2.4.3 采用绿色环保的建筑材料

上海虹桥交通枢纽项目中多选用低耗能、高性能、高耐久性的本地材料，如混凝土、玻璃、钢材等大批量可以就地取材的建筑材料。玻璃选用的是上海耀华皮尔金顿玻璃股份有限公司的产品，钢材选用的是浙江东南网架股份有限公司的产品。

上海虹桥交通枢纽从西航站楼到磁浮车站，整个外立面装饰除玻璃和清水混凝土外，均使用金属铝板进行装饰。另外，室内装饰也多使用金属材料（如铝板、铝合金建材、铝合金吊顶）等可循环的绿色建材及橡胶地板等高科技环保材料。

上海虹桥交通枢纽的房间隔墙均采用加气混凝土砌块，该材料具有如下特点：经济性、自重轻，可以降低生产运输成本、减轻建筑自重、减少建筑地基处理和承重结构的费用。

7.2.4.4 土建与装修一体化设计施工

交通建筑由于其功能定位和使用要求明确，较容易在设计阶段确定装修要求，非常利于土建与装修一体化设计施工。土建与装修一体化设计综合解决土建和装修可能发生的各种矛盾和问题，并协调各专业统一处理，不仅可以提高设计和施工的效率，还可以避免在装修施工阶段对已有建筑构件的改动和破坏，既保证了结构的安全性，又减少了噪声和建筑垃圾，节约大量的人力和物力，减少材料消耗并降低装修成本。

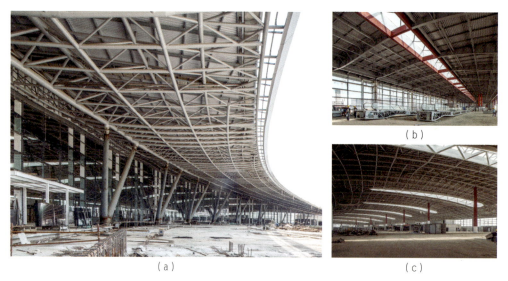

图7-17　南京禄口机场二期工程土建装修一体化设计施工

7.2.5 "捕风引绿与舞光弄影"——南京禄口机场二期工程绿色设计

7.2.5.1 "捕风引绿与舞光弄影"的绿色设计理念

在南京禄口机场二期工程的设计中，绿色节能是贯穿方案设计以及实现施工运营的基本理念，从设计之初就将被动式节能融入建筑设计中。建筑设计团队与绿色咨询团队密切配合，注重建筑自身对环境的适应性，通过建筑体形、空间布局、细部构造等多层次精细化设计，实现对自然风、光、热、影、绿的捕捉和利用，使建筑与自然互动，形成良性循环。通过"捕风引绿与舞光弄影"的设计使航站楼这一庞大建筑也能够在自然中自由"呼吸"，减小其对环境的影响。在提升室内环境品质的同时减少建筑运行能耗。

7.2.5.2 多重"捕风"设计

室外多层次风环境优化。根据机场建筑的特点，设计起始就对航站楼底层、高架出发层、停车楼顶层屋顶花园等人员活动频繁区域进行多层次的风环境优化分析，调整建筑体形与绿化设计，使室外多层次区域均获得良好的室外活动风环境。

停车楼的自由式"呼吸"。停车楼对热舒适要求不高，但要求有较大的通风换气量以便将污浊空气快速带走。因此，在地下车库四周采用了开敞式设计，并在车库中部设置6处捕风口（通风采光天井），对自然风形成抽拔效应，实现停车空间的自由"呼吸"。通风换气次数比常规设计提高了9倍。

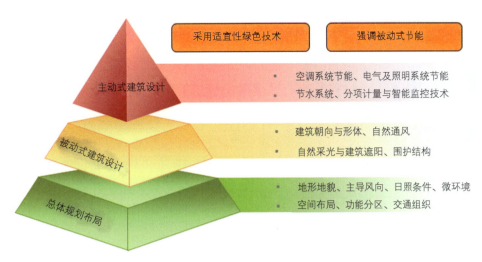

图 7-18 绿色设计理念

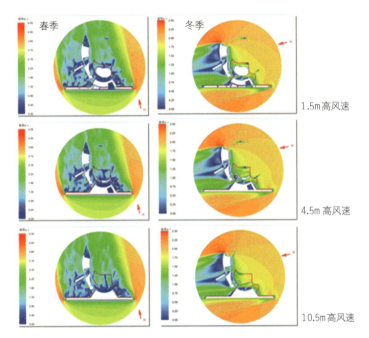

图 7-19 室外多层次风环境优化

图 7-20 南京禄口机场二期工程开敞式停车楼

图 7-21　停车楼 -0.4m 层春季风速云图　　图 7-22 停车楼 -0.4m 层秋季风速云图

航站楼的可控式"呼吸"。对于室内舒适度要求较高的航站楼，综合考虑室内温度、通风效果、开窗造价及运营成本等多种因素，根据表面风压分布优化开窗位置，确定外窗的最佳开启方式与角度，确保有限的开窗能够取得最佳的捕风效果；并设定通风与消防排烟窗相结合的控制策略，实现建筑的可控"呼吸"。

在未增加开窗面积的前提下，这种设计方式实现室内良好的自然通风效果，并且经测算，可减少过渡季空调使用时间 2～3 个月，减少 2% 的航站楼空调能耗。

7.2.5.3　见缝插针的"引绿"设计

机场建筑受功能限制多以硬质地面为主。设计团队在禄口机场设计时特别注意对室外环境的改善与修复，结合功能见缝插针地引入绿化设计，以形成室内外良好的环境互动。

利用停车库四周开敞空间设置斜坡式下沉绿化庭院，将中部 6 个捕风口设置为天井花园，同时将上下坡道中间区域也设置成 2 个绿化庭院，为地下空间引入自然和谐的生态环境。顶部四层设置大面积屋顶花园，为餐饮、商业提供良好的视野，同时调节微气候，增强屋顶隔热性能。

图 7-23　车库屋顶花园

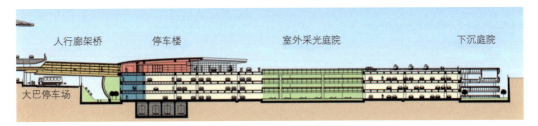

图 7-24 航站楼—车库剖面示意

7.2.5.4 结合造型的"光之舞"设计

结合航站楼主楼起伏的顶部造型设置 8 个嵌在波浪式屋顶中的采光天窗，使其在主楼大厅中形成有韵律的光影变幻，使办票、安检大厅随自然光的变化而呈现不同的氛围；沿两侧指廊中部各设置一个条形天窗，配合窗下穿孔铝板遮阳板，让旅客在指廊中部也能感受到柔和的"光之舞蹈"。

7.2.5.5 灵动的"弄影"设计

对航站楼不同立面进行阴影关系分析，兼顾采光与视野要求，根据不同立面需求捕捉不同光影。

优先利用建筑形体设计的大屋面挑檐及幕墙水平隔板，设计形成自身光影遮挡，减少眩光。

图 7-25 大屋面挑檐形成光影遮挡、减少眩光

东、西立面日照角度低，结合造型在主楼办票区的东、西侧立面设置石材百叶、铝合金型材遮阳条，减少东、西两侧的太阳辐射；在指廊西端设置电动的活动外遮阳，灵活控制光影关系，在减少辐射的同时又不影响冬季日照与候机视野。

候机厅指廊南侧的玻璃幕墙，综合考虑采光、视野效果及造价因素，采用室内遮阳帘，形成较柔和的光影，提高室内热舒适。

(a)

(b)

图 7-26　航站楼外遮阳体系

在南京禄口机场二期工程的设计中，充分利用风、光、影、绿等自然元素，通过被动式节能设计，使绿色节能元素与建筑设计有机地融为一体，实现高品质室内外环境与建筑高效、节能运行。"捕风引绿、舞光弄影"的被动式绿色设计也得到业界认可，获得绿色三星设计认证，并取得"2015年度全国绿色建筑创新奖"一等奖。

7.2.6 "如意牵手、生态口岸"——港珠澳大桥珠海口岸绿色设计

港珠澳大桥珠海口岸也是一个很好的例子。在它的设计中，根据口岸实际使用需求，当处于旅客高峰期时，部分出境旅客需要在室外楼前广场排队等候。考虑到珠海地区炎热多雨的自然气候条件，旅检大楼自然地设计了出挑深远的大挑檐，对楼前广场区域进行全方位覆盖，为旅客遮阴避雨。

在旅检楼室内空间中，出境大厅空间高大开敞，而入境大厅层高仅为7.8m，与出境大厅的空间感受形成了较大的反差。为了缓解入境层层高较低的不利因素，设计上巧妙地设置了多个贯穿空间，并在其中布置景观绿化。阳光可由通高空间洒落，既改善了入境大厅的光照环境，也提高了空间舒适度。同时，景观绿化把大自然引入室内，为人工的建筑环境增添生机和活力，使室内空间自然化，为旅客营造一个轻松、愉悦的通关氛围。

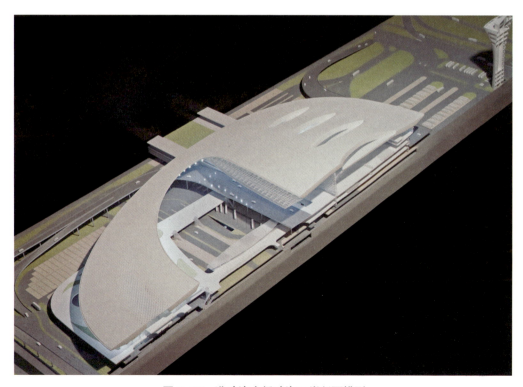

图 7-27　港珠澳大桥珠海口岸剖面模型

图 7-28 车道边看大屋檐效果图

图 7-29 车道边看大屋檐实景照片

图 7-30 港珠澳大桥珠海口岸外景

图 7-31 港珠澳大桥珠海口岸珠港旅检楼室内贯穿空间

在旅检大楼的绿色设计方面，根据当地气候条件采用了适宜的绿色技术，通过建筑遮阳、自然采光、自然通风等手段，将绿色技术融入建筑设计之中。

珠海地区夏季日照强烈，西向需采取遮阳措施。珠港旅检楼西侧设置的挑檐，兼具了遮蔽风雨和遮阳的双重功能。随着挑檐长度的增加，建筑立面太阳辐射的热量也随之减少，但也会相应降低室内天然采光照度，因此，设计中结合遮阳与天然采光的要求，对建筑外挑檐长度进行了科学的计算分析，当挑檐长度为 50m 时，自然采光与挑檐遮阳可取得较好的平衡。此外，通过优化天窗的面积和分布，进一步改善出境大厅的自然采光环境。当室外为 5000lx 时，出境大厅依靠自然采光即可满足照度需求，全年可利用自然光小时数为 3559h。

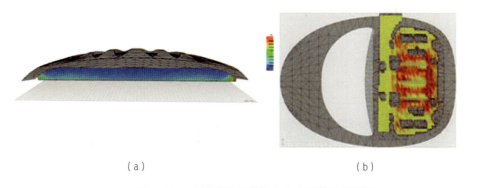

图 7-32 室外遮阳出挑及室内光照的计算模拟

根据当地的主导风向，通过计算分析确定建筑外立面上通风窗扇的分布和数量，从而形成室内的气流组织，实现自然通风。当室外温度不高于 27℃，相对湿度不高于 70% 时，出入境大厅可进行自然通风。根据气象参数分析，全年自然通风可利用小时数为 700h，可节约空调能耗 15%。

在珠海口岸的设计中，我们还结合地下车库设置了车库周边绿景边庭，改善了地下停车环境，同时强化了地下步行轴线，在成功营造零能耗车库的同时提高了旅客体验。

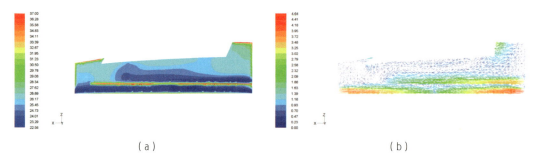

图 7-33 大空间自然通风计算模拟

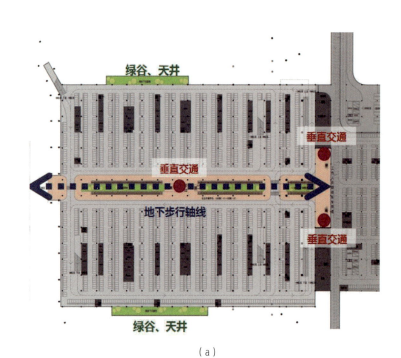

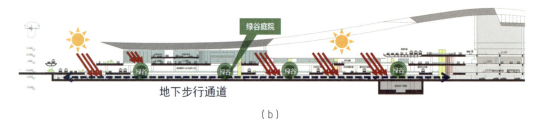

图 7-34 车库设计与绿谷庭院

7.2.7 精品航站楼的可持续改造设计——上海虹桥机场 T1 航站楼改造绿色设计

上海虹桥国际机场始建于 20 世纪初，东侧的 T1 航站区由于建设年代久远，经过多次改造与扩建，设施设备陈旧，规划建设的标准低。2013 年，上海市政府对《虹桥商务区机场东片区控制性详细规划》进行批复，明确机场东片区作为虹桥商务区重要的组成部分，紧密依托虹桥商务区开发建设，紧密依托 T1 航站楼，建设成为上海乃至全国的"现代航空服务示范区"。该项目 2015 年至 2017 年连续三年被指定为上海市重大项目。项目主要包括 1 号航站楼 A 楼和 B 楼改造，总建筑面积 127300m^2，其中改造面积 74538m^2，新建面积 52762m^2。改造更新后的 T1 航站楼将充分考虑以人为本，方便旅客、完善各种服务设施功能，提升原航站楼的空间品质，将其打造成为高端精品航站楼。项目设计单位为华建集团华东建筑设计研究总院，绿色咨询单位为华建集团科创中心绿建所。

图 7-35　上海虹桥机场 T1 航站楼改造项目鸟瞰图

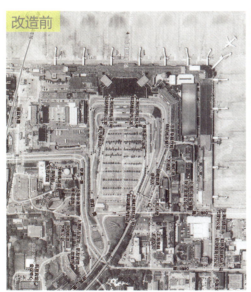
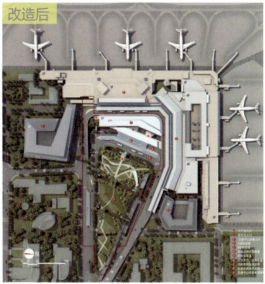

图 7-36　上海虹桥机场 T1 航站楼改造前后对比

图 7-37　上海虹桥机场 T1 航站楼改造

图 7-38　上海虹桥机场 T1 航站楼车道边

7.2.7.1　全生命周期的绿色改造策划

上海虹桥机场 T1 航站楼改造项目的绿色可持续理念从项目立项就被纳入到设计考虑中，贯穿了项目实施全过程，基于航站楼建筑对舒适性、节能性需求，同时兼顾原有建筑特点，需求最佳契合点，以较小的资源、能源消耗获得最大的舒适性。

(a)

图 7-39　上海虹桥机场 T1 航站楼改造外景照片（一）

(b)

图 7-39　上海虹桥机场 T1 航站楼改造外景照片（二）

项目对建筑绿色改造从建筑全生命周期角度，全面考虑节材、节能、节水及环境品质提升。改造前进行全面结构检测评估、机电设备排摸，通过合理的经济分析，通过结构加固、空间局部改造利用等方法，充分保留与利用可用的既有建筑结构、空间与设备，尽可能减少改造工程量，减少资源消耗与施工能耗，降低对环境的影响。

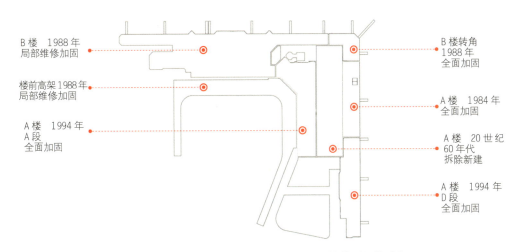

图 7-40　上海虹桥机场 T1 航站楼全面结构检测评估分析

7.2.7.2　在减少改造量的前提下提升建筑性能

绿色改造设计以最小的改造量提高建筑性能，保证绿色改造的经济性。充分利用原有外窗组织自然通风、采光等被动设计，利用部分原有天窗局部改造为通风塔，利用原有建筑体块间的高差开设高侧窗，从而实现在不做过大改动的情况下起到改善室内通风的效果。

7.2.7.3 绿色技术贴合空间造型改造设计

尽可能将设计元素与绿色能效相结合，如利用办票厅斜坡屋面的造型，对斜坡角度、材质进行优化，改善大厅采光效果与均匀度；利用其高大空间开设高侧窗，增加自然通风；结合性能化分析方法，使设计更加合理，大大提升绿色效能。

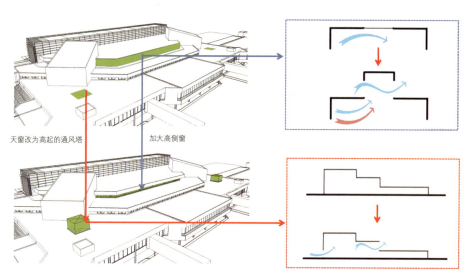

图 7-41　B 楼天窗和通风塔的改造示意

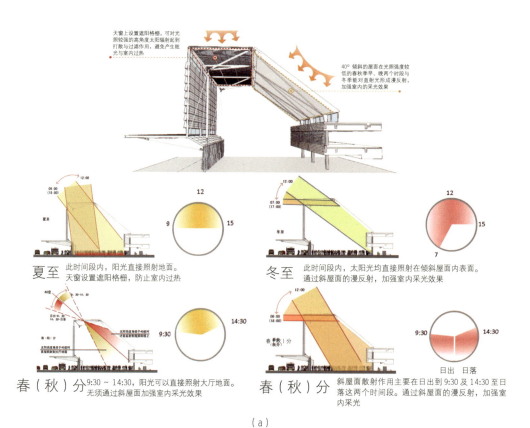

（a）

图 7-42　办票大厅贴合空间造型改造设计（一）

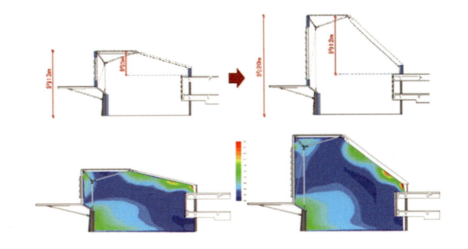

利用改造中空间尺度的变化,在高处增加高侧窗,以充分利用热压拔风的效果改善室内通风品质

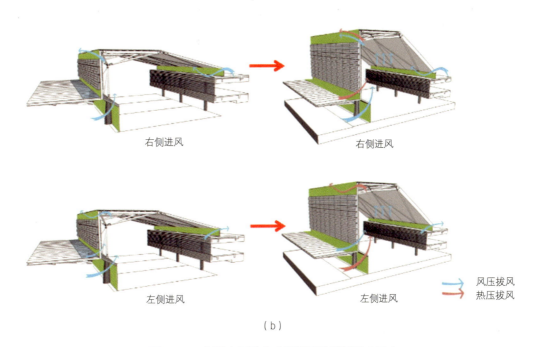

(b)

图7-42 办票大厅贴合空间造型改造设计(二)

7.2.7.4 创造性的结构、空间造型、采光、通风一体化改造设计

针对国际联检厅被围在建筑内部无法采光通风的问题,结合大跨度空间需要中间立柱的结构特点,创造性地设计了与通风塔相结合的伞形柱上采光天窗,优化空间采光通风与舒适性,并使大空间立柱成为空间营造的亮点。通过设置高侧窗等设计措施,实现自然采光通风。

图 7-43 办票大厅室内实景

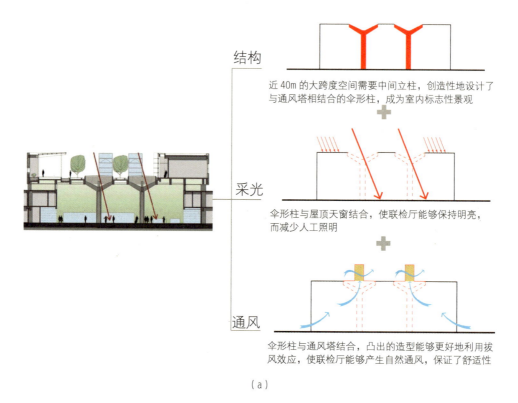

(a)

图 7-44 联检厅伞形柱与通风塔的结合（一）

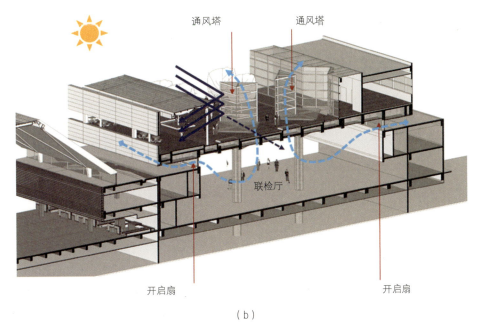

(b)

图 7-44 联检厅伞形柱与通风塔的结合（二）

图 7-45 联检厅实景

7.2.7.5 兼顾采光、遮阳、视野等各方面需求的外遮阳设计

针对航站楼空侧西向日晒严重，同时又要兼顾采光、视野需求的矛盾，在视线高度以上设置折板形穿孔板遮阳，可以大幅降低西晒造成的能耗并改善室内舒适性。同时根据不同登机桥朝向，设置不同角度的竖向遮阳板，大大降低登机桥冷负荷，既不影响采光，又兼顾一定视野与广告位需求。

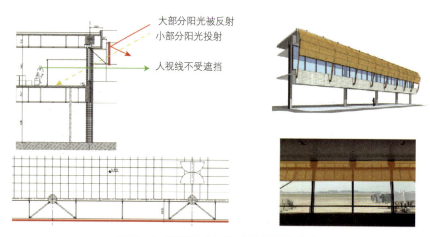

图 7-46 兼顾各方面需求的外遮阳设计

7.2.7.6 结合不同空间氛围与需求的内遮阳设计

结合内部功能需要在天窗下加设不同形式内遮阳，办票大厅对采光要求较高、人员不会长久停留，在该区域设置穿孔板内遮阳，在优化采光的同时避免眩光；在候机厅通道内侧设置格栅式内遮阳，可以起到减少光线突变，改善室内热舒适的作用。

图 7-47 通过穿孔金属板优化采光同时避免眩光

7.2.7.7 结合功能需求的围护结构节能改造设计

考虑航站楼陆侧视野需求不高的特点，结合采光与造价分析，改变一般航站楼全面玻璃幕墙的立面设计思路，延续上海老虹桥航站楼立面特点，将陆侧立面设置为以铝板幕墙为主、只根据采光通风需求保留少量玻璃的形式，大大减少了建筑冷热负荷，降低运行能耗。

图 7-48　陆侧立面以铝板幕墙为主

此外还对项目的空调系统、电气等进行绿色化节能改造，增设了太阳能热水系统等。项目实施不停航施工，2018 年 3 月，A 楼已改造完成并投入使用，B 楼正在施工中。从 A 楼运行能耗看，在功能提升、极端高温天气以及目前设备节能运行策略不完善的情况下，仍然实现了单位建筑面积能耗降低 14% 的节能成绩，未来该项目在完善节能运行策略后，预期可取得 25% 以上的节能率。

该项目绿色节能改造获得 2016 年上海市优秀工程咨询成果奖一等奖；2016 年度上海市既有建筑绿色更新改造评定金奖，并荣获国际大奖——2017 GREEN SOLUTIONS AWARDS—Sustainable Renovation Grand Prize（2017 绿色解决方案奖——既有建筑绿色改造解决方案奖），这也是国际学界对于本土建筑师可持续设计的一次高度肯定。

7.2.8　超大型航站楼的被动式设计实践——上海浦东机场三期工程卫星厅绿色设计

上海浦东机场三期工程卫星厅由 S1、S2 组成，能满足 3800 万人次的年旅客量的空侧候机需求，规模约 62 万 ㎡。设计团队在大面积、多朝向条件下立足于卫星厅项目特点进行可持续设计，对建筑本体被动式气候适应设计反复推敲，重点研究建筑本体设计以优化自然通风、采光、遮阳及围护结构等被动式设计，以较小的代价获得较高的节能效果与环境空间品质；同时，结合卫星厅特点与运营模式，优化机电设计，以最小能耗达到高效舒适，注重实效，最终实现绿色节能低成本运行。

7.2.8.1 自然通风

1. 难点分析

卫星厅 S1、S2 中部三角区结合垂直交通设计有中庭，贯通从地下一层直至六层的整个空间。该区域是夹层最多的区域，且为国际、国内中转及到达、出发交叉的重要位置，主要垂直交通空间设置于此，且人流量大，设置有大量商业，空间环境要求较高。此处恰好也是建筑空间放大处，进深较大，三角区的中心到任意一侧外围护界面的距离近 80m，如何尽可能利用自然通风改善室内环境品质，从而减少空调能耗是本建筑通风设计的难点所在。此外，候机区指廊进深约为 42m，进深很大，而候机旅客停留时间较长，空间品质需求较高，也是自然通风需要重点优化的部位。而且本项目各朝向均设停机位，受噪声影响不适宜大量设置可开启窗，自然通风的组织非常困难。

2. 解决方案研究

1）根据建筑外表皮风压分布特点，合理确定通风可开启窗的位置，以使通风效果最大化。

2）根据中庭 6 层通高的空间特点，对自然通风的改善重点侧重于优化中庭的拔风效果；通过建筑表面风压模拟，对顶部天窗的可开启位置与面积进行重点分析。

3）对于候机区通风，虽受噪声干扰，但可结合候机区每日使用时间、空调季节性启停时间等运行方案，制定夜间通风、过渡季通风的控制策略，对进行自然通风时间段内的建筑表面风压进行分析，实行合理开窗、局部时间通风，仍可以大大节省新风能耗。

3. 措施分析

1）表面风压

建筑整体呈现中部隆起、两端低的流线型造型，有利于环境风的疏导。建筑转角处登机桥的布置有利于缓解高速来风。场地整体风环境良好，各季节环境最高风速均不超过 5m/s；春季平均风速为 3.2～3.3m/s，秋季平均风速为 3.6m/s；过渡季通风条件良好，且冬季不会承受过大风压。

分析过渡季卫星厅建筑表面风压分布，确定各建筑立面及高侧天窗合适的自然通风风口的设置位置。

2）合理开窗分析

（1）自然通风分析——指廊标准段

通过 CFD 风压模拟分析，确定不利通风。指廊（西北侧）选择两端标准段。标准段 1 的室内通风效果如下图所示：

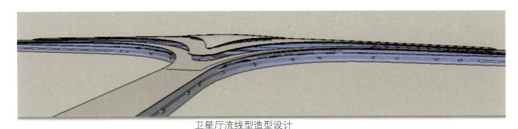

卫星厅流线型造型设计

图 7-49 卫星厅流线型造型设计

① +4.00m 到达层区域单侧开窗，垂直方向与上层联通，无明显大面积静流区；平均风速为 0.10m/s，较舒适；开窗面积可保证室内通风要求。

② +6.90m 室内流场被中间空调机房隔断，但外窗开启面积较大，东侧进风明显，无明显大面积静流区；平均风速为 0.16m/s，较舒适；开窗面积可保证室内通风要求。

③ +12.90m 区域东侧外窗进风明显，无明显大面积静流区；平均风速为 0.12m/s，较舒适，开窗面积可保证室内通风要求。

指廊标准段开窗设置：

① +4.00m 到达层：该层楼板垂直方向上第 2 单元设可开启窗，间隔 1 个单元，开启 1 个单元。

② +6.90m 出发层：该层楼板垂直方向上第 2、3 单元设可开启扇，间隔 1 个单元，开启 1 个单元。

③ 12.90m 出发层：该层楼板垂直方向上第 3 单元可开启扇，间隔 1 个单元，开启 1 个单元。

④ 高侧窗：高侧窗每间隔 1 个单元设置一个可开启扇。

⑤ +8.20m 出发层：该层楼板垂直方向上第 3、4 单元设可开启扇，间隔 1 个单元，开启 1 个单元。

⑥ 每个开窗单元：3.6×1.2，上悬外开 30°。

（2）自然通风分析——S2 中央三角形段自然通风分析

选取 S2 中央三角形段作为自然通风分析的对象，主要分析功能区域：

① 0m 标高：国际、国内远机位候机厅，旅客中转中心
② 4m 标高：国际到达通道
③ 6.9m 标高：国际出发候机/到达
④ 12.9m 标高：国际出发候机
⑤ 18.9m 标高：国际、国内贵宾候机室，休息区

0m 标高层自然通风效果：东部国际远机位候机厅平均风速为 0.11m/s，整体可达到每小时 2 次的通风换气；但进深超过 10m 后，风速较低，有静风区；旅客中转中心平均风速为 0.23m/s，到达通道自然通风效果较好；国际转国内通风效果较差。分析结果如下图所示。

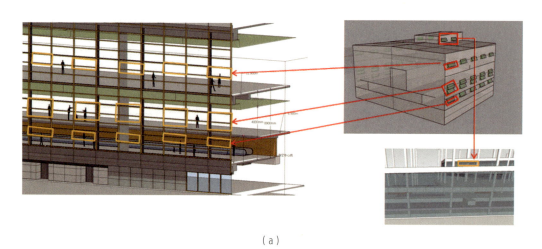

(a)

(b)

图 7-50 指廊标准段开窗分析

4m 标高层自然通风效果：平均风速为 0.61m/s，通风效果良好，分析结果如下图所示。

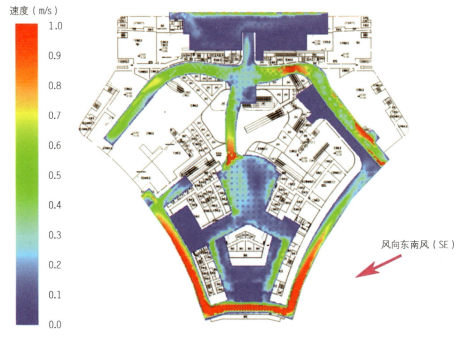

图 7-51　0m 层自然通风分析

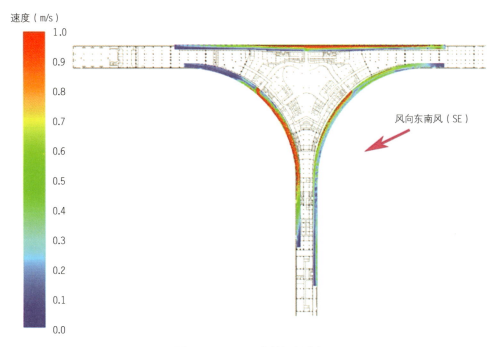

图 7-52　4m 层自然通风分析

6.9m 标高层自然通风效果：平均风速为 0.49m/s，通风效果良好，分析结果如下图所示。

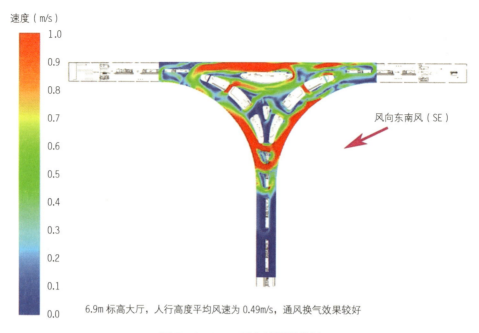

6.9m 标高大厅，人行高度平均风速为 0.49m/s，通风换气效果较好

图 7-53　6.9m 层自然通风分析

12.9m 标高层通风效果：平均风速为 0.36m/s，通风效果良好，分析结果如下图所示。

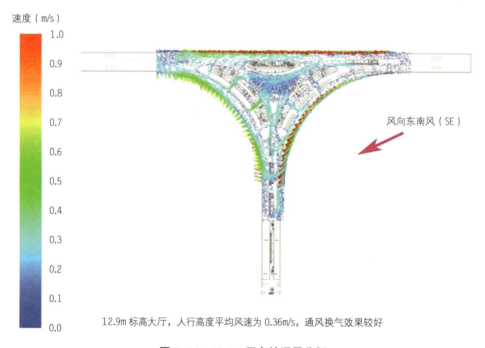

12.9m 标高大厅，人行高度平均风速为 0.36m/s，通风换气效果较好

图 7-54　12.9m 层自然通风分析

18.9m 标高通风效果：平均风速为 0.18m/s，通风效果良好，分析结果如下图所示。

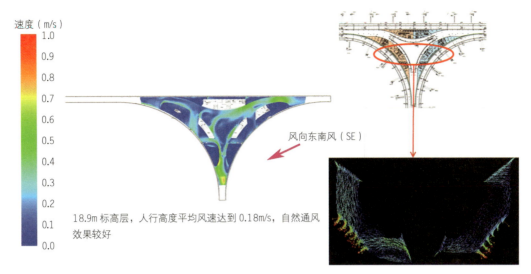

图 7-55　18.9m 层自然通风分析

出屋面高侧窗开窗策略及通风效果：出屋面天窗总排风量为 91.5m³/s，24.4m 层高侧窗排风量为 62.5m³/s，占 68.3%，拔风效果明显。

在主导风向 SE（东南风）3.2m/s 作用下，S2 中央三角形区域标准段分析与开窗设置：

①整体而言，南立面作为主进风口，西立面作为主出风口，风路组织较为明显。

②室内平均风速分布在 0.1m/s ~ 0.6m/s，主导风向下靠近窗口风速可达 1m/s，室内舒适度较高。

③中心区域可开启幕墙外窗面积为 3348m²，窗地面积比为 2.21%。

④ S2 三角形核心区域总体量为 885919.44m³，总进风量为 519.3m³/s，总体通风换气次数为 2.11 次/h，可满足一般自然通风每小时 2 次的换气要求。

⑤ S2 中央三角形区域优化布置开窗位置，结合热压和风压共同作用效果，可在 2.21% 窗地面积比的条件下满足室内较为舒适的自然通风效果。

7.2.8.2　自然采光

1. 光环境设计标准

评价自然采光效果的主要技术指标一般为：采光系数、采光均匀度，特定情况下还需对眩光等进行分析。一般情况下：对于侧窗采光，需要考察室内最小采光系数；对于天窗采光，需要考察建筑室内的平均采光系数和采光均匀度。

参照《建筑采光设计标准》GB/T 50033-2013 中交通建筑的采光系数指标作为评价依据。

交通建筑的采光系数标准值 表 7-2

采光等级	房间名称	侧面采光		顶部采光	
		采光系数标准值（%）	室内天然光照度标准值（lx）	采光系数标准值（%）	室内天然光照度标准值（lx）
III	进站厅、候机厅	3.0	450	2.0	300
IV	出站厅、连接通道、自动扶梯	2.0	300	1.0	150
V	站台、楼梯间、卫生间	1.0	150	0.5	75

除一般采光强度外，还应关注光环境的舒适度。主要有两点：

1）存在采光天窗的部分区域与周边区域照度差过大，容易引起类似高速隧道中的"黑洞效应"或"白洞效应"，影响乘客的舒适度。主要通过韦伯－费昔勒定律来衡量合理的光差范围。

人步行状态下亮度降低值列表 表 7-3

离亮度最高点的距离（m）	0	1	2	3	4	5	6	7	8	9	10
最高亮度的比例（%）	41%	26%	18%	14%	11%	9%	8%	7%	6%	5%	5%

当某一区域存在最亮点时，其方圆半径 1m 以内的亮度不能低于其 26%，2m 以内的亮度不能低于其 18%，以此进行衡量室内光线变化是否舒适。

2）合理的设置与协调人工照明与自然采光，使人员活动区域的光环境保持在合理的视觉亮度下。

视觉亮度是人眼对视场中物体发光强弱的一种心理刺激感觉量，它是人眼判断所视物体是否明亮和清晰的主要依据。以最佳办公视觉亮度 80～120 为例，对应的环境亮度为 148～536lx，因此，有办公需求的空间照度应该保持在这一范围内。

根据卫星厅的功能布局，对各个功能空间的适宜视觉亮度要求如下：

各功能空间的适宜视觉亮度 表 7-4

功能空间	适宜视觉亮度	适宜照度 lx
问询、换票、行李托运、安检、海关、护照检查	100～120	301～536
行李认领、出发大厅、到达大厅	90～110	215～407
通道、扶梯、连接区、换乘厅	80～100	148～301

2. 采光设计

1）空间布局

空间布局上尽可能将通过性通道设在中部；而将出发候机等功能沿周边玻璃幕墙设置，以争取较好的自然采光。

2）设置高侧窗与中庭

考虑到防水要求，不宜设置天窗，故通过高侧窗和中庭的设计来提供采光效果。

（1）指廊高侧窗设计

卫星厅指廊进深近45m，除两侧设置玻璃幕墙外，也在顶部设置高侧窗，提高指廊中部的采光效果。

图 7-56　卫星厅指廊带高侧窗室内效果图

同时，考虑到靠近玻璃幕墙部分采光较强，可能存在眩光，因此，幕墙设计减少了玻璃的面积，增加了部分背衬岩棉的铝板幕墙，不仅可以减少建筑负荷，也可以减少眩光，提高采光舒适性。

在通过增加实墙面减少眩光的立面条件下，通过高侧窗改善内部空间，可以满足4m到达层、6.9m和12.9m候机厅平均采光系数3.3%的要求。

各功能区域采光系数表　　　　表 7-5

功能区域位置	区域类型	平均采光系数（%）	标准要求值（%）
4m 标高处	指廊处：国际到达	9	3.3
6.9m 标高处	指廊处：国内、国际候机厅	4.38	3.3
12.9m 标高处	指廊处：候机厅	7.01	3.3

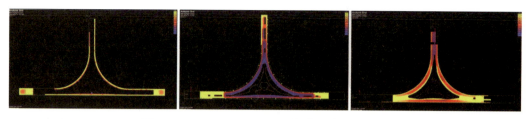

图 7-57　4m、6.9m、12.9m 标高采光系数分析

（2）S1、S2 区域中庭与高侧窗采光设计

S1 和 S2 中转区域进深大，且功能复杂、层数多，内部结合中转功能设置通高中庭，在顶部设置层叠的高起侧窗，将自然光引入到建筑中部。

图 7-58　卫星厅区域中庭高侧窗效果图

对比分析有无高侧窗的采光效果，可以看到高侧窗的设置不仅改善了上部标高层，也使地下空间从原来几乎无采光达到平均采光系数 0.5%；改善了室内光环境感受，减少了人工照明能耗。

3）天窗设计讨论

经过分析，我们看到天窗的增设对 0m 层采光改善效果不明显，对 6.9m 层采光有一定改善，但对 12.9m 层采光而言则有可能亮度过高。综合考虑金属屋面天窗防水、防渗等技术难度与风险，因此此处不建议设置天窗。

而对指廊尽头无高侧窗部分，由于是在混凝土屋面设置天窗技术难度相对较小，且经分析对采光有较大改善，因此在指廊端头设置了天窗，同时分析了眩光问题，设置内遮阳以改善室内采光的舒适性。

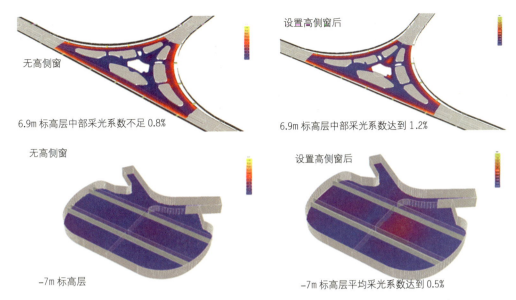

图 7-59　卫星厅区域中庭有无高侧窗采光分析

采光效果对比　　　　　　　　　　　　　　　　　表 7-6

工况	采光系数最小值	采光系数平均值	满足 3.3% 采光要求的面积比例
无天窗	1.5%	5.9%	61.6%
有天窗	2.1%	10.7%	91.8%
有天窗 + 内遮阳	2.0%	8.6%	90.4%

7.2.8.3　遮阳设计

1. 立面阳光辐射分析

结合立面效果，比较分析挑檐和遮阳板对室内舒适度和冷负荷的影响。挑檐出挑约 5.3m，立面遮阳板宽度约 600mm，间距 1200mm，沿窗框布置。从室内旅客舒适度角度，选择 8 月 15 日为分析日；从建筑负荷角度，选择夏至日及整个夏季（6 月 1 日 ~ 9 月 30 日）进行分析。

分别分析不同时段的太阳高度角与方位角。

1）西立面遮阳分析

以西立面 14:00 ~ 17:00 为例，分析太阳入射角度对室内舒适性与负荷的影响，考虑旅客舒适性，应尽量避免阳光直射到旅客休息区，而水平遮阳板很难满足这一需求，特别是在 14:00 以后，西立面西晒影响严重。

从负荷角度来看，进入室内的太阳辐射也在增加，特别是 15:00 后西立面受太阳辐射量增加，但水平遮阳对这一时段的辐射热遮挡不足。

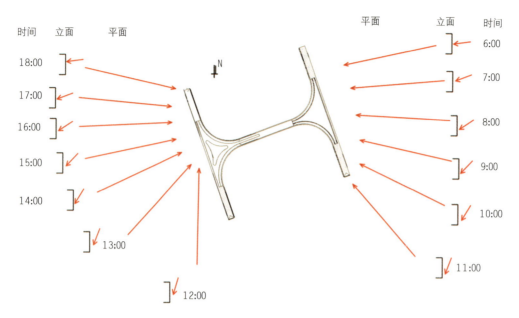

图 7-60　以 8 月 15 日为例的太阳高度角与方位角

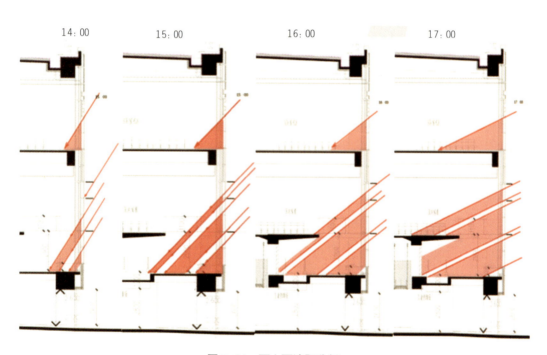

图 7-61　西立面遮阳分析

2）南立面遮阳分析

从南立面分析可以看到，南立面挑檐可遮挡 11:00 ~ 13:00 的太阳辐射，而过早时（7:00 ~ 9:00）水平遮阳板效果有限，阳光还是会照进室内，造成一定的眩光。

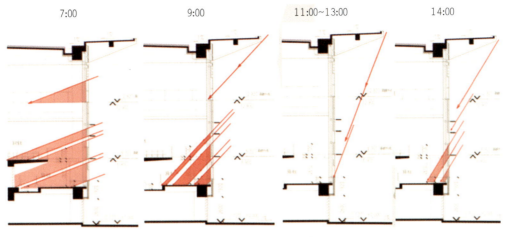

图 7-62 南立面遮阳分析

2. 遮阳设置分析

1) 舒适度角度分析

经分析，在早上和傍晚时刻，各朝向立面遮阳构件的设置不能有效的阻挡太阳光直射人行区域，即影响旅客舒适度；要遮挡太阳辐射强度较高的9:00、15:00时刻，需设置宽度为1000mm的遮阳板阻挡直射太阳光进入室内；在早上6:00～8:00和傍晚16:00～18:00两个太阳辐射较弱的时间段内，若依靠外遮阳格栅防止眩光和减少太阳得热，则需要的格栅宽度更宽，需达到2700mm。

因此，从旅客舒适性角度讨论，要提升水平遮阳板效果需要设计很宽大的水平遮阳板，增量成本很高且对立面影响很大，而其遮阳效果有限。

2) 夏季冷负荷角度

卫星厅各个立面受太阳辐射影响的时间及遮阳构件起作用的时间如下。

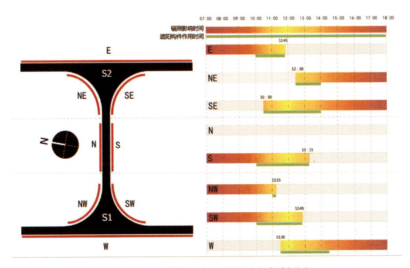

图 7-63 卫星厅各个立面受太阳辐射分析

各个朝向立面的入射辐照及空调能耗影响　　　　　　　　表 7-7

构件形式	立面朝向	方位角	单位面积夏季太阳直射辐射累计值（Wh）		直射辐射衰减百分比（%）	单位面积外窗室内太阳得热负荷衰减量（MJ/m²）	空调系统节约用电量估算（kWh）
			无遮阳	有遮阳			
横向遮阳	南向	南偏东 20°	196998.14	54480.55	72.34%	129.99	25379
	东向	北偏东 70°	111456.97	49563.81	55.53%	56.45	38711
	西向	南偏西 70°	153675.09	71164.01	53.69%	75.26	51606
	S1 南侧圆弧区	东南向	146288.39	64566.62	55.86%	74.54	12068
	S1 北侧圆弧区	东北向	63731.24	26081.94	59.08%	34.34	5559
	S2 南侧圆弧区	西南向	204341.73	70737.09	65.38%	121.86	19730
	S2 北侧圆弧区	西北向	118864.55	54689.04	53.99%	58.54	9477
挑檐	南向	南偏东 20°	196998.14	33828.08	82.83%	148.83	51818

通过以上图表可以看到，采用水平外遮阳板后，虽然可以使立面的太阳直射辐射减少，但南向和 S2 南侧圆弧区的减幅最为显著。而对于南向遮阳，挑檐的效果要明显于遮阳板。

3）遮阳设置结论

综合上述分析，建筑屋顶出挑约 5m，对下部玻璃幕墙形成自遮阳；经过对不同立面受辐射情况测算后发现，南立面已不需要再增加遮阳措施。

对于遮阳板，早上和傍晚时刻，各朝向立面遮阳构件的设置不能有效的阻挡太阳光直射人行区域，对提高旅客舒适度无助益；对整体辐射热减少有帮助，特别是南向，但效果不如挑檐。考虑立面效果与遮阳板造价，卫星厅未设置遮阳板，而在东西向增加岩棉板衬墙减少玻璃面积比例以减少所受辐射。

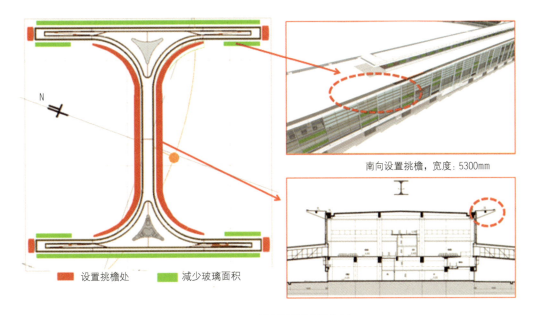

图 7-64　卫星厅遮阳设置分析

综上东西向的太阳得热无法通过挑檐等水平遮阳处理，南向则可通过挑檐的设计减少太阳得热，因此，卫星厅东西方向采取了实面的垂直遮阳方式，南北方向采取了挑檐水平遮阳方式。

东西表皮内遮阳：在幕墙上不影响人的视线的上部两格区域采用玻璃后衬穿孔金属板的方式来起到遮阳的作用，使得光照更加均匀，同时保证旅客视线以内通透的视觉效果。

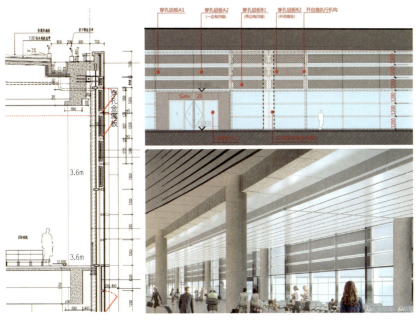

图 7-65　东西表皮内遮阳

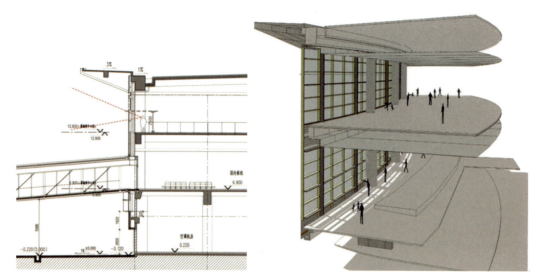

图 7-66　南北向屋面外挑檐实现遮阳效果

7.3　智能维度

从科技发展的角度看，未来二三十年人类将演变为一个智能社会，其深度和广度是我们无法想象的，甚至可以说是一场革命，这必将深刻地影响我们的交通建筑设计。

随着大数据、物联网、云计算等信息新技术的发展，"智能枢纽"的概念频频见于各种媒体。我们从服务、运营和商业等几个业务维度对交通建筑的"智能化"进行剖析。

7.3.1　自助化程度提升下的智能服务

近年来，日益增多的新科技对新航站楼的设计及发展产生了极大的影响，也促进了现有航站楼的更新换代，预示着机场自动化时代的到来。在有限的建筑空间中需要大幅度提升旅客容量和服务水平，采用自动化的旅客处理设施是最为有效和直接的解决方案。因此，在很多机场改造实例中我们都看到了自助化设备的身影及其突出的实践效果。在有效提高旅客服务品质的同时节约了成本。服务优先和成本优先是推动智慧枢纽的重要品质。

自助设备是"智能服务"的重要组成部分。以航站楼为例，自助办票、自助行李托运近年来迅速普及，自助化几乎可以覆盖一个完整的旅客离港流程。目前较为广泛采用并认可的自助设备主要有：自助值机、自助行李托运、自助安检以及自助边防等。

自助值机：这种设备已经在国内外很多航站楼中得到广泛运用。旅客可以通过值机凭证在自助值机设备上获得相关信息，并根据屏幕提示操作选择座位、确认信息并最终打印登机牌。在没有托运行李的情况下，旅客可以在自助值机后直接进入安检区，快速完成旅客流程，缓解了值机岛前旅客堆积的现象。

自助行李托运：在完成值机后，旅客可以凭借扫描登机牌及护照自行打印行李标签并系于行李之上，然后投掷到自助行李托运设备的皮带输送口内进行检查，即完成托运流程。国内各大机场陆续推出了自助行李交运柜台，实现了"一站式"自助值机、行李托运服务。事实上这种自助托运设备又包括两种：两站式和一站式。

半自动托运（两站式）：旅客可以通过值机凭证在自助值机设备上获得相关信息，并根据屏幕提示操作选择座位、确认信息并最终打印登机牌、行李条，之后在行李托运区进行行李托运业务。

此外，瑞士日内瓦机场还推出了一款行李服务机器人，可以帮助旅客办理登机手续、打印行李牌，并最多能运送两件总重量不超过 32kg 的行李。

图 7-67　新加坡樟宜机场 T4 航站楼内自助值机设备

自助安检及边防：作为各个国家和城市的门户，机场的安全问题是近年来机场业主以及旅客极为关心的问题，如何在为旅客提供高效服务的同时保证流程检查的准确度及可靠性是机场联检设施未来发展的趋势。集护照检查、人脸生物识别、旅客信息扫描等一系列高效智能检查功能于一体的自助边防设备，不仅十分节省布置空间，而且拥有人工服务所不能比拟的处理速度和准确度，可以使国际旅客到达用时减少50%以上。从长远来看，自助设备的使用会有效节省人力成本，且随着技术的不断成熟，设备自身的生产成本将会逐步降低，对于未来的机场设计更具有发展潜力。

图 7-68　新加坡樟宜机场自助边检

事实上，其他自助服务，如自助泊车等技术在交通建筑中也开始出现。在南京轨交停车场，已经出现了中国首个机器人停车库，设置了 60 个车位，预示着中国停车场即将步入 AI 阶段。

新加坡樟宜机场的 T4 航站楼运用了大量的自助设备，采用了包括自助行李托运，使用面部识别科技的自助"畅快通行"流程。行李托运、通关、登机流程中都运用了人脸识别技术用以验证乘客的身份。

智能维度还体现在通过各类技术对旅客个体信息（如航班信息、旅客基本信息、旅客位置信息、历史飞行信息等）进行集成与挖掘，以提供精准合体的服务。近年来，移动互联网的普及与相关技术的飞速发展为机场"柔性化"服务提供了重要的保障，随着手机 APP 的普及，"掌上航站楼"的概念也将浮现，手机能够随时指示旅客登机口位置、路线、登机时间预测等信息。旅客可通过手机获知自己前往哪一个安检口、候机区和行李提取厅，为未来设施的分散布置提供了可能。

图 7-69　新加坡樟宜机场自助托运行李

在近几年的设计中，我们意识到，建筑师不仅需要了解日新月异的新技术，更需要了解这些变化对建筑布局的影响。这些影响包括以下 3 点：

1. 自助设备对于旅客设施区域布局的影响

采用自助设备所需的空间与传统的旅客设施和流程不同，因此，在设计中我们需要考虑空间设计的灵活性，以满足未来采用自助设备的需求。如采用自助托运时，必须在平面中考虑摆放设备的区域以及下层空间高度的要求。若在国际区采用安检与边防一体化设备时，则可以缩小联检区域所需面积，为商业发展预留更多面积。

2. 自助设备与人工设备的比例

自助设备的运用并不意味着人工服务的取消，而是将人工服务精简浓缩，为更需要帮助的旅客提供更优质的专属服务，如老人与残障人士。因此在设计中，我们需要考虑人工服务区域的比例与位置，便于与自助设备协同运作将旅客群体细分，减轻空间局部区域的人流压力。

3. 自助设备的选择

相同功能的自助设备也有不同的类型和运作方式，其所占空间会有所不同，这就会影响建筑设计的考量。因此，在设计之初，需要对自助设备的基本参数有一定的了解及判断，便于在设计中能合理地预留设备安装空间，满足实际运作的需求。

7.3.2 大数据时代下的智能运营

航站楼等当代大型交通建筑已经进入大数据时代，运营方应积极利用大数据手段，建立起覆盖旅客流程、行李运输、公共交通等多个方面的大数据体系，覆盖包括旅客进港、出港、楼内摆渡、旅客值机、行李运输、行李提取、行李分拣等不同阶段，高效实时地对信息进行挖掘和处理，提升运行效率。

如针对大面积航班延误，迅速启动应急预案，监测到交通拥堵信息，迅速通过手机短信形式通知旅客，方便旅客出行；监测到现场安检压力过大时，多开放安检通道，降低安检区拥堵率等。

此外，智能维度中很重要的组成部分就是统一的运营管理体系。建筑功能复杂、信息众多、相互关联，在原各信息管理子系统的上层构建交通枢纽运行管理中心（HOC），有利于实现信息共享、统一调度、快速响应的信息集成体系构建。

此外，机场安保也是大数据运营的重头戏。侧重借助先进的信息技术，实现对恐怖信息的监测，对旅客进行识别，提醒安全隐患；对于具有安全隐患的旅客实行重点监控。未来随着大数据技术的进一步发展，甚至有可能简化安检环节，更多安全检查由整个建筑内联动的大数据监测系统来控制。

7.3.3 "互联网+"时代下的智能商业

"互联网+"时代下的智能商业对于现行传统交通建筑商业模式也将是一个巨大的冲击，或者说是机遇。

交通建筑作为旅客的必经地，比传统实体商业具有更高的到达率，而又比传统电子商务具有更多的可体验性；半虚拟的体验式商业模式将大幅提升机场商业资源的空间和利用率，整个交通建筑将成为一个巨大的展示厅和购物中心，作为融合传统商业与互联网商业的一个平台，它能够有效地实现线上和线下资源、客流、信息、业务的互通，整合餐饮、零售、停车、娱乐等资源，成为城市中重要的购物中心。

同时，楼内商业设施将通过大数据手段实现对旅客的现场实时监测、客流密度分析、进店率分析、热度分析、历史轨迹回塑、驻留时长分析等，从而实现精细化的数据驱动型商业经营规划。

100多年前，当莱特兄弟驾驶着简易的飞机飞上蓝天时，当笨拙的火车头呼啸而过山野时，人们是否会想到今天的交通建筑会发展到这样的规模。作为一个时代的产物，作为技术和建筑、速度与柔情的完美融合，我们不能再以传统眼光看待今天的交通建筑，必须要从"智慧"的维度加以审视。

智慧维度中，"安全"是基础，建筑师必须要在新形势下，充分考虑防恐、消防、防震等各种因素，为旅客营造一个安全可靠的环境。

"生态"则是社会对我们的要求，统筹协调建筑与自然的关系，实现建筑的节地、节能、节水、节材，与环境和谐共生。

"智能"则是未来的必然趋势。智能化必将深刻改变交通建筑的空间布局和建筑形态，甚至在某一天，技术的进步会带来交通工具的革命，比如空间旅行不再是梦想，飞机不需要经过较长的滑行距离即可直接起飞等。那时，整个交通建筑的设计会发生天翻地覆的变化，这就要求建筑师必须做好充分的准备。

第八章

交通建筑设计中的平衡与思考

8.1　传统性与现代性的思辨——生态的"地域"建筑观

当代建筑是现代的建筑语言、技术条件和地域文化相融合的产物。建筑的形态解析需要建立在对地域的尊重和回应上，而生态性，正是其中的重要组成部分，它是建筑基于其所在区域环境，利用布局、材料和色彩形成对气候的主动的适应过程，最终通过外在形态得以呈现。我们应该看到其形态背后生成的生态逻辑，而不是简单的图像式的符号崇拜。

在这样的语境下，生态建筑可以成为联系地域性和现代性的纽带。在建筑创作时，我们应充分考虑当地的自然环境，包括气候、环境、材料、资源等因素，使其在当代建筑语境下，运用现代建筑技术和材料，实现传统性和现代性的和谐统一。

在大型公共交通建筑的设计中，我们往往最大限度地利用自然通风和自然采光，并通过气候和环境的对话，营造出宜人的室内微环境，打造与当地自然环境相契合的"原生态"建筑基因。

8.2　人性化与工业化的悖论——人性视野的回顾

在已进入"互联网+"时代的今天，社会依然是大工业化时代——效率至上的内核，强调产品的可复制性，而忽视了对人性的个性需求。在传统建筑的营造中，人文情怀始终是本土建筑"世界观"中重要的一部分。这种建筑关怀的塑造应该从使用者的角度出发，为其量身定制他们在建筑中的体验。

当面临大型交通枢纽这种大跨度、大尺度的巨型建筑时，我们不能让使用者在巨大的体量中迷失，而更应当像传统手工雕塑家般量身打造式地开展设计工作，每一个空间、尺度和环境的塑造都必须从"人"的角度出发，而不是以一个超脱的"上帝"视角进行设计。

以航站楼设计为例，我们可以设想不同旅客在建筑中的行进路径，充分利用材料、自然关系、景观、声音等让其行进路径更加有趣，舒缓其紧张感。航站楼不再是一个冷冰冰的交通建筑，而更契合现代审美和传统人文关怀的双重语境。

8.3 感性与理性的平衡——经济性、合理性与工匠精神

"实用、坚固、美观"是维特鲁威提出的建筑三原则,直到今天它依然是不过时的命题。随着科技的发展和数字化手段的提高,使得夸张的造型建构成为可能,社会大众则对酷炫的表皮和扭曲的造型充满了追星般的狂热。表皮成为建筑师最为关注的兴趣点,而功能则成为表皮完成后"填充"进去的材料。这在某种意义上,是一种建筑学上的不正常的表现。

我们需要回归建筑学——为人类遮风避雨的功能性本质,在美学和经济性、合理性之间找到一种平衡点。建筑创作和设计的出发点既是对建筑美的感性领悟,也来源于对建筑功能的经济性和合理性的思考。建筑的标志性来自对其功能性的合理体现。

建筑的经济性和合理性的实现需要建筑师对布局、空间、系统、材料的很好地把控和对细节的反复斟酌推敲,这种"工匠精神"应该是建筑师所秉承的职业素养,我们需要沉下心来,大到整体设计理念,小到一个螺钉、一块瓷砖,都纳入到关注范围中。

在我们设计的旅客空间中,从地面、柱网、墙面,每一条砖缝都可以找到相应的模数对应关系。建筑具有更高的完成度,既可远观欣赏到它的飘逸灵动,又可走进细细品味每一个细节。

8.4 整体与局部的协调——整体最优代替局部最优

8.4.1 多利益主体的协调

大型交通建筑,尤其是综合交通枢纽,需要涉及协调的部门有很多。在上海虹桥综合交通枢纽的设计中,涉及建筑单体 11 个,面对上海机场集团、申虹公司、申通集团、铁道部,以及政府有关部门 5 个主体,设计单位 7 家。

在这样的交通建筑设计中,涉及的利益主体众多,各个利益主体之间均会放大自己的利益诉求,这就对设计单位提出了更高的要求,平衡整体、统筹兼顾,从整体的利益出发,协调多利益主体,以整体最优代替局部最优。

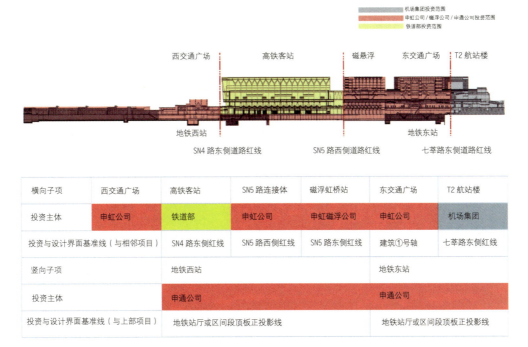

图 8-1 上海虹桥枢纽设计界面及相关利益主体示意图

8.4.2 多影响因素的权衡

综合考虑多个因素，以整体最优代替局部最优。需要综合考虑站房、交通工具运作、商业开发等多个因素，综合各种因素之间的相互影响，求得相对平衡的设计出发点。

以航站楼设计为例，其需要平衡的因素如下。

总体定位影响因素包括：机场航站区规模类型：大中小型枢纽机场、主要非枢纽机场、非主要商业机场（U.S.DOT 标准）；干线、支线（CACC 标准）等。有基地航空公司及其联盟为主要承运单位，或以分散航空公司为主，考虑是否中转枢纽运作等。

航站楼影响因素包括：出发旅客的便利性、步行距离（可定量）、楼内方向识别性、满足基地航空公司及其联盟航空公司旅客中转衔接的效率（可定量）、是否方便基地航空公司运作、是否存在重复利用设施及利用效率（可定量）、是否可分期扩建及扩建的难易程度（可定量）、行李系统的造价（是否使用自动分拣系统、dcv）、是否能形成集中商业。

空侧影响因素包括：空侧滑行效率、是否容易造成延误、空侧滑行距离（可定量）、飞机滑入推出效率、是否容易造成延误、站坪服务交通和滑行交通的干扰、空管塔台对站坪和滑行通道的通视性、有利于远机位的布置（可定量）、是否提供更多的近机位（可定量）等。

陆侧影响因素包括：是否有利于综合开发（可定量）、陆侧用地是否充足，是否有利于道路及车辆站场布置（可定量）、是否有利于交通中心运作、是否有利于综合开发等。

空侧机坪设计层级评价表 表 8-1

评价内容	细化评价要点	定量数据	定性评价	打分权重	分值
机坪与跑滑系统的关系	机坪与跑滑系统的联络是否便捷少转弯，滑行距离如何	■			
	是否根据不同机型设置快滑出口，位置是否合适				
机坪与跑滑系统的关系	机坪是否居于跑道中部				
	是否可为飞机提供足够的平行滑行通道数量	■			
机坪调度与服务	机坪几何形状是否便于飞机进出	■			
	服务车辆是否均可在机首通过	■			
	服务车道是否划分有双向行驶路线	■			
汇总				100	

（注：表中黄色部分为可提供定量数据内容。）

旅客换乘设施设计层级评价表 表 8-2

评价内容	细化评价要点	定量数据	定性评价	打分权重	分值
旅客换乘设施	旅客导向是否清晰				
	人车是否分离				
	旅客步行距离是否较短、换层较少	■			
	不同换乘模式是否分区明确并体现大容量公交优先原则				
停蓄车设施	车辆导向是否规律清晰				
	人车流是否相对分离				
	是否有利于采光、通风的节能原则				

续表

评价内容	细化评价要点	定量数据	定性评价	打分权重	分值
商业设施	商业设施是否结合人流				
	商业面积是否充足	■			
汇总				100	

（注：表中黄色部分为可提供定量数据内容。）

航站楼设计层级评价表　　　　表 8-3

评价内容	细化评价要点	定量数据	定性评价	打分权重（%）	分值
各设施设备之间的负荷平衡	各设施设备是否满足高峰小时旅客流量的使用要求	■			
	各设施设备供需和服务水平之间是否平衡	■			
航站楼各功能模块规模和服务水平的合理平衡	旅客等待停留区域面积需求是否与服务水平相匹配	■			
	旅客通道面积及宽度需求是否与服务水平相匹配	■			
	是否充分考虑各热点区域功能的合理设计				
设施的共享程度	设施设备是否合理共享				
	旅客等候区、候机厅是否合理共享				
	登机门位是否能合理共享				
流程设计的合理性	旅客流程是否顺畅且符合旅客心理需求				
	中转流程是否合理且中转时间缩短				
	工作人员流线、货运及垃圾流线完整顺畅				
航空公司、机场运营管理、政府联检办公用房的平衡	政府联检办公在集约的前提下是否满足正常使用要求				
	机场运营管理部门办公在集约的前提下是否能满足使用要求				
	航空公司办公在集约的前提下是否能满足使用要求				
	机电设备在满足正常的运行要求下是否紧凑，服务半径合理				
行李处理系统与传输系统面积的平衡	行李处理量选择是否符合行李处理系统				
	行李处理系统是否选用合理的结构形式与柱网				
	传输系统面积及空间是否集约高效				

续表

评价内容	细化评价要点	定量数据	定性评价	打分权重（%）	分值
零售、餐饮	业态分布是否合理且符合旅客动线				
	业态规模形式、形态和机电支持				
零售、餐饮	是否考虑业态灵活可变性				
	是否考虑业态形式与分布的地域特色和主题的相结合				
	零售分布是否做到集中和分散相结合				
	商业设计是否符合航站楼整体设计风格				
贵宾流程与贵宾设施	贵宾流程、贵宾设施与旅客大流程的结合是否合理				
	贵宾厅设计是否符合客户群需求				
汇总				100	

注：表中黄色部分为可提供定量数据内容

8.5 思考一：贯穿交通建筑全生命周期的执行建筑师

8.5.1 贯穿全生命周期的交通建筑的一体化设计特征

1. 前期策划—建筑设计—后期运营的一体化服务。与其他建筑相比，交通建筑设计过程更为复杂，包含了前期策划，建筑设计乃至后期运营阶段的评估服务，贯穿了整个全生命周期，从而为其设计提供了充足的资料，在业务链上形成了闭环。

2. 多子项的统筹设计。在大型综合交通枢纽中，如上海虹桥综合交通枢纽，往往由多家设计单位完成，必须将其统筹协调在统一的空间模式和建筑语言下。

上海虹桥枢纽各子项设计单位列表 表8-4

项目名称	设计单位
1. 轨道交通西站	铁道第三勘察设计院集团有限公司
2. 西交通广场	上海市政工程设计研究总院
3. 高铁路虹桥站	铁道第三勘察设计院集团有限公司、现代设计集团现代建设
4. 磁浮虹桥站	现代设计集团华东院

续表

项目名称	设计单位
5.轨道交通东站	现代设计集团华东院、上海市隧道工程轨道交通设计研究院
6.东交通广场	现代设计集团华东院
7.T2航站楼	现代设计集团华东院
8.能源中心（一）	中船第九设计研究院工程有限公司
9.能源中心（二）	现代设计集团华东院
10.旅客过夜用房	现代设计集团华东院
11.航空业务管理楼	现代设计集团华东院

3. 建筑、室内一体化设计。作为功能复杂的公共建筑，建筑的室内设计应该是建筑设计的延续。应采用室内外一体化设计手法，而不应该将其分为两个团队完成。

4. 建筑、结构、机电一体化设计。突出建筑、结构、机电、设施、装饰等一体化设计，集约化设计，整合统筹至建筑整体效果之中。

5. 多种专项的统筹设计。大型交通建筑包括幕墙、屋顶、标识、广告、灯光、小品等多种专项，必须将其统筹协调，契合建筑整体氛围。

我们可以看出，交通建筑的一体化设计特征贯穿全生命周期，必须有一个强有力的建筑设计团队对其进行整体把控，目前国内正在推行的建筑师负责制，或者说是执行建筑师，或许正是一种答案。

8.5.2 建筑师负责制的思考

2015年，住房城乡建设部提出建筑师负责制。建筑师负责制是以担任民用建筑工程项目设计主持人或设计总负责人的注册建筑师（以下称为建筑师）为核心的设计团队，依托所在的设计企业为实施主体，依据合同约定，对民用建筑工程全过程或部分阶段提供全寿命周期设计咨询管理服务，最终将符合建设单位要求的建筑产品和服务交付给建设单位的一种工作模式。[1]

事实上，在香港，EA 执行建筑师制度已经非常普遍。在港资房地产公司投资建设的项目中，他们往往要求设计方在项目中设立一个设计顾问团队为设计管理者的角色，即执行建筑师对整个设计顾问团队进行管理。

我们注意到，不管是香港的执行建筑师，还是国内提出的建筑师负责制，都极大地拓展了建筑师的工作范围，将其拓展到整个建筑的全生命周期，包括参与规划、

---

[1] http://www.shjx.org.cn/article-10907.aspx

提出策划、完成设计、监督施工、指导运维、更新改造、辅助拆除。对于国内目前交通枢纽希望提供的从前期策划、规划设计、后续改造等一系列服务是相吻合的。

在国际通行模式中，建筑师作为业主的代理人。这就要求建筑师既要组织本身的设计服务又需做项目管理，建筑师依照行业规定的标准提供专业服务，这种服务贯穿设计及合同管理等各方面，建筑师还有管理、协调、顾问说明的权利和义务。

在项目策划和设计前期阶段，要求完成基于项目的目标定位、项目研究与开发计划，以及环境与规划条件的设计策划和任务书拟定。

在设计阶段，建筑师一方面要负责所有咨询与设计顾问团队，选择确定和管理协调；另一方面与国内扩初或施工图作为承包商招标要求。不同的是，这是以技术设计（包括建筑解决方案的全套招标设计图和技术规格说明书）作为招标技术标准和政府行政许可的文件要求，并参与业主选择和评定承包商工作。

在施工阶段，要求建筑师审定施工计划、确认承包商施工图纸；对施工监理、设计变更的管理；严格按照招标技术标准的要求履行合同管理，对所有涉及上述标准的施工各分包商、供应商的工艺方案、深化图和材料设备，以及涉及时间、价值、质量等方面的变更管理进行把关；对各顾问咨询团队成果把关，并与管理协调。

在运营和维护阶段，建筑师要负责建成项目使用后问题的检查及处理，提供项目使用说明书及使用后评估与回访。

目前，建筑师负责制正在试点，它的实施将增强建筑师在项目中的话语权，有利于整个行业的发展，给目前处于新常态下的建筑师及建筑设计市场一个新的机会。需要注意的是，在中国目前的国情下，如何能够指出一条契合中国国情的建筑师负责制道路，使得建筑师的权责之间相互匹配，还需要业界更多的探索。

8.6 思考二：统筹全局的设计总承包

8.6.1 设计总承包模式的源起

伴随着交通建筑的大型化发展，专业化程度随着建筑工程规模和复杂性的增加而不断提高，项目的建设阶段不断细分。全过程设计总包管理，贯穿于项目的全生命周期，即项目前期准备阶段、项目中期设计阶段，以及项目后期的实施阶段，即分三个阶段展开以设计为核心的设计管理服务。我们可以看到，在某种意义上，设计总承包模式和建筑师负责制是不可分的，它正是执行建筑师的一种体现。

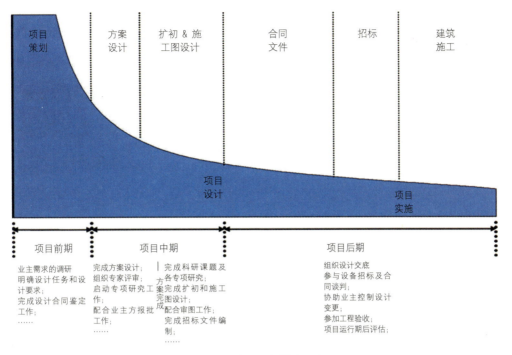

图 8-2 设计总承包模式示意图

设计总包管理加强了设计管理在综合型项目中的作用，由一家单位全权负责全过程的设计协调，包括项目设计各阶段中与各合作设计单位之间的协调，以及主体设计与专项设计之间的协调。设计总包管理一般适用于工作界面复杂、沟通渠道繁多的超大型项目。

8.6.2 设计总承包模式的作用

随着经济的快速发展、建设工程规模的增大、建筑设计市场分工的细化，建设方对设计单位的能力和所提供的服务提出的要求也越来越高。大型交通建筑正逐步面对投资界面复杂、工程质量要求高、建设工期紧及设计周期短、专项设计繁多等工程建设难题。

传统的建筑设计流程已不能够完全满足此类建设工程的需要。工程项目设计总包作为一种先进的设计管理模式，已在实践中被证明是提高建设工程设计管理水平的有效途径。

在此前提下，设计总包模式更适用于工作界面复杂、专项设计众多、沟通渠道繁多的大型交通建筑项目。

8.6.3 设计总承包模式工作内容模块

设计总承包模式包括以下 5 个方面的工作内容：

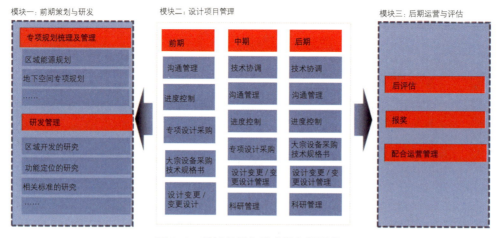

图 8-3　设计总承包模式服务的延伸

1. 前期协调管理。协调业主对项目在立项、方案报批、初步设计评审、施工图审查、工程规划许可证办理等各阶段的前期报批流程及所需资料进行梳理。

2. 进度管理。进度计划目标的明确，项目主体设计计划，专项设计计划的编制，设计进度计划的执行、跟踪以及调整。

3. 质量管理。与设计相关的技术标准，产品标准的明确、统一、执行、审核以及协调，控制主体设计图纸及概算，专项设计/自选成果，技术规格书等主要技术文件的质量。

4. 控制投资。协助业主开展技术规格文件编制，配合业主做好设备采购阶段的设备控制。

5. 专项设计管理。对于专项设计采购、界面协调以及合同执行等方面的管理。

8.6.4　设计总承包模式服务的延伸

设计总承包模式与执行建筑师服务范围相同，也可以贯穿整个建筑全生命周期。

它可以扩展至前期策划与研发，帮助业主在启动项目实施之前对项目的功能、定位、规模以及开发建设模式进行全盘考量。向后可以延伸至后期运营与评估。

8.6.5　设计总承包模式的效果

全生命周期设计总包管理着眼于为业主方提供全过程、全方位的设计以及设计管理服务：经业主授权后，在约定项目的设计工作范围内和设计延伸服务全过程中，在完成设计工作的同时，运用科学有效的项目管理方法和手段，对设计工作和设计延伸服务在质量管理、进度控制、专项设计管理、前期配合、设备技术规格文件编制等各方面进行全方位、全过程的技术审查、综合控制、协调管理。

它将有效地起到以下作用：

1. 投资节约的设计方案

1）设计方案力求简洁高尚的造型，有利于各功能区块的拆分与组织；

2）选用简洁成熟的结构设计，有利于建筑结构的工程实施与控制；

3）正确的设计决策与日臻完善的设计优化，有利于节约投资与减少无谓浪费。

2. 过程可控的实施计划

1）在满足工程施工进度要求的前提下，考虑项目特点，科学、合理地安排设计工作。

2）与业主充分沟通，协商确定合理的出图进度，共同达成设计可实施的进度计划。自上海浦东机场T2航站楼完成以来，在上海虹桥综合交通枢纽，南京禄口机场二期工程等设计中，我们已经有效地形成了具有华东院特色的项目工作包模式，能够科学合理地安排设计工作，结合不同阶段的相关重要节点，有条不紊地推行设计工作。

3）充分利用强大的综合技术平台，有序协调各主体、专项设计单位。

3. 创新争优的设计结果

1）以实现先进理念为原则，追求最高设计品质；

2）提倡技术创新，加强节能设计、绿色建材的运用。

8.6.6 港珠澳大桥澳门口岸设计总承包案例

2014年9月，在我们最初接触港珠澳大桥澳门口岸管理区项目时，整个项目已开展了一年多时间的前期规划设计及建筑设计工作，负责本项目的澳门和香港同行已经按照澳门当地的设计规范及图纸深度要求完成了项目的图纸设计。当时澳门业主正在与珠海市政府就项目的代建工作进行谈判协商，对我们提出的工作要求是半年内对已有图纸参照内地图纸深度进行深化，并配合内地承包商完成项目的施工建设。

8.6.6.1 临危受命："三年建成目标"下的机遇、压力和挑战

进度紧迫，建设模式选择存在摇摆

在我们接手澳门口岸项目的设计工作时，距离中央提出的竣工目标只剩下3年时间，建设周期十分紧张。面对2017年底实现澳门口岸竣工通关的目标，各方均认为在3年内完成澳门口岸管理区的深化设计及施工，对于一个62万 m^2 体量的项目来说几乎是不可能完成的任务。

同时，在紧迫工期的要求下，澳门、珠海两地政府对本项目使用大陆还是澳门

的建设模式还存在摇摆，两地的建设主管单位和专家对于两种建设模式的利弊开展了大量的分析和权衡工作。

标准模糊，规范"就高不就低"未必最优

澳门口岸管理区作为地处澳门特别行政区的特殊项目，其技术规范、设计要求都是自承澳门地区一套体系，考虑到施工将交由大陆的承包单位实施，这就面临着深化设计过程中该使用何种规范来奠定项目的整体技术基调的问题，这不仅影响了眼前的施工建设质量，更会给未来交付后的项目运营带来更深远的影响。"就高不就低"这一颇具东方智慧的口号一度获得了大多数决策参与方的认可，但建筑设计作为科学严谨的技术工作需要更多理性的分析和思辨。

界面复杂，"平行委托"下的巨大沟通量

由于澳门和大陆在大型项目建设经验上的差异，澳门业主单位甚少采用设计总包、施工总包这类的委托模式，致使澳门口岸管理区在之前的设计工程中采用了平行发包的设计委托方式。我们在启动设计深化工作的初期，就面临着同时面对多个设计单位和咨询单位的巨大沟通工作量。甚至是"设计总图"这一大型项目界面协调的常规工具，都是在我们进入并主导设计工作后，由我院设计人员绘制生成的。

8.6.6.2 善谋者胜：顶层设计引导下的造价优化

进入 2015 年，随着澳门特别行政区政府高层建设思路的调整，业主方提出了"合理化设计方案、优化建设模式"的工作要求，并重新定义了我方"澳门口岸管理区设计总包"的角色身份。"善谋者胜，远谋者兴"，我们作为西方模式下的建筑师角色和业主方聘请的测量师、法定技术监督单位共同协作，全面引导项目的方案策划、模式策划、施工招标策划、组织策划等顶层设计工作。一方面，我们整合建筑设计、规划、交通、造价、法律、施工组织策划等各方面的专业资源，协助业主方重新定义了项目的建设标准，并完成了对项目境内、外车库建筑方案及总体交通方案的优化调整；另一方面，我们通过分析比选帮助业主方坚定了采用澳门设计标准、施工标准、竣工验收标准进行全过程建设的信念。

牵头捏总：优化方案，减少投资

承担本项目设计优化、调整及深化工作的首要任务，需要优化由香港 ARUP 牵头、澳门当地设计单位共同完成的总体方案，减少建设投资。"总体场地逼仄，各单体间牵一发而动全身"和"原设计单位对内地设计单位方案修改有不同看法"成为方案调整中最大的挑战。我们一方面充分发挥内地设计单位设计力量充裕的优势，小步快跑、多方案比选；另一方面，做好与澳门当地设计单位以及政府主管部门的沟通工作，争取各方的理解和认可。通过上述措施，用最短的时间稳定了项目的优化及调整方案，节约总投资近30亿元澳门币，获得了澳门特别行政区政府主管领导的高度赞扬。

全面谋划：协助甲方坚定澳门模式，应对进度挑战

面对项目之初业主方在本项目设计标准和建设模式上的举棋不定，我们依托公司拥有的遍布全国的行业资源，组织专业人员进行了大量的梳理、分析和研究工作，并对内地、澳门两地的设计规范、法律以及建设模式等进行了全面的汇总以及对比。凭借我们给予业主方的各类专业咨询和对内地承包商经验、能力的分析，最终坚定了澳门特区政府采用澳门设计标准、施工标准、竣工验收标准进行全过程建设的信念，为项目的总体推进奠定了一个扎实的基础。

8.6.6.3 理念输出："设计总包"+"全过程造价测量"+"施工总承建"巨柱擎天

作为内地设计管理咨询单位参与澳门建设模式下的项目建设，"该学习什么，又该坚持什么"是我们每天都在思考的问题。澳门建设模式兼容并蓄，融合了英联邦体系和欧洲葡萄牙体系各自的特点。该模式中，业主之下的设计师、测量师和建造师三位一体而又相互牵制，形成一个稳固的三角形态势，共同推进项目建设工作。但澳门工程市场相对狭小，缺少拥有足够行业影响力和综合技术协调能力的巨无霸单位，因此多家单位平行为同一项目建设方服务是市场的常态。

长期参与大型建设项目的经验使我们能够判别澳门和大陆各自模式的优势，设计总包管理模式下对法律、造价、施工策划等社会资源的快速整合帮助我们能够迅速抓住两个模式的最佳契合点——"设计总包"+"全过程造价测量"+"施工总承建"，最终模式应运而生。

一站全包：设计总包模式绽放香山澳。澳门设计市场相对封闭，极少有内地设计单位能够在当地承接工程项目，更何况是政府投资的大型公共工程。当业主方公布项目判决书（类似内地中标通知书）时，对于能否顺利履约各方均有疑问。陌生的建设模式、陌生的规范以及陌生的审批程序，一道道拦路虎横亘在前进的道路上。

设计总包管理模式的资源整合能力发挥了威力，随着法律顾问、澳门规范顾问、造价顾问的加入，一个个专业知识上的短板被迅速补全，以项目管理骨干为核心，整合多学科多工种专业人员的管理咨询团队扬帆起航。与此同时，设计总包一站全包的服务模式也让习惯了平行管理、多头联络的业主方管理人员有了焕然一新的体验。总包模式在进度推进、技术协调上的巨大优势也让澳门同行刮目相看。

管理输出："总承建"一锤定音。随着我院设计工作的稳步推进，业主方逐渐认识到内地大型建设项目中常用的设计总包模式所拥有的机制优势。针对本项目界面复杂、工期进展的特点，在业主方组织设计院、测量师、技术咨询单位共同开展项目的招标策划、施工策划时，我们也向业主介绍并建议了施工总包模式的特点和优势，并最终获得了业主的采纳。在本项目最终采用的施工管理模式中，4个标段施工单位之上的"总承建"单位和设计总包单位一道发挥了定海神针的作用。

8.6.6.4　事毕功成："不辱使命"，三年一剑终铸成

我们在参与澳门口岸项目之前，作为内地民用设计行业率先开展设计总承包和设计项目管理业务的设计单位，已经在大型综合交通枢纽、城市片区开发、超高层建筑等类型的项目中进行了十余年的探索，并积累了相对丰富的经验和成熟的管理工具。此前的积累，都成为我们不辱使命完成业主方重托的有效助力。

保证出图节点，设计上保证施工顺利启动。作为港珠澳大桥三地口岸中最晚启动的项目，我们在设计阶段以设计总包管理为纽带，整合全公司设计资源，发挥工作包管理的效率优势，从2015年6月底到2016年3月仅用半年多的时间就完成了9000多张招标图纸，为业主顺利招标争取了宝贵时间。

进入施工阶段后，我们通过设计师驻场服务并结合现场技术巡查和验收等工作形式，成功处理了800多个RFI（Requirement For Information，类似于内地工程签章单）、2000多个物料和2万多张深化图纸的回复和审批工作，全力配合施工单位及时解决现场施工中遇到的难题。

强化现场监造，制度保障下的"澳门奇迹"。项目前期在明确了以澳门模式作为项目管理模式标准后，我们积极适应并学习澳门模式下的设计师工作职责，做到在设计阶段是设计和咨询团队的管理者，在施工阶段是承建方的监理者。在承建方入驻现场后，项目质量控制的最大挑战是相对强势的内地承建单位对澳门建设模式、标准执行的抗拒。为此，设计院、测量师和业主组成的铁三角在与施工单位的磨合中相互协作，逐步建立起一套参建各方均能够接受和执行的流程和规范。在涉及技术比选和判别的关键节点中起到牵头、协调、沟通的角色，使得项目进度得以在最初不被看好的前提下，创造"奇迹"圆满竣工。

坚持澳门标准，实现一次性验收通过。业主方最终决定以澳门标准作为项目的主要技术规范和设计标准依据。这个决定性的举措保证了项目的质量标准符合澳门当地的验收和运营需求，从根本上确保了项目主要验收环节的顺利通过，优化并缩短了项目的交付周期。

在本项目中，面对相对陌生的国际建设模式、国际设计规范以及港澳模式下的设计院角色定位，我们始终如履薄冰。最终使命的圆满达成，既要感谢每一个参与

本项目的设计师、管理人员的辛勤付出,更要感谢业主方、协作单位在此期间给予的支持与帮助。

图 8-4 港珠澳大桥澳门口岸外景

8.6.7 部分设计总承包交通类项目

2004 年上海浦东国际机场二期项目,开创了国内设计企业承担超大型工程项目设计总承包工作的先河,华东总院承担的设计总承包项目逾百个。其中大型综合交通枢纽项目如下:

华东设计总院交通类部分总设计承包项目列表　　　　表 8-5

项目名称	年份	规模	模式
1. 浦东国际机场卫星厅	2014 年至今	54 万 m²	设计总包
2. 虹桥国际机场 T1 改造及交通中心	2013 年至今	15 万 m²	设计总包
3. 莘庄综合交通枢纽中心	2012～2014 年	72 万 m²	设计管理
4. 港珠澳大桥珠海口岸工程	2012 年至今	50 万 m²	设计总包
5. 温州永强机场	2011 年至今	10 万 m²	设计总包
6. 南京禄口国际机场二期工程航站区	2010 年至今	20 万 m²	设计总包
7. 虹桥综合交通枢纽	2006～2010 年	120 万 m²	设计总包

续表

项目名称	年份	规模	模式
8. 浦东国际机场二期工程航站区	2004～2008年	48万 m²	设计总包
9. 乌鲁木齐机场北航站区	2015年至今	80万 m²	设计总包
10. 呼和浩特新机场	2015年至今	40万 m²	设计总包
……			

事实证明，对于交通枢纽这类功能较为复杂、分包子项较多的大型综合类项目而言，设计总承包是一种卓有成效的工作模式。

附录1 访谈：让"智慧"提升旅客体验[1]

郭建祥
华建集团华东建筑设计研究总院副院长、首席总建筑师
华建集团专业总师
教授级高工
上海市领军人才
中国建筑学会建筑师分会副理事长

H+A：在您看来什么是一个"好设计"的标准？

郭：评价一个"好设计"的标准应该是多维度的。首先，优秀的设计理念必不可少，在此基础上完善功能布局，提高空间、材料、结构等各方面设计完成度和精细性。除此之外，社会经济效益、未来工程运营维护的便捷度、绿色可持续性也是评价一个"好设计"的重要标准。

一个好的设计一定是一个适宜的设计，各种功能、诉求能够达到一种平衡，同时也能带来良好的社会和经济效益。

"好设计"还应该营造舒适的空间环境，为使用者带来轻松、愉悦的空间体验，这也是建筑师需要在设计中表达和塑造的内容。

H+A：在您的设计实践中，您会着重关注什么要素？或者说，您将什么作为设计的出发点？

郭：我认为，在设计初始阶段，最关注的因素应该是业主的诉求，以及环境对建筑空间的要求。以此为根基，通过设计理念、空间营造、功能布局等手段，循序渐进地完成一个"好设计"。

H+A：改革开放40年来，我国建筑业得到了迅猛发展，大量国外建筑师的涌入为我国建筑设计带来新的理念和方法，同时也为我们的建筑设计行业提出了新课题和挑战。在您看来，与国外设计单位进行合作有何益处，又会面临哪些问题？大致

---

[1] 华建筑（H+A）2017年9月对作者的专访。

经历了怎样的发展历程？

郭：这样的过程对我国来说是一条必经之路。原因在于改革开放后国内建设需求量与日俱增，而当时我们已经与国际脱轨时间较长，亟须引进国外新的设计理念、方法、技术以及表现方式，然而我认为这样的过程对于建筑师来说是非常幸运的，我们从中汲取了大量知识，为现在的建筑设计打下坚实基础。

建筑的产生需要思想和文化的交流、碰撞，今后这种现象不可避免，而更重要的是我们需要从中学到更多东西，从而帮助我们树立中国建筑师的设计理念、设计品牌以及设计方法与思路，创造属于我们自己的中国建筑！

H+A：您如何看待当下国内的设计环境？在您看来是否到了可以探讨"中国设计"的时候？

郭：我认为，我们应该有底气来谈中国设计。事实上，我们经历了漫长的过程，从与境外设计公司合作，到现在自己进行原创，应该说是改革开放以来巨大的工程量给了我们很好的机会，让我们从中受益颇多。现在，中国建筑师需要同等的待遇、机会和条件，我们一定能创造出属于自己的中国建筑，并能和世界建筑师一同竞争，建造出更多优秀的建筑。

建筑的发展需要经历一个时间阶段，建设量在不同阶段不断发生着变化。实际上，我国从20世纪80年代就开始经历这样的过程。我想，这也许就是一个大浪淘沙的过程。当工程量较少时，建筑师就有机会静下心来，仔细思考如何做出一个更优秀的设计。同时，也有时间对建筑进行更深刻地思考。实际上，我反而认为这是一种机遇，但同时它也需要政策、业主等各方面的支持，能够给建筑师更充分的时间和待遇，这些对于我国建筑水平的提高是颇有裨益的。

H+A：作为一位用30年的从业经历来诠释交通建筑真谛的设计师，能否谈谈您在做交通建筑设计时的心得？

郭：交通建筑，尤其是我所涉猎较多的航站楼建筑、机场建筑，是一个非常复杂的建筑类型，需要平衡各方面的诉求和要求。对我来说，从最初的中外合作，到现在的原创设计，是一个满载收获的过程，从满足工程要求，到追求建筑造型，再到如今的可持续发展、智慧建筑，我有很多经验和体会。但我始终认为，最需要关注的还是旅客的空间体验，使用者的空间感受是重中之重，空间的设计逻辑、建筑的声、光、热以及相关内部服务水平，也都是优化旅客体验的关键因素。当然，平衡诉求、满足投资回报，也是非常重要的因素，但旅客的空间体验依然是交通设计中的关键。

H+A：作为航站楼建筑设计的领军人物，您如何看待当下国内该建筑类型的整体发展情况？它经历了怎样的发展历程？

郭：中国交通建筑的发展，我认为可以概括为这样一个过程，从单一功能的交通建筑，如车站、火车站、机场都是功能较为纯粹的建筑类型，正在逐步走向交通建筑枢纽化。这其实是社会、经济发展到一定阶段的必然结果。原来，交通建筑是点到点的服务；现在，每个建筑变成了交通体系中的一个节点，把这些节点进行衔接，就能够有效提高交通系统的运行效率。

就交通建筑设计本身来说，其发展过程也十分相似。从单一功能布局到高复合度的交通枢纽，交通建筑变成了一个枢纽化的综合体，它将与城市发展、城市空间格局甚至整个片区的发展方向紧密结合，这也是它的特点之一。

而对于建筑师来说，最初，交通建筑更倾向追求夸张、震撼的造型效果，语不惊人誓不休的体量关系。而现在，大家逐渐回归本真，更关注建筑形态的适宜性、空间的愉悦性、流线的导向性、旅客使用的便捷性以及管理维护的合理性。我认为，现在交通建筑的设计发展正逐步走向理性，建筑师也应该逐步适应这个过程。对我来说，我也更关注、更愿意去做理性的建筑，以此诠释交通建筑的真谛与意义。

H+A：您能谈谈交通建筑设计的关键是什么吗？

郭：交通建筑设计，第一，需要功能的合理布局；第二，旅客流线的合理性和导向性，使旅客在使用过程中不会产生紧张的情绪，在庞大的建筑空间内不会感到恐惧，这也是理性设计的重要组成部分。此外，建筑空间造型也应该与功能体量相匹配，形成合适的比例、尺度关系，建筑师也需要对该建筑本身所要表达的空间尺度、色彩、光线、材料等各方面进行整体把控。

总的来说，交通建筑最终应该是一个可持续建筑，一个投资回报合理的建筑，一个使用方便、高效、舒适的，整个建筑环境适宜、愉悦的，并且可以成为城市功能的重要组成部分的建筑类型。

H+A：您能谈谈交通枢纽设计吗？

郭：枢纽建筑集聚了多种交通工具，汇聚大量人流，它一定会融合更丰富的城市功能，特别是商业、办公以及区域服务，上海虹桥枢纽就是一个典型案例。交通枢纽的功能性要求极高，特别是旅客使用高效性以及便捷性，流线要求简明、清晰。举例来说，在我们做上海虹桥交通枢纽这种超大型的交通建筑设计时，市政府领导明确提出，建筑功能问题的解决就是交通枢纽问题的解决，而功能性就是标志性，并不需要建筑师首先谈标志、谈造型，他们希望建筑师能够把功能问题解决好，而标志性就会顺其自然地体现出来，这是一个很好的启示。而且，当功能布局合理化之后，建筑师也会自然地在建筑空间寻找所需表达的语言、材料和个性。

我认为，交通建筑和枢纽建筑与一般建筑所不同的是，设计中理性成分居多，例如通道宽度、排队空间距离、设施设备数量、停车及车道数量等，都需要有非常具体、实际和客观的任务书，在此基础上，建筑师才能进行空间创作，整个过程十分理性。但我十分愿意做该类建筑，因为它有客观依据，能够阐明道理，感性的好与坏不足以评判此类建筑，因为每个人对好建筑的评价标准不尽相同。对于交通建筑来说，如果其功能合理，建筑空间则会形象而具体地体现给使用者，空间塑造建立在功能合理性的基础之上，所以理性设计是交通建筑的特别之处，也是交通建筑师的喜爱之处。

实际上，我认为这应该是建筑师的一种自身功力，束缚越多，功能性越强，建筑呈现的空间形态就越特别，建筑师就越有兴趣进行思考，因为空间的形成不是一张白纸，它融合了很多逻辑、秩序以及理性思考，最终形成的一定是最适宜并且独一无二的建筑。

H+A：能谈谈使您和您的团队感到十分欣慰的项目吗？

郭：对于我和我们团队来说，最重要的也是我们投入精力最多的，并且最终十分欣慰的项目是上海虹桥交通枢纽设计。它是一个超级枢纽，国内独一无二，这个项目集中反映了我们的设计理念，包括功能优先、空间创造、建筑表达以及我们对高度复合的综合体的思考等各个方面。项目建成后，每次走访，我都会有新的发现，"这个地方设计时是这么考虑的，现在看来效果尚可，这个空间确实不错，这个地方可能当时没考虑清楚，现在可以这样优化"。建筑师都有一种情怀，建筑就像他们的孩子，出生以后要看"他"成长，看"他"在使用过程中的反馈。实际上，上海虹桥枢纽项目我们团队还在一直做跟踪研究，对业主的反馈意见进行调整、修改，我们更多的是希望把设计思路一直贯穿下去。不断反馈和调整的过程，也为我们今后的项目提供了很好的借鉴，上海虹桥枢纽项目从交通建筑理念形成以及与国际设计接轨的角度来说，对我们团队以及对我本人都是非常重要的。能够有机会参与这个项目我感到非常欣慰，在国外极少有建筑师能够有机会做这个建筑，我感到非常自豪，它是时代赋予我们的机遇，建筑师需要以优秀的设计以及工匠的精神回报这个时代。

一路走来，例如上海浦东机场T2航站楼、南京机场T2航站楼，以及杭州机场T3航站楼等项目做了很多。对我来说，交通建筑个性强、体量大、功能复杂，我认为做一个建筑就要用心做到最好，每一个建筑都要认真对待，做出优秀的个性、特点和设计理念。

例如，南京禄口机场 T2 航站楼，这个项目非常重要，虽然面积不是特别大，约 26 万 m^2，但其功能极其复合，是上海虹桥枢纽的另外一种形式。它小而全，体现着我们所有的理念，我们也对空间形态设计、与南京地域的文化相结合、功能布局、城市综合体等很多方面做了极多的设计和研究工作。值得欣慰的是，这个建筑在建成后，成为南京青奥会的配套建筑，并达到零投诉，我们设计团队非常高兴，业主也十分满意。做一个建筑，设计的过程中全身心投入是非常辛苦的，经常两地奔波，但是完成后还是感到颇为欣慰的，身为建筑师的自豪感油然而生。

H+A：在航站楼建筑品质方面，有不少热门词汇，包括：人性化、绿色、可持续、智慧等，您如何理解，什么能描述未来航站楼建筑发展趋势？

郭：未来航站楼建筑的发展趋势，在我看来，第一，建筑本身将符合未来功能需求、功能集成化，这可能是一个趋势。

第二，未来可能会形成智能化的航站楼，更多的智能技术与建筑融合，这对建筑设计也会提出相关要求。

第三，是对建筑师自身设计功力要求的提高，空间的表达、色彩、尺度，当然还有建筑地域性、文化性的表达等等。未来的建筑不可能套用某个形式，而是反映在各个细节设计中，反映在旅客的体验上，我认为这是未来建筑师无论在做枢纽还是航站楼，都需要进行思考和关注的重要部分。

国外交通建筑发展较早，现代设计理念也实现较多，但是如今中国经济不断发展，如此大的旅客量和建筑规模是国外所没有的。事实上，现在的中国设计并不缺少理念和工程，关键需要给中国建筑师同等的待遇，让我们有机会去做建筑，中国的建筑时代一定会到来，尤其是中国交通建筑时代一定会到来，建筑师需要方方面面的支持。例如上海虹桥交通枢纽，这个建筑是我们的原创设计，从理念、功能、空间等多方面反映了现代交通建筑的设计要求，规模也相当巨大。我们曾经接待过一个智利建筑代表团，上海虹桥交通枢纽每天的旅客换乘量约 100 万人次，而智利仅有 1000 多万人口，所以他们都十分惊讶，如此大规模、大体量、大换乘量的建筑对于他们来说无法想象，上海虹桥枢纽的工程量、规模、使用人数以及建成机会也都是史无前例的。所以，中国建筑师有能力来做这样的设计，并且已经有了实践案例，关键还是要给我们机会、待遇和时间。

H+A：针对大型航站楼设计，您认为最应该关注什么？

郭：对于大型及超大型航站楼设计，建筑师最需要关注的是以下几个方面：第一，空间尺度是否适宜；第二，旅客流线在空间组织中的导向性，具体反映在天窗、造型、空间尺度以及装修的细部设计上，这些都会对使用者产生空间引导，使旅客能够清晰、自然地判别方向，并到达目的地；第三，好的设计还需要自然光线的引入、色彩柔和、自然材料的使用等。

总的来说，使用者的空间体验是愉快还是紧张、迷失方向，是判断这个建筑成功与否的直接表现。

H+A：您能谈谈最新完工的T1航站楼又有了怎样的提升吗？

郭：T1航站楼建设年代较早，从20世纪60年代开始，到1988年、1990年、再到1997年，经历过多次的改扩建工程。其实改扩建的过程也反映了航站楼建筑的另一个特点，它是一步步发展而来的。现在我们进行改造，要求使它产生脱胎换骨的变化，并通过这个航站楼设计带动周边城市空间开发。对我来说，这个项目最大的挑战是我们怎么样在一个既定的基础上做一个全新的设计，以及在这个脱胎换骨的航站楼里，如何赋予它上海城市和建筑的味道，这不仅是业主的要求，也是我们设计所追求的方向。事实上，通过建筑空间形态、细部处理，我们实现了赋予空间上海味道的目标，当旅客使用建筑时发现有些空间很有小资情调，事实上这就反映了我们在设计上所做的工作。举例来说，在出发大厅的空间形态设计上，我们就做了一个很好的变化，通过照明将空间的亮度提高，提升空间中光的引导性。其次，很多空间细节的处理，也延续了上海建筑的细节处理特点，这是非常重要的。除此之外，我们在墙面上做了一些柚木处理，这种处理很有上海味道，也让第一次看到这个建筑的使用者感到空间的小巧、精致。

H+A：停车库也是交通建筑中的重要空间，您能谈谈上海虹桥机场T1停车库项目吗？

郭：我认为，我们团队从上海虹桥枢纽停车库开始一直不断地进行建筑实践，最后形成了上海虹桥机场T1停车库。它所反映的功能、细节、理念，例如其流线导向性很强，是单循环、大循环加小循环的一个寻车系统流线，完备的自然采光、自然通风系统，醒目的标识系统，管线布局于梁之上保证空间完整等方面我们都做到了。我不敢说它是上海最好的，但我认为属于较为成功的，也反映了我们的很多设计理念：绿色的、生态的、零能耗的车库，它的导向性好，人车流线方便，同时也提供了适宜舒适的空间环境。

H+A：您能谈谈澳门口岸的项目吗？

郭：澳门口岸是中国最大的一个陆路口岸，也属于交通建筑，是港珠澳大桥的附属工程。它建在一个人工岛上，是连接香港到珠海、香港到澳门、珠海到澳门三地的枢纽口岸，我们也很自豪，这是我们团队原创设计并且顺利中标的，今年年底将要通车，我们还在进行相关工作。

它是一个巨无霸建筑，总规模接近 70～80 万 m²，并且处处存在挑战，如时间紧迫，年底就要投入使用，现在还在赶工，9 月 30 日是一个节点，11 月 30 日是一个节点，所以我们的团队在澳门设有现场服务，每天解决技术问题，配合业主的相关工作。另外，这个项目的需求也很多，因为它是一个综合体，有商业、办公、相关的附属设施等需求，还有一关三检等通关的相关需求等，我们需要综合各种因素来做项目工作。但最大的挑战还是整合布局不同流线的空间关系，以及怎样用建筑形态表达其标志性。

H+A：在交通建筑领域，什么会成为下一轮发展的热点？

郭：热点一定是枢纽化。交通建筑包括各种方面，随着中国交通体系的不断发展完善、中国 GDP 的逐步增长，以及旅客出行人数的不断增多，交通建筑的需求一定越来越多、越来越复杂，未来的趋势一定是枢纽化、综合化。

一线城市、二线城市都在做机场，每年旅客量以 10%、20% 的速度增长，速度极快，所以中国的机会还很多，发展空间还很大。中国设计院和境外设计师都在不断涌进交通建筑这个市场，所以我们要好好把握机遇，发展好技术，做更多优秀的中国建筑。

H+A：能简单介绍下您所在的团队在航站楼建筑设计领域的发展规划么？

郭：华建集团华东建筑设计研究院总院，从最早的 1964 年的上海虹桥机场航站楼开始，到 2007 年，在专项化的团队成立后，一直在打造交通建筑这个板块，现在我们已经拥有更专业化的团队，接近 50 位建筑师正投身于这个工作，希望能通过竞标完成更多国内大型、超大型项目。同时我们也有一个心愿，希望在未来，我们也能走出国门，去国外设计，用我们的经验和理念，为国外设计更好的交通建筑。

附录 2　门户之变——从虹桥机场到大虹桥

郭建祥　阳旭

"大鹏一日同风起，扶摇直上九万里"。55 年前，随着上海－卡拉奇国际航线的开通，虹桥被开辟为国际机场，正式成为上海乃至中国面向世界的门户。改革开放 40 年来，随着经济的腾飞，上海乃至全国的民航事业得到了蓬勃的发展，上海民航以不到 40 年的时间走过了国外七八十年的发展历程，上海空港全场已由 1978 年的 40 万年旅客吞吐量发展到 2017 年的 1.1 亿年旅客吞吐量。在此期间，虹桥机场——这座城市门户也发生着深刻的变化，它 40 年间几经扩建，已由 20 世纪 80 年代初期 1 万 m^2 的航站楼，一步步发展成为日吞吐量 110 万人次，以航空、高铁为中心，联系地铁、高速、出租车等多种交通方式，涵盖 56 种换乘模式的综合交通枢纽。在它的带动下，整个大虹桥区域由数十年前的较为边缘的城郊已经跃变为覆盖 $86km^2$，联系长三角、面向全世界的关键性节点，真正成为上海这座城市面向世界的门户。

当我们重新回顾这 40 年来虹桥的发展脉络，它的发展，几乎伴随着这座城市的建设，一步步发展为国际大都市、亚太航运枢纽。它是上海的门户，更是这 40 年来上海发展的见证者和深度参与者。在这 40 年的发展历程中，我们可以清晰地看到当代交通类建筑的发展历程，更可以看到一代设计师面对时代发展的成长历程和"中国设计"的螺旋上升历程。

1. 改革开放前的虹桥机场——从民用建筑到交通建筑

虹桥机场始建于 1921 年，始建初是因北洋政府规划的京（北京）沪（上海）航空线未能通航至上海，成为空有其名之地。至国民政府在南京成立后，随着沪蓉航空线管理处的筹建，以及上海至南京航线的开航，虹桥机场才正式被使用。抗战时期，日军冲击虹桥机场，制造了"虹桥机场事件"，就此拉开了淞沪会战的序幕，虹桥机场就此在中国近代史上写下了浓墨重彩的一笔。

虹桥国际机场航站楼建设起步于 20 世纪 60 年代初期。1963 年，上海与巴基斯坦通航，上海虹桥军用机场改建为国际民航机场，改建工程由华东工业建筑设计院（今华建集团华东建筑设计研究总院）设计。虹桥军用机场原无民航设施，改为国际机场后，需建造指挥塔台、旅客候机楼及其他民用机场设施。

候机楼面积约 1 万 m²，功能合理、朴素大方。楼外立面简约现代，室内空间灵活流动。机场采用大空间设计，夹层作为等候大厅里的餐厅，充分利用空间极具流动性。当时我国建筑风格较为推崇"民族形式"，虹桥机场的设计则如同一股现代主义的春风，开创了这一时期的航站楼建筑设计风格，并深刻地影响了当时全国一大批航站楼的建设，并成为尼克松访华、田中角荣访华等一系列重大历史事件的见证者。

老一辈建筑师对于该项目倾注了巨大的热情，设计团队在当时尚属城市边缘的现场工棚里驻场设计，在艰苦的条件下持续奋斗直至顺利竣工，这期间虹桥机场的设计还得到了周恩来总理的关心。

值得一提的是，作为本土建筑师对于航站楼设计的首次尝试，此时的航站楼严格意义上与目前的航站楼还有着较大的差异，作为现代航站楼的雏形，其功能布局还摆脱不了普通民用建筑的束缚，之后航站楼的国际国内分区、出发到达分流、安检、联检等功能概念此时还未成形。近机位也没有出现，旅客需前往停机坪登机。

2. 20 世纪 70 年代末——20 世纪 90 年代中叶，虹桥机场开启快速发展之路

随着全国经济的交流发展，特别是改革开放之后，进出上海的人流剧增，上海启动了"海、陆、空"三大城市名片的建设，即十六铺码头、新客运站和虹桥机场扩建工程。此时虹桥机场年旅客量 40 万人次，随着中国民航局从隶属于空军改为国务院直属机构，民航开始逐渐走入人们的生活，虹桥机场就此开启了一条快速发展之路。

这一时期上海 GDP 由 1978 年的 273 亿，增加到 1995 年的 2500 亿，与经济增长相对应，虹桥机场年旅客量逐渐增加，已由 1978 年的 40 万人次增长到 1995 年的约 1100 万人次。航站楼规模越来越大，功能越来越复杂，原有的航站楼规模和设计模式已经不能适应新形势的需求，这一时期，本土建筑师积极向国外建筑师学习，从合作设计再到自主设计，开启了一条学以致用的成长道路。

2.1 虹桥机场第一次扩建——扩建 A 楼：初次引入当代交通建筑功能概念

1981 年，虹桥机场开始了第一次改建工程，对 20 世纪 60 年代建设的 A 楼进行扩建。设计和施工均由日本大林组株式会社承担，华东设计院（今华建集团华东建筑设计研究总院）作为国内合作方共同完成设计。外方建筑师按照国际模式对于航站楼进行设计，第一次引入当代航站楼功能空间概念，如国内外分区、旅客及行李流程组织、近机位和空侧、陆侧等。

附图 2-1　20 世纪 60 年代的虹桥机场

（图片来源：王世敏. 上海民用航空志 [M]. 上海：上海社会科学院出版社，2000）

附图 2-2　20 世纪 60 年代的虹桥机场

（图片来源：王世敏. 上海民用航空志 [M]. 上海：上海社会科学院出版社，2000.）

附图 2-3　20 世纪 80 年代虹桥机场第一次扩建照片

（图片来源：网络）

虹桥机场 1984 年竣工，候机楼在原有候机楼的基础上前后各进行了加建，规模扩建至 2.1 万 m^2，供国际、国内航班合用。二层的候机大厅，全部用大玻璃分隔成旅客过道和候机休息厅。底层为行李运输、旅客通道、工作人员出入口。建成后，国际、国内的出入港旅客及行李流程比较合理，互不交叉。航站楼开始出现近机位概念，航站楼拥有 3 座廊桥可满足飞机停靠。1984 年，虹桥机场设置了安全隔离区和安全检查站等安全保障设施，此时"空侧"和"陆侧"的概念开始出现。

改革开放之后虹桥机场的首次扩建，这是本土建筑师首次与国外建筑师合作设计现代航站楼，在中外建筑师共同努力下，新建航站楼与 20 世纪 60 年代虹桥机场候机楼呈现了很大的不同，已摆脱传统民用建筑范畴，整个航站楼建筑立面较为简洁，功能布局高效合理，解决了旅客量快速增长的矛盾，已经具备当代交通建筑功能雏形。

2.2　虹桥机场第二次扩建——新建 B 楼：代表当时国际先进水平的交通建筑设计

第一次扩建完成后的第二年，虹桥机场实际高峰小时人数突破 1400 人次。随着上海对外交流的增加，虹桥机场国际旅客增加较为明显，市场发展的新形势要求将国际旅客从原有的 A 楼剥离，新建单独的国际候机楼（即 B 楼）。

第二次扩建工程 1988 年正式启动，由荷兰 NACO 设计公司和华东设计院（今华建集团华东建筑设计研究总院）合作设计。设计在原候机楼南侧新建国际候机楼 1 座，于 1991 年底建成。新候机楼建筑面积 3.5 万 m^2，共 3 层，可满足年 700 万人次客流量需求。

此次合作是本土建筑师和国外同行第二次携手合作当代空港。虹桥B楼充分吸纳了当时国际一流的航空港设计经验，代表了当时交通建筑的国际先进水平。航站楼主楼和指廊的明确分区开始出现，指廊提供了多达8个国际近机位。增设了出发高架桥直达二层出发大厅，陆侧道路系统一次规划成型，预留了A楼未来进一步改造的空间，出发和到达人流严格分流。航站楼立面以通透的玻璃幕墙为主，动感简约，极具交通建筑特色，已经成为我国改革开放初期上海城市的门户和上海市民的共同记忆。

2.3 虹桥机场第三次扩建：历次改扩建的设计整合

进入20世纪90年代，由于经济的不断发展带来航空运输量的不断高速增长，虹桥机场原国内候机楼已经不堪重负。为改善原候机楼的候机条件和扩大旅客容量，上海华东院第四次承接了虹桥机场候机楼的改扩建任务，对1964年、1984年、1988年的3次候机楼改扩建全面整合，即充分利用原有建筑、设施及1991年建成的高架车道，又保证工艺流程的合理及旅客的便利。

这是本土建筑师自改革开放20年来对于虹桥机场航站楼的第一次自主设计，建筑师充分吸纳前两次与国外同行学习的先进经验并不断创新，航站楼被改造成一座标准二层式流程，扩建的建筑面积约为2.6万 m²，形成了T1航站楼整体格局，成为一座功能分区明确（B楼服务国际旅客；A楼服务国内旅客）、平面布局合理、旅客流程便捷与顺畅的现代化航站楼。

附图2-4 虹桥机场国际候机楼施工照片

（资料来源：上海机场集团上海虹桥国际机场公司）

附图 2-5　虹桥机场国际候机楼扩改建工程竣工典礼

（资料来源：上海机场集团上海虹桥国际公司）

附图 2-6　虹桥国际候机楼陆侧鸟瞰

（资料来源：上海机场集团上海虹桥国际公司）

至 1995 年，全年飞机起降为 85670 架次，进出旅客量正式突破 1000 万人次，为 11076018 人次，货邮吞吐量为 366302.1t，已成为中国三大国际航空港之一。

3. 20 世纪 90 年代末—21 世纪初从虹桥到浦东：一市两场，分工初现

随着改革开放的深入，上海经济进入了浦东时代，开启了浦东大开发的序幕。上海市的经济发展进入了井喷期，上海市 GDP 总量由 1995 年的 2500 亿增长至

附图 2-7　虹桥 T1 航站楼历次改扩建示意

（资料来源：华建集团华东建筑设计研究总院）

2008 年的 1.4 万亿，与之相对应，上海市航空吞吐量由 1995 年的 1100 万人次增长至 2008 年的约 5000 万人次。面对如此大规模的年旅客量变化，原有虹桥机场跑道和设施已经不能满足要求。由于上海城市的迅速发展，虹桥机场通过大规模扩建来适应上海未来航空的需求已收到极大的限制。根据当时的预测，2010 年上海年旅客量将突破 4000 万人次，2020 年将突破 7500 万人次（事实上上海的发展超过了这一速度），民航需求与运输能力的矛盾相当突出。伴随着上海浦东新区的崛起，虹桥机场运能将更加不堪重负，经济迅速增长与航空运输能力不足的矛盾将严重影响上海的经济发展。因此，在完善虹桥机场运能的同时，加速新机场的建设显得非常迫切。

浦东机场的场址选择是有其时代背景的。当时浦东正是全国改革开放的热土，机场的建设能够有效推动新区建设；同时，机场周边避开了居民密集地带，为 24 小时不停航提供了可能；同时，与作为城市机场的虹桥不同，作为一个海上机场，浦东机场周边受制约较少，机场未来的建设留有很大的空间。

1995年，上海市政府正式成立建设浦东机场建设指挥部。随着1999年浦东机场T1航站楼的通航，上海成为了全国第一个拥有2座民用机场的城市，上海正式进入虹桥－浦东双门户时代。

作为当时还是一张白纸的浦东机场，能够给建筑师提供充分挥洒的空间，同时也带来提出了新的挑战。设计师和建设者需要对空港进行一次规划、分期建设，同时T1航站楼年旅客量要求2000万人次，超过了之前历次虹桥机场建设规模的总和。如何设计一座全新的国际大型现代空港？这是时代给建筑师们出的一道难题。

3.1 浦东机场T1航站楼——国际大型航空港设计经验的系统学习

浦东T1航站楼以法国建筑师ADP安德鲁提供的方案为基础，华东院作为方案的咨询顾问，并完成后续调整扩初设计和航站楼的施工图设计。它于1997年10月全面开工，1999年9月建成通航。T1航站楼面积达27.8万 m^2，登机桥28座，以2005年为目标年，满足年旅客吞吐量2000万人次，以及点对点的航班使用要求。

浦东机场T1航站楼提出了当时国内较为新颖的"单元航站楼"模式，包括4个独立的航站楼和完整的陆侧交通系统。本土建筑师第一次学习到国际大型枢纽航空港的设计模式：T1航站楼由主楼和候机长廊两大部分组成，由2条廊道连接。旅客工艺流程为典型的"二层式"布置，出发与到达的旅客被安排在不同的层面上，互不交叉、干扰。楼内色彩、标识系统设计简洁大方，同时利于旅客导向。航站楼室内大空间氛围设计、空间比例尺度都代表着当时国际大型航空港先进设计水平。来自华东设计院的年轻建筑师一边研究一边实践，系统地积累了国家大型航空港设计经验，T1航站楼建成后，华东院成立了空港专项化团队，系统梳理学习经验，一支专项化团队逐渐走向成熟，为后来浦东机场T2航站楼和虹桥综合交通枢纽的原创设计打下了坚实的基础。浦东T1航站楼最终荣获国家第十届优秀工程设计金奖。

3.2 浦东机场T2航站楼：本土建筑师首次原创设计超大型枢纽空港

上海浦东国际机场一期工程自1999年9月建成投入使用后，国际航空客、货运业务得到了飞速发展，运能不足的矛盾继续凸显。随着2008年北京奥运会和上海世博会的召开，上海航空业带来了新的机遇和调整。

上海机场集团按照航空枢纽建设的总体目标，对于浦东机场进行了修编，修编对原有规划进行了较大的挑战，采用相对集中的航站区布局加卫星厅指廊的模式，先在T1航站楼相对位置建设T2航站楼，远期再建设T3航站楼和卫星厅。在这样的背景下，浦东国际机场二期工程建设总目标为建设东亚地区国际枢纽型航空港，T2航站楼主楼部分可以处理年旅客量约为4000万人次，长廊部分为2200万人次。

附图2-8　浦东机场T1航站楼实景照片

（资料来源：华建集团华东建筑设计研究总院）

当时，浦东机场T2航站楼在选择外方建筑师还是本土建筑师来完成设计一度有所讨论。业主经过深思熟虑，一方面，国外原创、国内深化合作的已有模式已非唯一选择；另一方面，并不见得中国建筑师和工程师的设计就比外国的差。业主最终决定由华东建筑设计院做原创设计。上海机场集团业主的抉择，给了本土建筑师一次不可多得的机会，使得本土建筑师最终能够完成一个令业内认可的作品，这是改革开放以来本土建筑师设计的第一个超大型交通枢纽建筑，并首次采用了设计总包管理的模式。

航站楼旅客流程清晰、视线通畅。国际与国内采取上下安排，国内出发与到达同层混流，这种"三层式结构"能够更好地适应航空公司的中枢运作需要，更好地适应国际与国内之间中转旅客比例较大的特点，更好地适应国际与国内航班波错峰特点，更好地提高可转换机位的使用效率。

航站楼内集中设置的中转中心，使多达20种中转流程可以在这里完成，便于旅客识别，大大提高效率，便于集中管理，有利于实现枢纽运作。

在T1、T2航站楼及中央轨道交通站之间建立"三横三纵"交通换乘中心步行系统，T2航站楼旅客到达迎客大厅与交通换乘中心步行通道布置在一个标高平面，达到了旅客无缝平层换乘各类交通工具的人性化目标。一体化交通中心集轨交、磁浮、机场巴士、公交、长途、出租、社会车辆等于一体，通过"三纵三横"布局的廊道，实现"人车分流、车种分流"，使T1和T2两座航站楼通过交通中心形成一座枢纽空港。该项目最终荣获第十四届全国优秀工程勘察设计奖金奖。

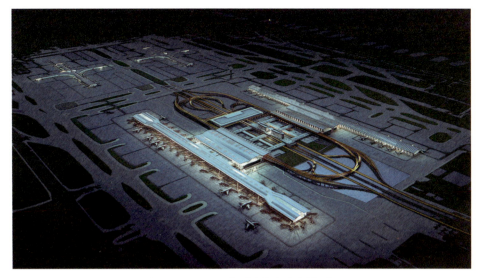

附图 2-9 2005 年浦东机场规划鸟瞰图
（资料来源：华建集团华东建筑设计研究总院）

附图 2-10 浦东机场 T2 航站楼夜景照片
（资料来源：华建集团华东建筑设计研究总院）

这一时期，浦东机场 T1 航站楼建成后，虹桥机场年旅客量经历了一个短期的下降过程，然而自 2004 年开始，航站楼年旅客量继续增长。这一时期，随着虹桥机场全国国际功能被搬迁至浦东国际机场，虹桥机场开始被定位为国内枢纽机场，并于 2006 年进行了 B 楼改造，将作为国际航站楼部分改为国内航站楼同时考虑到未来恢复国际功能的可能性预留了国际点位。此时，上海一市两场的分工初现：即发展浦东国际机场，凸现国际航空枢纽功能，发展虹桥机场增强上海航空城市对航线运作能力，强化上海国内航空枢纽功能。

附图 2-11　双门户时代下虹桥机场 T1 航站楼

（资料来源：上海机场集团虹桥国际机场公司）

4. 从分散到整合：虹桥综合交通枢纽——城市机场向城市引擎的跃升

4.1 城中城：虹桥综合交通枢纽的建设

4.1.1 虹桥枢纽建设的三大契机

以虹桥枢纽建设为契机带来的大虹桥区域的发展是自 1995 年虹桥第三次扩建完成后，这座城市门户发生的最为深刻的变化。

网络经济和经济全球化的到来，对于交通系统网格化设置提出了新的要求，整合多种交通方式的综合交通枢纽应运而生。

2005 年 5 月，上海市和铁道部签署了《关于加快上海铁路建设有关问题的会议纪要》，确定由"部市共同推进虹桥站建设，努力将其建成高速铁路、城际和城市轨道交通、公共汽车、出租车及航空港紧密衔接的现代化客运中心"。

2006 年上海市发改委提出实现虹桥与浦东两个国际机场的快捷联系，并满足世博会期间大型客流集散的需要，以及磁悬浮继龙阳路向西延伸，经世博园站、上海南站至虹桥枢纽站的项目建议书。时隔不久，沪杭磁悬浮线规划也相继出炉，该线上海端即是虹桥枢纽站。在以上三大契机的基础上，为了促进长三角地区社会经济进一步快速发展，增强上海对长三角的辐射和带动作用，上海市政府提出了建设"虹桥综合交通枢纽"的设想，将建成涵盖航空港、高速、城际铁路、磁悬浮、城市轨道交通、公交、长途、出租车和社会车辆等多种变通方式的超大型综合交通枢纽。与此同时，上海亟须在浦东开发之后找到一个新的城市经济发展的支点，与浦东新区一起形成两翼齐飞的格局。这一切都推动了虹桥综合交通枢纽建设。虹桥综合交通枢纽正是在这样的背景下诞生的。

4.1.2 功能性即标志性——虹桥枢纽设计概况

2006年2月,上海市政府批准《上海市虹桥综合交通枢纽结构规划》,华建集团华东建筑设计研究总院作为具体的设施实施单位进行方案设计及深化,并作为东段的项目设计总包单位和整个枢纽的总体设计协调单位进行总体控制,并负责其中T2航站楼、东交通中心、磁悬浮车站三大功能主体。

上海虹桥综合交通枢纽于2010年上海世博会前建成,集航空、城际铁路、高速铁路、轨道交通、长途客运、市内公交等64种连接方式、56种换乘模式于一体,旅客吞吐量110万人次/天。作为迄今为止世界上最复杂、规模最大的综合交通枢纽,它的建成被视为国内枢纽设计的标杆,在交通建筑发展史上有着重要意义,获得多项国际国内大奖。

虹桥枢纽功能布局:"轨、路、空"三位一体的虹桥枢纽以"功能性体现标志性"作为设计定位,将"人性化"作为最大亮点。设计本着换乘量"近大远小"的原则水平布局;从经济合理的角度按"上轻下重"的原则垂直布置轨道、高架车道及人行通道的上下叠合关系;以换乘流线直接、短捷为宗旨,兼顾极端高峰人流疏导空间的应急备份,最终形成水平向"五大功能模块"(由东至西分别是虹桥机场T2航站楼、东交通广场、磁悬浮车站、高铁车站、西交通广场);垂直向"三大步行换乘通道"(由上至下分别是12m出发换乘通道、6m机场到达换乘通道、-9m地下换乘大通道层)的枢纽格局。

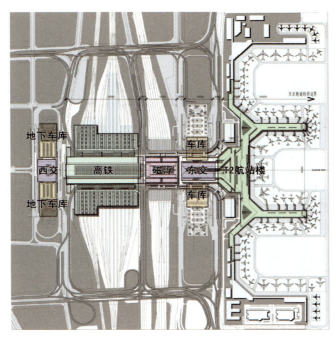

附图2-12 虹桥综合交通枢纽总图

(资料来源:华建集团华东建筑设计研究总院)

旅客体验的人性化表达：虹桥枢纽建筑空间尺度宜人，错落有致，着重刻画建筑细部与人性化设计；装饰风格清新素雅，将色彩让位于标识、广告及商业；我们在室内设计中运用吊顶的线条、灯带、留缝等处理手法来强化通道空间的方向感和导向性，使空间导向与旅客流程相一致，增强空间可读性。标识导向系统设计做了充分研究和论证，在各个节点以地图、问询、显示屏等形式建立一套完整的信息系统，突出枢纽方向的辨识度；室内设计中，利用绿化、小品等细节处理，创造温馨的室内环境；建筑基色采用了和谐淡雅的主色调，给人以亲切明快的感受，并使导向标识色彩更突出，便于视觉认知，增强旅客印象。

附图 2-13　虹桥综合交通枢纽实景照片

（资料来源：华建集团华东建筑设计研究总院）

附图 2-14　虹桥综合交通枢纽内景

（资料来源：华建集团华东建筑设计研究总院）

附图 2-15　虹桥枢纽外界鸟瞰图
（资料来源：华建集团华东建筑设计研究总院）

虹桥枢纽重点突出枢纽东西两端的建筑造型，形成枢纽门户形象，放松处理中间的磁悬浮车站，作为连接东西两端建筑的过渡体。虹桥枢纽整体造型简洁平和，与浦东机场的流线型外观形成对比。

"虹桥"的建筑隐喻："虹桥"地名因"彩虹"和"桥"而得名。因此，在建筑设计中，大量运用了彩虹和桥的建筑母题。建筑师在商业区墙面通过五彩的线条与吊顶相呼应，同时给予了七色彩虹。在交通中心天桥，同样采取了五颜六色的钢杆，这是对七色彩虹的暗示，并结合功能使用和视觉要求，设计了形态各异、造型多样的"桥"，使旅客随时感受到虹桥机场的场所特征和桥的意蕴。

节能环保的可持续设计理念：从节地出发，虹桥枢纽大量利用地下空间。为了体现虹桥枢纽绿色节能，设计了多组贯通地下的绿色庭院，将采光通风引入地下，创造宜人的体验空间，并通过多种交通模式的高度集约，实现了土地资源、综合配套设施以及城市环境资源的集约化，最终达到节地的高效率。虹桥航站楼西立面基本不开窗，采用混凝土墙面及下沉式停车库的节能设计使得绿色建筑的先进理念得以充分体现，取得了很好的节能减排效果。虹桥航站楼结构构件外露不做装饰以作为建筑元素表达，而且室内多用清水混凝土材料设计，既节省建材，又创造材料的质感美。

趋于成熟的设计总承包模式：在浦东机场 T2 航站楼的设计中，华东建筑设计院团队首次采用了设计总承包模式。在虹桥综合交通枢纽的设计中，设计总承包模式正式趋于成熟。虹桥枢纽设计涉及建筑单体 11 个，关联上海机场集团、申虹公司、申通集团、铁道部以及政府有关部门 5 个主体，其规模之大、子项之多、功能之复杂，在国内及国际设计经验内尚无先例。在虹桥综合交通枢纽的设计中，华东建筑设计院作为设计总包单位，包括项目设计各阶段中与各合作设计单位之间的协调，以及主体设计与专项设计之间的协调，总协调范围达到140万 m^2，兼顾了各种业主的不同使用功能需求，保证了项目的高品质完成，并为后续华东建筑设计院在港珠澳大桥人工岛口岸中采用的执行建筑师相关探索实践打下了坚实的基础。

附图 2-16　彩虹元素在虹桥 T2 航站楼中的运用

（资料来源：华建集团华东建筑设计研究总院）

附图 2-17　虹桥枢纽开敞式车库

（资料来源：华建集团华东建筑设计研究总院）

4.2 由城市机场到城市引擎

依托于虹桥综合交通枢纽带来的巨大交通优势,虹桥周边区域发生着深刻的变化。上海正式开始了"大虹桥"区域的建设,与"大浦东"区域形成了上海经济两翼齐飞的格局。虹桥商务区总面积约 86km²,其中主功能区约 26.3km²,"大虹桥"区域已经成为上海重要的城市副中心之一,也是长三角快速便捷的交通方式的聚集地、现代服务业和总部经济功能区、上海西部结构重心与转换节点、长三角廊道辐射的中枢区域,并成为上海这座城市的城市门户和临空城市客厅。

这一时期,华东建筑设计院陆续设计了大虹桥区域内诸如国家会展中心、虹桥绿谷等一批重大项目,虹桥商务区逐渐形成了多核驱动的模式,将商务区打造为成上海世界会展之都的核心功能承载区、世界知名的会展功能集聚区和会展产业发展示范区,形成大交通、大商务、大会展的三大格局。

5. 既有建筑的存量更新——虹桥 T1 航站楼涅槃重生

以虹桥 T1 航站楼为龙头的虹桥商务区东片区改造是这座城市门户正在发生的变化。虹桥综合交通枢纽建成后,大虹桥区域内出现了东、西片区发展的不均衡。东片区与虹桥商务区西片区的发展不匹配的矛盾日渐突出,影响虹桥国际机场整体生产服务水平的提升。

附图 2-18　虹桥商务区夜景效果图

(资料来源:华建集团华东建筑设计研究总院)

与虹桥商务区机场东片区发展相契合，整合土地资源，以T1精品航站区为核心，引领土地开发，打造现代航空服务示范区。通过T1航站楼的系统升级改造，完善虹桥商务区服务功能，并作为龙头项目，带动虹桥商务区东片区综合改造，实现"脱胎换骨"的转变。

虹桥T1改造及交通中心项目满足本期1000万人次年旅客吞吐量的设计目标（国际500万/年，国内500万/年）。将现有航站区内功能组块，重新整合、规划。结合现有建筑的检测情况，航站区改造采用拆除、改造、新建3种措施。整合原航站楼合并形成新的T1航站楼；改造原楼前地面停车场，建设为陆侧交通换乘中心及地下2层的停车库；将区域内其余地块规划形成南北地块做整体开发，并对于原A、B楼功能进行了调整：B楼调整为国内楼，A楼调整为国际楼。

与虹桥综合交通枢纽相比，虹桥T1航站楼改造规模相对较小，但却给了设计师一个不小的创新的舞台，进行了许多有益的尝试。

不停航施工改造：虹桥T1航站楼及交通中心项目充分考虑了运营、施工等各方面需求，在项目实施过程中全面实现了不停航施工。由于本次改造、施工和航站楼正常运行并存，因此，在分阶段实施的设计中必须充分考虑过渡期方案的易分易和、旅客流程完整、机电分阶段实施简便和总体施工技术的成熟。

一体化航站楼概念：在保证现有航站楼正常运营的情况下，对航项目采用了"一体化的航站楼的概念"，即航站楼、交通中心、配套服务功能等多功能集合的航站楼综合体，而集约化、综合化是航站楼未来发展的趋势。

对于文脉的尊重：虹桥机场原有航站区是经历了不同年代建设发展起来的，承载了深厚的历史记忆与文脉。方案设计是基于对上海虹桥机场T1原有航站楼的深入解读，通过汲取既有建筑中的设计元素，通过现代设计手法的重新演绎，表达对原有建筑形式的传承与延续。

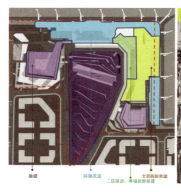  

附图2-19　虹桥T1航站楼改造示意图

（资料来源：华建集团华东建筑设计研究总院）

附图 2-20　虹桥 T1 航站楼改造项目效果图

（资料来源：华建集团华东建筑设计研究总院）

立足于既有机场建筑改造与扩建的项目特点进行可持续设计：虹桥 T1 航站楼改造项目的绿色可持续理念从项目立项就开始纳入到设计考虑中，贯穿了项目实施全过程。基于航站楼建筑对舒适性、节能性的需求，同时兼顾原有建筑特点，谋求最佳契合点，以较小的资源、能源消耗获得最大的舒适性。结合建筑自身特点制定被动式的绿色策略，营造高效舒适空间。虹桥 T1 航站楼可持续设计得到了业界的高度评价，并于 2017 年获得联合国气候大会绿色建筑大奖。

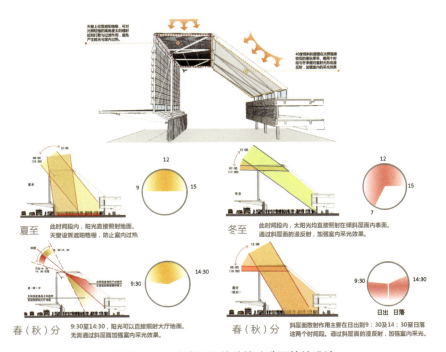

附图 2-21　虹桥 T1 航站楼改造可持续设计

（资料来源：华建集团华东建筑设计研究总院）

便捷舒适人文智慧的金色航站楼建设：虹桥机场 T1 航站楼 B 楼是国内首座金色机场。它有效提升了运营管理能力，改善了旅客出行体验，其信息化和自助功能为旅客提供了多种选择。旅客可在机场体验到自助值机、自助行李交运、自助证件核查、自助机票改签、自助登机、自助遗失行李申报等 6 项服务，有效缩短乘机流程耗时，让旅客能够体验更高效、更绿色的航空出行。

附图 2-22　虹桥 T1 航站楼改造日景效果图

（资料来源：华建集团华东建筑设计研究总院）

6. 门户之变——不停歇的脚步

历经 40 年的发展，至 2017 年，上海 GDP 已经突破 3 万亿，与此同时，虹桥机场年旅客量突破 4200 万人次（上海全场突破 1.1 亿人次），设施容量已接近饱和。上海空港，依然没有停下其发展的脚步。随着 2018 年底虹桥 T1 改造 B 楼的通航和 2019 年浦东卫星厅的投入使用，上海两场年旅客量将突破 1.2 亿人次。经济的发展切实带来上海交通基础设施的升级，交通设施的发展又进一步反哺了经济的腾飞。

回顾 40 年来虹桥机场——这座上海城市门户的发展历程，真正地体现了上海乃至中国交通建筑的发展之路，它由最初旅客登机的等候区及通道一步步发展成为功能完善的现代航站楼。20 世纪 90 年代至 21 世纪初，见证了浦东机场 T1、T2 航站楼的建设，与虹桥机场一道共同构成了上海一市两场的格局。2010 年代的虹桥综合交通枢纽建设使其由一座城市机场真正转换为综合交通枢纽式的城市经济引擎，今天让我们重新回顾虹桥 T1 航站楼，这见证了存量时代新精品航站楼的建设。在这长达 40 年的门户之变中，它已有 1 万 m² 的航站楼，成长为上海这座亚太航空枢纽的重要组成部分，更带动了周边区域脱胎换骨的发展，成为虹桥商务区发展的真正引擎。

回顾 40 年的发展，虹桥机场经历了发展—跃升—整合—更新的过程，作为一个有机体，它还在不断地新陈代谢和生长。回首虹桥机场的发展，我们可以看到改革开放 40 年来上海发展的缩影，虹桥机场发展的背后则是时代的变迁。

  虹桥机场的发展也是一代代上海民航业者和几代建筑师共同努力的结晶。虹桥机场的设计经历了从初次自主设计，到合作设计，再到重新原创设计的螺旋上升过程，它的变迁是几代本土建筑师，乃至当代建筑学人 40 年来发展奋斗的所用。我们更应该感谢这个时代提供的舞台，可以说是改革开放以来巨大的工程量给了我们很好的历史机遇，让我们从中受益颇多。现在，本土建筑师有自信创造出属于自己的中国建筑，并能和世界建筑师同台竞技。我们更要感谢几十年来虹桥机场公司、上海机场集团及所有上海交通基础设施建设的决策者、建设者和参与者的大力支持。正是在多方的共同努力下，才有了虹桥——这座上海城市门户的不断发展。

  新的征程已经开启，虹桥——这座城市门户依然没有停下其继续发展的脚步，期待本土建筑师能够继续书写未来更加精彩的篇章！

  （注：本文原载于《H+A 华建筑》2018 年 10 月第 19 期"向时代致敬——改革开放 40 周年"专辑）

附录3　设计团队介绍

华建集团华东总院航空港与交通枢纽设计专项化团队是一支拥有深厚历史底蕴的团队，与航站楼设计的历史最早可以追溯到20世纪60年代上海虹桥机场T1航站楼设计。以上海浦东机场T1、T2航站楼为新的起点，专项化团队应运而生，之后上海虹桥综合交通枢纽等重大项目接连完成。2011年成立院交通专项科研工作站。目前团队同时运作多个空港及枢纽项目，任务量在团队历史上再创新高。在项目巨大、业主要求高、进度紧迫的考验下，团队圆满出色完成各项任务，体现了团队合理调配、动态管理的智慧，和能打硬仗、连续作战的铁军精神，现已发展成具备国际竞争力的一流设计团队！

承担重大工程如上海浦东机场T2航站楼；上海虹桥综合交通枢纽；上海浦东国际机场T1航站楼改造；上海虹桥国际机场T1航站楼改造；上海浦东国际机场卫星厅；杭州萧山机场T3航站楼；南京禄口国际机场二期工程；烟台潮水机场航站楼；港珠澳大桥珠海口岸工程；港珠澳大桥澳门口岸工程；新疆乌鲁木齐机场北航站区；内蒙古呼和浩特新机场等。

团队发展特点：第一，力争原创——项目基本为竞标所得的原创项目；第二，产学研一体——发展高端、前端技术，研究核心技术，科研结合生产；第三，总包服务——项目的相当一部分为设计总承包服务项目。其他编撰专项化书籍6册；参编《建筑设计资料集（第三版）》，并作为"综合交通枢纽分项"的牵头编写单位、"航空港分项"的编写单位；多次参加国内外专项化论坛并做主题演讲。

附图3-1　部分团队成员合照

附录 4　华东建筑设计研究总院　部分机场及综合交通枢纽类项目作品集（按时间顺序排列）

1. 上海浦东机场 T1 航站楼

建设单位：上海机场（集团）有限公司

工程地址：上海浦东新区浦东国际机场

竣工日期：1999 年

建设规模：278000m²

荣誉奖项：全国第十届优秀工程设计项目金质奖

20 世纪 90 年代初期，上海航空客运量增长迅速，民航运输能力与需求的矛盾明显。伴随着作为 21 世纪新上海形象载体的浦东新区的崛起，上海虹桥机场的运能将不堪重负，经济迅速增长与航空运输能力严重不足的矛盾将严重影响上海的经济发展，因此建设浦东国际机场成为上海的必然选择。

上海浦东机场 T1 航站楼由 ADP 提供的方案为基础，华东院作为方案的咨询顾问，并完成后续调整扩初设计和航站楼的施工图设计。它于 1997 年 10 月全面开工，1999 年 9 月建成通航。T1 航站楼面积达 27.8 万 m²，登机桥 28 座，以 2005 年为目标年，满足年旅客吞吐量 2000 万人次以及点对点的航班使用要求。

T1 航站楼由主楼和候机长廊两大部分组成，由两条廊道连接。旅客工艺流程为典型的"二层式"布置，出发与到达的旅客被安排在不同的层面上，互不交叉、干扰。航站楼由主楼和候机长廊两大部分组成，由两条廊道连接。主楼和候机厅的南半部为国际航班使用，北半部为国内航班使用。

上海浦东机场 T1 航站楼立面造型采用 4 片大小不同，高低错落的弧形屋面，覆盖 4 个不同使用功能的空间，很自然地形成大鹏振翅的生动形象，寓意上海的经济腾飞，也很自然地形成了上海的门户标志。航站楼立面采用高投射、低反射的玻璃幕墙，表达了立面造型的动感。整个屋架和玻璃的基座是清水混凝土或干挂烧毛花岗石，形成了与周围环境共生的感觉，形成了上海浦东机场 T1 航站楼的独特魅力。

附图 4-1　上海浦东机场 T1 航站楼实景照片

附图 4-2　上海浦东机场 T1 航站楼鸟瞰图

2. 上海浦东机场 T2 航站楼

建设单位：上海机场（集团）有限公司

工程地址：上海浦东新区浦东国际机场

竣工日期：2008 年

建设规模：546400m^2

荣誉奖项：全国优秀工程勘察设计奖金质奖、全国优秀工程勘察设计奖行业奖建筑工程一等奖

浦东国际机场二期工程建设总目标是建设东亚地区国际枢纽型航空港，T2 航站楼主楼部分可以处理年旅客量约 4000 万人次，长廊部分约 2200 万人次。

航站楼旅客流程清晰、视线通畅。国际与国内采取上下安排，国内出发与到达同层混流，这种"三层式结构"能够更好地适应航空公司的中枢运作需要，更好地适应国际与国内之间中转旅客比例较大的特点，更好地适应国际与国内航班波错峰特点，更好地提高可转换机位的使用效率。

航站楼内集中设置的中转中心，使多达 20 种中转流程可以在这里完成，便于旅客识别，大大提高效率，便于集中管理，有利于实现枢纽运作。

在 T1、T2 航站楼及中央轨道交通站之间建立"三横三纵"交通换乘中心步行系统，T2 航站楼旅客到达迎客大厅与交通换乘中心步行通道布置在一个标高平面，达到了旅客无缝平层换乘各类交通工具的人性化目标。一体化交通中心集轨交、磁浮、机场巴士、公交、长途、出租、社会车辆等于一体，通过"三纵三横"布局的廊道，实现"人车分流、车种分流"，使 T1 和 T2 两座航站楼形成统一整体，缓解交通压力。

T2 航站楼的整体造型延续了原 T1 航站楼的 DNA，共同形成"比翼双飞"的航站区完整形象。它以连续大跨度的曲线钢屋架为主要造型元素，暴露结构力量之美。屋面上棱形天窗两两一组间隔设置，天窗通过半透明的聚四氟乙烯膜在白天提供室内充足而柔和的自然光线，而晚上则成为间接照明的发光器。局部点缀的木饰面运用在主要功能空间转接处，其强烈的色彩在无形中成为旅客的指向。以自然采光与自然通风为主导的被动节能原则在多年运营后被证明卓有成效。

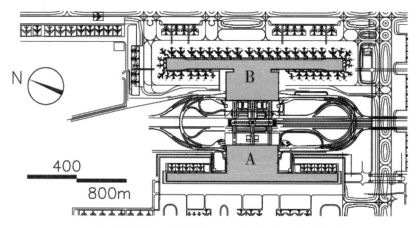

A：上海浦东机场 T1 航站楼，B：上海浦东机场 T2 航站楼

附图 4-3 上海浦东机场总平面图

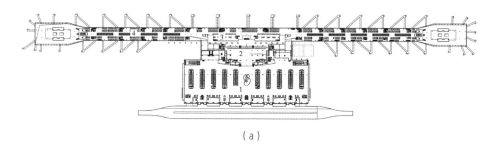

（a）

附图 4-4 上海浦东机场 T2 航站楼各层平面图（一）
（a）四层平面图；

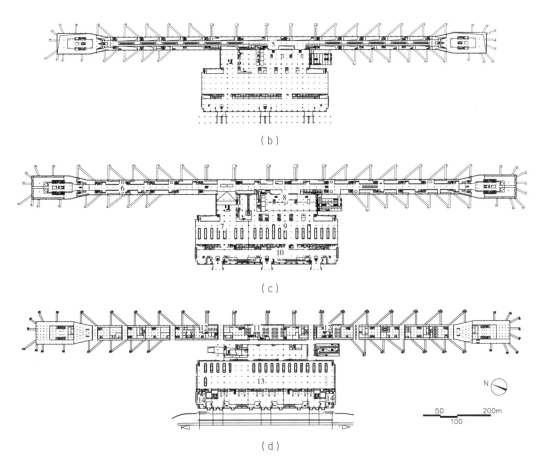

附图 4-4 上海浦东机场 T2 航站楼各层平面图（二）
（b）三层平面图；（c）二层平面图；（d）一层平面图

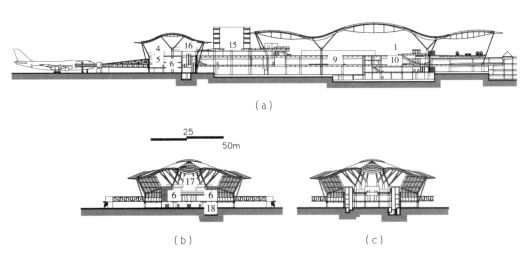

附图 4-5 上海浦东机场 T2 航站楼剖面图

图例注释：1.值机厅；2.联检区；3.空侧商业；4.国际出发候机区；5.国际到达；
6.国内出发、到达区；7.国内行李提取；8.到港联检区；9.国际行李提取；10.迎客大厅；11.国际远机位候机厅；
12.国内远机位候机厅；13.行李处理机房；14.贵宾区；15.旅馆；16.餐饮、贵宾；17.指廊端部商业；18.共同沟

附图 4-6 上海浦东机场 T2 航站楼实景照片

3. 上海龙阳路磁悬浮车站

建设单位：上海磁悬浮快速交通发展有限公司

工程地址：上海市浦东新区龙阳路

竣工日期：2002 年

建筑规模：22488.5m²

荣誉奖项：国家优秀工程设计铜奖、上海市优秀工程设计一等奖

2003 年开通并投入运行的上海磁悬浮列车示范运行线由龙阳路站至浦东机场轨道交通车站，全长 33km，运行时其最高时速可达 430km／h，它是全世界第一条投入商业运行的磁悬浮线路，有效地缩短了市区到浦东机场的交通时间，同时成为上海的城市名片之一。磁悬浮龙阳路车站总建筑面积 22488.5m²，是整个营运线路的起点站，整个线路的控制中心也在车站内，它的形象代表着上海磁悬浮交通线的视觉印象，龙阳路磁悬浮车站成为上海对外展示的重要门户形象之一，产生了较大的经济效益和社会效益。

磁悬浮龙阳路站设计的载体是磁悬浮列车，如何通过建筑设计所产生的视觉形象来表达磁悬浮列车高速度、高科技的内涵，是建筑师在建筑设计中所追求的，流线型的外表，精致、优美的细部是其最基本特征。设计从磁悬浮车站最基本的剖面入手，椭圆形的断面包容了整个站台层与站厅层，在椭圆形的外表面，采用了 600mm×1800mm 的铝合金挂板，形成优美、光滑、精致的肌理的金属屋面，它与底部的清水混凝土墙面相对比，构成了整个车站最基本的视觉形态。在包容车站的椭圆形柱体两端，作了 45°削角处理，从而使整个建筑在视觉上有一种动感，更有强烈冲击力，极具个性，反映出磁悬浮列车的高科技感和速度感。

设计从这一外观形态引申下去，在内部空间设计中强调旅客在视觉上、心理上的感受，天窗成为设计关注的又一重点。在整个富有动感的形态上，天窗面积由大到小，划出一道优美的曲线，产生出亮度不均匀的视觉效果，使乘客随磁悬浮列车进出站台产生由明到暗，或由暗到明的体验，仿佛进入时空隧道，空间的感受是与磁悬浮列车所要表达的内容是一致的。

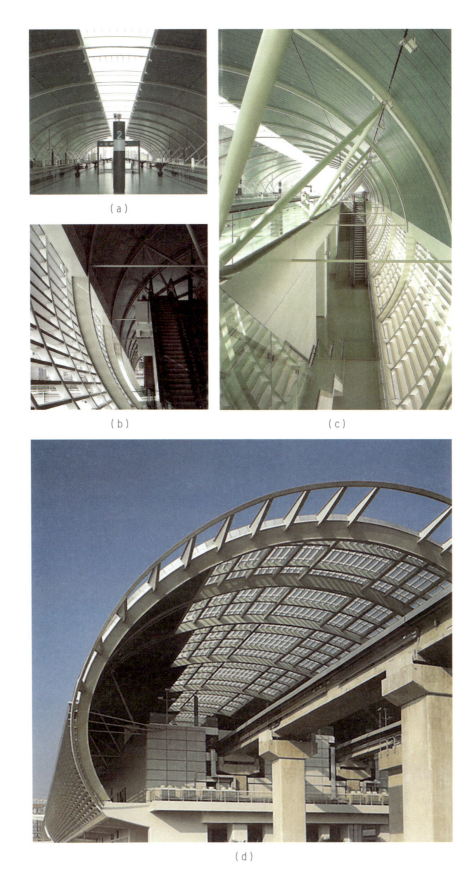

附图 4-7　上海龙阳路磁悬浮车站实景

4. 上海机场城市航站楼

建设单位：浦东国际机场建设指挥部

工程地址：上海市南京西路

竣工日期：2002 年

建筑规模：22000m²

浦东机场上海机场城市航站楼位于南京西路常德路西北角，是机场航站楼功能在城市中心地区的延伸，旅客乘机之前可在此先行办理托运、办票等各项相关手续。城市航站楼的建成，进一步提升了上海机场航空服务的水平。

本工程地下 2 层、地上 11 层，基地面积较小，为有效组织各类人、车、货流，设计将底层大部分架空，形成城市交通集散的开放空间，二层设有办票大厅、候车厅等，南面贯通三层的共享空间将二层与三、四层商业空间有机地组织在一起，三层以上为商业及办公用房。五至十层的中庭内，叠落的绿化、台地、咖啡座等与旋转楼梯、回廊共同构成一个交通视觉中心，改善了内部办公环境，体现了"以人为本"的设计理念。

外墙采用花岗石、铝板、玻璃为饰面材料，通过形体的穿插组合和独具特色的弧形屋面体现出强烈的机场特色和时代气息。

(a)

(b)

(c)

附图 4-8 上海城市航站楼效果图及室内实景

5. 上海浦东机场磁悬浮车站及其配套宾馆

建设单位：浦东机场轨交站及配套宾馆

工程地址：浦东机场

竣工日期：2007

建筑规模：8.2 万 m^2

上海浦东国际机场航站区轨道交通站及配套宾馆是浦东机场配套设施，由轨道交通站（磁浮、地铁2号线）及配套宾馆两部分组成。整个轨道交通车站位于航站区的对称中心，设计中车站作为整个航站区有机组成的一部分。轨道交通车站在规划中通过3条连廊与航站楼、车库紧密联系，构成了空中交通、地面交通、地下交通的有机转换。

航站楼建筑立面基本上可分为两部分：下部清水混凝土的基座与上部玻璃幕墙和曲线状钢结构屋面，构成其海鸥展翅的建筑形态。车站部分与航站楼到达部分、车库部分被作为一个基座来处理，主要采用清水混凝土，其简洁、粗犷富有力度的形态，衬托出上部的五星级酒店的柔和曲面的空间造型，与航站楼的表达相呼应。整个立面设计中，建筑师通过对清水混凝土上划格的比例关系、螺孔的相对位置，清水混凝土上的开窗的细部处理，玻璃栏杆等的精心推敲实现建筑美感。在上部的五星级宾馆设计中，建筑师设计了联系一、二期航站楼的空中餐厅。它位于空中视觉走廊中，由构架支撑、玻璃景观电梯联系，这也是设计的点睛之笔。

(a)

(b)

(c)

(d)

附图4-9 上海浦东磁悬浮车站及配套宾馆实景

6. 上海虹桥综合交通枢纽

建设单位：上海机场（集团）有限公司、铁道部、申通公司、申虹公司等

工程地址：上海长宁区、闵行区

竣工日期：2010 年

建筑规模：140 万 m²

荣誉奖项：全国优秀工程勘察设计行业奖建筑工程一等奖、中国建筑学会建筑创作优秀奖

上海虹桥综合交通枢纽于 2010 年上海世博会前建成，集航空、城际铁路、高速铁路、轨道交通、长途客运、市内公交等 64 种连接方式、56 种换乘模式于一体，旅客吞吐量 110 万人次 / 天，是当前世界上最复杂、规模最大的综合交通枢纽。新建上海虹桥机场 T2 号航站楼，设计旅客年吞吐量 4000 万人次。

上海虹桥综合交通枢纽是 2010 年上海世博会的重要配套基础设施，是世博盛会得以圆满成功的有力保障。枢纽采取面向全国、辐射长三角的交通战略。其建成运营有效改善了西部区域的交通状况及土地价值，使上海经济重心向西部区域倾斜，与浦东新区共同实现经济东西联飞。同时，将带动苏州经济重心主动东移，实现苏州、昆山、上海、嘉兴、杭州连片联动发展，进而辐射整个华东区域，加快长三角一体化进程。

枢纽前期规划将原拟建于上海宝山地区的高铁车站与虹桥机场拓展用地合并，有效节约有限的城市用地；其中机场规划将原间距 2km 的两条远距离跑道设计为间距 365m 的近距离跑道，有效压缩了机场用地——实现枢纽节约土地资源的集约化利用。上海虹桥综合交通枢纽以其高效、人性化的换乘系统提供旅客完美的交通体验，树立其在综合交通枢纽领域的标杆地位。

"轨、路、空"三位一体的上海虹桥枢纽以"功能性体现标志性"作为设计定位，将"人性化"作为最大亮点。 设计本着换乘量"近大远小"的原则水平布局；从经济合理的角度按"上轻下重"的原则垂直布置轨道、高架车道，以及人行通道的上下叠合关系；以换乘流线直接、短捷为宗旨，兼顾极端高峰人流疏导空间的应急备份，最终形成水平向"五大功能模块"（由东至西分别是上海虹桥机场 T2 航站楼、东交通广场、磁悬浮车站、高铁车站、西交通广场）；垂直向"三大步行换乘通道"（由上至下分别是 12m 出发换乘通道，6m 机场到达换乘通道，-9m 地下换乘大通道层）的枢纽格局。

新建上海虹桥机场 T2 航站楼采用前列式办票柜台、前列式安检区、指廊式候机区，旅客等候空间适宜、流程便捷、方向明确、步行距离短；商业空间与旅客流

程结合紧密,相得益彰。

枢纽建筑空间尺度宜人,错落有致,着重刻画建筑细部与人性化设计;装饰风格清新素雅,将色彩让位于标识、广告及商业;以"七色彩虹"的运用暗喻"虹桥";建筑空间以采光照明为导向,勾勒清晰简捷的旅客流程。

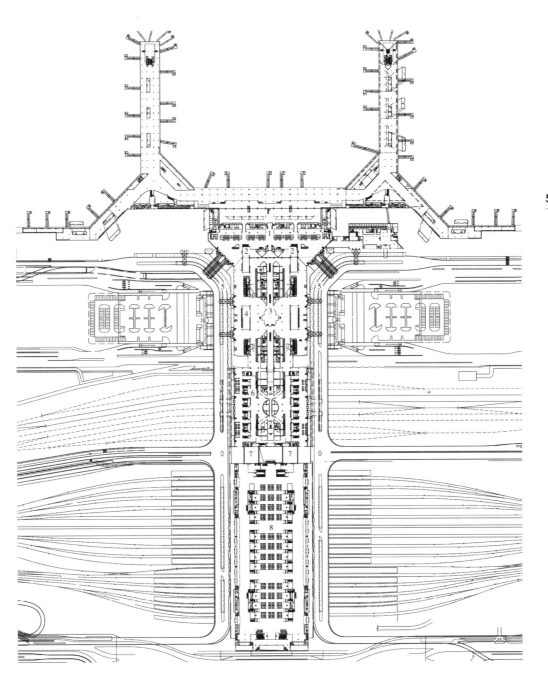

附图4-10　12m出发换乘通道层平面图

从节地出发,枢纽大量利用地下空间,为了体现枢纽绿色节能,设计多组贯通地下的绿色庭院,将采光通风引入地下,创造宜人的体验空间。

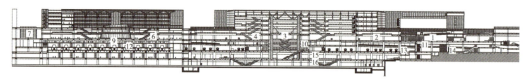

附图 4-11　剖面图

图例:1.办票大厅;2.航站楼与东交通中心联系通道;3.东交通中心换乘中庭;
4.东交通中心;5.出发车道边;6.磁悬浮车站;7.磁悬浮车站与高铁站联系通道;
8.高铁候车大厅;9.磁悬浮出发夹层;10.东交通中心6m换乘中心;
11.无行李通道;12.磁悬浮站台层;13.到达车道边;14.行李提取大厅;
15.轨道交通站厅层;16.轨道交通站台层

(a)

(b)

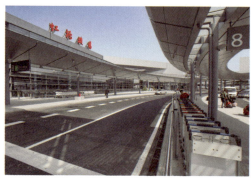

(c)

(d)

附图 4-12　上海虹桥枢纽实景(一)

(e)

(f)

(g)

附图4-12　上海虹桥枢纽实景（二）

7. 杭州萧山国际机场 T3 航站楼

　　建设单位：杭州萧山国际机场二期工程指挥部

　　工程地址：杭州市萧山区

　　竣工日期：2012 年

　　建筑规模：11 万 m²

　　荣誉奖项：全国优秀工程勘察设计行业奖建筑工程一等奖

　　杭州萧山国际机场 T3 航站楼工程是萧山机场二期二阶段工程的主体，位于浙江省杭州市萧山区机场用地范围内，由华东建筑设计研究总院机场专项化团队原创中标，并与浙江省院合作设计。作为浙江经济对外发展的重要窗口，杭州萧山国际机场 T3 航站楼工程是浙江省委、省政府的重点工程。T3 航站楼建设前，萧山机场有 T1 和 T2 两座航站楼，T1 为一期工程，设计目标年为 2005 年，设计年旅客吞吐量 800 万人次；T2 为二期一阶段扩建工程，吞吐量为 500 万人次。在 T2 航站楼建成后作为国际航站楼使用，而 T1 航站楼全部运行国内航线。T3 航站楼建成后，将和 T1 航站楼形成完整的一体化国内航站楼，2015 年设计年旅客量 2176 万人次，并考虑了中期预留。

　　T3 航站楼的建设，使杭州萧山机场成为我国重要的干线机场。新的 T3 航站楼建成后，航空业务量得到了快速的增长，进一步提升了杭州作为旅游名城的门户形象，有效地促进了长三角地区综合交通一体化发展和区域经济联动，为浙江实施经济国际化战略，全面提升开放型经济发展水平做出了卓越贡献。

　　总体布局上 T3 航站楼与现有的 T1 航站楼水平无缝连接，位于整个航站区的中轴线上，是航站区的核心。在总体上，T3 航站楼和 T1 航站楼具有完整的门户形象，统一的功能规划，独立的陆侧交通系统，与 T1 航站楼构成线性延展界面，并与现有的 T2 航站楼和未来规划的 T4 航站楼形成近远结合、完整统一的航站区整体形象。

　　功能布局上通过巧妙的标高处理、合理的机电结构设置，使新航站楼建成后能够在空侧与陆侧均连为一体，无缝连接、整体运行，通过一体化的设施考虑，共同承担航站区内最大量的国内旅客航站楼功能。

　　形态设计上新建 T3 航站楼延续了原有航站楼波浪的造型语言，体现杭州江南水乡的文化特色。区别于现有航站楼较为分散的小波浪设计，新建 T3 航站楼通过舒缓的檐口出挑，完整的连续屋面设计，更好的展示了城市门户形象。设计中提出了对现有航站楼车道边雨棚的合理改进方案，仅需通过少量的改动优化，不需大面积停航施工，即可使两座航站楼协调一体，共同展示航站区的整体形象。

　　通过与功能充分结合，体现出现代交通建筑简洁明快的特点，通过生动的自然采光和通风设计，营造出宜人的空间环境和富有韵律的外观形象，体现江南水乡"秀美精致，温婉柔和"的形象。

附图 4-13 航站楼实景

附图 4-14 杭州萧山机场效果图

8. 江苏苏中江都民用机场航站楼

建设单位：苏中江都机场投资建设有限公司

工程地址：扬州市江都区

竣工日期：2011 年

建筑规模：3 万 ㎡

扬州泰州国际机场航站楼工程选址位于扬州市下辖江都区东北丁沟镇。作为扬州、泰州两市经济对外发展的重要窗口，扬州泰州国际机场航站楼工程是江苏省和扬州泰州两市政府的重点工程。

扬州泰州国际机场定位为中型机场，本期航站楼具备国内干线机场和国际航班运行条件，满足 150 万人次的旅客量设计目标，有利于完善民用机场布局网络和综合交通运输体系。近期主要为扬州、泰州两市的航空运输服务，远期可分担相邻区域机场能力紧张的压力，实现本区域航空运输的可持续发展。扬州泰州两市及周边地区的古城风貌、滨江风光和现代都市等共同构成了长三角地区。扬州泰州国际机场通航后，有效地促进了长三角地区综合交通一体化发展，为实现长三角地区融都市、文化、生态旅游及休闲度假为一体的国际旅游目的地发展战略，全面提升开放型经济发展水平做出了卓越贡献。

近、远期规划设计结合扬州泰州国际机场未来扩建的实际情况，近期与远期高架道路一次建成，远期航站楼向两侧扩建与高架道路有机结合，整体形象完整，实施简单高效。

航站楼流程设计除了本着简洁流畅的原则之外，还要最大限度的发掘航站楼的灵活使用性能。考虑到近期国际航班量有限，国际、国内行李系统、办票柜台、机位及候机区可转换使用，提高有效使用率。

形态设计建筑师拉长主立面，车道边立面尽可能加长，一方面形成了超越小机场立面尺度的造型，一方面为远期扩建不影响近期立面形象打下基础，为中小型机场规模难以形成标志性外观带来新的理念。主楼长廊采取一体化的空间形态，出发到达层通过敞开空间上下贯通，为中小机场避免空间尺度过小带来新的思路；屋盖采用菱形交叉单层网壳结构，将装饰与结构一体化设计，为体现地域特征与现代机场造型语汇的结合提供新的模式。

附图 4-15　江苏苏中机场航站楼效果图

附图 4-16　江苏苏中机场航站楼内景

9. 南京禄口机场二期工程

建设单位：南京禄口机场二期工程指挥部

工程地址：南京市江宁区禄口国际机场

竣工时间：2014 年

建筑规模：43 万 m²

荣誉奖项：亚洲建筑协会建筑大奖荣誉提名奖、全国优秀工程勘察设计行业奖建筑工程二等奖、上海建筑学会创作奖优秀奖。

南京禄口国际机场二期工程位于江苏省南京市江宁区禄口镇，为南京机场的扩建工程，由华东建筑设计研究总院机场专项化团队原创设计。作为江苏经济对外发展的重要窗口，南京禄口国际机场二期工程是江苏省委、省政府的重点工程，也是第二届青奥会的重要配套工程。

二期工程的建设满足本期新建航站楼 1800 万人次的年旅客吞吐量的设计目标（国际 390 万人次/年，国内 1410 万人次/年），有助于南京禄口机场实现"中国大型枢纽机场，航空货物和快件集散中心"这一战略目标。二期工程通航后，南京禄口机场航空业务量快速增长，2 号航站楼的国际业务区域逐步扩展，进一步提升南京禄口国际机场作为历史古都的门户形象。机场二期工程的建成投运，有效地促进了长三角地区综合交通一体化发展和区域经济联动，为江苏实施经济国际化战略，全面提升开放型经济发展水平做出了卓越贡献。

值得一提的是，作为保障和服务 2014 年"青奥会"的一号重点工程，南京禄口机场二期工程在青奥会期间共保障级警卫任务 21 架次，二级警卫任务 12 架次，涉及青奥会航班 1366 架次，接待来自 204 个国家和地区的 10199 名青奥会嘉宾，实现了"零事件，零事故，零投诉"，得到了国际奥委会的充分肯定。

总体布局上 2 号航站楼以较为谦逊的布局构型保留了 1 号航站楼的中轴线地位，并通过交通中心与 1 号航站楼构成线性延展界面，形成新老过渡、完整统一又卓尔不群的航站区立面形象。

功能布局上充分考虑了航站楼不同旅客高峰时段变化的需求，并适应其运营的灵活性及拓展性。秉承以人为本的设计理念，从旅客步行距离、值机柜台等多个方面为旅客打造一流的旅行体验。功能流程上航站楼设计布局紧凑，流程合理，功能设施均经过科学计算，设施量充分适当，中转满足航站楼未来运营中可能出现的各种中转联程运行需求。

形态设计上二期工程体现地标性与地域文化的完美融合，2 号航站楼的主楼、长廊采用一体化造型，大屋盖波浪的起伏简洁大气，暗喻了南京的文化遗产——"律动的云锦"；该造型与 1 号航站楼形成呼应。车库的造型，恰如一块珠圆玉润的雨花石。南京古城墙的元素，应用于交通中心的外立面设计，4 片弧形片墙穿插层叠，形成极富韵律感和历史感的外观形象。

技术创新上独创双层屋面系统，目前已成功申请专利，综合运用 BIM 参数化、可视化、曲面拟合、全站仪等设计和施工先进技术，并成功获得绿色三星。

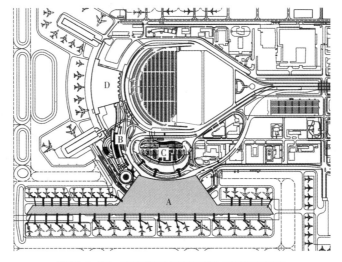

附图 4-17　南京禄口机场二期工程总平面图
A．T2 航站楼；B．交通中心；C．车库；D．T1 航站楼

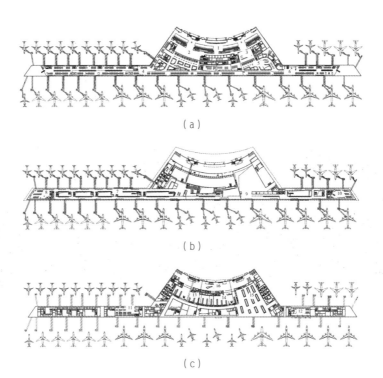

附图 4-18　南京禄口机场 T2 航站楼各层平面图
（a）三层平面图；（b）二层平面图；（c）一层平面图

(a)

(b)

附图 4-19　南京禄口机场 T2 航站楼实景（一）

(c)

(d)

附图 4-19　南京禄口机场 T2 航站楼实景（二）

附图 4-20　南京禄口机场二期工程交通中心实景

10. 山东烟台潮水机场航站楼

建设单位：烟台潮水机场工程建设有限公司

工程地址：烟台市蓬莱区

竣工日期：2015 年

建筑规模：8 万 m^2

荣誉奖项：上海市优秀工程二等奖

山东烟台蓬莱国际机场位于山东省烟台市蓬莱区潮水镇，航站楼工程是烟台市政府的重点工程，也是当地近年来最大的公共建筑项目，是山东省重要的干线机场之一。本期设计目标年为 2020 年，满足年旅客吞吐量 650～1000 万人次的需要，新建航站楼 8 万 m^2，集国内旅客、国际旅客需求为一体，包含出发、到达、中转等各类旅客功能流程；航站楼南侧通过地下连廊与交通中心相连。

在总体设计上，因地制宜地利用地形高差，自然形成景观，使航站楼如坐落在坚实的台基上一般，更好的衬托航站楼宏伟的气势；楼前布置顺着地势跌落的水景，暗合潮水之意，使旅客伴着水声来到航站楼前。总体上形成了以航站楼为中心、进场道路为主线、其他区域为背景的景观体系。

在出发大厅采用一目了然的前列式柜台布局，力求做到流程简洁，方便旅客。旅客经过安检后，即使步行至最远端的登机口距离也不超过 220m。在长廊候机区布置了通长的水平天窗，位于旅客主流线正上方，利用"光"诠释动线，既起引导作用，又提供舒适的环境。

形态上航站楼采用一体化的造型设计，构型采用弧形前列式布置，主楼和横向指廊通过连续舒缓的曲线逐渐过渡，使航站楼形成一个舒展完整的形象，流线优美动感，极具视觉冲击力。

层叠的屋面造型，寓意海洋的阵阵波浪、层层沙滩，充分体现烟台的地域特色。同时，设置的竖向天窗，合理解决了建筑内大空间采光通风问题，也最大限度地减小了屋面天窗漏水的可能性。屋面在车道边上空的巨大悬挑，形成车道边雨棚，为旅客提供遮风避雨的舒适室外环境。石材幕墙厚重沉稳，与通透的玻璃幕墙形成鲜明对比，使航站楼仿佛从层叠台地上生长出来一样，巧妙体现地域特色。

(a)

(b)

(c)

附图 4-21　山东烟台潮水机场航站楼实景

11. 港珠澳大桥珠海口岸

建设单位：珠海格力港珠澳大桥珠海口岸管理公司

工程地址：珠海人工岛

竣工日期：2018 年

建筑规模：52 万 m^2

为繁荣经济，促进大珠江三角洲区域的协同发展，香港、澳门与内地有关方面提出修建连接香港、珠海与澳门跨海大桥的建议。港珠澳大桥建成后将成为澳门、珠海、珠江三角洲西岸地区及粤西地区通往香港的最便捷的陆路通道，不但可以加快珠江三角洲西岸地区、粤西地区的经济发展，而且为香港、澳门充裕的资金提供了更加广阔的腹地，对加快广东、香港和澳门经济一体化进程，提升大珠江三角洲的国际综合竞争力具有极为重要的意义。港珠澳大桥珠海口岸工程是举世瞩目的粤港澳三地大型跨界衔接工程——港珠澳大桥的重要配套项目；口岸建设并投入使用是大桥通车的前提。

港珠澳大桥珠海口岸工程是国务院重点工程港珠澳大桥的重要配套项目，是中国唯一一个粤港澳三地通关口岸，满足远期 2035 年珠海与香港每天通关旅客 15 万人次、通关客车约 1.8 万辆及通关货车约 1.7 万辆的出入境需求；珠海与澳门每天通关旅客 10 万人次、通关客车约 3000 辆的出入境需求。

设计采用"送客优先、逐级分流、单向循环"的客运道路系统；"立体分流、高效集约、应对峰流"的旅客换乘组织；"公交优先、轨道优先、双轨预留"的持续发展策略高效应对包括十多种交通工具的接驳与换乘。旅检楼采用出入境上下分层，与立体分流的旅客换乘模式一一对应，出入境旅客有序组织，高效通关。口岸采取海上人工填岛建筑模式，不占用有限的城市土地资源；口岸采取国内首创的"粤港澳"三地通关模式，并与澳门口岸采取"一地两检"的背靠背联检模式，高效整合功能、有效集约土地资源。

在建筑造型上，人工岛主体建筑群自南向北的布局方式与"如意"的形象如出一辙，寓意着"一地三通，如意牵手"，体现了华人世界的处世哲学。珠港旅检楼及交通中心两座建筑通过大跨度三维曲面金属屋盖连为一体，造型圆润。在交通中心 7m 层绿色景观平台的衬托下，犹如一块玉石漂浮在半空。整体屋盖造型呈南北对称的环形，周边檐口薄而深远，形成良好的遮阳。珠港旅检楼屋面设有由大到小的 7 个棱形天窗，室内采光均匀，绿色节能。

在有限的人工岛内规划预留北侧商业开发用地，与口岸核心区以步行系统衔接，成为口岸经济发展的新引擎。通过空间设计、色彩设计、采光设计、装饰细部设计、绿化小品设计等多种手段改变传统旅检通关大厅拥堵、单调的旅客等候体验，取代以赏心悦目的空间感受和愉悦的交通心理。

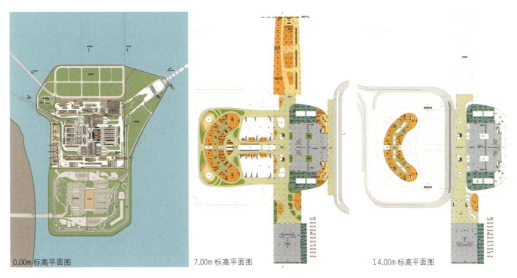

附图 4-22　港珠澳大桥珠海口岸各层平面图

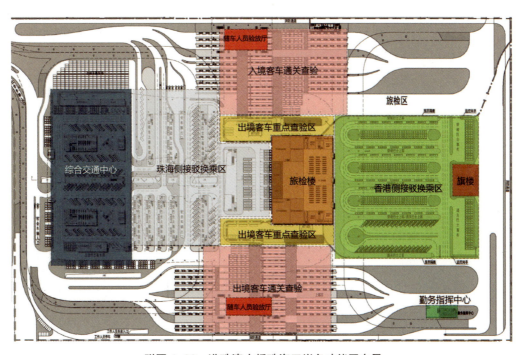

附图 4-23　港珠澳大桥珠海口岸各功能区布局

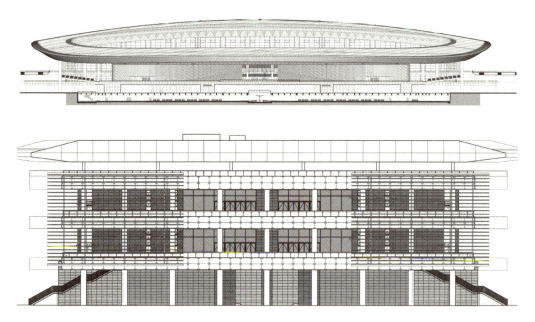

附图 4-24　交通中心及交通连廊立面图

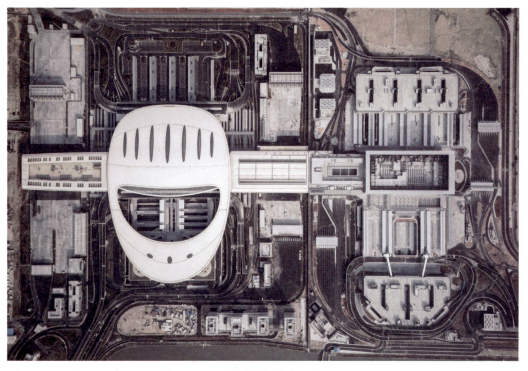

附图 4-25　港珠澳大桥珠海口岸总平面图

(a)　(b)　(c)　(d)　(e)

附图4-26　港珠澳大桥珠海口岸实景

12. 港珠澳大桥澳门口岸

建设单位：澳门特别行政区建设发展办公室

工程地址：港珠澳大桥人工岛

竣工日期：2018年

建筑规模：62万 m²

港珠澳大桥澳门口岸是港珠澳大桥人工岛的重要组成部分，也是我院第一个在境外大型通关及交通枢纽项目，是完全按照境外模式，海外标准设计的国际化交通枢纽。澳门口岸总建筑面积约62万 m²，属于澳门管辖范围。澳门口岸除了满足与珠海对等的通关量外，同时满足澳门与香港每天通关旅客约8万人次、通关客车约1.0万辆及通关货车约0.1万辆的出入境需求。华建集团华东建筑设计研究总院于2014年底介入并作为该项目的技术总协调方，原创设计了境内车库、境外车库及市政工程，并且协调深化了旅检大楼和配套设施等单体工程。

澳门口岸结合未来港珠澳大桥通车带来的物流、贸易、服务业等新的产业机会，在岛的南端和东端安置了远期发展用地和物流仓储用地。车流、人流通过独立通道和桥梁可以非常便捷的往来口岸与周边开发。开发用地依托澳门口岸枢纽可以减少大量的人、车及货物的交通流量，并通过功能竖向叠加，将停车库、旅检大楼、旅客上落客区等空间和功能竖向有机穿插在一起，口岸各类功能整合发挥全部效能。

在建筑物外观整体设计上，通道楼采用横向线条，把澳门旅检大楼与珠海边检大楼从视角上分隔开。而旅检大楼主体建筑的外立面采用"虚、实"对比，由闪银色的氟碳喷涂铝板作为主外墙的饰面以演绎"实"的观感，配以经过"通花"冲压处理的具有澳门世界文化遗产的特式中葡建筑图案的银底灰色氟碳喷涂铝板作为"虚"的对比。现代的建筑风格与珠海的旅检大楼形成呼应，同时彰显其作为门户口岸的重要性。

境内外停车场秉持绿色环保的设计理念，结合当地气候条件，采用了多层立体式敞开停车库，敞开式外立面和大型内庭院，完美解决了采光、消防和通风问题。

(a)

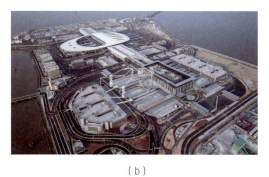
(b)

(c)

(d)

附图 4-27　港珠澳大桥澳门口岸实景

13. 上海浦东机场三期工程卫星厅工程

建设单位：上海机场（集团）有限公司

工程地址：上海浦东新区浦东国际机场

竣工日期：2019 年

建筑规模：62 万 m^2

上海浦东国际机场是长江三角洲地区的中心机场，是我国三大门户型枢纽机场之一。随着航空业务量的增长，在先后完成1、2期工程后，新一轮的扩建已迫在眉睫。本次扩建工程的核心是一座规模约 62 万 m^2 的卫星厅（由 S1 和 S2 组成），承担 3800 万人次/年的候机和中转功能，使上海浦东国际机场能够实现 8000 万人次的年旅客吞吐量。卫星厅的建成将大大缓解机位需求的压力，提升航站楼设施，进一步实现航空业务量增长，为建设世界级枢纽机场打下坚实的基础，有效地促进长三角地区综合交通一体化发展和区域经济联动。

总体布局上卫星厅与主楼成组运行，T1 与 S1、T2 与 S2 形成两个相对独立的功能单元，整体呈"东西分开，南北一体"的规划格局。其中 T1／S1 系统以东航、上航及天合联盟成员为主，T2/S2 系统以国航及星空联盟成员为主。两个系统东西运作相对独立，但 S1、S2 又相互连通，为今后运行的灵活性提供了条件。

功能布局上卫星厅通过捷运系统与主楼进行连接，其功能是现有航站楼指廊功能的延伸，主要负责旅客的始发候机、终到和中转功能。卫星厅的基本旅客流程为国内到发混流、国际分流，采用国际到达在下、国内混流居中、国际出发在上的基本剖面形式，最大限度地节省空间，降低空间高度和设备基础投入。

形态设计遵循功能优先、舒适实用、安全可靠、技术成熟的原则，采用中部高、周边低的整体造型，与功能布局紧密结合，通过建筑空间的穿插组合，形成明确的空间导向，使复杂的功能形成一个有机的整体，朴素大方，平易近人。摒弃了近年来较为普遍的追求高大形象的钢结构大屋面，而采用了简洁明快、成熟可靠的混凝土屋面。通过多层次、层层退进的变化，在形成独具特点的建筑形式的同时，结合带形侧窗，与自然采光、自然通风等有针对性的节能措施紧密结合，确保了建筑的安全可靠、低碳运行。

附图 4-28　上海浦东机场三期工程卫星厅总平面图

（a）

（b）

（c）

附图 4-29　上海浦东机场三期工程卫星厅效果图

14. 上海虹桥机场 T1 航站楼改造及交通中心工程

建设单位：上海机场（集团）有限公司

工程地址：上海虹桥机场

竣工日期：2018 年

建设规模：20 万 m²

荣誉奖项：联合国气候大会绿色建筑大奖、上海建筑学会建筑创作奖

上海虹桥国际机场 T1 航站楼改造及交通中心项目位于上海市长宁区虹桥机场 T1 航站区内，为虹桥机场的改建工程。

上海虹桥机场 T1 航站楼的改造契机源于虹桥商务区东片区的改造。在虹桥国际机场东西两个商务区的发展格局中：东片区依托 T1 航站楼，由于规划建设的标准较低，建设年代久远，设施设备比较陈旧，与虹桥商务区西片区的发展不匹配的矛盾日渐突出，影响虹桥国际机场整体生产服务水平的提升。为将东片区打造成为上海乃至全国的"现代航空服务示范区"，提升虹桥国际机场生产运行保障能力，启动 T1 航站楼的综合改造工作，显得尤为迫切。而 T1 航站楼的改造作为启动示范项目势必带动整个东片区的开发改造。

上海虹桥机场 T1 航站楼改造及交通中心项目满足本期 1000 万人次的年旅客吞吐量的设计目标（国际 500 万人次/年，国内 500 万人次/年）。T1 航站楼的改造以提升航站楼整体服务品质、安全保障系统、环境空间形态为目标，最终达到"脱胎换骨"的目的。

上海虹桥机场 T1 航站楼及交通中心项目充分考虑了运营、施工等各方面需求，在项目实施过程中全面实现了不停航施工，在保证现有航站楼正常运营的情况下，对航站楼进行分阶段、分步骤改造。

项目采用"一体化的航站楼"的概念，即航站楼、交通中心、配套服务功能等多功能集合的航站楼综合体；集约化、综合化是航站楼未来发展的趋势。

航站区外部景观环境采用一体化外部空间的概念，外部空间环境与建筑形态一体化设计。在建筑外部空间界面上、景观设计上充分考虑与建筑、环境的融合度，形成整体过渡的空间序列。

在航站楼建筑功能的设计中着重考虑人性化设计、人性化体验，始终以旅客为出发点，提供方便、快捷、舒适、多元的航空体验。

上海虹桥机场原有的航站区是经历了不同年代逐步建设发展起来的，承载了深厚的历史记忆与文脉。方案设计是基于对上海虹桥机场 T1 原有航站楼的深入解读，通过汲取既有建筑中的设计元素，利用现代设计手法的重新演绎，表达对原有建筑

形式的传承与延续。

立足于既有机场建筑改造与扩建的项目特点进行可持续设计：结合建筑自身特点制定被动式的绿色策略，营造高效舒适的空间。

由于本次改造，施工和航站楼正常运行并存，因此，在分阶段实施的设计中，必须充分考虑过渡期方案易分易合、旅客流程完整、机电分阶段实施简便和总体施工技术成熟。

附图 4-30　上海虹桥机场 T1 航站楼改造总平面图

(a)

(b)

(c)

附图 4-31　上海虹桥机场 T1 航站楼改造实景

15. 浙江温州永强机场新建航站楼工程

建设单位：温州机场集团有限公司

工程地址：温州市龙湾区

竣工日期：2018 年

建设规模：10 万 m^2

浙江温州永强机场新建 T2 航站楼工程本期建设满足 2020 年服务 1170 万人次的国内旅客吞吐量的设计目标，中期满足国内 2000 万人次／年的旅客吞吐量。规划以新建 T2 航站楼为中心，整合航空与长途客运两种对外交通方式，以垂直换乘代替水平换乘，各种交通方式间换乘时间小于 5min，最大限度的做到枢纽交通方式间的"零换乘"。T2 航站楼兼顾空侧规划的合理与陆侧用地的平衡，预留 T2 航站楼与现有 T1 航站楼的衔接，远期航站楼指廊可以向双侧扩展以满足未来 2000 万人次／年的旅客吞吐量需求，道路系统设计既分且合，同时满足现有航站楼 T1、T2 及枢纽其他设施的使用。

航站楼功能空间的布局充分考虑了旅客的使用需求，以人为本的设计理念体现在旅客流线的设计与服务设施的布局上。航站楼办票柜台采用前列式布局，办票便捷，中央步行主通道两侧的 2 组办票柜台不仅满足旅客本期使用需求，同时在空间上也预留了未来扩展的余地。

新建 T2 航站楼体现温州地方特色——山水智城。山的厚重与水的灵动和谐统一在 T2 航站楼造型设计中，厚重如雁荡山，灵动似瓯江水。航站楼中央轴线处流畅的玻璃天窗，恰似灵动的瓯江水，贯穿航站楼旅客出发流线的始终；航站楼朝向西侧的立面厚重结实，充分体现节能环保的主题。

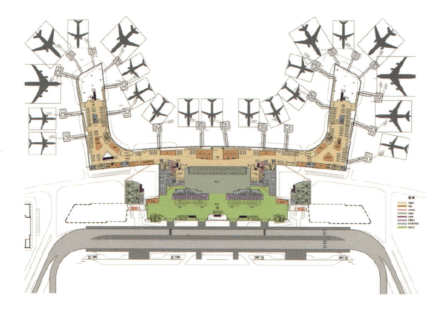

附图 4-32　浙江温州永强机场出发层平面图

附图 4-33　浙江温州永强机场出发层效果图

16. 江苏盐城南洋机场 T2 航站楼

建设单位：盐城南洋机场有限责任公司

工程地址：盐城市亭湖区

竣工日期：2018 年

建设规模：3 万 m²

盐城南洋机场，位于盐城市亭湖区南洋镇境内，距市中心直线距离约 8.3km。2000 年 3 月 29 日正式开通民航航班，设计年旅客量为 200 万人次，面积达 3 万 m²。项目充分体现盐城地方特色，遵循"功能优先、经济实用、兼顾形象"的要求，建成具有人文特色、绿色环保、运行高效、科技适用、经济实用的航站楼。

由于场地和规模的限制，功能组织应满足灵活弹性需求，使得航站楼能够满足灵活转换的可行性。空间上考虑一定的设施冗余，使得远期设施加建成为可能。考虑可转换机位的可能性，使得机位能够在国际国内之间切换，实现国内国际容量弹性扩容。

在航站楼平面布局上，充分考虑旅客流程的直观性和导向性，营造以人为本的空间感受。航站楼中路径的识别性对于旅客十分重要，竖向布局亦方便简洁，使旅客可以便捷地找到自己的目的地。出发层在上、到达层在下的布局方式减少旅客换层，所有的换层均通过下行的坡道和自动扶梯实现。到发旅客分离，国内国际旅客互不干扰。

美观大气的造型设计凸显地域文化，彰显门户形象。"以小见大"浑然大气的机场气魄，实现形式与功能的完美契合，小中见大，浑然一体。屋面、立面、景观表皮肌理一体化的延续设计，暗含"海天一色，大道一统"的寓意。室内空间延续外部建筑设计，网格肌理的吊顶，从车道边延伸至室内大厅，大气浑然，简洁现代。

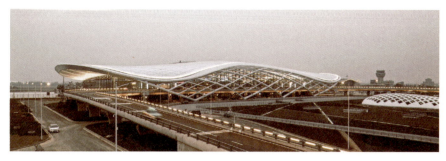

附图 4-34　江苏盐城南洋机场 T2 航站楼室内外实景

17. 浙江宁波栎社机场 T2 航站楼

建设单位：宁波市机场与物流园区投资发展有限公司

工程地址：宁波市鄞州区栎社国际机场

竣工日期：2019 年

建设规模：11 万 m²

浙江宁波栎社国际机场三期扩建工程位于宁波栎社国际机场现状航站区内。作为宁波市经济对外发展的重要窗口，它与 T1 航站楼共同满足 1200 万人次的年旅客量设计目标。有利于完善民用机场布局网络和综合交通运输体系。扩建工程通航后，将有效地促进宁波市综合交通一体化的发展，为宁波机场实现"客货并举、以货为主"的长三角南翼国际货运枢纽机场发展战略，全面提升宁波开放型经济发展水平做出卓越贡献。

总体布局上采用交通中心、新建航站楼、站坪水平贴临、紧凑的布局方案，强调空陆侧用地平衡发展，为整个航站区的顺畅运作打好基础，新航站楼空陆侧连成整体形成一体化的运行格局。

功能布局上灵活应对未来变化的功能安排，将老楼国际功能安排至新楼，既满足国际增长的可能性，又满足新老楼一体化运行的使用要求。结合旅客流程预留庭院空间、空侧室内空间作为未来增加航站楼面积以及近机位数量使用，以应对未来航站楼容量增长的需要。

形态设计上以先进的一体化设计理念，将屋面和立面形成整体造型，形象浑然一体。同时，一体化造型又有效地结合了空陆侧功能的特点，从而形成经济合理的建筑功能与充满表现力的建筑形态，既满足了现代空港的空间使用要求也展现了宁波的地方文脉和时代特征，并充分考虑宁波多台风、节能及可持续发展的要求。

（a）

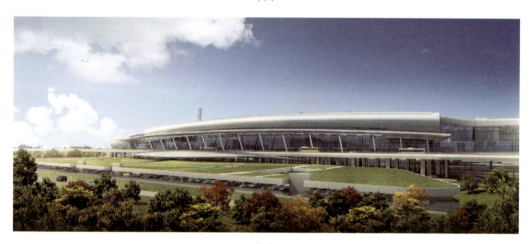

（b）

附图 4-35　浙江宁波栎社机场效果图

18. 新疆乌鲁木齐国际机场北航站区改扩建工程

建设单位：新疆机场（集团）有限公司

地址：新疆乌鲁木齐市地窝堡国际机场北航站区

竣工日期：2021 年

建筑规模：85 万 m²

新疆乌鲁木齐地处亚欧大陆地理中心，随着"丝绸之路经济带"的提出，其地缘优势和政策倾斜对民航发展的推动作用日益明显；预计于 2025 年北区航站楼建成后机场年旅客量将达到 4800 万人次，远期则将达到 6300 万人次。此外，随着"一带一路"战略的推进，它将成为国际航空网络的重要中转节点，中转率将显著提升，将成为辐射中亚、西亚，连接欧亚大陆的国家级门户机场，结合高速、城铁、轨道交通，构筑起一体化的交通枢纽，共同打造"西部门户枢纽机场"。

新疆乌鲁木齐国际机场北航站区工程应满足近期 2025 年旅客吞吐量 3500 万人次的航空业务需求，同时兼顾终期的规划发展需求。近远期航站楼构型及功能布局，应在满足容量基础上，实现最佳旅客流程和服务、商业布局、空陆侧运行效率。

建筑设计中秉承一体化航站楼构型与渐进式生长，未来机场发展航站楼则继续向东延伸指廊，并根据旅客增长依次新增南北卫星厅。

化繁为简的陆侧规划，结合场地标高，设计了位于 3 个不同标高的道路体系，提供了东西两个方向间各系统的灵活衔接，形成高效简洁的陆侧道路体系。在"东进东出，西进西出"的原则下考虑可将停车库竖向分区，旅客使用高效方便。

新疆乌鲁木齐机场的目标是打造枢纽，形成国家级门户机场，中转效率的提高是设计考虑的第一要素。于是将原本分离的国内出发和到达合二为一，形成国内混流，大大方便了旅客的中转，与此同时还提高了商业的利用效率。从方便旅客为着眼点，考虑的第二要素就是缩短旅客步行距离、减少换层，实现旅客的平层运输，到达廊道与行李提取大厅、交通中心、旅客过夜用房和商业开发平层联系，无须楼层转换方便旅客使用；实现功能上的无缝衔接。

航站楼作为复杂的大型交通建筑，为了避免旅客迷失感，空间设计上采取了几何逻辑感较强、简单易读的直线性构型设计，具备强烈的导向性，这是设计考虑的第三要素。

在造型设计中，尊重当地文脉，从大漠、雪山等新疆特有的大地景观中提取元素，以"天山"为母题，形成航站楼的主体形象；以"丝路"为灵感来源，结合室内功能的需求，在屋顶上设置了层层掀开的天窗，在给室内带来均匀柔和的采光的同时，又在连绵的屋面上形成丝带掀起般的灵动效果,丰富了造型层次;平直的指廊更加衬托主楼"丝路天山"的磅礴气势,既方便施工,又节省投资。

(a)

(b)

(c)

附图4-36 新疆乌鲁木齐机场效果图

附录5　图表索引

绪论

图0-1　说文解字:"驿"与"站"

第一章

图1-1　上海浦东卫星厅国内国际可转换登机桥示意

图1-2　上海虹桥综合交通枢纽实景

图1-3　港珠澳大桥人工岛口岸枢纽实景

图1-4　上海虹桥综合交通枢纽总平面图

图1-5　上海虹桥综合交通枢纽实景照片

图1-6　日本京都火车站鸟瞰

图1-7　荷兰史基浦机场陆侧开发鸟瞰

第二章

图2-1　德国法兰克福枢纽

图2-2　上海虹桥综合交通枢纽鸟瞰图

图2-3　大交通体系下的战略思考

图2-4　上海虹桥枢纽:城市交通体系节点示意图

图2-5　港珠澳大桥人工岛口岸:推动粤港澳大湾区一体化的重要节点

图2-6　人工岛口岸枢纽的建设将给珠西地区带来新的发展机遇,促进粤港澳大湾区一体化建设

图2-7　某城市火车站设计竞赛鸟瞰图

图2-8　某城市火车站设计竞赛剖面图

图2-9　地下商业效果图

图2-10　上海虹桥地下换乘大通道

图2-11　上海虹桥东交通广场敞开式车库

图2-12　上海虹桥综合交通枢纽鸟瞰图

图2-13　五大枢纽主体有清晰的物理界限,可分可合

图2-14　柏林火车站内景

图 2-15　上海虹桥综合交通枢纽总平面图
图 2-16　上海虹桥综合交通枢纽各功能主体总平面示意图
图 2-17　上海虹桥综合交通枢纽 12m 层平面图
图 2-18　上海虹桥综合交通枢纽 6m 层平面图
图 2-19　上海虹桥综合交通枢纽 0m 层平面图
图 2-20　上海虹桥综合交通枢纽 -9m 层平面图
图 2-21　上海虹桥综合交通枢纽 -16m 层平面图
图 2-22　上海虹桥综合交通枢纽剖面图
图 2-23　港珠澳大桥珠海口岸平层通关示意图
图 2-24　港珠澳大桥珠海口岸 7m 标高步行平台示意图
图 2-25　上海虹桥综合交通枢纽内部多种人行路径的规划
图 2-26　某机场多层级的车行交通体系分析图
图 2-27　上海虹桥枢纽各主要交通设施布局示意图，根据其换乘量大小确定相对应的远近关系
图 2-28　上海虹桥综合交通枢纽轨交平面布局示意图
图 2-29　南京禄口机场二期工程轨交布局示意图
图 2-30　枢纽核心区交通组织蓄车场示意图
图 2-31　兰德龙·布朗的概念规划方案
图 2-32　上海浦东机场一体化交通中心平面图
图 2-33　交通中心、航站楼立面图
图 2-34　上海浦东机场 T2 航站楼日景图
图 2-35　上海浦东机场全场鸟瞰图
图 2-36　上海虹桥机场总平面规划图（2005 年修编版）
图 2-37　上海高铁车站另选址示意图
图 2-38　上海磁浮轨道交通规划图
图 2-39　上海虹桥枢纽地区规划布局示意图
图 2-40　上海虹桥枢纽鸟瞰图
图 2-41　上海虹桥综合交通枢纽三大立体换乘通道示意图
图 2-42　上海虹桥综合交通枢纽 12m 出发车道边示意图
图 2-43　上海虹桥综合交通枢纽 6m 到达车道边示意图
图 2-44　上海虹桥综合交通枢纽 0m 到达车道边示意
图 2-45　上海虹桥综合交通枢纽 -9m 到达车道边示意图
图 2-46　枢纽外围快速道路衔接示意图

图 2-47　枢纽核心区交通组织示意图

图 2-48　枢纽核心区快速道路交通组织示意图

图 2-49　上海虹桥枢纽高铁与机场换乘流线图

图 2-50　上海虹桥枢纽高铁与磁浮及磁浮与机场换乘流线图

图 2-51　上海虹桥枢纽地铁与机场、磁浮、高铁换乘流线图

图 2-52　航站楼功能布局剖面图

图 2-53　航站楼 20.650m 标高平面图

图 2-54　航站楼 12.150 标高平面图

图 2-55　航站楼 8.550m 标高平面图

图 2-56　航站楼 4.200m 标高平面图

图 2-57　航站楼 0.000m 标高平面图

图 2-58　航站楼 −7.950m 标高平面图

图 2-59　上海虹桥枢纽空侧鸟瞰图

图 2-60　东交通广场剖面图

图 2-61　东交通广场 12.150m 标高平面图

图 2-62　东交通广场 6.600m 平面图

图 2-63　东交通广场 0.000m 标高平面图

图 2-64　东交通广场 −9.350m 平面图

图 2-65　东交通广场办票柜台

图 2-66　航站楼与枢纽出发层连接部分平面图

图 2-67　上海虹桥枢纽剖透视图

图 2-68　上海虹桥火车站室内大透视

图 2-69　上海虹桥枢纽室外透视图

图 2-70　新建第二跑道后，相对既有航站区来说，中轴线南移

图 2-71　保留原有中轴线，新建 2 号航站楼及交通中心

图 2-72　双环同心圆方案：高架分割站前广场及停车设施；造价相对较高；此外，新建高架翻越 T1 航站楼前

图 2-73　大环方案：对原有道路系统改动较大。一个大环承担航站区全部交通，陆侧压力太大，运营有风险

图 2-74　最终方案：结合了大环与双环的优点，交通组织清晰简洁，可分可合

图 2-75　交通中心内部多种交通方式的换乘

图 2-76　从航站楼陆侧看机场酒店

图 2-77　酒店中庭内景

图 2-78　南京禄口机场二期航站区总图

图 2-79　南京禄口机场鸟瞰图

图 2-80　港珠澳大桥珠海口岸总平面图

图 2-81　港珠澳大桥珠海口岸鸟瞰实景

图 2-82　港珠澳大桥珠海口岸用地分析图

图 2-83　港珠澳大桥珠海口岸鸟瞰图

图 2-84　港珠澳大桥珠海口岸人工岛交通方式分析图

图 2-85　港珠澳大桥立体叠层、高效集约的布局模式

图 2-86　港珠澳大桥珠海口岸第一轮概念方案草图

图 2-87　港珠澳大桥珠海口岸大鸟瞰图

图 2-88　港珠澳大桥珠海口岸单向大循环总体交通组织模式

图 2-89　港珠澳大桥珠海口岸送客优先，逐级分流的道路系统

图 2-90　出境旅客通关换乘流线

图 2-91　入境旅客通关换乘流线

图 2-92　港珠澳大桥珠海口岸分层布局示意图

第三章

表 3-1　大型综合交通枢纽旅客换乘矩阵形式

表 3-2　上海虹桥枢纽对外交通发送量预测

图 3-1　上海虹桥枢纽对外交通产生人流流向

表 3-3　上海虹桥枢纽各类客流集散方式预测

表 3-4　上海虹桥枢纽各类集疏运客运量与规划设施规模

图 3-2　上海虹桥枢纽换乘矩阵图

图 3-3　从功能空间尺度到建筑空间构型：以某航站楼办票大厅为例。在计算出基本功能空间的基础上，考虑引入中庭或者休闲商业，增加空间品质，得到基本建筑空间构想

表 3-5　车站主要设施规模部分量化指标

表 3-6　铁路客运站（客运专线）服务设施部分量化指标

表 3-7　铁路旅客车站部分用房面积测算

表 3-8　航站楼内各主要功能区域面积测算

图 3-4　换乘通道建议最小有效宽度

图 3-5　某大型综合交通枢纽交通模拟

图 3-6　航站楼策划过程推演

图 3-7　上海浦东机场发展模式 1：2000 万 +2000 万 +4000 万

图 3-8　上海浦东机场发展模式 2：2000 万 +6000 万

图 3-9　上海浦东机场规划总平面图

图 3-10　亚特兰大机场总平面图

图 3-11　某机场构型比选方案 A

图 3-12　某机场构型比选方案 B

图 3-13　某机场构型比选方案 C

图 3-14　某机场构型比选方案 D

表 3-9　某机场构型比选

图 3-15　在方案 B 的基础上优化得到最终航站楼构型

图 3-16　某大型枢纽机场分阶段发展简图

图 3-17　某大型航站楼分阶段未来发展

图 3-18　某航站楼本期、中期、远期分阶段发展示意

图 3-19　某新机场 2025 年规划——华东总院竞赛方案（集中式扩容发展模式）

图 3-20　某新机场 2045 年规划——华东总院竞赛方案（集中式扩容发展模式）

图 3-21　某新机场 2025～2045 年集中扩容示意——华东总院竞赛方案

图 3-22　国内某大型枢纽机场大主楼加卫星厅发展模式——华东总院竞赛方案

图 3-23　国内某大型枢纽机场大主楼加卫星厅模式分阶段演变——华东总院竞赛方案

图 3-24　上海浦东国际机场总图

图 3-25　某新机场效果图

表 3-10　独立航站区年旅客承载容量表

图 3-26　主楼弹性增长示意图

图 3-27　候机区弹性增长示意图

图 3-28　候机指廊端部加建

图 3-29　为满足枢纽化运作，上海浦东机场 T2 航站楼设置了大量的可转换机位

图 3-30　13.6m 标高层

图 3-31　8.4m 标高层，国际到达通道

图 3-32　4.2m、6m 标高层，国内混流层

图 3-33　航站楼功能可变性设计，可以通过商业屋顶加建将其改造为新的候机区

图 3-34　柯布西耶人体模数示意图

图 3-35　交通建筑的设计中从地面、柱网、墙面都可以找到模数对应关系

图 3-36　上海浦东机场三期工程卫星厅水平向模数体系

图 3-37　上海浦东机场三期工程次级模数体系

图 3-38　上海浦东机场三期工程三级模数体系

第四章

表 4-1　国内各大机场年旅客量及国内旅客流程组织方式比对表

图 4-1　上海浦东机场 T2 航站楼放大平面图

图 4-2　上海浦东机场 T2 航站楼国内混流层实景

图 4-3　旅客流线渠化示意图

图 4-4　港珠澳大桥珠海口岸珠港旅检楼内景

图 4-5　港珠澳大桥珠海口岸珠澳旅检楼内景

图 4-6　上海浦东机场卫星厅外景

图 4-7　上海浦东机场卫星厅内景

图 4-8　卫星厅核心区的空间导向设计

图 4-9　国内某航站楼国际竞赛概念方案　将旅客行进方向作为造型生成主要元素

图 4-10　航站楼室内外效果图（a）旅客能够从室内外的线条的流动中感受到前进的方向（b）

图 4-11　上海虹桥机场航站楼内标识

图 4-12　上海虹桥枢纽东交通中心标识（一）

图 4-13　上海虹桥枢纽东交通中心标识（二）

图 4-14　上海虹桥枢纽公共换乘区用色示意图

图 4-15　上海虹桥枢纽楼层命名示意图

图 4-16　上海虹桥枢纽出入层出入口编号示意图

图 4-17　上海虹桥枢纽车库编号示意图

图 4-18　上海虹桥机场 T1 航站楼内，对于最主要流程信息进行了重点提示

图 4-19　办票大厅的大型标识

图 4-20　上海浦东机场 T2 航站楼内对于登机口信息的提示

图 4-21　停车库色彩、图形设计

图 4-22　上海虹桥机场 T2 航站楼办票大厅

图 4-23　上海浦东机场卫星厅内景

图 4-24　上海虹桥机场 T1 航站楼商业中庭内景

图 4-25　上海虹桥机场 T1 航站楼行李提取大厅

图 4-26　各大机场出发空间内景照片或效果图

图 4-27　各大机场到达空间内景照片或效果图

图 4-28　上海虹桥机场 T2 航站楼出发办票厅
图 4-29　机场出发层三角形商业区
图 4-30　航站楼候机长廊标准段
图 4-31　航站楼候机长廊端部
图 4-32　上海虹桥机场 T2 航站楼到达通道
图 4-33　航站楼行李提取厅
图 4-34　东交通中心 12m 中央天井
图 4-35　东交通中心顶层商业区
图 4-36　上海虹桥机场 T1 航站楼值机大厅剖面
图 4-37　上海虹桥机场 T1 航站楼值机大厅实景
图 4-38　上海虹桥机场 T1 航站楼联检大厅实景
图 4-39　上海虹桥机场 T1 航站楼联检大厅剖面图
图 4-40　上海虹桥机场 T1 航站楼候机区实景
图 4-41　上海虹桥机场 T1 航站楼远机位候机区实景
图 4-42　上海浦东机场 T2 航站楼梭形天窗及自然采光的引入
图 4-43　上海虹桥机场 T1 航站楼改造楼前剖面示意图及楼前交通中心实景
图 4-44　上海虹桥综合交通枢纽东交通广场天窗和照明系统
图 4-45　上海虹桥综合交通枢纽东交通广场车道边夜景
图 4-46　上海虹桥综合交通枢纽东交通广场夜景
图 4-47　上海虹桥综合交通枢纽东交通广场室内照明
图 4-48　上海浦东机场 T2 航站楼出发大厅室内照明
图 4-49　上海虹桥机场 T2 航站楼出发大厅室内照明
图 4-50　上海浦东机场 T2 航站楼迎客大厅室内照明
图 4-51　上海浦东机场 T2 航站楼行李提取大厅室内照明
图 4-52　上海浦东机场 T2 航站楼指廊色调
图 4-53　上海浦东机场 T2 航站楼办票大厅色调
图 4-54　某设计竞赛机场商业区效果图
图 4-55　某机场候机区座椅
图 4-56　上海浦东机场 T1 航站楼天蓝色主色调
图 4-57　上海浦东机场 T2 航站楼木色主色调
图 4-58　上海浦东机场 T2 航站楼室内标识系统
图 4-59　上海浦东机场 T2 航站楼剖面图标识布置示意图
图 4-60　上海浦东机场卫星厅对于 T1、T2 航站楼主色调的传承

图 4-61　上海浦东机场卫星厅材质选择与声环境控制

图 4-62　上海虹桥机场 T1 航站楼楼内小品

图 4-63　为增进空间品质，上海浦东机场卫星厅候机区座椅进行了不同的功能排布

图 4-64　上海虹桥机场 T1 航站楼改造中传统候机区内引入花式座椅和服务设施

表 4-2　旅客类别及流程服务表

图 4-65　上海浦东机场 T2 航站楼 0.0m 标高——机场贵宾室平面布置（一）

图 4-66　上海浦东机场 T2 航站楼 0.0m 标高——机场贵宾室平面布置（二）

图 4-67　上海虹桥机场 T2 航站楼 0.0m 标高——南区 WIP 平面布置

图 4-68　上海虹桥机场 T2 航站楼 0.0m 标高——北区 WIP 平面布置

图 4-69　上海虹桥机场 T2 航站楼 0.0m 标高贵宾室内景

图 4-70　上海浦东机场某航空公司贵宾室

图 4-71　某机场贵宾室高端旅客贵宾区实景

图 4-72　英国希恩罗机场 T3 维珍航空贵宾室

图 4-73　上海虹桥机场 T2 航站楼机场贵宾会所——平面图

图 4-74　南京禄口机场二期工程鸟瞰图

图 4-75　办票柜台分析图

图 4-76　出发大厅实景照片

图 4-77　出发大厅商业街实景照片

图 4-78　航站区商业区平面

图 4-79　候机区实景照片

图 4-80　端部候机区平面图

图 4-81　端部候机区剖面

图 4-82　端部候机厅实景

图 4-83　出发大厅实景照片

图 4-84　指廊实景照片

图 4-85　出发大厅实景照片

图 4-86　安检区实景照片

图 4-87　商业区实景照片

图 4-88　候机区实景照片

图 4-89　中庭区位图

图 4-90　中庭方案比选图

图 4-91　中庭实景照片

图 4-92　旅客流程剖面（红色为出发旅客流程，蓝色为到达旅客流程）

图 4-93　出发层平面

图 4-94　到达层平面

图 4-95　无行李廊桥实景照片

图 4-96　出发层商业平面（9m 标高）

图 4-97　国内商业区平面

图 4-98　安检后国内商业区实景

图 4-99　方案一：商业街的模式，主流线较为清晰，但缺乏活泼的元素

图 4-100　方案二：点状布局，开敞商业模式，形式活泼，但布局过于散乱，缺乏明确中心

图 4-101　方案三：自由曲线，屋顶相连，边界过于自由，缺乏统一

图 4-102　国际商业区平面图

图 4-103　国际商业区铺地

图 4-104　商业小盒子立面

图 4-105　安检后的商业广场

图 4-106　办票岛开包间

图 4-107　商业区木质材质

图 4-108　候机区实景

图 4-109　到达区实景

图 4-110　行李提取大厅实景

图 4-111　迎客大厅实景

第五章

图 5-1　交通建筑开发设计流程

图 5-2　交通建筑开发的 3 个圈层开发

图 5-3　某综合交通枢纽 3 个圈层的开发示意

图 5-4　某交通建筑内部商业开发效果图

表 5-1　大型机场商业容量与百万旅客量对比表

表 5-2　案例分析的 4 个机场商业容量与百万旅客量对比表

表 5-3　国内某机场各价值区域租金水平测算

图 5-5　某机场 一链串三珠的空间布局形态

图 5-6　交通中心 7m 平台鸟瞰效果图

图 5-7　珠海口岸商业布局

图 5-8　交通中心 0m 候车岛
图 5-9　上海浦东机场 2 号航站楼国际候机入口处商业业态层次分配
图 5-10　某航站楼设计中，集中 + 分散式布局模式实现商业全覆盖
图 5-11　将航站楼划分为若干个区域，实现商业区域的步行可达
图 5-12　上海浦东机场卫星厅 6.9m 国内混流层平面图
图 5-13　上海浦东机场卫星厅 6.9m 国内混流层三角区商业布局
图 5-14　上海浦东机场卫星厅 12.9m 国际出发层平面图
图 5-15　上海浦东机场卫星厅 12.9m 国际出发层三角区放大平面图
图 5-16　上海浦东机场卫星厅剖面图示意
图 5-17　上海浦东机场卫星厅室内效果图
图 5-18　交通中心金庭
图 5-19　交通中心银庭
图 5-20　交通中心金庭入口
图 5-21　交通中心银庭入口
图 5-22　港珠澳大桥珠海口岸交通连廊室内效果
图 5-23　德国柏林中央火车站剖面示意图
图 5-24　德国柏林中央火车站室内效果图
图 5-25　日本京都火车站室内实景
图 5-26　日本京都火车站室外景观节点
图 5-27　新疆乌鲁木齐机场陆侧观景平台及餐饮效果图
图 5-28　交通建筑内部商业与店招关系效果图
表 5-4　商业业态设置建议
表 5-5　商业区设置建议
图 5-29　上海虹桥机场 T1 航站楼国际安检区后侧布置集中商业
图 5-30　某机场北航站区方案阶段特色商业策划方案示意图
图 5-31　某机场北航站区商业区意向及效果图
图 5-32　某航站楼商业区效果图
图 5-33　荷兰史基浦机场博物馆实景
图 5-34　荷兰史基浦机场图书馆实景
图 5-35　新加坡樟宜机场内社交树
图 5-36　新加坡樟宜机场内动作剪影墙
图 5-37　某大型航站楼室内景观布局
图 5-38　某大型航站楼办票大厅效果图

图 5-39　某大型航站楼行李提取大厅效果图
图 5-40　某大型航站楼行李中指廊共享中庭
图 5-41　某大型航站楼候机区效果图
图 5-42　某大型航站楼端部庭院效果图
图 5-43　某大型航站楼国际到达廊道效果图
图 5-44　某大型航站楼商业远期预留示意图
图 5-45　新加坡樟宜机场为 2~3 小时停留时间的旅客定制商业服务
图 5-46　新加坡樟宜机场为 4~5 小时停留时间的旅客定制商业服务
图 5-47　新加坡樟宜机场为 5 小时以上停留时间的旅客定制商业服务
图 5-48　某机场商业空间设计：在传统商业区的机场上融合多种设施
图 5-49　上海浦东机场 T1、T2 航站楼与旅客过夜用房通过交通中心相联系
图 5-50　荷兰史基浦换乘中心平面图
图 5-51　综合商业开发实景
图 5-52　某航站楼设计竞赛步行可达的骨架系统下核心区 6m 步行大通廊分析图
图 5-53　某航站楼设计竞赛步行骨架系统
图 5-54　核心区 6m 步行大通廊平面图
图 5-55　核心区 12m 步行通廊平面图
图 5-56　某航站楼设计竞赛步行可达的骨架系统下核心区综合体效果图
图 5-57　新疆乌鲁木齐机场人车分离的空中步行系统分析图及效果图
图 5-58　德国法兰克福机场 The Squaire 总平面图
图 5-59　德国法兰克福机场 The Squaire 鸟瞰图
图 5-60　南京禄口机场二期工程旅客过夜用房位置示意图
图 5-61　两轻一重 协调过渡
图 5-62　旅客过夜用房立面效果图
图 5-63　酒店中庭内景
图 5-64　从航站楼出发车道边看旅客过夜用房
图 5-65　原上海浦东机场规划（旅客过夜用房被定位为航站楼）
图 5-66　上海浦东机场旅客过夜用房效果图
图 5-67　上海浦东机场旅客过夜用房总平面图
图 5-68　上海浦东机场旅客过夜用房立面分析图
图 5-69　某机场陆侧天空之城业态策划分析图
图 5-70　日本涩谷站上盖开发分析
图 5-71　某综合交通枢纽上盖示意图

图 5-72　枢纽开发资金平衡

图 5-73　新兴社会资本参与融资模式

图 5-74　开发管理模式策划

图 5-75　各大航空城特色产业分析

图 5-76　航空城产业功能模型

图 5-77　空港城市产业分析

图 5-78　上海虹桥商务区鸟瞰图

第六章

图 6-1　交通建筑水平舒展的形象

图 6-2　超高层建筑竖向生长感

图 6-3　上海虹桥枢纽第一轮方案"虹""城"

图 6-4　上海虹桥枢纽第一轮方案"翼""桥"

图 6-5　上海虹桥枢纽第一轮方案"飞燕""风筝""廊""飞宇""苍穹"

图 6-6　上海虹桥综合交通枢纽——"穹"方案

图 6-7　上海虹桥综合交通枢纽——"翼"方案

图 6-8　上海虹桥综合交通枢纽——"城"方案

图 6-9　上海虹桥枢纽整体鸟瞰图

图 6-10　上海虹桥枢纽立面图

图 6-11　上海浦东、虹桥机场建筑气质比较

图 6-12　彩虹元素在上海虹桥机场 T2 航站楼中的运用

图 6-13　上海虹桥枢纽内"桥"元素的运用

图 6-14　三角形母题在枢纽中的运用

图 6-15　三角形母题在细部中的运用

图 6-16　上海虹桥枢纽室内空间

图 6-17　单元斜线方案

图 6-18　单元大肌理方案

图 6-19　径向条板方案

图 6-20　梯形单元方案

图 6-21　三角板肌理方案

图 6-22　斜交网格方案

图 6-23　曲面条板方案

图 6-24　模型与实景照片对比

图 6-25　曲面条板建成实际效果
图 6-26　一体化的吊顶形态控制线网格示意图
图 6-27　大吊顶形态示意图
图 6-28　大吊顶形态调整示意图
图 6-29　大吊顶平面图
图 6-30　大吊顶节点细部及构造示意图
图 6-31　大吊顶天窗节点细部及构造示意图
图 6-32　长廊标准段吊顶示意图
图 6-33　大吊顶节点细部及构造示意图
图 6-34　南京禄口机场鸟瞰图
图 6-35　南京禄口机场空侧透视图
图 6-36　方案概念草图
图 6-37　航站楼形态生成过程
图 6-38　屋顶形态生成过程
图 6-39　屋顶的流动形成花园广场
图 6-40　某航站楼效果图
图 6-41　建筑模型照片
图 6-42　航站楼屋顶效果图
图 6-43　航站楼实景照片
图 6-44　模型推敲与实景照片对比
图 6-45　楼前车库照片
图 6-46　主楼屋面形态建构简图
图 6-47　双层屋面系统
图 6-48　航站楼建设屋面实景
图 6-49　航站楼建造过程
图 6-50　航站楼屋面细部节点及照片
图 6-51　航站楼细部节点
图 6-52　从人的视点拍摄航站楼实景
图 6-53　车道边实景照片
图 6-54　上海浦东机场 T1、T2 航站楼呈现和而不同的航站区形象
图 6-55　上海浦东机场 T1 航站楼外景
图 6-56　上海浦东机场 T2 航站楼外景
图 6-57　上海浦东机场 T1、T2 航站楼内景比较

图 6-58　南京禄口机场航站区鸟瞰图

图 6-59　约旦皇后机场内景

图 6-60　西藏拉萨火车站外景

图 6-61　西藏拉萨火车站内景

图 6-62　丝路天山：新疆乌鲁木齐机场北航站区造型生成演绎

图 6-63　丝路天山：新疆乌鲁木齐机场北航站区造型生成图解

图 6-64　新疆乌鲁木齐机场北航站区航站楼室内效果图

图 6-65　方案一效果推敲

图 6-66　方案二效果推敲

图 6-67　方案三效果推敲

图 6-68　方案四效果推敲

图 6-69　方案五效果推敲

图 6-70　方案六效果推敲

图 6-71　酒店实景照片（一）

图 6-72　酒店实景照片（二）

图 6-73　城墙元素在南京禄口机场二期工程中的运用

图 6-74　南京禄口机场二期工程圆形中庭实景

图 6-75　国家级某大型机场竞赛方案

图 6-76　传统元素在航站楼中的运用

图 6-77　航站楼雪景效果图

图 6-78　印度孟买新机场室内实景

图 6-79　江苏苏中机场结构与装饰一体化设计

图 6-80　某少数民族地区区域枢纽机场室内方案

图 6-81　上海虹桥枢纽细部设计

图 6-82　星耀樟宜效果图（一）

图 6-83　星耀樟宜效果图（二）

图 6-84　星耀樟宜剖面图

图 6-85　上海虹桥机场 T1 航站楼改造工程标识系统设计方案

图 6-86　美国环球航空公司候机楼实景

图 6-87　上海浦东机场 T2 航站楼车道边的暴露结构

图 6-88　Y 型钢柱在上海浦东机场 T2 航站楼的运用

图 6-89　Y 型钢柱在上海浦东机场 T2 航站楼立面的运用

图 6-90　西班牙马德里巴拉哈斯机场 T4 航站楼

图 6-91　法国里昂机场火车站鸟瞰图

图 6-92　法国里昂机场火车站室内照片（一）

图 6-93　法国里昂机场火车站室内照片（二）

图 6-94　上海龙阳路磁悬浮车站实景

图 6-95　航站楼内外双层表皮的控制

图 6-96　天窗与结构层

图 6-97　建设过程中的天窗

图 6-98　暴露结构的交通中心圆形中庭

图 6-99　上海浦东机场三期工程卫星厅鸟瞰图

图 6-100　上海浦东机场中央航站区大鸟瞰图

图 6-101　上海浦东机场三期工程卫星厅效果图

图 6-102　上海浦东机场三期工程卫星厅各层平面图

图 6-103　上海浦东机场三期工程卫星厅屋面效果图

图 6-104　上海浦东机场三期工程卫星厅幕墙效果图

图 6-105　菱形主题的三重奏

图 6-106　三地携手概念草图

图 6-107　第一次投标模型

图 6-108　第二次投标效果图

图 6-109　第二次概念草图、效果图

图 6-110　大屋盖平面和轮廓推敲

图 6-111　草图及模型推敲

图 6-112　下沉天窗方案推敲

图 6-113　下沉天窗建成效果及推敲方案草图

图 6-114　大屋盖檐口玻璃雨棚推敲及建成效果

第七章

图 7-1　上海虹桥综合交通枢纽核心区内部疏散规划布局 –17.3m 层

图 7-2　上海虹桥综合交通枢纽核心区内部疏散规划布局 –4.2m 层

图 7-3　上海虹桥综合交通枢纽核心区内部疏散规划布局 –0.0m 层

图 7-4　上海虹桥枢纽敞开式车库

图 7-5　金字塔式的枢纽控制体系

图 7-6　AOC、TOC、TMC 分工

图 7-7　上海虹桥枢纽鸟瞰图

表 7-1　　绿色建筑技术分类及其特征

图 7-8　　上海虹桥机场 T2 航站楼西侧立面以实墙面为主，空侧立面则以玻璃幕墙为主

图 7-9　　卫星厅南北方向挑檐设置示意

图 7-10　　卫星厅东西方向以穿孔铝板和玻璃后衬实墙为主

图 7-11　　天窗采光形式——南京禄口机场二期工程

图 7-12　　侧窗采光形式——上海浦东机场三期工程卫星厅

图 7-13　　中庭采光——上海虹桥枢纽

图 7-14　　上海浦东国际机场二号航站楼屋面出挑的遮阳百叶

图 7-15　　上海浦东国际机场卫星厅遮阳体系设计

图 7-16　　航站楼自然通风系统示意

图 7-17　　南京禄口机场二期工程土建装修一体化设计施工

图 7-18　　绿色设计理念

图 7-19　　室外多层次风环境优化

图 7-20　　南京禄口机场二期工程开敞式停车楼

图 7-21　　停车楼 -0.4m 层春季风速云图

图 7-22　　停车楼 -0.4m 层秋季风速云图

图 7-23　　车库屋顶花园

图 7-24　　航站楼—车库剖面示意

图 7-25　　大屋面挑檐形成光影遮挡、减少眩光

图 7-26　　航站楼外遮阳体系

图 7-27　　港珠澳大桥珠海口岸剖面模型

图 7-28　　车道边看大屋檐效果图

图 7-29　　车道边看大屋檐实景照片

图 7-30　　港珠澳大桥珠海口岸外景

图 7-31　　港珠澳大桥珠海口岸珠港旅检楼室内贯穿空间

图 7-32　　室外遮阳出挑及室内光照的计算模拟

图 7-33　　大空间自然通风计算模拟

图 7-34　　车库设计与绿谷庭院

图 7-35　　上海虹桥机场 T1 航站楼改造项目鸟瞰图

图 7-36　　上海虹桥机场 T1 航站楼改造前后对比

图 7-37　　上海虹桥机场 T1 航站楼改造

图 7-38　　上海虹桥机场 T1 航站楼车道边

图 7-39　上海虹桥机场 T1 航站楼改造外景照片
图 7-40　上海虹桥机场 T1 航站楼全面结构检测评估分析
图 7-41　B 楼天窗和通风塔的改造示意
图 7-42　办票大厅贴合空间造型改造设计
图 7-43　办票大厅室内实景
图 7-44　联检厅伞形柱与通风塔的结合
图 7-45　联检厅实景
图 7-46　兼顾各方面需求的外遮阳设计
图 7-47　通过穿孔金属板优化采光同时避免眩光
图 7-48　陆侧立面以铝板幕墙为主
图 7-49　卫星厅流线型造型设计
图 7-50　指廊标准段开窗分析
图 7-51　0m 层自然通风分析
图 7-52　4m 层自然通风分析
图 7-53　6.9m 层自然通风分析
图 7-54　12.9m 层自然通风分析
图 7-55　18.9m 层自然通风分析
表 7-2　交通建筑的采光系数标准值
表 7-3　人步行状态下亮度降低值列表
表 7-4　各功能空间的适宜视觉亮度
图 7-56　卫星厅指廊带高侧窗室内效果图
表 7-5　各功能区域采光系数表
图 7-57　4m、6.9m、12.9m 标高采光系数分析
图 7-58　卫星厅区域中庭高侧窗效果图
图 7-59　卫星厅区域中庭有无高侧窗采光分析
表 7-6　采光效果对比
图 7-60　以 8 月 15 日为例的太阳高度角与方位角
图 7-61　西立面遮阳分析
图 7-62　南立面遮阳分析
图 7-63　卫星厅各个立面受太阳辐射分析
表 7-7　各个朝向立面的入射辐照及空调能耗影响
图 7-64　卫星厅遮阳设置分析
图 7-65　东西表皮内遮阳

图 7-66　南北向屋面外挑檐实现遮阳效果
图 7-67　新加坡樟宜机场 T4 航站楼内自助值机设备
图 7-68　新加坡樟宜机场自助边检
图 7-69　新加坡樟宜机场自助托运行李

第八章

图 8-1　上海虹桥枢纽设计界面及相关利益主体示意图
表 8-1　空侧机坪设计层级评价表
表 8-2　旅客换乘设施设计层级评价表
表 8-3　航站楼设计层级评价表
表 8-4　上海虹桥枢纽各子项设计单位列表
图 8-2　设计总承包模式示意图
图 8-3　设计总承包模式服务的延伸
图 8-4　港珠澳大桥澳门口岸外景
表 8-5　华东设计总院交通类部分总设计承包项目列表

附录 2

附图 2-1　20 世纪 60 年代的虹桥机场（图片来源：王世敏 . 上海民用航空志 [M]. 上海：上海社会科学院出版社，2000.）

附图 2-2　20 世纪 60 年代的虹桥机场（图片来源：王世敏 . 上海民用航空志 [M]. 上海：上海社会科学院出版社，2000.）

附图 2-3　20 世纪 80 年代虹桥机场第一次扩建照片（图片来源：网络）

附图 2-4　虹桥机场国际候机楼施工照片（资料来源：上海机场集团上海虹桥国际机场公司）

附图 2-5　虹桥机场国际候机楼扩改建工程竣工典礼（资料来源：上海机场集团上海虹桥国际公司）

附图 2-6　虹桥国际候机楼陆侧鸟瞰（资料来源：上海机场集团上海虹桥国际公司）

附图 2-7　虹桥 T1 航站楼历次改扩建示意（资料来源：华建集团华东建筑设计研究总院）

附图 2-8　浦东机场 T1 航站楼实景照片（资料来源：华建集团华东建筑设计研究总院）

附图 2-9　2005 年浦东机场规划鸟瞰图（资料来源：华建集团华东建筑设计研究总院）

附图 2-10　浦东机场 T2 航站楼夜景照片（资料来源：华建集团华东建筑设计研究总院）

附图 2-11　双门户时代下虹桥机场 T1 航站楼（资料来源：上海机场集团虹桥国际机场公司）

附图 2-12　虹桥综合交通枢纽总图（资料来源：华建集团华东建筑设计研究总院）

附图 2-13　虹桥综合交通枢纽实景照片（资料来源：华建集团华东建筑设计研究总院）

附图 2-14　虹桥综合交通枢纽内景（资料来源：华建集团华东建筑设计研究总院）

附图 2-15　虹桥枢纽外界鸟瞰图（资料来源：华建集团华东建筑设计研究总院）

附图 2-16　彩虹元素在虹桥 T2 航站楼中的运用（资料来源：华建集团华东建筑设计研究总院）

附图 2-17　虹桥枢纽开敞式车库（资料来源：华建集团华东建筑设计研究总院）

附图 2-18　虹桥商务区夜景效果图（资料来源：华建集团华东建筑设计研究总院）

附图 2-19　虹桥 T1 航站楼改造示意图（资料来源：华建集团华东建筑设计研究总院）

附图 2-20　虹桥 T1 航站楼改造项目效果图（资料来源：华建集团华东建筑设计研究总院）

附图 2-21　虹桥 T1 航站楼改造可持续设计（资料来源：华建集团华东建筑设计研究总院）

附图 2-22　虹桥 T1 航站楼改造日景效果图（资料来源：华建集团华东建筑设计研究总院）

附录 3

附图 3-1　部分团队成员合照

附录 4

附图 4-1　上海浦东机场 T1 航站楼实景照片

附图 4-2　上海浦东机场 T1 航站楼鸟瞰图

附图 4-3　上海浦东机场总平面图

附图 4-4　上海浦东机场 T2 航站楼各层平面图

附图 4-5　上海浦东机场 T2 航站楼剖面图

附图 4-6　上海浦东机场 T2 航站楼实景照片

附图 4-7　上海龙阳路磁悬浮车站实景

附图 4-8　上海城市航站楼效果图及室内实景

附图 4-9　上海浦东磁悬浮车站及配套宾馆实景

附图 4-10　12m 出发换乘通道层平面图

附图 4-11　剖面图

附图 4-12　上海虹桥枢纽实景

附图 4-13　航站楼实景

附图 4-14　杭州萧山机场效果图

附图 4-15　江苏苏中机场航站楼效果图

附图 4-16　江苏苏中机场航站楼内景

附图 4-17　南京禄口机场二期工程总平面图

附图 4-18　南京禄口机场 T2 航站楼各层平面图

附图 4-19　南京禄口机场 T2 航站楼实景

附图 4-20　南京禄口机场二期工程交通中心实景

附图 4-21　山东烟台潮水机场航站楼实景

附图 4-22　港珠澳大桥珠海口岸各层平面图

附图 4-23　港珠澳大桥珠海口岸各功能区布局

附图 4-24　交通中心及交通连廊立面图

附图 4-25　港珠澳大桥珠海口岸总平面图

附图 4-26　港珠澳大桥珠海口岸实景

附图 4-27　港珠澳大桥澳门口岸实景

附图 4-28　上海浦东机场三期工程卫星厅总平面图

附图 4-29　上海浦东机场三期工程卫星厅效果图

附图 4-30　上海虹桥机场 T1 航站楼改造总平面图

附图 4-31　上海虹桥机场 T1 航站楼改造实景

附图 4-32　浙江温州永强机场出发层平面图

附图 4-33　浙江温州永强机场出发层效果图

附图 4-34　江苏盐城南洋机场 T2 航站楼室内外实景

附图 4-35　浙江宁波栎社机场效果图

附图 4-36　新疆乌鲁木齐机场效果图

参考文献

【1】 肯尼思.W.格里芬. 交通建筑[M].史韶华，胡介中，彭旭，译.北京：中国建筑工业出版社，2010.

【2】 上海现代建筑设计(集团)有限公司.上海虹桥综合交通枢纽规划与建筑设计【M】.北京：中国建筑工业出版社，2010.

【3】 吴念祖.浦东国际机场总体规划【M】.上海：上海科学技术出版社，2008.

【4】 中国建筑工业出版社，中国建筑学会.建筑设计资料集（第三版）第7分册.北京：中国建筑工业出版社，2017.

【5】 刘武君.综合交通枢纽规划【M】.上海：上海科学技术出版社，2015.

【6】 刘武君.航站楼规划【M】.上海：上海科学技术出版社，2016.

【7】 吴念祖.浦东国际机场2号航站楼【M】.上海：上海科学技术出版社，2008.

【8】 蔡镇钰，管式勤，郭建祥.浦东国际机场航站楼设计【J】.建筑学报，1999（10）.

【9】 章明.上海浦东国际机场【J】.时代建筑，2000（1）.

【10】 郭建祥，高文艳.共性与个性的追求——上海浦东国际机场轨道交通车站建筑设计【J】.时代建筑，2003（04）.

【11】 卜菁华，韩中强.聚落的营造——日本京都车站大厦公共空间设计与原广司的聚落研究【J】.华中建筑2005（05）.

【12】 郭建祥.上海磁悬浮快速列车龙阳路站【J】.建筑学报，2005（06）.

【13】 郭建祥.记浦东国际机场二期工程建筑设计【J】.时代建筑，2006（04）.

【14】 郭建祥，高文艳.上海浦东国际机场新T2航站楼【J】.时代建筑，2008（03）.

【15】 郭建祥，郭炜.上海虹桥综合交通枢纽公共区域室内设计【J】.建筑创作，2009(1).

【16】 郭炜，郭建祥.上海虹桥综合交通枢纽总体规划设计【J】.上海建设科技，2009(3).

【17】 郭建祥,郭炜.交通枢纽之城市综合体上海虹桥综合交通枢纽规划理念【J】.时代建筑，2009(5).

【18】 曹嘉明,郭建祥,郭炜.上海虹桥综合交通枢纽规划与设计【J】.建筑学报,2010(05).

【19】 付小飞.虹桥机场T2航站楼场地设计的节地和环控策略【J】.上海建设科技，2011（01）.

【20】 郭建祥，阳旭.机场建设的一体化实践—南京禄口机场二期工程【J】.城市建筑，

2017年（11）.

【21】夏崴."不拘、有节、不浮、慎破"：南京禄口国际机场的可持续发展规划【J】.建筑创作，2017（05）.

【22】吴蔚.沈慧雯.对话的火车站——gmp交通建筑的一体化设计【J】.城市建筑，2017（11）.

【23】夏崴.当代航空建筑发展的五个趋势【J】.建筑技艺，2017（12）.

【24】郭建祥.体验至上——旅客体验主导的南京禄口机场T2航站楼建筑设计【J】.建筑技艺，2017（12）.

【25】夏崴.机场航站区分阶段发展的基本维度与模式【J】.城市建筑，2018（02）.

【26】郭建祥，阳旭.交通建筑的发展与思辨——以虹桥综合交通枢纽为例【J】.世界建筑，2018（04）.

【27】高浦敬之，山本博史.京都站大楼未来百年保护策略[J].世界建筑，2018（04）.

【28】郭建祥.一岛双口岸、一地两通关【J】.华建筑，2018（04）.

【29】夏崴.出入分置、立体分离【J】.华建筑，2018（04）.

【30】纪晨.增值服务，城市温度——珠海口岸商业设计【J】.华建筑，2018（04）.

【31】谢曦.体验至上、智慧通关——珠海口岸旅检大楼设计【J】.华建筑，2018（04）.

【32】向上，虞晗，邰爽.如意牵手，珠联璧合 ——珠海口岸核心区形象设计历程【J】.华建筑，2018（04）.

【33】阮哲民，蒋玮.好风凭借力，送我上青云——澳门口岸工期奇迹背后闪耀的管理智慧之光【J】.华建筑，2018（04）.

后记

华建集团华东建筑设计研究总院从事交通建筑设计的历史，最早可以追溯至20世纪60年代初期。1963年，上海与巴基斯坦的卡拉奇通航，虹桥机场由军用设施改为民用机场，此改建工程即由华东建筑设计研究院有限公司的前身华东工业建筑设计研究院设计。作为当时上海重要的城市门户，华东建筑设计院投入了相当强大的技术力量，建成的候机楼功能合理、朴素大方，其立面简约现代、空间灵活流动，如同一股现代主义的春风，开创了这一时期的航站楼建筑设计风格，并深刻影响了国内一大批航站楼的建设。

本人1987年研究生毕业后就在华东建筑设计院参加工作，一直从事交通建筑的设计工作，有幸赶上了这个改革开放的好时代，大型交通建筑如航站楼等层出不穷，又恰逢在华东建筑设计院这个具有深厚历史底蕴的国内顶级的技术平台上开展工作。在这30年中，我先后主持了虹桥机场第三次扩建、浦东机场T1航站楼设计、龙阳路磁悬浮车站、浦东机场T2航站楼设计、虹桥综合交通枢纽、杭州萧山机场、南京禄口机场二期工程、虹桥T1航站楼改造、港珠澳大桥人工岛口岸工程、浦东机场三期工程卫星厅、乌鲁木齐国际机场北航站区等数十项大型交通建筑的设计。

航站楼等交通建筑项目非常复杂，品质要求更高，功能流程更加复杂，社会关注度也更高。每一个项目都是一个极大的挑战，需要建筑师付出更多的努力与艰辛。在过去的30年中，我和我的团队几乎放弃了大部分的节假日，辛勤耕耘。回首来时路，有付出的汗水，也有建成后的欣慰。时光荏苒，30年恍如弹指一挥间。这本著作即是自己对于交通建筑从理论到实践的一次系统总结。

这30年的交通建筑设计，我们经历了漫长的过程，从初次自主设计，再到与境外设计公司合作，再到重新原创设计。我们当代建筑师经历了一个螺旋式的上升过程，这是几代本土建筑师奋斗的结果。我们应该感谢这个时代，这是中国改革开放交通事业的巨大发展给了我们难得的历史机遇，让我们从中受益颇多。如今，中国建筑师需要同等的待遇、机会和条件，我们一定能创造出属于自己的中国建筑，并和世界一流建筑师一同竞争，建造出更多优秀的建筑。

交通建筑设计包罗万象，既牵涉复杂的工艺流程、错综的旅客体验，又与城市门户形象、公共投资回报等因素息息相关。它是城市对外开放的门户，也是城市的重要节点，更是区域经济重要的引擎。从这个角度上看，它是我们现在这个时代的标志，也是时代给建筑师和建设者提出的一个挑战性的命题。这本专著即是对于自己 30 年来交通建筑设计经验的梳理，也希望能够为各位有志于从事交通建筑设计的同仁们打开一扇可以窥视交通建筑设计的大门，希望我们能够一起在交通建筑的规划和建设中，探索出最适合我国国情的模式和思路，并推动中国交通建筑设计的进一步发展。

正如前文中所提到的那样，在这个日新月异的时代，交通建筑的空间布局和建筑形态也在发生着深刻的变化，甚至在某一天，技术的革命带来了交通工具的进步，整个交通建筑的设计研究工作也会顺应时代的变化而提升。这就要求建筑师必须对此做好充分的认识和技术的储备，以适应变革，更要在错综复杂的变化中把握交通建筑的发展脉络，即始终围绕着交通工具使用效率的提高、旅客体验的优化、旅客换乘效率的提高和城市开发的联动，为社会和市民奉献更好的建筑作品，助推人们生活品质的提高。

机遇与挑战并存，矛盾与希望同在。在国内，房地产建设变缓，而交通建筑却迎来了一个蓬勃发展期。"十三五"期间，国家正在启动 100 多个机场的新建和改扩建项目，大批的综合交通枢纽项目已正在筹备和建设之中，这对于我们有志于从事交通建筑设计的同仁而言，就是一个最好的机遇。

在全书的最后，我要由衷感谢长期以来支持我们的华建集团和华东建筑设计研究总院的领导与前辈，我和我的团队所取得的成绩都离不开集团和总院深厚的技术底蕴，没有他们的大力支撑我们不可能取得今天的丰硕成果；感谢一直关心我们发展、成长的业主和专家，特别要感谢上海机场集团的各级领导与专家，感谢他们数十年如一日对于我们的信任和大力支持。没有大家的帮助，我们的团队就不可能取得这么丰硕的实践成果。我们的设计理念与实践应该是大家共同合作的结晶。感谢所有给予我们最大支持的合作伙伴和所有参与项目的建设者，正是你们一起辛勤的付出，这才有了项目高品质的完成！

感谢管式勤、汪大绥等前辈对于团队的悉心指导。感谢所有在华东建筑设计研究总院机场及综合交通枢纽专项化团队工作或者曾经共事过的同事和战友，以及共同奋战的结构、机电、绿色、项管等各工种的同事们、战友们，正是大家几十年如一日的辛苦耕耘，才有了一座座交通建筑的拔地而起。

这本专著也是团队近年来以交通科研为抓手、产学研一体化发展的一次系统的成果梳理。感谢团队中杨梦柳、张建华、潘胜龙、任建民等老一辈工程师数十年如一日的无私奉献，感谢夏崴、付小飞、黎岩、向上、高文艳、郭炜、冯昕、吕程、纪晨、谢曦、张宏波、周健、陆燕、瞿燕、阮哲明、蒋玮、沈朝晖等同事，他们以不同的方式对于本书的部分章节做出了贡献；感谢中国建筑工业出版社的首席策划、编审吴宇江老师，他对于本书的框架结构给出了许多宝贵的意见和建议；最后特别要感谢阳旭博士，感谢他在过去的 2 年多时间里为本书的资料收集、文字整理所做的大量工作和付出了极大的心血。最后要感谢我的家人，这是我不断前行的最坚实后盾。

郭建祥

2018 年 12 月写于上海汉口路 151 号